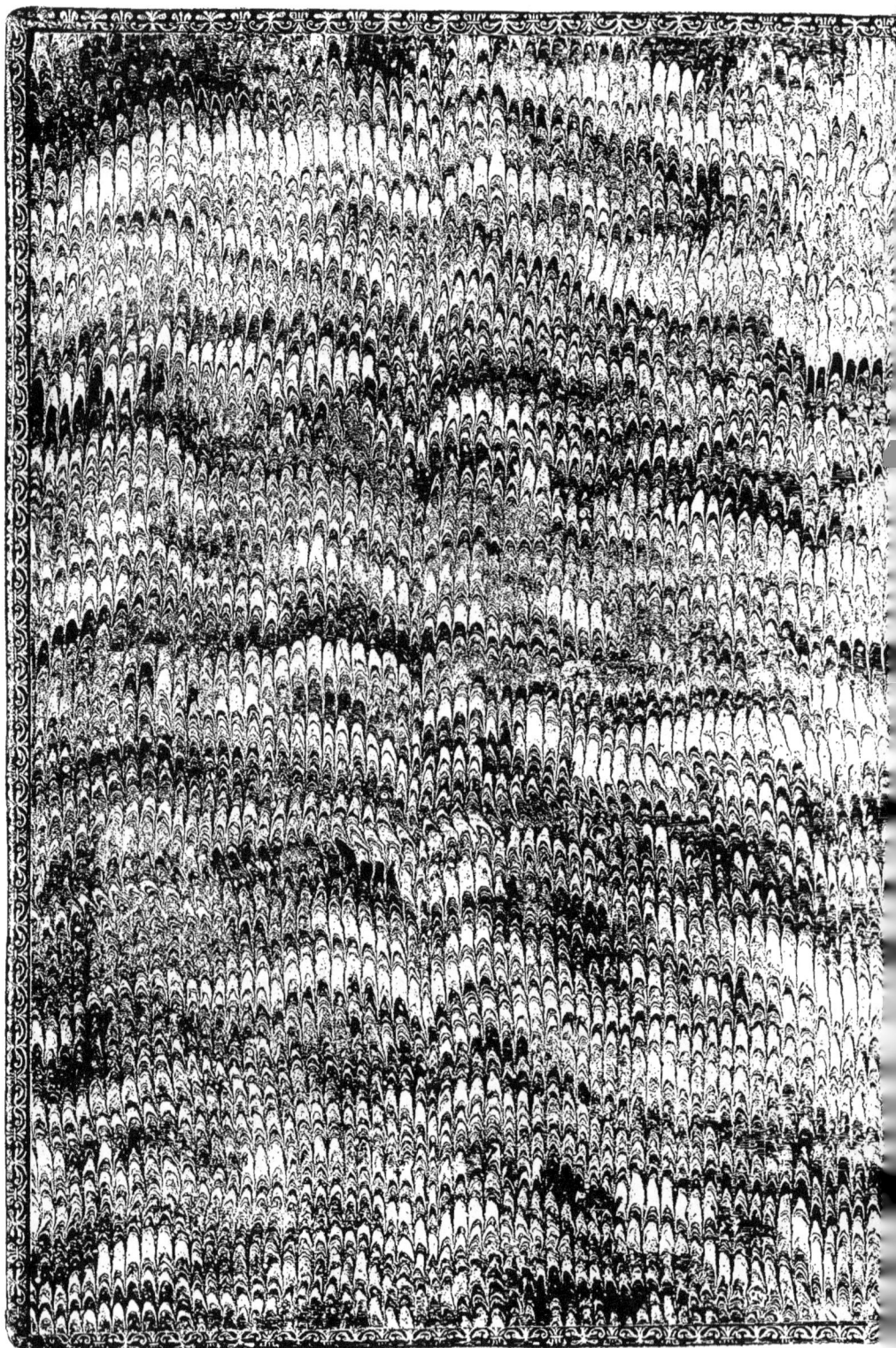

V 230

6279

NOUVEAUX ELEMENS
DE
GEOMETRIE,
CONTENANT,

OUTRE UN ORDRE TOUT NOUVEAU,
& de nouvelles demonſtrations des propoſitions les
plus communes,

De nouveaux moyens de faire voir quelles lignes ſont
incommenſurables·

De nouvelles meſures des angles, dont on ne s'étoit
point encore aviſé,

Et de nouvelles manieres de trouver & de demontrer
la proportion des Lignes.

(par Arnaud.)

SECONDE EDITION.

Où il y a un traité tout nouveau des Proportions,
& beaucoup d'autres changemens conſiderables.

A PARIS,

Chez GUILLAUME DESPREZ, ruë S. Jacques, à S. Proſper
& aux trois Vertus, au deſſus des Mathurins.

M. DC. LXXXIII.
AVEC PRIVILEGE DV ROY.

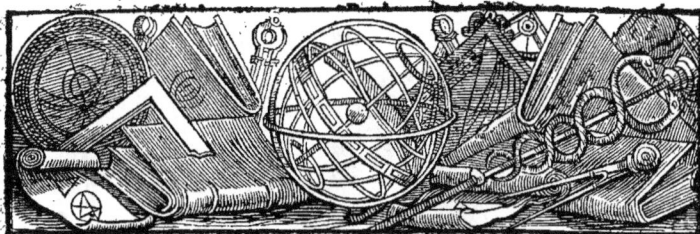

AVERTISSEMENT

sur cette seconde Edition.

L A Geometrie est d'une si grande uti- lité, & il est si necessaire de bien con- noître les rapports qui se rencontrent entre diverses grandeurs : qu'il est pres- que impossible de faire aucun progrés considerable dans les Arts liberaux, sans avoir quel- que teinture de cette Science, il seroit à desirer que l'on s'y appliquât plus qu'on ne fait, & que cette con- noissance devint plus commune. Car outre l'usage con- tinuel qu'on en peut faire dans tous les Arts avec un tres grand avantage ; un esprit Geometrique est plus juste que celuy qui ne l'est pas, & beaucoup moins su- jet à prendre la vrai-semblance pour la verité. C'est pourquoy l'on est redevable à ceux qui travaillent à rendre cette Science facile ; & en particulier à l'Auteur non seulement de nous avoir donné ces nouveaux Elemens, sans lesquels plusieurs personnes n'auroient jamais eu de goût pour une connoissance qui demande

tant d'application : mais auſſi de ce qu'il a pris la peine de les corriger, & d'y faire pluſieurs changemens conſiderables. La matiere qui y eſt traitée, principalement dans les quatre premiers livres eſt d'elle meſme ſi abſtraitte, qu'il ne faut pas s'étonner ſi pluſieurs ſe ſont aiſément rebutez des l'entrée, & s'ils ont été obligez tres ſouvent de commencer par le cinquiéme livre. C'eſt dans le deſſein de lever cette difficulté que l'Auteur y a changé beaucoup de choſes, & qu'il a refait entierement le ſecond & le troiſiéme livre : où il explique la nature des raiſons & des Proportions Geometriques, ſoit ſimples, ſoit compoſées, avec beaucoup plus de netteté & d'ordre qu'il n'avoit fait dans la premiere edition. Et l'on peut dire que la maniere dont il ſe ſert ne paroîtra pas ſi difficile à ceux qui voudront s'y appliquer un peu. Il y auroit icy aſſez de fondement de s'étendre ſur la bonté de cet Ouvrage, qui fut receu des la premiere fois avec tant d'applaudiſſement. Mais il eſt plus à propos de ne point prevenir les Lecteurs, Et l'on doit eſperer que l'avancement que feront dans la Geometrie ceux qui ſe ſerviront de ces Elemens, en ſera une preuve plus ſeure que tout ce qu'on en pourroit dire.

PREFACE.

Uoique j'aye quelque forte de liberté de parler avantageufement de ces Nouveaux Elemens de Geometrie, puifque je n'y ay point d'autre part que celle de les avoir tirez des mains de l'Auteur pour les donner au public, mon deffein n'eft pas neanmoins d'en faire voir icy l'excellence, ny de les propofer au monde comme un ouvrage fort confiderable. Je ferois plûtoft porté à diminuer l'idée trop haute que quelques perfonnes en pouvoient avoir, étant tres perfüadé qu'il eft beaucoup plus dangereux d'eftimer trop ces fortes de chofes, que de ne les pas eftimer affez.

La nature de toutes les fciences humaines, & principalement de celles qui entrent peu dans le commerce de la vie, eft d'être mêlées d'utilitez & d'inutilitez : & je ne fçay fi l'on ne peut point dire qu'elles font toutes inutiles en elles mêmes, & qu'elles devroient paffer pour un amufement entierement vain & indigne de perfonnes fages, fi elles ne pouvoient fervir d'inftrumens & de preparations à d'autres connoiffances vraiment utiles. Ainfi ceux qui s'y attachent pour elles mêmes comme à quelque chofe de grand & de relevé n'en connoiffent pas le vray ufage, & cette ignorance eft en eux un beaucoup plus grand défaut que s'ils ignoroient abfolument ces fciences.

PREFACE.

Ce n'eſt pas un grand mal que de n'eſtre pas Geometre ; mais c'en eſt un conſiderable que de croire que la
Geometrie eſt une choſe fort eſtimable , & de s'eſtimer
ſoy même pour s'eſtre rempli la teſte de lignes , d'angles , de cercles , de proportions. C'eſt une ignorance
tres blâmable que de ne pas ſçavoir , que toutes ces ſpecu-
lations ſteriles ne contribuënt rien à nous rendre heu-
reux ; qu'elles ne ſoulagent point nos miſeres ; qu'elles
ne gueriſſent point nos maux ; qu'elles ne nous peuvent
donner aucun contentement réel & ſolide ; que l'homme n'eſt point fait pour cela , & que bien loin que ces
ſciences luy donnent ſujet de s'élever en luy-même, elles
ſont au contraire des preuves de la baſſeſſe de ſon eſprit ; puiſqu'il eſt ſi vain & ſi vuide de vray bien, qu'il eſt
capable de s'occuper tout entier à des choſes ſi vaines &
ſi inutiles.

Cependant on ne voit que trop par experience, que
ces ſortes de connoiſſances ſont d'ordinaire jointes à
l'ignorance de leur prix & de leur uſage. On les recherche pour elles mêmes ; on s'y applique comme à des
choſes fort importantes ; on en fait ſa principale profeſſion ;
on ſe glorifie des découvertes que l'on y fait ; on croit
fort obliger le monde ſi l'on veut bien luy en faire part ;
& l'on s'imagine meriter par là un rang fort conſiderable
entre les ſçavans & les grands eſprits.

Si cet Ouvrage n'a rien de ce qui merite la reputation
de grand Geometre au jugement de ces perſonnes , en
quoy il eſt tres juſte de les en croire ; au moins on peut
dire avec verité que celuy qui l'a compoſé eſt exempt
du défaut de la ſouhaitter , & que quoy qu'il eſtime beaucoup le genie de pluſieurs perſonnes qui ſe mélent de cette ſcience, il n'a qu'une eſtime tres mediocre pour la
Geometrie en elle-même. Neanmoins comme il eſt impoſſible de ſe paſſer abſolument d'une ſcience qui ſert
de fondement à tant d'arts neceſſaires à la vie humaine,
il peut y avoir quelque utilité à montrer aux hommes
de quelle ſorte ils en doivent uſer , & de leur rendre cet-

PREFACE.

re étude la plus avantageuse qu'il est possible.

C'est l'unique vuë qu'à euë l'Auteur de ces nouveaux Elemens. Il n'a pas tant consideré la Geometrie, que l'usage qu'on en pouvoit faire ; & il a cru qu'en évitant ces défauts qui n'en sont pas inseparables, on s'en pouvoit tres utilement servir pour former les jeunes gens, non seulement à la justesse de l'esprit ; mais même en quelque sorte à la pieté & au reglement des mœurs.

Pour comprendre les avantages qu'on en peut tirer, il faut considerer que dans les premieres années de l'enfance l'ame de l'homme est comme toute plongée & toute ensevelie dans les sens, & qu'elle n'a que des perceptions obscures & confuses des objets qui font impression sur son corps. Elle sort à la verité de cet état à mesure que ses organes se dégagent & se fortifient par l'âge, & elle acquiert quelque liberté de former des pensées plus claires & plus distinctes, & même de les tirer les unes des autres, ce que l'on appelle raisonnablement. Mais l'amour des choses sensibles & exterieures luy étant devenu comme naturel, & par la corruption de son origine & par l'accoûtumance qu'elle a contractée durant l'enfance, les choses exterieures sont toûjours le principal objet de son plaisir & de sa pente. Ainsi non seulement les jeunes gens ne se plaisent gueres que dans les choses sensuelles ; mais même entre les personnes avancées en âge il y en a peu qui soient capables de trouver du goust dans une verité purement spirituelle, & où les sens n'ayent aucune part. Toute leur application est toûjours aux matieres agreables ; ils n'ont de l'intelligence & de la delicatesse que pour cela, & ils ne se servent de leur esprit que pour étudiér l'agréement & l'art de plaire, par les choses qui flattent la concupiscence & les sens.

Il me seroit aisé de montrer, que cette disposition d'esprit est non seulement un tres grand défaut ; mais que c'est la source des plus grands desordres & des plus grands vices. Il est vray qu'il n'y a que la grace & les exercices de pieté qui puissent la guerir veritablement : mais

PREFACE.

entre les exercices humains qui peuvent le plus servir à la diminuer, & à disposer même l'esprit à recevoir les veritez Chrestiennes avec moins d'opposition & de dégoust, il semble qu'il n'y en ait gueres de plus propre que l'étude de la Geometrie. Car rien n'est plus capable de détacher l'ame de cette application aux sens, qu'une autre application à un objet qui n'a rien d'agreable selon les sens, & c'est ce qui se rencontre parfaitement dans cette science. Elle n'a rien du tout qui puisse favoriser tant soit peu la pente de l'ame vers les sens; son objet n'a aucune liaison avec la concupiscence; elle est incapable d'eloquence & d'agréement dans le langage; rien n'y excite les passions; elle n'a rien du tout d'aimable que la verité, & elle la presente à l'ame toute nuë & détachée de tout ce que l'on aime le plus dans les autres choses.

Que si les veritez qu'elle propose ne sont pas fort utiles ny fort importantes, si l'on en demeuroit là; il est neanmoins tres utile & tres important de s'accoûtumer à aimer la verité, à la gouster, à en sentir la beauté. Et Dieu se sert souvent de cette disposition d'esprit, pour nous faire entrer dans l'amour & dans la pratique des veritez qui conduisent au salut, pour nous faire voir l'illusion de tout ce qui plaist dans les choses sensibles & exterieures, & pour nous rendre justes & equitables dans toute la conduite de nôtre vie; cet esprit d'equité consistant principalement dans le discernement & dans l'amour de la verité en toutes les affaires que nous traittons.

Mais la Geometrie ne sert pas seulement à détacher l'esprit des choses sensibles, & à inspirer le goust de la verité; elle apprend aussi à la reconnoistre & à ne se laisser pas tromper par quantité de maximes obscures & incertaines, qui servent de principes aux faux raisonnemens dont les discours des hommes sont tout remplis. Car si l'on y prend garde, ce qui nous jette ordinairement dans l'erreur & nous fait prendre le faux pour le vray, n'est pas le défaut de la liaison des consequences avec les principes en quoy consiste ce qu'on appelle la forme des argumens.

PREFACE.

gumens ; mais c'eſt l'obſcurité des principes mêmes, qui
n'étant pas exactement vrais, & n'étant pas auſſi évidemment faux, preſentent à l'eſprit une lumiere confuſe où
la verité & la fauſſeté ſont mêlées, ce qui cauſe à pluſieurs un eſpece d'éblouïſſement qui leur fait approuver
ces principes ſans les examiner davantage.

Il eſt vray que la Logique nous donne deux excellen-
tes regles pour éviter cette illuſion, qui ſont de définir
tous les mots équivoques, & de ne recevoir jamais que des
principes clairs & certains. Mais ces regles ne ſuffiſent
pas pour nous garantir d'erreur. Premierement, parce
qu'on ſe trompe ſouvent dans la notion même de l'evidence, en prenant pour évident ce qui ne l'eſt pas. Et en ſecond lieu, parce que quoy qu'on ſçache ces regles, on
n'eſt pas toûjours appliqué à les pratiquer. Il n'y a donc
que la Geometrie qui remedie en effet à l'un & à l'autre
de ces défauts. Car d'une part en fourniſſant des principes vraiment clairs, elle nous donne le modelle de la
clarté & de l'evidence pour diſcerner ceux qui l'ont de
ceux qui ne l'ont pas : & de l'autre, comme elle ne ſe diſ-
penſe jamais de l'obſervation de ces deux regles, elle accoûtume l'eſprit à les pratiquer, & à eſtre toûjours en
garde contre les équivoques des mots & contre les principes confus, qui ſont les deux ſources les plus communes des mauvais raiſonnemens.

Il ne faut pas diſſimuler neanmoins, que cette coûtume même de rejetter tout ce qui n'eſt pas entierement clair
peut engager dans un défaut tres conſiderable, qui eſt de
vouloir pratiquer cette exactitude en toute ſorte de matieres, & de contredire tout ce qui n'eſt pas propoſé avec
l'evidence Geometrique. Cependant il y a une infinité de
choſes dont on ne doit pas juger en cette maniere, & qui
ne peuvent pas eſtre reduites à des demonſtrations me-
thodiques. Et la raiſon en eſt, qu'elles ne dépendent
pas d'un certain nombre de principes groſſiers & certains,
comme les veritez Mathematiques ; mais d'un grand nombre de preuves & de circonſtances qu'il faut que l'eſprit

PREFACE.

voye tout dun coup, & qui n'étant pas convaincantes
separément, ne laissent pas de persuader avec raison
lors qu'elles sont jointes & unies ensemble. La plusspart
des matieres morales & humaines sont de ce nombre ;
& il y a même des veritez de la Religion qui se prouvent
beaucoup mieux par la lumiere de plusieurs principes qui
s'entr'aident & se soûtiennent les uns les autres, que par
des raisonnemens semblables aux demonstrations Geometriques.

C'est donc sans doute un fort grand défaut que de ne
faire pas distinction des matieres ; d'exiger par tout cette
suitte methodique de propositions, que l'on voit dans la
Geometrie ; de faire difficulté sur tout, & de croire avoir
droit de rejetter absolument un principe, lors qu'on juge
qu'il peut recevoir quelque exception en quelque rencontre.

Mais si ce défaut est assez ordinaire à quelques Geometres, il ne naist pas neanmoins de la Geometrie même. Cette science étant toute veritable ne peut pas au-
toriser une conduite qui n'est fondée que sur des principes d'erreur. Car il n'est pas vray qu'un principe qui ne
prouve pas absolument ne prouve rien ; & que ne prou-
vant pas tout seul, il ne prouve pas étant joint à d'autres.
Il y a differens degrez de preuves. Il y en a dont on conclut la certitude, & d'autres dont on conclut l'apparence ; & de plusieurs apparences jointes ensemble on conclut quelquefois une certitude à laquelle tous les esprits
raisonnables se doivent rendre. Il n'est pas absolument
certain que l'on doive voir le Soleil quelqu'un des jours
de l'année qui vient, je le dois neanmoins croire ; & je
serois ridicule d'en douter, quoy qu'il soit impossible de
le démontrer. La raison ne doit donc pas pretendre de
démontrer Geometriquement ces choses ; mais elle peut
prouver Geometriquement que c'est une sottise de ne les
pas croire : Et c'est en cette maniere qu'on se peut servir
de la Geometrie même dans ces sortes de matieres, pour
faire voir plus clairement la force de la vray-semblance
qui nous les doit faire croire.

PREFACE.

Outre ces utilitez que l'on peut tirer de la Geometrie,
on en peut encore remarquer deux autres qui ne font
pas moins confiderables. Il y a des veritez importantes
pour la conduite de la vie & pour le falut, qui ne laiffent pas d'eftre difficiles à comprendre, & qui ont befoin d'une attention penible; Dieu ayant voulu, comme
dit S. Auguftin, que le pain de l'ame fe gagnaft avec quelque forte de travail auffi bien que le pain du corps. Et il
arrive de là que plufieurs perfonnes s'en rebutent par
une certaine pareffe, ou plûtoft par une delicateffe d'efprit qui leur donne du dégouft de tout ce qui demande
quelque effort & quelque forte de contention. Or l'é-
tude de la Geometrie eft encore un remede à ce défaut;
car en appliquant l'efprit à des veritez abftraittes & difficiles, elle luy rend faciles toutes celles qui demandent
moins d'application; comme en accoûtumant le corps à
porter des fardeaux pezans, on fait qu'il ne fent prefque
plus le poids de ceux qui font plus legers.

Non feulement elle ouvre l'efprit & le fortifie pour
concevoir tout avec moins de peine; mais elle fait auffi
qu'il devient plus étendu & plus capable de comprendre
plufieurs chofes à la fois. Car les veritez Geometriques
ont cela de propre qu'elles dépendent d'un long enchaî-
nement de principes qu'il faut fuivre pour arriver à la
conclufion; & comme cette conclufion tire fa lumiere de
ces principes, il faut que l'efprit voye en mefme temps,
& ce qui éclaire & ce qui eft éclairé, ce qu'il ne peut
faire fans s'étendre & fans porter fa veüe plus loin que
dans fes actions ordinaires.

Cette étenduë d'efprit, qui paroift dans la Geometrie
eft non feulement tres-utile pour tous les fujets qui ont
befoin de raifonnement; mais elle eft auffi tres admirable en elle mefme; & il n'y a gueres de qualité de nôtre
ame qui en faffe mieux voir la grandeur, & qui détrui-
fe davantage les imaginations baffes & groffieres de
ceux qui voudroient la faire paffer pour une matiere.
Car le moyen de s'imaginer qu'un corps, c'eft à dire,

PREFACE.

un eftre où nous ne concevons qu'une étenduë figurée & mobile, puiffe penetrer ce grand nombre de princi-pes tout fpirituels qu'il faut lier enfemble pour la preuve des propofitions que la Geometrie nous démontre, & qu'il porte mefme fa veuë jufques dans l'infiny pour en affeurer ou en tirer plufieurs chofes avec une certitude entiere? Elle nous fait voir par exemple, que la Diago-nale & le cofté d'un Quarré n'ont nulle mefure commu-ne, c'eft à dire, que l'efprit voit que dans l'infinité des parties de differente grandeur qu'on y peut choifir, il n'y en a aucune qui puiffe mefurer exactement l'une & l'autre de ces deux lignes.

On peut dire que toutes les propofitions Geometri-ques font de mefme infinies en étenduë; parce que l'on n'y conclut pas ce qu'on démontre d'une feule ligne, d'un feul angle, d'un feul cercle, d'un feul triangle, mais de toutes les lignes, de tous les angles, de tous les cercles, de tous les triangles; & qu'ainfi l'efprit les renferme & les comprend tous en quelque forte quelques infinis qu'ils foient. Or que tout cela fe puiffe faire par le bouleverfe-ment d'une matiere, & qu'en la remuant elle devienne capable de comprendre des objets fpirituels, & d'en comprendre mefme une infinité, c'eft ce que perfonne ne fçau-roit croire ny penfer, pourvû qu'il veüille de bonne foy fonger à ce qu'il dit.

Ce font ces refléxions qui ont fait juger à l'Auteur de ces Elemens, qu'on pouvoit faire un bon ufage de la Geometrie; mais ce n'eft pas neanmoins ce qui l'a porté à travailler à en faire de nouveaux, puifqu'on peut tirer tous ces avantages des livres ordinaires qui en traitent. Ils portent tous à aimer la verité; ils apprennent à la difcerner; ils fortifient la raifon; ils étendent la veüe de l'efprit, & ils donnent lieu d'admirer la grandeur de l'ame de l'homme, & de reconnoiftre qu'elle ne peut eftre autre que fpirituelle & immortelle. Ce qui luy a donc fait croire qu'il eftoit utile de donner une nouvelle for-me à cette fcience eft, qu'étant perfuadé que c'étoit une

PREEACE.

chofe fort avantageufe de s'accoûtumer à réduire fes penfées à un ordre naturel, cet ordre étant comme une lumiere qui les éclaircit toutes les unes par les autres, il a toûjours eu quelque peine de ce que les Elemens d'Euclide étoient tellement confus & broüillez, que bien loin de pouvoir donner à l'efprit l'idée & le gouft du veritable ordre, ils ne pouvoient au contraire que l'accoûtumer au defordre & à la confufion.

Ce défaut luy paroiffoit confiderable dans une fcience dont la principale utilité eft de perfectionner la raifon; mais il n'euft pas penfé neanmoins à y remedier fans la rencontre que je vas dire qui l'y engagea infenfiblement. Un des plus grands efprits de ce fiecle, & des plus celebres par l'ouverture admirable qu'il avoit pour les Mathematiques, avoit fait en quelques jours un effay d'Elemens de Geometrie; & comme il n'avoit pas cette veuë de l'ordre, il s'eftoit contenté de changer plufieurs des démonftrations d'Euclide pour en fubftituer d'autres plus nettes & plus naturelles, Ce petit ouvrage étant tombé entre les mains de celuy qui a depuis compofé ces Elemens, il s'étonna qu'un fi grand efprit n'euft pas efté frappé de la confufion qu'il avoit laiffée pour ce qui eft de la methode, & cette penfée luy ouvrit en même temps une maniere naturelle de difpofer toute la Geometrie, les démonftrations s'arrangerent d'elles mêmes dans fon efprit, & tout le corps de l'ouvrage que nous donnons maintenant au public fe forma dans fon idée.

Cela luy fit dire en riant à quelques-uns de fes amis, que s'il avoit le loifir il luy feroit facile de faire des Elemens de Geometrie mieux ordonnez que ceux que l'on luy avoit montrez; mais ce n'étoit encore qu'un projet en l'air qu'il avoit peu d'efperance de pouvoir executer, quoique quelques perfonnes l'en priaffent; parce qu'il auroit fait fcrupule d'y employer un temps où il auroit efté en eftat de faire quelqu'autre chofe.

Il eft arrivé neanmoins depuis que diverfes rencontres luy ont donné le loifir dont il avoit befoin pour

ë iij

PREFACE.

cela. Il fut une fois obligé par une indifpofition de quitter fes occupations ordinaires, & il trouva fon foulagement en fe déchargeant d'une partie de ce qu'il avoit dans l'efprit fur cette matiere. Une autrefois il fe trouva quatre ou cinq jours dans une maifon de Campagne fans aucun livre, & il remplit encore ce vuide en compofant quelque partie de ce Traité. Enfin en ménageant ainfi quelques petits temps, il a achevé ce qu'il avoit deffein de faire de cet ouvrage, s'étant borné d'abord à la Geometrie des Plans comme pouvant fuffire au commun du monde.

Quelques perfonnes fe font étonnez qu'en écrivant d'une matiere fi étendüe, & qui a efté traitée par un fi grand nombre d'habiles gens, il ne leût pour cela aucun livre de Geometrie, n'en ayant point même dans fa Bibliotheque : mais il leur répondoit, que l'ordre le conduifoit tellement, qu'il ne croyoit pas pouvoir rien oublier de confiderable. Il ajoûtoit même que cet ordre ne fervoit pas feulement à faciliter l'intelligence & à foulager la memoire ; mais qu'il donnoit lieu de trouver des principes plus feconds, & des demonftrations plus nettes que celles dont on fe fert d'ordinaire. Et en effet il n'y a prefque dans ces nouveaux Elemens que des démonftrations toutes nouvelles ; qui naiffent d'elles mefmes des principes qui y font établis, & qui comprennent un affez grand nombre de nouvelles propofitions.

On voit affez par là qu'il n'eftoit pas fort difficile à l'Auteur de la nouvelle Logique ou Art de penfer, qui avoit veu quelque chofe de cette Geometrie, de remarquer, comme il a fait dans la IVᵉ Partie, les défauts de la methode d'Euclide, & d'avancer qu'on pourroit digerer la Geometrie dans un meilleur ordre. C'étoit deviner les chofes paffées. Mais cette avance qu'il avoit faite, fans fe hazarder beaucoup, a depuis fervy d'engagement à produire ce petit ouvrage, à quoy l'on n'auroit peut eftre jamais penfé. Car tant de perfonnes ont demandé au Libraire une nouvelle Geometrie, qu'on n'a

PREFACE.

pas pû la refuſer aux inſtances qu'il a faites de leur part pour l'obtenir, n'étant pas juſte de ſe faire beaucoup prier pour ſi peu de choſe.

On s'eſt donc reſolu de la donner au public, & de le rendre juge de l'utilité qu'on en peut tirer. On croit ſeulement devoir avertir le monde qu'il y aura peut-eſtre quelques perſonnes qui pourront trouver les IV. premiers Livres un peu difficiles, parce qu'on s'y eſt ſervy de démonſtrations d'Algebre, auſquelles on a quelque peine d'abord à s'accoûtumer. La raiſon qui a obligé d'en uſer ainſi eſt, que traittant des grandeurs en general entant que ce mot comprend toutes les eſpeces de quantité, on ne pouvoit pas ſe ſervir de figures pour aider l'imagination; outre que l'on jugeoit qu'il étoit utile de ſe rompre d'abord à cette methode, qui eſt la plus feconde & la plus Geometrique; mais ceux neanmoins à qui elle feroit trop de peine ont moyen de s'en exempter en commençant par le V.ᵉ Livre, & en ſuppoſant prouvées quelques propoſitions qui dépendent des quatre premiers. Ce remede eſt aiſé, & il ne les privera pas du fruit qu'ils pourront tirer de la methode de ces Elemens, lors qu'en une ſeconde lecture ils les liront tous de ſuite.

Pour les autres jugemens qu'on peut faire de cet Ouvrage, comme il eſt facile de les prévoir, il ſemble auſſi qu'on n'ait pas ſujet de s'en mettre en peine. Car s'il ſe trouve des perſonnes qui le mépriſent par des principes plus élevez, & par un éloignement de toutes ces ſortes de ſciences, peut-eſtre ne ſeront-ils pas fort éloignez du ſentiment de l'Auteur. S'il y en a qui le blâment comme Geometres en y remarquant de veritables fautes, ils ſeront encore d'accord avec luy, parce qu'il ſera toûjours tout preſt de les corriger. Enfin ceux qui le reprendront comme Geometres, mais en ſe trompant, ne peuvent pas luy eſtre fort incommodes, parce que c'eſt une matiere où les veritez ſont ſi claires, qu'elles n'ont gueres beſoin d'apologie contre les injuſtes accuſations.

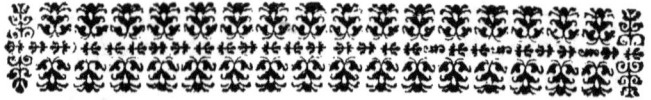

DEFINITIONS DE QUELQUES MOTS
dont on s'eſt ſervi dans ces Elemens ſans les definir, parce qu'ils ſont plûtoſt de Logique que de Geometrie.

AXIOME. On appelle ainſi une propoſition ſi claire qu'elle n'a pas beſoin de preuve : comme; *Que le tout eſt plus grand que ſa partie.* Voir la Logique ıv. Part. Chap. vı.

DEMANDE. On ſe ſert de ce mot quand on a quelque choſe à faire, qui eſt ſi facile qu'on a pas beſoin de preuve pour demontrer qu'on a fait ce que l'on vouloit faire : comme; *Décrire un Cercle d'un intervale donné.*

DEFINITION. Ce qu'on appelle de ce nom en Geometrie eſt la determination d'un mot qui pourroit former diverſes idées, à une idée ſi claire & ſi diſtincte qu'elle revienne toûjours dans l'eſprit lorſqu'on ſe ſert de ce mot : comme; *On appelle Parallelogramme une figure dont les coſtez oppoſez ſont paralleles.* Voyez l'Art de penſer ı. Part. Chap. xı.

THEOREME. On nomme ainſi une propoſition dont il faut démontrer la verité : comme; *que le quarré de la baze d'un angle droit eſt égal aux quarrez des deux coſtez.*

PROBLEME. C'eſt auſſi une propoſition qu'il faut démontrer; mais dans laquelle il s'agit de faire quelque choſe, & prouver qu'on a fait ce qu'on avoit propoſé de faire : comme; *Faire paſſer par un point donné une ligne parallele à une ligne donnée.*

LEMME. C'eſt une propoſition qui n'eſt au lieu où elle eſt que pour ſervir de preuve à d'autres qui ſuivent. On en peut voir des exemples au commencement des Livres VI. X. & XI.

COROLLAIRE

Corollaire. C'est une propofition qui n'eft qu'une fuite d'une autre precedente, on en peut voir un grand nombre dans le Livre IX.

Mais il faut remarquer, que pour mieux faire voir la de_ pendance qu'avoient plufieurs propofitions d'une feule qui en étoit comme le principe & le fondement , on a quelquefois mis en Corollaire ce qu'on auroit pû mettre en Theoreme, fi on avoit voulu.

Et pour la même raifon, il y a de certains Theoremes à qui on a donné le nom de *Propofition fondamentale*; par- ce que toutes les propofitions d'une certaine matiere en dépendent. On en peut voir des exemples dans les Livres VI. VIII. X. XI.

Explication de quelques Notes.

QUoIQUE ces Notes foient expliquées chacune en fon lieu; neanmoins on a cru les devoir encore met- tre icy, afin de les faire mieux entendre

$+$ *Plus*; ainfi 9 $+$ 3, c'eft à dire; neuf plus trois.

$-$ *Moins* : ainfi 14 $-$ 2, c'eft à dire; quatorze moins deux.

$=$ *Marque de l'égalité*; ainfi 9 $+$ 3 $=$ 14 $-$ 2. c'eft à dire; neuf plus trois eft égal à quatorze moins deux.

: : Ces quatre points entre deux termes devant, & deux termes aprés marquent que ces quatre termes font pro- portionels ou arithmetiquement, on geometriquement.

Ainfi, Arithmetiquement 7. 3 : : 13. 9.

Et Geometriquement 6. 2 : : 12. 4.

$\div\div$ Ces mêmes quatre points avec une ligne qui les coupe marquent la proportion continüe; ainfi $\div\div$ 3. 9. 27. c'eft à dire, 3 eft à 9; comme 9 eft à 27.

Deux lettres enfemble comme *bd*, marquent quelque- fois une grandeur de deux dimenfions, comme un plan dont la longueur foit *b* & la largeur *d*. Mais d'autres fois ce n'eſt qu'une ligne dont ces deux lettres marquent les deux extremitez ; ce qu'il eſt aiſé de diſcerner par le ſujet que l'on traite.

Les livres ſont diviſez en nombres par des chiffres qui ſont en marge : & c'eſt ſeulement à cela qu'on a égard dans les citations & les renvois à quelques points des livres precedens ; le premier chiffre, qui eſt romain marquant le livre, & le ſecond qui eſt Arabe, marquant le nombre de ce livre. Ainſi V. 29. veut dire *le vingt-neuviéme nombre du livre cinquiéme.*

Que ſi l'endroit où l'on renvoie eſt du même livre, on cite quelquefois un tel Theorême, ou un tel Lemme, ou bien le nombre precedent avec cette marque S. qui veut dire *ſupra* ; comme S. 15. c'eſt à dire, *cy-deſſus, nombre 15.*

TABLE

De ce qui eſt traité dans chaque Livre.

On pourroit dire beaucoup de choſes ſur l'ordre qu'on a ſuivy dans ces Elemens, & pour faire voir qu'il eſt beaucoup plus naturel qu'aucun autre ait jamais obſervé dans ces matieres. Mais on aime mieux en laiſſer le jugement à ceux qui les liront, & l'on ſe contente d'en repreſenter le plan en faiſant voir de ſuite ce qui eſt traité dans chaque Livre.

SOLUTION

d'un Probléme d'Arithmetique appellé

LES QUARREZ MAGIQUES. 387

EXTRAIT DU PRIVILEGE DU ROY.

PAr Grace & Privilege du Roy, donné à Chaville, le 25. Juillet 1683. Signé par le Roy en son Conseil, JONQUIER, & scellé. Il est permis à GUILLAUME DESPREZ, Marchand Libraire à Paris, de rimprimer faire rimprimer, vendre & debiter dans tous les lieux de l'obeïssance de sa Majesté, un Livre intitulé *Nouveaux Elemens de Geometrie*, avec les corrections, changemens & augmentations qui y ont esté faites, durant le temps & espace de dix ans, à compter du jour qu'ils feront achevez d'imprimer la premiere fois en vertu desdites Lettres de Privilege, avec deffenses à toutes personnes de quelques qualité & condition qu'ils soient, Libraires, Imprimeurs, ou autres, de le rimprimer faire rimprimer, vendre ny debiter sous quelques pretextes que ce soit à peine de trois mil livres d'amande, de confiscation des Exemplaires contre-faits, & de tous depens dommages & interests, ainsi qu'il est porté plus au long dans lesdites Lettres de Privilege.

Registré dans le Registre de la **Communauté des Libraires & Imprimeurs de Paris,** *le* 26. *jour de Iuillet* 1683.

Achevé d'imprimer pour la premiere fois en vertu du present Privilege, le 1. Septembre 1683.

FAUTES A CORRIGER.

PAge 40. lign. 16. au lieu de C. G. lisez G. C

Page 40. lign. 18. au lieu de $\frac{P-C}{r}$ lisez $\frac{B-C}{b}$

Lign. 19 au lieu de $\frac{F-G}{G}$ lisez $\frac{P \cdot G}{b}$

au lieu de $\frac{P}{G}$ moins $\frac{G}{G}$ lisez $\frac{F}{F}$ moins $\frac{G}{F}$

Page 43. lign. 20. au lieu de entre celles, lisez entre elles.
Page 50 lign. 20 au lieu de galement continuees lisez également contenües.

Page 63 lign. 25 au lieu de $\frac{q}{n}\frac{m}{n}$ :: b n. c m. lisez $\frac{B}{c}\frac{m}{n}$ :: bn. cm.

Page 64 lign. 5. au lieu de $\frac{B G - C F}{C G}$ lisez $\frac{B G \dots C F}{C G}$

Page 67 lign. 8 au lieu de trison, lisez raison.
lign. 12 au lieu de l'antecedent de la raison, lisez l'antecedent de la seconde.

lign. 17 au lieu de $\frac{B}{c}\frac{c}{d}\frac{d}{f}\frac{f}{g}\frac{g}{h}$

Page 72 lign. 17 au lieu de raison doublée leurs racines, lisez raison doublée de leurs racines.
Page 81 lign. 35 au lieu de multipliez, lisez multiples.
Page 84 lign. 35 au lieu de multiplié, lisez multiple.
Page 202 lign. 32 au lieu de k. c x. lisez k. x c
Page 203 lign. 5 au lieu de m n p lisez m p n
Page 279 lign. 35 au lieu de angles, lisez ares
Page 314 lign. 35 au lieu de bb = cc -- dd -- dy lisez bb = cc -- dd -- 2dy
Page 315 lign. 15 au lieu de plus le rectangle, lisez plus deux rectangles.
Page 357 lign. 33 au lieu de du decagone, lisez du pentagone.
lign. 34 au lieu de le quarré du pentagone, lisez le quarré du costé du pentagone.
Page 373 lign. 18 au lieu de b c mn :: cn -- f p. lisez b c mn :: c -- f. p -- n
lign. 20 au lieu de b c mn :: c -- b. n -- m.

NOUVEAUX

NOUVEAUX ELEMENS

DE

GEOMETRIE.

LIVRE PREMIER.

DES GRANDEURS EN GENERAL,
ET DES QUATRE OPERATIONS,
Ajoûter, Souſtraire, Multiplier, Diviſer,
entant qu'elles ſe peuvent appliquer
à toutes ſortes de grandeurs.

SUPPOSITIONS GENERALES.

OUTES les Sciences ſuppoſent des con-
noiſſances naturelles, & elles ne conſiſtent
proprement qu'à étendre plus loin ce que nous
ſçavons naturellement.

AINSI quoy qu'il ſemble que ce ſoit con-
tre le vray ordre des ſciences de ſuppoſer dans
les ſuperieures, ce qui ne ſe doit traitter que dans les inferieu-
res, comme qui ſuppoſeroit dans la Geometrie, ce qui ne s'ap-
prendroit que dans l'Aſtronomie ; neanmoins ce n'eſt point
contre cet ordre que de ſuppoſer dans une ſcience ſuperieure

A

ce qui regarde l'objet de l'inferieure, lors que nous ne suppo-
sons que ce qui se peut sçavoir par la seule lumiere naturelle
sans l'aide d'aucune science.

C'EST POURQUOY *ayant entrepris de traiter icy de la*
quantité ou grandeur en general, entant que ce mot comprend
l'étenduë, le nombre, le temps, les degrez de vitesse, & ge-
nerallement tout ce qui se peut augmenter en ajoûtant ou mul-
tipliant ; & diminuer en soustrayant ou divisant, &c. je
ne feray point de difficulté de supposer qu'on sçait de certai-
nes choses qui semblent appartenir à la science des nombres
qu'on appelle Arithmetique, ou à la science de l'étenduë
qu'on appelle Geometrie ; parce que je ne supposeray rien
qu'on ne puisse sçavoir sans l'aide de l'Arithmetique ou de
la Geometrie pour peu d'attention qu'on y fasse, ou qu'on y
ait déja fait.

PREMIERE SUPPOSITION.

I I.   JE suppose donc premierement qu'on sçache ajoûter
& multiplier de petits nombres, comme que 4 & 5 font
9, que 3 fois 5 font 15, &c.

SECONDE SUPPOSITION.

I I I.   SECONDEMENT qu'on sçache que c'est la mesme chose dans la multiplication de commencer par lequel on
veut des deux nombres que l'on multiplie : comme que
3 fois 5, est la mesme chose que 5 fois 3, que 4 fois 6,
est la mesme chose que 6 fois 4.

TROISIE'ME SUPPOSITION.

I V.   JE suppose en troisiéme lieu, que l'on sçache que ce
qu'on appelle corps, espace, étenduë, (car tout cela
signifie la mesme chose) à trois dimensions, longueur,
largeur, & profondeur. Et que quand on les considere
toutes trois ; c'est alors que cette sorte de grandeur s'appelle proprement corps ou Solide. Que quand on n'en
considere que deux, sçavoir la longueur & la largeur,
on l'appelle alors Surface. Et que quand on n'en consi-
de qu'une, sçavoir la longueur, on l'apppelle alors
Ligne.

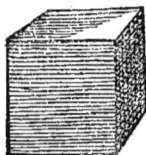

Quatrieme Supposition.

Je suppose en quatriéme lieu, que la multiplication & V. la division se peuvent appliquer à toutes grandeurs, & non seulement aux nombres. Car par exemple dans l'étenduë on appelle multiplier la longueur par la largeur, lors qu'ayant un morceau de terre de 4 perches de longueur & 3 de largeur, on dit que ce morceau de terre a 12 perches de surface. Et au contraire, on appelle diviser, lors que sçachant par exemple quel est le contenu d'un morceau de terre, comme qu'il est de 12 perches, & sçachant aussi quelle en est la longueur, comme de 4 perches, on en cherche la largeur qui se trouvera estre de 3 perches. On pourroit encore donner une autre notion de la multiplication & de la division par rapport à l'unité. Mais celle-là suffit pour ce que nous avons à faire, & l'autre ne se pourroit bien expliquer qu'en supposant des choses dont nous ne parlerons que dans la suite.

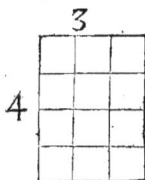

Cinquieme Supposition.

Je suppose en cinquiéme lieu, que l'on se puisse met- V E. tre dans l'esprit que ce qu'on appelle les trois dimensions dans les corps s'applique par accommodation à toutes les autres grandeurs, & mesme aux nombres.

Car on les considere quelquefois comme n'ayant qu'une dimension lors qu'on ne suppose point qu'on les

A ij

ait multipliez par une autre grandeur. Et alors on les peut appeller grandeurs lineaires : comme eſt par exemple le nombre de 7, qu'on ne conſidere que comme eſtant compoſé de ſept unitez.

E t quelquefois on les conſidere comme ayant deux dimenſions lors qu'on ſuppoſe qu'une grandeur eſt née de la multiplication de deux lineaires ; & alors on les peut appeller grandeurs planes. Comme eſt par exemple le nombre de 12, lors qu'on le conſidere comme eſtant né de la multiplication de 3 par 4. : : : :

Et enfin on les conſidere comme ayant trois dimenſions lors qu'on ſuppoſe qu'une grandeur eſt née de la multiplication de trois grandeurs lineaires, ou d'une plane qui en a desja deux, par une lineaire. Et alors on peut appeller ces grandeurs ſolides. Comme eſt par exemple le nombre de 24, quand on le conſidere comme né de la multiplication de ces trois nombres 2. 3. 4, parce que 2 fois 3 font 6, & 4 fois 6 font 24.

Sixieme Supposition.

VII.

J e ſuppoſe enfin qu'on s'accoûtume à concevoir generalement les choſes en les marquant par des lettres ſans ſe mettre en peine de ce qu'elles ſignifient, puis qu'on ne s'en ſert que pour conclure que b eſt b, que c eſt c, ou ce qui eſt pris pour la meſme choſe en matiere de grandeur, ſur tout en general, que b eſt égal à b, & c à c, ou que b multiplié par c eſt égal à b multiplié par c, ou ſelon la 2e Suppoſition à c multiplié par b.

C e t t e remarque eſt de grande importance. Car on ne feroit que ſe broüiller ſi dans ces commencemens qui doivent eſtre tres-ſimples on vouloit appliquer ce qu'on traite generalement à des exemples particuliers dont la connoiſſance dépendroit d'autres principes. Et de plus, l'une des plus grandes utilitez de ce traité, eſt d'accoûtumer l'eſprit à concevoir les choſes d'une maniere ſpirituelle ſans l'aide d'aucunes images ſenſibles, ce qui ſert beaucoup à nous rendre capables de la connoiſſance de Dieu & de noſtre ame.

PRINCIPES GENERAUX.
Du Tout et des Parties.

Toute grandeur eſt conſiderée comme diviſible en ſes parties. **VIII.**

La grandeur eſt appellée *tout* au regard de ſes parties. **IX.**

Lors qu'une partie de la grandeur eſt contenuë preciſément tant de fois dans ſon tout, comme 2 fois, 3 fois, 4 fois, &c. elle s'appelle *partie aliquote*, ou ſimplement *aliquote*. **X.**

On dit auſſi qu'elle en eſt *la meſure*; parce qu'elle la meſure juſtement eſtant priſe autant de fois qu'il faut. **XI.**

Ainſi 3 eſt partie aliquote de 9, parce qu'il y eſt trois fois; 5, partie aliquote de 20, parce qu'il y eſt 4 fois.

Quand les parties aliquotes d'une grandeur ſont autant de fois dans leur tout que les parties aliquotes d'une autre grandeur dans le leur, elles ſont appellées *aliquotes pareilles*. Ainſi 3 & 4, ſont les aliquotes pareilles de 9 & de 12, parce que 3 eſt autant de fois dans 9, que 4 dans 12, l'un & l'autre y eſtant 3 fois. **XII.**

Le tout eſt meſure à ſoy-même, parce que toute grandeur eſt contenuë une fois dans ſoy-même. **XIII.**

On appelle *portion* toute partie aliquote ou non aliquote. Ainſi 4 eſt une portion de 13; 5 de 7. **XIV.**

AXIOMES.
De l'Egalite' et Inegalite'.

Le tout eſt plus grand que ſa partie. **XV.**

Le tout eſt égal à toutes ſes parties priſes enſemble. **XVI.**

Les grandeurs égales à une même grandeur ſont égales entr'elles. **XVII.**

Si à grandeurs égales on en ajoûte d'égales, les tous ſont égaux. **XVIII.**

Si de grandeurs égales on en ôte d'égales, les reſtes feront égaux. **XIX.**

Si de grandeurs inégales on en ôte d'égales, les reſtes feront inégaux. **XX.**

XXI.   Si à grandeurs inégales on en ajoûte d'égales, les tous feront inégaux.

XXII.   Les aliquotes pareilles de grandeurs égales font égales. Par exemple, si *b* eft égal à *c*, le tiers de *b* fera égal au tiers de *c*, cela eft manifefte.

XXIII.   Et par la mefme raifon deux grandeurs font égales quand leurs aliquotes pareilles font égales. Si le tiers de *b* eft égal au tiers de *c*, *b* eft égal à *c*, car *b* eft égal à fes trois tiers, & *c* aux trois fiens. Or fi un tiers eft égal à un tiers, les trois tiers font égaux aux trois tiers : puis que ce n'eft qu'ajoûter chofes àgales à chofes égales. Donc, &c.

XXIV.   On peut marquer ainfi qu'une grandeur eft egale à une autre , comme que *b* eft égal à *c*, $b = c$.

DES QUATRE OPERATIONS.
AJOUTER, &c.
ADDITION.

XXV.   Ajoûter, ou *Addition*, c'eft mettre deux ou plufieurs grandeurs enfemble, & en faire comme un tout qui s'appelle *fomme*.

Cela s'exprime ainfi *b*, plus *c*, & fe marque ainfi $b + c$.

SOUSTRACTION.

XXVI.   Souftraire , ou *Souftraction*, c'eft retrancher une moindre grandeur d'une plus grande. Et ce qui refulte de là s'appelle *refte* ou *difference*. Car ce qui refte de la plus grande eft ce en quoy la plus grande furpaffoit la plus petite. Si de 5 je retranche 3 , refte 2 , & 2 eft la difference de 5 à 3.

La Souftraction s'exprime ainfi , *b* moins *c*, & fe marque ainfi $b - c$.

MULTIPLICATION.

XXVII.   Multiplier ou *Multiplication*, c'eft quand ayant deux grandeurs comme *b* & *c*, je fais que ce que l'unité eft à l'une des deux, l'autre l'eft à ce qui refulte de la Multiplication, qu'on appelle *produit*.

Une toife eft à 3 toifes, ce que 4 toifes font à 12 ; Et ainfi 12 toifes eft le *produit* de 3 toifes multipliées par 4.

XXVIII.   Cela s'exprime ainfi quand on ne fe fert que de let-

tres b en c, ou b par c; Il y en a qui le marquent ainfi $b \times c$; mais il eft plus court de les mettre feulement
enfemble bc, & nous ne nous fervirons que de ce dernier.

Il faut remarquer qu'une grandeur marquée par un
feul caractere comme b, ou c, s'appelle grandeur lineaire,
felon la 5ᵉ Suppofition. Que quand on les joint enfemble
en mettant bc, cela ne veut pas dire que l'une foit ajoûtée à l'autre (ce qu'il faudroit marquer par $b + c$, b plus
c,) mais que l'une eft multipliée par l'autre, d'où naift
ce qu'on appelle *produit*.

Que s'il n'y a eu que deux grandeurs lineaires qui ayent XXIX.
efté multipliées l'une par l'autre, *ce produit* s'appelle *grandeur plane* ou *plan*.

Et les deux grandeurs lineaires d'où ce plan a efté XXX.
produit, s'appellent *fes deux dimenfions* , ou fes deux
coftez.

Et fi c'eft la mefme grandeur lineaire qui a efté mul- XXXI.
tipliée par foy-mefme , comme fi b en b a fait bb , ce
plan s'appelle *quarré*. Et cette grandeur lineaire *fa racine*.
On marque quelquefois le quarré ainfi b^q c'eft à dire b
quarré, ou $b^{.}$ c'eft à dire b de deux dimenfions.

Que fi trois grandeurs lineaires font multipliées l'une XXXII.
par l'autre , comme b en c, & bc en d. ce qui fait bcd, ou
ce qui eft la mefme chofe fi une grandeur plane, comme
bc eft multipliée par une lineaire , comme par d, ce qui
fait auffi bcd, ce produit s'appelle *folide* , ou une grandeur à 3 dimenfions.

Et fi c'eft une mefme grandeur qui eft multipliée 2 fois XXXIII.
par elle-mefme, comme b en b, & bb en b, ou ce qui eft
la mefme chofe fi un quarré comme bb eft encore une
fois multiplié par b fa racine, ce qui fait bbb, ce folide
s'appelle *cube*, & b la racine de ce cube.

On marque quelquefois le cube ainfi b^c c'eft à dire b
cube, ou b^3 c'eft à dire b de trois dimenfions.

DIVISION.

Divifer ou *divifion*, c'eft lors qu'ayant une grandeur XXXIV.
qui s'appelle *divifeur*, parce qu'elle en doit divifer une

8   NOUVEAUX ELEMENS

autre, qui s'appelle dividende, on fait que comme le *diviseur* est au *dividende*, l'unité soit à ce qui naist de la division qu'on appelle *quotient*.

Afin que 3 divise 12, il faut que je trouve un nombre à qui l'unité soit comme 3 est à 12, & ce nombre est 4. car 3 est quatre fois dans 12, comme l'unité est quatre fois dans 4.

La division s'exprime ainsi *b c* divisé par *p* ; & se marque ainsi $\frac{bc}{p}$ & cela s'appelle *quotient*, comme j'ay desja dit ; & la grandeur de dessus est le *dividende* ou *grandeur à diviser*, & celle de dessous le diviseur.

C'est presque toûjours une grandeur de plusieurs dimensions qu'on divise par une grandeur de moins de dimensions. Car la division est opposée à la multiplication, comme la soustraction à l'addition, d'où vient que la multiplication du diviseur & du quotient fait une grandeur égale à la grandeur à diviser; parce que la multiplication refait ce que la division avoit défait. Et d'où vient aussi par la mesme raison que si on veut multiplier une grandeur divisée par le diviseur même, on n'a qu'à oster le diviseur, & la grandeur à diviser demeurant seule, sera le produit. Ainsi le produit de $\frac{bc}{p}$ en *g* est *b c*.

XXXV.   La division est de peu d'usage dans le traité de la grandeur en general, parce qu'on ne sçauroit d'ordinaire déterminer un quotient qu'en descendant à quelque espece de grandeur, comme l'étenduë ou le nombre.

Il n'y a qu'une rencontre où on le peut, qui est lors que le mesme caractere se trouve dans la grandeur à diviser & dans le diviseur. Car alors ostant ce caractere de l'un & de l'autre, ce qui restera sera le quotient.

Ainsi ayant $\frac{bc}{b}$ le quotient sera *c*.

Ayant $\frac{bd}{b}$ le quotient sera *d*.

Ayant $\frac{bcd}{b}$ le quotient sera *c d*.

DES GRANDEURS

INCOMPLEXES ET COMPLEXES.

XXXVI.   Outre ce que nous avons remarqué que l'on pouvoit considerer les grandeurs comme n'ayant qu'une dimension, fion; ou en ayant plufieurs : on peut encore confiderer toutes ces fortes de grandeurs lineaires, planes, ou fo-folides comme incomplexes, ou comme complexes.

JE les appelle *incomplexes* quand on confidere une gran. **XXXVII.** deur d'une ou de plufieurs dimenfions à part, comme *b*, ou *c d*, ou *m n o*, fans y rien ajoûter ou en rien ofter.

ET je les appelle *complexes* quand on y en joint d'autres **XXXVIII** de mefme-genre par un *plus* ou un *moins*, ou qu'on marque par un chiffre que la même grandeur fe doit prendre plufieurs fois, comme $b + c$, ou $b + c + d$, ou $b + f - g$, ou $b c + f g$, ou $b c + f g - m n$.

Ou par des chiffres $3 b$.

Or comme il y a quelque difficulté un peu plus grande pour faire les operations dont nous venons de parler fur les grandeurs complexes, nous en donnerons les princi-pes & les regles.

PRINCIPES
POUR FAIRE LES QUATRE OPERATIONS SUR LES GRANDEURS COMPLEXES.

1. CHAQUE grandeur incomplexe dont la complexe eft **XXXIX.** compofée fe peut appeller *terme*.

2. LE plus & le moins font appellez *fignes*. **XL.** LE plus $+$ *figne affirmatif*, le moins, $-$ *figne negatif*.

3. PAR tout où n'eft point le figne negatif, l'affirmatif **XLI.** eft fous-entendu. Ainfi $b + c$, vaut $+ b + c$. Mais il fe-roit inutile de marquer le plus au commencement.

4. LE plus & le moins d'une même grandeur ou ter- **XLII.** me font égaux à rien, ou valent zero. Car l'un oftant ce que l'autre a mis, ils ne demeure rien. Ainfi $b - b$, ce n'eft rien, $b + c, - c$. ne vaut que b. Cela eft auffi important que facile.

5. LORS que le même terme eft plufieurs fois repeté **XLIII.** dans une grandeur complexe, fi c'eft toûjours avec le mefme figne, foit affirmatif, foit negatif, on peut ne le mettre qu'une fois avec fon mefme figne, en marquant par un chiffre combien il doit eftre pris de fois. Ainfi pour $b + c + c + c$, on peut mettre b plus $3 c$, ou $b + 3 c$: au

B

lieu de $b—g—g—g$, on peut mettre b moins $3 g$, ou
$b—3 g$.

XLIV. 6. Mais si la même grandeur ou terme est avec des signes divers, on peut alors selon le principe 4, oster ce
terme de la grandeur complexe autant de fois qu'il est
avec un plus & avec un moins. Ainsi $b+c+c—c—c$,
ne vaut que b, parce que c est autant de fois osté que mis,
& ainsi il ne reste rien. Que s'il y avoit un *plus* davantage, comme $b+c+c—c$, alors il le faudroit laisser une
fois avec *plus* $b+c$, & de même s'il y avoit un moins
davantage.

ADDITION
DES GRANDEURS COMPLEXES

XLV. Pour ajoûter une grandeur complexe, comme $b+c$,
à une autre grandeur ou complexe comme $m+c$, ou incomplexe comme m, il ne faut qu'y joindre la grandeur
qu'on veut ajoûter & en conserver tous les signes, en
observant toûjours que le signe affirmatif est sous entendu
où il n'y en a point.

A $b+c.$
ajoûter $m+n.$ } Somme $b+c+m+n.$

A $b+c.$
ajoûter $m—n.$ } Somme $b+c+m—n.$

XLVI. Que s'il y a des chiffres, il les faut laisser comme on
les trouve.

A $2b+3c.$
ajoûter $3m+4n.$ } Somme $2b+3c+3m+4n.$

XLVII. La somme estant trouvée, si le même terme s'y trouve plusieurs fois, on peut pratiquer ce qui a esté dit dans
le principe 5 & 6. Ce qui soit dit une seule fois pour toutes les autres operations.

SOUSTRACTION
DES GRANDEURS COMPLEXES.

XLVIII. Pour soustraire une grandeur complexe d'une autre
grandeur ou complexe ou incomplexe, il ne faut que l'y
joindre en changeant tous les signes de la grandeur qu'on
soustrait, & observant toûjours que le signe affirmatif

eſt ſous-entendu où il n'y en a point.

De $b + c$.
oſter $m + n$. $\Big\}$ reſte $b + c - m - n$.

De $b + c$.
oſter $m - n + o$. $\Big\}$ reſte $b + c - m + n - o$.

Il n'eſt pas difficile de juger pourquoy on change le *plus* ſous-entendu en *moins* dans le premier terme de la grandeur à ſouſtraire: car c'eſt en cela même que conſiſte la ſouſtraction. Mais d'abord on eſt ſurpris de ce qu'il faut changer les ſignes de *moins* en *plus*; car au lieu que la Souſtraction doit faire la grandeur moindre qu'elle n'étoit, on la rend plus grande par là.

Cela eſt facile à comprendre quand ce que l'on doit ſouſtraire, a d'abord un *plus* & puis un *moins*. Comme ſi de b je veux oſter $p - n$; car $p - n$ eſtant moins que p. En oſtant p j'oſte trop, & ainſi ayant oſté p, parce qu'on a trop oſté, il faut ajoûter n, qui eſt ce qu'on a oſté de trop.

Mais quand il n'y auroit dans ce qu'on veut ôter qu'une grandeur avec le ſigne de *moins*: il faut toûjours la mettre par le ſigne de *plus*, comme ſi de b, j'en voulois oſter $- n$, je devrois mettre $b + n$.

Car ce qui trompe en cela, c'eſt qu'ajoûter *moins*, c'eſt oſter & retrancher *moins*, c'eſt ajoûter. Ajoûter au bien d'un homme une dette paſſive de mille francs, qu'il croit avoir payée, ce n'eſt pas augmenter ſon bien, c'eſt le diminuer de mille livres, & en retrancher une dette paſſive de la meſme ſomme en la payant pour luy, ce n'eſt pas diminuer ſon bien, c'eſt l'augmenter de mille francs. Il ne faut donc pas s'étonner ſi dans l'Addition à b, ajoûtant $- n$, je ne change point le *moins* en *plus*, mais le laiſſant comme il eſtoit, cela fait $b - n$: de ſorte que la ſomme eſt moindre, que n'eſtoit-ce à quoy je l'ay ajoûté, parce que je n'ay ajoûté qu'en apparence, mais j'ay retranché en effet.

Et au contraire dans la Souſtraction, ſi de b je retranche $- n$, il faut que changeant le ſigne de *moins* en *plus*,

je mette $b + n$, ce qui fait un reste plus grand , que ce
dont j'ay retranché , parce que retrrancher un *moins*, c'est
ne retrancher qu'en apparence & ajoûter en effet. On
en peut apporter une preuve bien sensible dans les nombres. Je veux de 7 retrancher moins 2 , au lieu de 7 je
prends 9—2, qui luy est égal. Il faut donc qu'il reste la
mesme chose , si de l'un ou l'autre je retranche 4—2. Or
si de 9—2, je retranche—2, je le pourray faire , ou
effaçant—2 de 9—2 , ou en mettant + 2 apres 9—2 ;
c'est à dire en mettant 9—2 + 2. Or de l'une ou de l'autre maniere il restera 9 ; car 2 estant par *plus* & par
moins se reduit à zero. Il faut donc qu'il reste la mesme
chose lors que de 7 on oste—2. Et cela ne peut estre
qu'en changeant le *moins* en *plus*, & mettant 7 + 2. Ce
qui fait 9.

MULTIPLICATION
DES GRANDEURS COMPLEXES.

L.   POUR multiplier une grandeur complexe par une autre
complexe ou incomplexe , il faut faire autant de multiplications particulieres que chaque terme de la grandeur
complexe peut estre comparé avec chaque terme de l'autre grandeur.

    DE sorte que multipliant le nombre des termes d'une
grandeur à multiplier , avec le nombre des termes de l'autre, on a le nombre des multiplications partiales qu'il faut
faire pour avoir la multiplication totale, ou le produit
total.

L I.   AINSI lors qu'une des deux grandeurs n'a qu'un terme
& que l'autre en a deux , parce qu'une fois deux ne sont
que deux, il ne faudra faire que deux multiplications partiales de chacun des deux termes d'une grandeur par le
le terme unique de l'autre.

    $b.$
En $c + d.$ } produit $cb + db.$

L I I.   LORS que les deux grandeurs ont chacune deux
termes , parce que deux fois deux font 4 , il faudra
faire 4 multiplications partiales pour avoir le produit
total.

$$\text{En} \begin{array}{c} b + c. \\ p + q. \end{array} \Big\} \text{produit } pb + pc + qb + qc.$$

Lors que chacune a trois termes, parce que trois fois **LIII.** trois font neuf, il faudra faire neuf multiplications qu'on pourra difpofer trois à trois en cette forte ;

$$\text{En} \begin{array}{c} b + c + d. \\ p + q + r. \end{array} \Big\} \begin{array}{c} pb + pc + pd. \\ + qb + qc + qd. \\ + rb + rc + rd. \end{array}$$

& ainfi à l'infini.

La même chofe fe fait quand on multiplie des gran- **LIV.** deurs planes par des grandeurs lineaires , d'où naiffent des grandeurs folides.

$$\text{En} \begin{array}{c} bd + pq. \\ f + t. \end{array} \Big\} \text{produit } sbd + spq + tbd + tpq.$$

Voila ce qu'il faut obferver generalement dans tou- **LV.** te multiplication des grandeurs complexes. Mais il y a une difficulté particuliere pour fçavoir quand il faut mettre les fignes de *plus* ou de *moins* avant les produits des multiplications partiales. C'eft ce qu'on apprendra par ces trois Regles.

Premiere Regle.

Plus en *plus* fait *plus* ; c'eft à dire que la multiplica- **LVI.** tion de deux termes qui ont chacun un *plus* exprimé ou fous-entendu , donne un produit qui doit avoir le figne de *plus*. Cela eft fans difficulté , & les exemples qu'on a propofez le font affez voir.

Seconde Regle.

Plus en *moins* , ou *moins* en *plus* donne *moins*. C'eft à **LVII.** dire que la multiplication de deux termes dont l'un a *plus* & l'autre *moins* , donne un produit qui doit avoir le figne de *moins*.

$$\text{En} \begin{array}{c} b \\ p - q \end{array} \Big\} pb - qb \text{ parce que } q \text{ a } moins \text{ & } b \text{ } plus \text{ fous-entendu.}$$

Troisie'me Regle.

Moins en *moins* donne *plus* ; C'eft à dire que la multi- **LVIII.** plication de deux termes qui ont tous deux *moins* don- ne un produit qui doit avoir le figne de *plus*.

$$\left.\begin{array}{c} b - d \\ p - q \end{array}\right\} \ b\,p - p\,d - b\,q + d\,q.$$

RAISON DE CES TROIS REGLES.

Ce que nous avons dit pour montrer que dans l'addition on laiſſoit le *moins* comme on le trouvoit, au lieu que dans la ſouſtraction on changeoit le *moins* en *plus*, donnera un grand jour pour l'intelligence de ces trois regles, & ſur tout de la derniere qui paroiſt d'abord fort étrange.

Suppoſons que les deux grandeurs que l'on veut multiplier ſoient 5. & 3.

On en prend une, laquelle on veut qu'on appelle le multipliant, & l'autre eſt le multiplié. Suppoſons que 5 ſoit le multipliant, & 3. le multiplié.

Chacune peut avoir l'un des deux ſignes, le *plus* & le *moins* (+ ou —) ce qui fait 4. cas.

Le 1. cas eſt quand le multipliant a *plus*, & le multiplié a auſſi *plus*; c'eſt à dire quand par + 5 je multiplie + 3.

Le 2. cas, eſt quand le multipliant a *plus*, & que le multiplié a *moins*; c'eſt à dire quand par + 5 je multiplie — 3.

Le 3. cas, eſt quand le multipliant a *moins*, & que le multiplié a *plus*; c'eſt à dire quand par — 5 je multiplie + 3.

Le 4. cas, eſt quand le multipliant à *moins*, & que le multiplié à *moins* auſſi; c'eſt à dire quand par — 5 je multiplie — 3.

Il eſt queſtion de ſçavoir quel ſigne doit avoir le produit qui ſera toûjours 15; c'eſt à dire quand ce ſera + 15 ou — 15.

Or voicy ce me ſemble des remarques qui feront voir que dans le 1. cas qui appartient à la 1. regle, & dans le 4 qui appartient à la 3. regle, le produit aura *plus*; c'eſt à dire que ce ſera + 15 : Et que dans le 2. cas, & dans le 3. qui appartiennent tous deux à la 2. regle, le produit ſera par *moins*, c'eſt à dire que ce ſera — 15.

La 1. remarque eſt, que quand le multipliant a *plus*, comme dans les deux premiers cas, c'eſt multiplier par

plus, & qu'alors la multiplicaion ſe fait par voie d'addition , c'eſt à dire en ajoûtant le multiplié , (quel qu'il
ſoit, affirmatif ou negatif) autant de fois qu'il y a d'unitez dans le multipliant.

Et que quand le multipliant à *moins* , comme dans les
deux derniers cas, c'eſt multiplier par *moins* , & qu'alors
la multiplication ſe fait par voye de ſouſtraction ; c'eſt
à dire en oſtant le multiplié , quel qu'il ſoit autant de
fois , qu'il y a d'unitez , quoy que negativement dans le
multipliant.

La 2. remarque eſt, que c'eſt le multiplié qui determine en quelque ſorte le ſigne du produit : c'eſt à dire
que le ſigne que doit avoir le multiplié dans la multiplication , ſoit en conſervant celuy qu'il avoit auparavant , ſoit en le changeant en ſon oppoſé , ſera celuy
du produit.

La 3. qui eſt la ſuitte & l'application de ces deux-là ,
Que quand la multiplication ſe fait par voye d'addition,
comme dans les deux premiers cas où le multipliant a *plus*,
il faut obſerver pour le multiplié ; ce qui s'obſerve dans
l'addition , qui eſt de luy conſerver ſon ſigne. Et ainſi
dans les deux 1. cas, le produit doit avoir le meſme ſigne
qu'avoit le multiplié avec la multiplication. D'où il
s'enſuit que dans le premier cas ou le multiplié a *plus*,
le produit a *plus* auſſi. C'eſt pourquoy ſi par —+5 je multiplie —+3 le produit ſera —+ 15. Et que dans le 2. cas où le
multiplié à *moins* le produit doit auſſi avoir *moins*. Et
c'eſt pourquoy , ſi par —+5 je multiplie —3 le produit
ſera—15. Ce qui revient à ce qui a eſté dit que ſi à 5.
j'ajoûte—3 la ſomme ſera 5—3 ; ce qui ne fait que
deux.

Mais quand la multiplication ſe fait par voye de ſouſtraction , comme dans les deux derniers cas , où le multipliant a *moins* , il faut obſerver pour le multiplié ce
qui s'obſerve dans la ſouſtraction pour la grandeur
poſitive ou negative qu'on veut retrancher , qui eſt de
changer ſon ſigne dans le ſigne appoſé. Et ainſi dans ces

deux derniers cas le produit doit avoir le figne oppofé à celuy qu'avoit le multiplié avant la multiplication.
D'où il s'enfuit que le 3. cas où le multiplié a *plus*, le
produit doit avoir *moins*; c'eft à dire que fi par—5 je
multiplie—+3 le produit fera—15. Et que de mefme dans
le 4. cas où le multiplié a *moins*, le produit doit avoir
plus; c'eft à dire que fi par—5 je multiplie—3 le produit fera —+15; Car la multiplication fe faifant par voye
de fouftraction, multiplier—3 par—5, c'eft ofter 5 fois
—3. Or ofter une fois—3, c'eft mettre—+3, comme il
a efté dit fur le fujet de la fouftraction, donc l'ofter 5
fois, c'eft mettre—+15, ce qu'il falloit prouver.

LIX.
Cette maniere de concevoir la multiplication de moins en
moins en la confiderant comme faite par voie de fouftra-
ction, m'a donné moyen de refoudre la plus grande difficulté
qu'on puiffe comme je croy faire fur cela, & m'avoit fait
croire que ce n'eftoit que par accident, que moins par
moins donnoit plus. C'eft que je ne pouvois ajufter à cette
forte de multiplication, la notion la plus naturelle de la
multiplication en general, qui eft que l'unité (où determi-
née dans les nombres, ou arbitraire comme dans l'étenduë)
doit eftre au multipliant, comme le multiplié eft au pro-
duit. Car cela eft vifiblement faux dans la multiplication
de moins en moins, puifqu'il ne peut eftre vray que l'unité
foit a—5 comme—3 eft à—+15; parce qu'il faudroit pour
cela que le fecond terme eftant plus petit que le 1. le 4. fuft
auffi plus petit que le 3. au lieu qu'il eft beaucoup plus
grand. Je ne voy point d'autre réponfe à cela que de dire
la multiplication de moins par moins, fe faifant par voye
de fouftraction, au lieu que toutes les autres fe font par
voye d'addition, il n'eft pas eftrange que la notion des mul-
tiplications ordinaires ne convienne pas à cette forte de
multiplication qui eft d'une autre genre que les autres, fans
qu'il foit befoin d'en excepter la multiplication des fractions
comme de $\frac{2}{3}$ par $\frac{1}{7}$. Car en quoy celle là eft differente de celle
des entiers, eft que pour avoir le produit, il faut faire deux
multiplications, celle du 1. Numerateur par le 2 ce qui don-

ne 10

ne 10 *pour numerateur du produit & celle du* 1 *deminateur par le* 2, *ce qui donne* 21 *pour le deminateur du produit. Mais l'une & l'autre se fait par voie d'addition; car on prend le* 2 *numerateur autant de fois qu'il y a d'unitez dans le premier; c'est à dire qu'on prend* 2 *fois, ce qui fait* 10. *Et on prend aussi le* 2 *denominateur autant de fois qu'il y a d'unitez dans le premier, c'est à dire qu'on prend* 7 3 *fois, ce qui fait* 21. *Et c'est par là qu'il arrive que l'unité, ou* —⅟₇ *est à* —⅟₇ *comme* —⅟₇ *est à* —¹⁰⁄₁₁.

COROLLAIRE DE LA TROISIE'ME REGLE.   LX.

C'EST sur la 3 regle qu'est fondée une invention fort aisée de trouver les multiplications des nombres depuis 5 jusqu'à 10.

Il ne faut que baisser les 10 doigts, puis relever d'une main autant de doigts qu'il s'en faut que l'un des nombres qu'on veut multiplier n'aille jusqu'à 10; comme si ce nombre est 8, en relever 2, & de l'autre de même autant qu'il s'en faut que l'autre nombre n'aille jusqu'à dix; comme si ce nombre est 7, en relever 3 : cela fait, il faut conter autant de dixaines qu'il y a de doigts baissez, & multiplier les doigts levez d'une main par ceux de l'autre, en ne les prenant que pour des unitez, & on aura le nombre qu'il faut. La raison de cela est qu'on ne fait en cela que multiplier

par   10.———2. } 100—20—30+6. somme 56.
      X
      10.———3.

Car en baissant les doigts, on fait la premiere multiplication partiale qui donne dix dizaines.

En levant deux doigts d'une main on fait ce que doit faire la seconde multiplication partiale, qui est de +10. par—2, ce qui donne —20 : car en levant deux doigts on ôte deux dizaines.

En levant 3 doigts de l'autre main on fait encore ce que doit faire la troisiéme multiplication partiale, qui est de +10 par —3, ce qui donne —30 : car en levant 3 doigts on ôte trois dizaines.

Et enfin en multipliant les doigts levez d'une main par

C

ceux de l'autre, on multiplie —2 par—3, ce qui donne +6 par la raison que nous avons dite.

QUATRIESME REGLE.

QUAND les termes se trouvent avec des nombres, il faut multiplier les nombres, par les nombres, & les termes par les termes pour en avoir les multiplications partielles, en gardant les regles precedentes pour ce qui est des *plus* & des *moins*.

$$\left.\begin{array}{l} 3\,b \\ 5\,d \end{array}\right\} 15\,b\,d. \qquad \left.\begin{array}{l} 3\,b. \\ d. \end{array}\right\} 3\,b\,d.$$

$$\left.\begin{array}{l} 3\,b + 2\,d \\ 4\,p + 3\,q \end{array}\right\} 12\,b\,p + 8\,p\,d + 9\,b\,q + 6\,d\,q.$$

DIVISION.

Elle n'a rien de particulier, sinon lors que l'une des grandeurs incomplexes du diviseur se trouve dans toutes les grandeurs incomplexes du *dividende* ; Car alors il la faudra effacer dans le diviseur & dans toutes les grandeurs incomplexes du *dividende*.

Exemple $\dfrac{ba + ca + da}{f + a}$ le quotient plus abregé sera $\dfrac{b + c + d}{f}$

AVERTISSEMENT.

Comme ces 4 operations sur les grandeurs complexes marquées par lettres, est une espece de jargon qui embarasse quand on n'y est pas accoûtumé, il est utile d'en proposer plusieurs exemples, où on observera les regles qu'on a données aux nombres 42. 43. 44.

EXEMPLES DE L'ADDITION.
SOMMES.

A $\qquad b + c$
Ajoûter c $\qquad \left.\right\} b + 2\,c.$

A $\qquad b + d$
Ajoûter $b + c$ $\left.\right\} 2\,b + d + c.$

A $\qquad b - c$
Ajoûter $d + c$ $\left.\right\} b + d.$

A $\qquad b - c + d$
Ajoûter $d + c + g$ $\left.\right\} b + 2\,d + g.$

A $\qquad -b + c - m$
Ajoûter $d - m - c$ $\left.\right\} d - b - 2\,m.$

A $\quad b + 7a$ $\Big\}$ $b - 2a.$
Ajoûter $- 9a$

A $\quad b + 7a$ $\Big\}$ $b + 16a.$
Ajoûter $+ 9a$

A $\quad b + 9a$ $\Big\}$ $2b + 2a.$
Ajoûter $b - 7a$

EXEMPLES DE LA SOUSTRACTION.
RESTES.

De $\quad b + d$ $\Big\}$ $d + m.$
Oster $b - m$

De $\quad b + d$ $\Big\}$ $b + d + c.$
Oster $\quad - c$

De $\quad b + d$ $\Big\}$ $b - c.$
Oster $c + d$

De $\quad s - a$ $\Big\}$ $- a + a \,(\text{ou})\, a - a.$
Oster $s - a$

De $\quad b + c - d$ $\Big\}$ $c - m - 2d.$
Oster $b + m + d$

De $\quad bb + cc + cb$ $\Big\}$ $2cb.$
Oster $bb + cc - cb$

De $\quad b + d$ $\Big\}$ $2d.$
Oster $b - d$

De $\quad b + 7a$ $\Big\}$ $b - 2a.$
Oster $\quad + 9a$

De. $\quad b + 9a$ $\Big\}$ $+ 16a.$
Oster $b - 7a$

De $\quad d + b$ $\Big\}$ $0.$
Oster $b + d$

EXEMPLES DE LA MULTIPLICATION.
PRODUITS.

Par $\quad b + c$ $\Big\}$ $bb + cc + 2bc.$
Mult. $b + c$

Par $\quad b + c$ $\Big\}$ $bb - cc.$
Mult. $b - c$

Par $\quad b - c$ $\Big\}$ $bb + cc - 2bc.$
Mult. $b - c$

Par $b + c + d$
Mult. m $b m + c m + d m.$

Par $b + c + d$
Mult. b $b b + b c + b d.$

Par $b + c - d$
Mult. $b - c$ $b b - c c - b d - + c d.$

Par $b + c - d$
Mult. $b - c + d$ $b b - c c - d d + 2, d c.$

EXEMPLES DE LA DIVISION.
QUOTIENTS.

Dividende $b b c c$
Diviseur $c c$ $b b.$

Divid. $b c d f$
Diviseur $c f$ $b d.$

Divid. $b a + c a + d a$
Diviseur $b + c - d$ $a.$

Divid. $b b - a a$
Diviseur $b - a$ $b + a.$

Divid. $b a + c a + d a$
Diviseur a $b + c + d.$

Divid. $b b + a a + 2, b a$
Diviseur $b + a$ $b + a.$

Divid. $b b - a a$
Diviseur $b + a$ $b - a.$

DES EQUATIONS.

LXIII.   TOUTE égalité entre deux grandeurs se peut appeller *équation* : mais pour l'ordinaire on donne ce nom à l'égalité de deux grandeurs complexes , comme $b p + f g = m n + s t.$

Ou au moins dont l'une est complexe , comme $b + c = d.$

Chacune de ces grandeurs égales peut estre appellée *membre de l'équation.*

LXIV.   IL est souvent tres-utile de trouver des équations, & l'un des plus grands secrets pour les trouver est de pouvoir donner à une même grandeur diverses dénomina-

tions, parce que souvent une dénomination en fait voir
l'égalité avec une autre grandeur qu'une autre dénomination n'auroit pas fait voir.

Ainsi aiant une grandeur comme b partagée en deux
portions, comme c & d, on peut nommer chaque portion
ou par son propre caractere, comme c, ou par le caractere
du tout moins l'autre partie. Car il est bien visible que b
estant égal à $c + d$ chaque partie est égale au tout moins
l'autre partie, & qu'ainsi $c = b - d$. Et $d = b - c$.

Or il y a beaucoup de rencontres où il est plus avanta-
geux de nommer une partie du nom du tout moins l'autre
partie que de luy donner un nom propre. Comme au contraire il est quelquefois plus utile de donner un nom propre à ce qui est marqué par une grandeur moins quelque
chose.

THEOREME.

La plus importante observation touchant les Equations
est celle-cy.

On peut transferer chaque terme d'un des membres
d'une equation en l'autre sans en troubler l'égalité, pourveu qu'on en change les signes, c'est à dire que l'ostant
d'un des membres où il estoit avec *plus*, on le mette dans
l'autre avec *moins* ou au contraire. Par exemple,

$$b + d = f.$$

Je puis transporter d en l'autre membre en changeant
de signe & mettant

$$b = f - d.$$

Et si au contraire on avoit

$$b - d = g.$$

On pourroit mettre

$$b = g + d.$$

Que si on transportoit tous les termes d'un membre
dans l'autre membre en les changeant chacun de signe, le
membre où on auroit transporté tous les signes seroit égal
à rien, comme seroit celuy d'où on les auroit transportez.
Car si.

C iij

$$b + d - f = p + q - r.$$
$$b + d - f - p - q + r = \text{à zero.}$$

Et si on ne laisse d'un costé qu'un terme avec un *moins*, cela fera que le membre où on aura transporté les autres termes fera égal à zero moins ce terme-là.

$$b + d = f - g.$$
$$b + d - f = - g.$$

C'est à dire sera moins que rien. Ce qui semble impossible à concevoir, quoy que cela ne soit pas sans exemple même dans le langage commun, puisqu'on dit d'un homme endebté qu'il s'en faut vingt mille éscus qu'il n'ait un sou.

LXVI.   LA raison de tout cela n'est autre que les deux maximes de l'égalité.

Si à grandeurs égales on en ajoûte d'égales, les tous seront égaux.

Si de grandeurs égales on en oste d'égales, les restes seront égaux.

Car si $b - d = g$.

En ajoûtant d de costé & d'autre ils demeureront égaux.

Or pour ajoûter d au membre où il est avec *moins*, je n'ay qu'à le retrancher; puis qu'aussi bien si je l'avois ajoûté en disant,

$$b - d + d.$$

$- d$ & $+ d$. ne feroient rien par le 4e principe.

Et pour ajoûter d à l'autre membre où il n'est point du tout, il faut que je l'y mette avec *plus* en disant $g + d$.

Et par conséquent ce transport d'un terme d'un membre en un autre en changeant le *moins* en *plus* ne fait qu'ajoûter choses égales à choses égales, ce qui ne trouble point l'égalité.

Et si j'avois $b + d = f$.

En retranchant d de costé & d'autre ils demeureront égaux.

Or pour retrancher d du membre où il est avec un *plus* je n'ay qu'à l'oster tout à fait, puis qu'on ne peut pas mieux le retrancher qu'en le fupprimant.

Et pour le retrancher du membre où il n'eftoit point du tout, il faut l'y mettre avec un *moins*, en difant f — d.

Et par confequent ce tranfport d'un terme d'un membre à un autre en changeant le *plus* en *moins*, ne fait qu'ofter chofes égales de chofes égales, ce qui ne trouble point l'égalité.

EXEMPLES.

DE LA SOLUTION D'UN PROBLEME PAR EQUATIONS.

On feint qu'une Mule allant avec une Afnefse fe plai- LXVII. gnoit d'eftre trop chargée, & que la Mule luy dit; Si je t'avois donné un de mes facs, nous en aurions autant l'une que l'autre: & fi tu m'en avois donné un des tiens, j'en aurois le double de toy.

On demande combien chacune portoit de facs. Et on le trouve ainfi.

Le nombre inconnu des facs de la Mule foit appellé A. & de l'Afnefse B.

Par la premiere hypothefe

A — 1 $=$ B + 1.

Donc ajoûtant 1 de part & d'autre

A $=$ B + 2.

Par l'autre hypothefe.

A + 1 eft égal à deux fois B — 1, c'eft à dire à $2B$ — 2.
Donc en mettant au lieu d'A, B + 2 qui luy eft égal.

B + 3 $=$ $2B$ — 2.

Donc ajoûtant 2 de part & d'aure

B + 5 $=$ $2B$.

Donc oftant un B de part & d'autre

5 $=$ B.

C'eft à dire que B, le nombre des facs de l'Afnefse, eft 5, & 7 celuy des facs de la Mule.

SECOND EXEMPLE.

AYANT rencontré des pauvres & leur voulant donner LXVIII. à chacun 5 fols, j'ai trouvé que j'en avois un de trop peu.

Et ainfi ne leur ayant donné qu'à chacun 4, il m'en est resté 6. Combien y avoit-il de pauvres, & combien avois-je de fols.

Soit le nombre des pauvres appellé A.

Par l'hypothese

$$5A - 1 = 4A + 6.$$

Donc ajoûtant 1. de part & d'autre

$$5A = 4A + 7.$$

Donc oftant 4 A de part & d'autre

$$A = 7.$$

Donc il y avoit 7 pauvres. Et j'avois 34 fols.

TROISIE'ME EXEMPLE.

LIX.   N'AYANT que des Carolus de 10 deniers & des pieces de 3 blancs de 15 deniers, faire 20 fols en 20 pieces.

Soient appellez le fol A.

Le Carolus $B = A - 2$ den.

La piece de trois blancs $C = A + 3$ den.

Multipliant B par la difference de C à A, c'est à dire prenant 3 B; & C par la difference de B à A, c'est à dire prenant 2 C.

Je dis que 3 $B + 2$ C valent 5 A.

Car 3 $B = 3A - 6$ den.

Et 2 $C = 2A + 6$ den.

Or plus & moins valent zero. Donc, &c.

Or 4 fois 5 valent 20

Donc 4 fois 3 B, c'est à dire 12 B, & 4 fois 2 C, c'est à dire 8 C valent 20 A. Ce que l'on cherchoit.

Cette équation est le fondement d'une regle d'Arithmetique qu'on appellle la regle d'alliage.

NOUVEAUX

NOUVEAUX ELEMENS

DE

GEOMETRIE.

LIVRE SECOND.

DE LA RAISON ET PROPORTION GEOMETRIQUES.

RIEN *n'a jamais esté moins bien éclaircy dans toute la Geometrie, que la nature de ce qu'on* appelle Raison : *& l'Auteur de ces Elemens n'a jamais esté fort satisfait de ce qu'il en a dit dans la premiere Edition de ce Livre.* Mais un Gentilhomme Flamand nommé M. *de Nonancourt, qui a beaucoup de lumieres, non seulement dans ces sortes de Sciences, mais aussi dans la Philosophie & dans la Theologie, luy ayant fait voir un petit Traité Latin intitulé* Euclides Logisticus, seu de Ratione Euclideâ *; il avoüe que cela luy a ouvert les yeux, & luy a fait concevoir des Notions beaucoup plus nettes touchant cette Matiere qu'il n'en avoit auparavant : & c'est pourquoy on trouvera que ce second Livre & le troisiéme sont presque tout changez.*

D

PLAN GENERAL
DES PROPORTIONS.

ON peut comparer enſemble deux grandeurs en deux differentes manieres.

L'UNE eſt, en conſiderant de combien l'une ſurpaſſe l'autre quand elles ſont inégales, ce qui s'appelle *Difference*: comme ſi je dis que 2 eſt la difference de 7 à 5.

L'AUTRE eſt, en conſiderant un autre rapport qui s'appelle *Raiſon*, que nous expliquerons plus bas.

QUE ſi deux grandeurs ont entr'elles ou meſme difference, ou meſme raiſon que deux autres, cela s'appelle Proportion : mais quand c'eſt une égalité de difference, cela s'appelle Proportion Arithmetique.

ET quand c'eſt une égalité de Raiſons, Proportion Geometrique.

MAIS parce qu'on n'a point d'égard dans la Geometrie à la Proportion Arithmetique, & que quand on parle abſolument de Proportion on entend toûjours la *Geometrique*, c'eſt à celle-là que nous nous arrêterons ; & nous tâcherons d'expliquer plus clairement que l'on ne fait d'ordinaire ce que c'eſt que Raiſon, qui eſt le fondement de la Proportion Geometrique.

SECTION PREMIERE.
DE LA RAISON.
DEFINITIONS.

LA quantité relative d'une grandeur comparée à une autre, eſt ce qu'on appelle *Raiſon*.

LA quantité relative de 12 à 8, eſt la Raiſon de 12 à 8. DE B à C eſt la Raiſon de B à C.

LA Raiſon que l'on compare s'appelle *antecedent* ; & celle avec qui on la compare, *conſequent*.

Remarques pour mieux faire comprendre la nature de la Raiſon.

1. QUAND on conſidere une grandeur ſeule, on n'y conſidere que ſa grandeur abſoluë : ainſi en comptant tous les Soldats d'une Armée de 10000 hommes, en y trouvant

DE GEOMETRIE, Liv. II. 27

10000, je dis que c'est une Armée de 10000 hommes:
Mais si je compare cette Armée avec une autre de 100000
ou de 4000, la notion de sa grandeur change; car je la
trouve petite comparée avec la premiere, & grande
comparée avec la seconde. Or c'est ce que j'appelle
Quantité relative, en quoy consiste ce que les Geometres appellent *Raison*.

II.

Quoy que toute Raison demande deux termes, neanmoins la Quantité relative en quoy la raison consiste,
convient proprement à l'antecedent, & non pas au consequent; comme encore que la Paternité suppose le Pere
& le Fils, neanmoins elle ne convient qu'au Pere &
non au Fils; & la Filiation ne convient qu'au Fils & non
au Pere.

III.

Comme la Raison est une quantité, quoy que relative,
toutes les proprietez de la quantité luy conviennent:
c'est pourquoy une raison est égale, ou plus grande, ou
plus petite qu'une autre raison.

IV.

Rien ne peut mieux faire comprendre ce que c'est que
Raison, que les fractions ou nombres rompus, qui se
marquent par deux chiffres, avec une ligne entre deux,
dont le plus haut, qui s'appelle numerateur, est comme
l'antecedent; & le plus bas, qui s'appelle dénominateur,
est comme le consequent: car les nombres entiers signifient une quantité absoluë, en ce que 3, par exemple,
signifie trois unitez, 4 quatre unitez, &c. au lieu que
dans les fractions le numerateur ne signifie que par rapport au dénominateur: De sorte que trois fractions qui
ont toutes le nombre 2 pour numerateur, & qu'on en
cache le dénominateur, on ne sçait ce que ce 2 veut
dire; mais si on les découvre, & que ce soient $\frac{2}{3}$ $\frac{2}{5}$ $\frac{2}{7}$,
dans la premiere il signifiera deux tiers, dans la secon-
de deux cinquiémes, dans la troisiéme deux septiémes;
& il faut remarquer que plus ce dénominateur est un
petit nombre, plus la fraction est grande: & au contraire, car au lieu que 3 est un moindre nombre que 5, & 5
que 7, deux tiers est plus que deux cinquiémes, & deux

D ij

cinquiémes plus que deux septiémes ; ce que nous dirons dans la suite estre la mesme chose dans les Raisons ;
celles qui ont un mesme antecedent & divers consequens
estant d'autant plus grandes que leur consequent est
plus petit.

PREMIERE DIVISION.

TOUTE Raison est d'égalité ou d'inégalité. On appelle
Raison d'égalité quand l'antecedent est égal au consequent, comme la Raison de B à B, de 12 à 12, d'1 à 1 ;
d'inégalité quand l'antecedent est plus grand ou plus petit que le consequent, comme la Raison de 8 à 12, ou
de 12 à 8.

AVERTISSEMENT.

*Il ne faut pas confondre la Raison d'égalité avec l'éga-
lité des Raisons ; car deux Raisons peuvent estre égales entr'elles, quoy que chacune soit une Raison d'inégalité.*

SECONDE DIVISION.

LA Raison d'inégalité se divise encore en celle qu'on
appelle de *nombre à nombre*, & celle qu'on appelle *Raison
sourde*.

ON dit que deux grandeurs ont entr'elles une Raison
de nombre à nombre, ou quand l'une est précisément
contenuë tant de fois dans l'autre ; comme la Raison du
pied à la toise, la Raison de 4 à 12 ; ou au moins, quand
quelques aliquotes de l'antecedent sont précisément un
certain nombre de fois dans le consequent, comme la raison d'une aulne à une toise ; parce que le poûce, qui est
la 24e partie d'une aulne, est 72 fois dans la toise.

QUAND les grandeurs ont entr'elles une raison de
nombre à nombre, on dit qu'elles sont *commensurables*, parce qu'elles ont quelque partie qui peut servir
à l'une & à l'autre de commune mesure.

C'EST ce qui convient à tous les nombres qui ont
tous au moins l'unité pour mesure commune.

ET c'est aussi ce qui a fait que l'on appelle cette raison
de nombre à nombre.

ET le plus court aussi est d'exprimer ces raisons par les

moindres nombres qui en ont une femblable, comme de
dire que l'aulne eft à la toife comme 44 à 72; c'eft à
dire comme 11 à 18.

La Raifon fourde, qui eft oppofée à celle-là, eft
quand deux grandeurs ont une certaine Raifon entre
elles, qui ne peut eftre marquée par aucun nombre;
parce que chacune ayant des parties aliquotes de plus
petites en plus petites, à l'infiny : Il ne peut neanmoins
arriver qu'aucune, quelque petite qu'on la prenne, mefure juftement l'autre grandeur, c'eft à dire qu'elle y foit
precifément; mais y il aura toûjours quelque refte plus
petit que cette aliquote.

Cela paroît d'abord incroyable, & neanmoins il y a
demonftration qu'il y a des lignes qui font incommenfurables à d'autres lignes, comme le cofté du quarré à la
Diagonale.

DE LA COMPOSITION
DES RAISONS.

Comme la Raifon eft une quantité ou grandeur, quoy
que relative, tout ce qui convient à la quantité ou grandeur en general convient auffi à la Raifon.

Et ainfi comme deux grandeurs peuvent eftre comparées enfemble, deux raifons le peuvent eftre auffi : &
alors, comme il y a quatre termes dans cette comparaifon, le premier & le quatriéme qui font l'antecedent de
la premiere Raifon & le confequent de la deuxiéme,
s'appellent *extrémes*; & le deuxiéme & le troifiéme qui
font le confequent de la premiere Raifon & l'antecedent
de la feconde, s'appellent *moyens*.

Que fi confiderant enfemble plufieurs Raifons le confequent de la precedente eft toûjours le mefme que l'antecedent de la fuivante, ces Raifons peuvent eftre appellées continuës.

Mais ce qu'il y a de plus remarquable dans cette comparaifon de Raifons, eft que comme une grandeur comparée à une autre luy eft égale ou inégale, & quand elle eft inégale qu'elle eft plus grande ou plus petite: Il

faut auſſi qu'une Raiſon comparée à une autre luy ſoit égale ou inégale, & quand elle eſt inégale qu'elle luy ſoit plus grande ou plus petite.

ET comme c'eſt dans cette comparaiſon de deux gran_deurs que conſiſte la Raiſon d'égalité ou d'inégalité, il eſt clair encore que deux Raiſons eſtant comparées enſemble, en ſorte que l'une ſoit l'antecedent & l'autre le conſequent de cette comparaiſon, elles ont entr'elles une nouvelle Raiſon, ou d'égalité ſi elles ſont égales, ou d'inégalité ſi elles ſont inégales.

OR quand c'eſt la Raiſon d'égalité qui eſt entre deux Raiſons, c'eſt à dire quand deux Raiſons ſont égales, cela s'appelle proportion, ou proportion geometrique.

DEFINITION
DE LA PROPORTION GEOMETRIQUE.

AINSI ce qu'on entend par la *Proportion Geometrique*, ou par le mot de *Proportion* quand on n'y ajoûte rien, n'eſt autre choſe que l'égalité de deux Raiſons, qui con_ſiſte en ce que la quantité relative d'un antecedent com_paré à ſon conſequent, eſt égale à la quantité relative d'un autre antecedent comparé auſſi à ſon conſequent.

LA Proportion s'explique en diverſes manieres, c'eſt a dire qu'il y a diverſes façons de parler pour ſignifier que quatre grandeurs, comme B, C, F, G, ſont propor_tionnelles. On dit premierement que la premiere eſt à la ſeconde comme la troiſiéme à la quatriéme; que B eſt à C comme F à G.

2. Que la raiſon de la premiere à la ſeconde eſt égale à la Raiſon de la troiſiéme à la quatriéme.

3. Que la premiere a la meſme Raiſon à la ſeconde que la troiſiéme à la quatriéme; & pour abreger on ſe ſert de quatre points :: entre les deux Raiſons B C :: F G.

DEFINITION.

Nous avons déja dit que comparant enſemble deux Raiſons, l'antecedent de la premiere & le conſequent de la ſeconde s'appellent extremes; & l'antecedent de la seconde & le conſequent de la premiere les moyens: Mais dans les Raiſons égales les extremes & les moyens ſont dits eſtre reciproques les uns aux autres ; c'eſt à dire que le premier & le quatriéme terme ſont reciproques au deuxiéme & au troiſiéme.

AVERTISSEMENT.

Nous avons déja dit que la Raiſon eſtant une quantité, quoy que relative, comme deux grandeurs eſtant comparées l'une à l'autre font une Raiſon; on peut auſſi comparer deux Raiſons l'une à l'autre, comme la Raiſon B à X. à la Raiſon C à X , & conſiderer quelles Raiſons elles ont entr'elles; & alors la premiere Raiſon (qui a ſon antecedent & ſon conſequent) n'eſt que l'antecedent de cette nouvelle Raiſon que l'on cherche entre ces deux Raiſons, & la ſeconde Raiſon en eſt le conſequent; & que pour mieux marquer il ſemble alors à propos de metre les conſequens de ces Raiſons que l'on compare au deſſous de leurs antecedens, avec une petite ligne entre deux, comme on fait dans les Fractions en cette maniere.

$$\frac{B}{X} \qquad \frac{C}{X}$$

Or cela eſtant ainſi, ces deux Raiſons conſiderées en cette maniere peuvent eſtre entre les deux premiers termes d'une poſition, dont les deux derniers ſeront ou deux grandeurs abſoluës, comme ſi je dis, la Raiſon de B à X eſt à la Raiſon de C à X, comme B eſt à C.

$$\frac{B}{X} \qquad \frac{C}{X} :: B\ C.$$

ou deux autres Raiſons, comme ſi je dis, la Raiſon d'X à X eſt à la Raiſon de B à X, comme la Raiſon d'X à C eſt à la Raiſon de B à C.

$$\frac{X}{X} \qquad \frac{B}{X} :: \frac{X}{C} \qquad \frac{B}{C}$$

PROPORTIONS,
ou RAISONS EGALES NATURELLEMENT
CONNUES.

On ne ſçauroit mieux faire comprendre ce que c'eſt

que proportion ou égalité de Raisons, que par des exemples de proportions naturellement connuës, qui serviront aussi de principes pour connoiître celles qui ne se discernent pas si facilement.

I.

Toutes les Raisons d'égalité sont égales entr'elles; la Raison de B à B est égale à la Raison de C à C, la Raison d'1 à 1 est égale à la Raison de 3 à 3.

II.

La Raison d'une grandeur à son multiple quelconque, est égale à la Raison d'une autre grandeur à son équimultiple. La Raison de B au triple de B, est égale à la Raison de C au triple de C.

La Raison de 2 au triple de 2 (qui est 6) est égale à la Raison de 5 au triple de 5 (qui est 15).

III.

La Raison d'une grandeur à une autre grandeur est égale à la Raison de leur équimultiple.

La Raison de B à C est égale à la Raison du triple de B au triple de C.

La Raison de 2 à 5 est égale à la Raison de 6 triple de 2, à 15 triple de 5.

IV.

La Raison des multiples differents de la mesme grandeur est égale à la Raison des multiples d'une autre grandeur pareils aux premiers, chacun à chacun & dans le mesme ordre.

La Raison de 3 B à 5 B. est égale à la Raison de 3 C à 5 C.

V.

La Raison des multiples pareils de deux grandeurs, est égale à la Raison d'autre multiples pareils de mesme grandeur.

La Raison de 3 B à 3 C est égale à la Raison de 5 B à 5 C.

AVERTISSEMENT.

Tout *ce qu'on vient de dire des multiples se peut dire aussi des aliquotes, n'estant que la mesme chose sous un autre*
nom;

nom ; car toute grandeur est multiple de ses aliquotes, & ali-
quote de ses multiples.

DEFINITION. DIVISION.

LA Proportion discrete ou continuë : On l'appelle discrete quand le consequent de la premiere Raison est different de l'antecedent de la seconde, comme dans tous les exemples qu'on a rapporté. - B C. :: F G.

On l'appelle continuë quand la mesme grandeur qui est le consequent de la premiere Raison est l'antecedent de la seconde, comme si je disois B est à C, comme à D B C :: C est à D C D ; ce qui se peut aussi marquer ainsi .·. B C D.

DEFINITION.

CETTE proportion continuë s'appelle Progression, quand y ayant plusieurs raisons égales de suitte, le consequent de de la precedente est toûjours l'antecedent de la suivante comme B est à C , comme C à D , comme D à F, comme F à G, &c. Ce qui se marque ainsi .·. B C D F G.

I. AXIOME.

LA Raison d'un antecedent à un consequent, a pour parties les Raisons de chaque parties de l'antecedent à ce mesme consequent, & cette raison est égale à toutes les raisons partiales de l'antecedent prises ensemble au mesme consequent, soit la grandeur T, divisée en plusieurs parties égales , ou inégales , comme M P Q. si on compare T à quelque autre quantité comme O: ensorte que T soit l'antecedent, & O le consequent: La raison de T à O, a pour parties les raisons de M à O, de P à O , de Q à O, & leur est égale.

$$\frac{T}{O} = \frac{M}{O} + \frac{P}{O} + \frac{Q}{O}$$

CAR T valant M + P + Q. il est visible que T est égale a $\frac{M + P + Q}{O}$

Remarquez que je dis que la Raison $\frac{T}{O}$, a pour parties les raisons $\frac{M}{O} \frac{P}{O} \frac{Q}{O}$, & non pas qu'elle en est composée, ce

E

qui fignifie tout autre chofe comme on verra dans la fuitte.

II. Axiome.

La Raifon d'un antecedent à un confequent, eft égale à la Raifon d'un autre antecedent moindre que le premier au mefme confequent, plus la Raifon de la grandeur dont un antecedent furpaffe l'autre au confequent. Et ainfi la Raifon du plus grand antecedent au confequent eft plus grande que la Raifon du plus petit antecedent à ce mefme confequent.

C'eft une fuitte de l'Axiome precedent.

Car la Raifon du grand antecedent au confequent, a pour parties la Raifon du petit antecedent au confequent plus la Raifon de la quantité, dont le grand antecedent furpaffe le plus petit, à ce mefme confequent, & elle leur eft égale.

Cette quantité dont une grandeur en furpaffe une autre, s'appelle la Difference qui eft entre ces deux grandeurs, foit B plus grand que C, & la difference de B à C, foit appellé X : enforte que C + X, foit égal à B $\frac{B}{D}$ eft égal à $\frac{c}{P} + \frac{x}{D}$.

III. Axiome.

La Raifon de l'antecedent à une partie du confequent eft plus grande que la raifon du mefme antecedent à tout le confequent, & ainfi la raifon d'un antecedent à un confequent eft une plus grande raifon que celle du mefme antecedent à un autre confequent plus grand que le premier.

La Raifon de B à X partie de D eft plus grande que la Raifon de B à D, & de mefme fi X eft plus petit que Y. La Raifon de B à X, fera plus grande que celle de B à Y.

IV. Axiome.

Les Raifons qui ont un mefme confequent font entre elles comme leur antecedens, $\frac{B}{X} \cdot \frac{C}{X} :: B C$.

C'eft une fuite du 2 Axiome ; car fi deux antecedens étant comparez à un mefme confequent, la Raifon du plus

grand antecedent eft plus grande que celle du plus petit. Il faut que ces raifons foient entre elles comme les
antecedens. V. AXIOME.

LES Raifons qui ont un mefme antecedent font entre elles comme leurs confequens dans un ordre reciproque ou renverfé, c'eft à dire que la premiere eft à la feconde, comme le confequent de la feconde eft au confequent de la premiere $\frac{x}{b} \frac{x}{c}$ :: C B.

C'eft la fuitte du troifiéme Axiome ; car fi comparant
le mefme antecedent à differens confequens, la Raifon
de cet antecedent à chaque confequent eft plus grande
quand le confequent eft plus petit, & plus petite quand
le confequent eft plus grand. Il eft clair que ces raifons doivent eftre entre elles comme les confequens dans
un ordre renverfé, puifque fi le confequent de la premiere
eft plus grand que le confequent de la feconde. La premiere fera plus petite que la feconde, comme le confequent de la feconde eft plus petit que le confequent de
la premiere.

VI. AXIOME.

SI deux raifons font égales à une mefme raifons : elles
font égales entre elles.

B C.
          :: M N.
F G.

Donc B C. :: F G.

Et c'eft la mefme chofe que fi deux raifons font égales à
deux autres raifons chacune a chacune, elles font éga-
entre elles, fi les Raifons I & O eftant fuppofées égales,
la Raifon A eft égale à la Raifon I, & la Raifon E, égale
à la Raifon O, & A & E feront égales entre elles.

COROLLAIRE.

QUAND plufieurs proportions difcretes confiderées
enfemble, font telles que les deux derniers termes de la
precedente font toûjours les deux premiers termes de la
fuivante : elles peuvent eftre appellées continuës en leur
maniere, ou difcretement continuës, & alors il eft clair
que toutes ces raifons de ces diverfes proportions font

égales , & qu'ainſi l'on peut toûjours conclure que les deux premiers termes ſont entre eux comme les deux derniers , ce qui ſera d'un grand abregement dans la ſuitte. Exemples dans les nombres.

$$\frac{8}{12} \quad \frac{15}{11} \quad :: \quad \frac{2}{3} \quad \frac{5}{7} \quad :: \quad \frac{7}{3} \quad \frac{5}{2} \quad :: \quad \frac{7}{5} \quad \frac{3}{2} \quad ::$$

Donc $\frac{8}{12}\ \frac{15}{11} :: \frac{2}{5}\ \frac{5}{7}$.

VIII. Axiome.

Deux grandeurs ſont égales lors qu'elles ont même Raiſon à une meſme grandeur , ou qu'une meſme gran‑ deur à meſme Raiſon à chacune.

Si B S : : D S.

Ou que S B : : S D.

Donc B eſt égal à D.

Que ſi ce ſont les grandeurs B & D qu'on ſuppoſe éga‑ les , elles auront meſme Raiſon à une meſme grandeur , & une meſme grandeur aura meſme Raiſon à chacune. Si B eſt égale à D B S : : D S & S B : : S D.

Le fondement de tout cela , eſt qu'il eſt clair qu'en ma‑ tiere de Raiſon deux grandeurs égales , & une meſme grandeur deux fois repetée ſont la meſme choſe.

VIII· Axiome.

Il peut y avoir trois ſortes d'égalitez en 4 termes qui ſont deux Raiſons.

1. L'égalité des antecedens qui ſont le 1. & le 3ᵉ de ces 4 termes. 2. L'égalité des Raiſons meſmes. 3. L'égalité des conſequens qui ſont le 2 & le 4 , & deux de ces éga‑ litez eſtant données donnent celle qui reſte , ſoient les 2 Raiſons $\frac{B}{S}$ & $\frac{D}{T}$.

Preuve du premier & 2 cas , ſuppoſé que le 1 terme ſoit égale au 3 , & le 2 au 4. B à D & S à T par ces hypotheſes , & le ſeptiéme Axiome B S : : D S : : D T , donc par le v.1ᵉ B S : : D T.

Preuve du 3ᵉ cas , ſuppoſé que $\frac{B}{S}$ ſoit égale à $\frac{D}{T}$ & B é‑ gale à D par ces hypotheſes , & le vii. Axiome B S : : D T : : B T donc par le vii. S eſt égale à T.

C'eſt la meſme choſe ſi on ſuppoſe que S eſt égale à T,

on en conclura de la mefme forte que B fera égale à D.

COROLLAIRE.

Il en eft de mefme des Raifons que des Grandeurs ; car 1 confiderant enfemble 4 Raifons, elles feront proportionnelles, Si la 1 eft égale à la 3ᵉ & la 2 à la 4. Ainfi parce que la Raifon de 2 à 3, eft égale à la Raifon de 4 à 6, & la Raifon de 5 à 7, égalle à celle de 15 à 21 $\frac{2}{3} \cdot \frac{5}{7} \cdot \frac{4}{6} \cdot \frac{11}{21}$.

2. Suppofant que ces 4 Raifons font proportionnelles. Si la 1 eft égale à la 3ᵉ, la 2 le fera à la 4, & reciproquement fi la 2 eft fupofée égale à la 4ᵉ, la 1. le fera à la 3ᵉ.

IX. AXIOME.

Quand on a deux proportions, les 4 Raifons de ces deux proportions font proportionnelles. La 1 Raifon de la 1ʳᵉ Proportion eftant à la 1ʳᵉ Raifon de la 2 Proportion, comme la 2 Raifon de la 1ʳᵉ Proportion eft à la 2 Raifon de la derniere. Si B C :: F G & M N :: P Q $\frac{B}{C} \cdot \frac{M}{N} :: \frac{F}{G} \cdot \frac{P}{Q}$.

Car la 1 Raifon $\frac{B}{C}$ eft égale à la 3 $\frac{F}{G}$ par ce que ce font les deux Raifons de la 1 Proportion, & la 2 eft égale à la 4 par la mefme Raifon. Donc par le VIII. Axiome, il y a une nouvelle proportion entre ces 4 Raifons.

X. AXIOME.

On ne change rien dans une proportion quand on ne fait qu'en tranfpofer les raifons ; car deux chofes égales demeureront toûjours égales de quelque maniere qu'on les difpofe. Si donc

B C. :: F G.

F G. :: B C.

I. THEOREME.

Deux Raifons font égales quand toutes les Aliquotes pareilles de chaque antecedent font également contenuës dans fon confequent.

Soient 4 grandeurs B C F G, & les Aliquotes quelconques de B foient appellées X, & les pareilles de F foient appellées Y. rJe dis que B C :: F G fi X & Y font également contenuës dans les confequens C & G.

Mais cela peut eftre entendu en deux manieres. La premiere eft quand X eft précifement autant de fois dans

C qu'Y eſt dans G, & alors il n'y a aucune difficulté, &
il ſuffit meſme d'avoir examiné une ſeule Aliquote pareille des antecedens ; car il eſt viſible que ſi X [$\frac{1}{10}$ de B]
eſt ſept fois dans C, & Y [$\frac{1}{10}$ de F] 7 fois dans G B C ::
F G   10. X 7. X :: 10 Y 7. Y

L'autre maniere fait toute la difficulté, c'eſt quand une
Aliquote quelconque de B que je nomme X, n'eſt jamais
préciſement tant de fois dans C, mais toûjours avec quelque reſte ; car alors l'Aliquote quelconque pareille de F
ne peut eſtre également contenuë dans G, que par ce
qu'elle y ſera autant de fois que X dans C. Mais toûjours avec quelque reſte comme ſi X $\frac{1}{10}$ de B eſt dans C
7 fois plus R & Y $\frac{1}{10}$ de F eſt auſſi dans G ſept fois plus
R. Je dis que quand on peut ſçavoir que cela ſe trouvera
generalement dans toutes les aliquotes pareilles des antecedens ; c'eſt à dire qu'elles ſeront toutes au moins en
cette maniere également contenuës dans les conſequens,
les Raiſons de $\frac{B}{C}$ & $\frac{F}{G}$ ſeront égales, je ne ſçay ſi on le
peut mieux prouver qu'en cette maniere.

Si les Raiſons $\frac{B}{C}$ & $\frac{B}{G}$ n'eſtoient pas égales dans cette
ſuppoſition ; Il faudroit que la premiere fuſt plus ou moins
grande que la ſeconde, & & ſi elle eſtoit plus grande
en augmentant ſon conſequent de quelque choſe on la
diminueroit, & par là on la pourroit rendre égale à $\frac{F}{G}$
comme au contraire ſi elle eſtoit moins grande, on pourroit ajoûter quelque choſe au conſequent de la ſeconde,
& par là rendant cette ſeconde moins grande, on pourroit encore faire que la premiere luy fuſt égale.

Or on ne ſçauroit augmenter C de quoy que ce ſoit
qu'on ne rende la Raiſon $\frac{B}{C}$ plus petite qu'il ne faut pour
eſtre égale à $\frac{F}{G}$ ce que l'on peut prouver ainſi ajoûtant
Z à C quand Z ne ſeroit que la milliéme partie de l'é-
paiſſeur d'un cheveux. Je dis que la Raiſon $\frac{B}{C+Z}$ ſeroit
plus petite qu'il ne faudroit pour eſtre égale à $\frac{F}{G}$ car ſi l'on
prend l'Aliquote X plus petite que Z, il eſt manifeſte
que X ſera dans C + Z une fois plus que dans C : de
ſorte que ſi X eſt la $\frac{1}{10.0.}$ de B & qu'elle ſoit 870 dans

C la mefme X [prife comme il a efté dit plus petite que
Z] fera dans C -+- Z 8702 -+- R au lieu que Y qui eft auſſi
la $\frac{1}{1000}$ de F ne fera dans G que 8701 -+- R.

Or il eſt clair que la Raiſon de 10000 X a 8702 X
plus R eſt plus petite que la Raiſon de 10000 Y 8701
Y -+- R.

Donc on ne peut rien ajoûter à C qu'on ne rende $\frac{B}{C-+Z}$
plus petite que $\frac{F}{G}$. Il eſt aiſé de voir que l'on prouvera
de la meſme ſorte qu'on ne peut rien ajoûter à G que
l'on ne rende la Raiſon $\frac{B}{C}$ plus grande que G -+- Z.

Donc la Raiſon $\frac{B}{C}$ n'eſt ny plus ny moins grande que
la Raiſon $\frac{F}{G}$.

Donc elle luy eſt égale.

I I. THEOREME.

Si 4 grandeurs ſont proportionnelles : elles le feront en
les renverſant ; c'eſt à dire en comparant le premier conſequent au premier antecedent, & le ſecond conſequent
au 2 antecedent, le 2 terme au premier, le 4 au 3ᵉ, ce
qui s'appelle *Permutando*. Si B C : : F G, je dis que C
B : : G F ; car $\frac{C}{C}\frac{B}{C}$: : $\frac{G}{G}\frac{F}{G}$ par le Corolaire du 8 Axiome,
la ſeconde de ces Raiſons eſtant égale à la 4ᵉ par l'hypo-
theſe, & la premiere & la 3ᵉ eſtant des Raiſons d'égalité.
Or les deux premieres Raiſons aiant meſme conſequent
ſont comme leurs antecedens par le 4ᵉ Axiome, & il en
eſt de meſme des deux dernieres qui ont auſſi meſme
conſequent. Donc C B : : G F, ce qu'il faloit démontrer.

COROLLAIRE.

Si 4 grandeurs ſont proportionnelles, elles le feront
en les prenant à rebours ; c'eſt à dire que la 4ᵉ ſera à la
3ᵉ comme la 2 à la 1ᵉ ſi B C : : F G. G F : : C B par le
precedent Theoreme. La 2 eſt à la 1ᵉ comme la 4 eſt à
la 3ᵉ C B : : G F.

Donc par le X Axiome en tranſpoſant les Raiſons la 4ᵉ
ſera à la 3ᵉ comme la 2 à la 1ᵉ G F : : C B : autrement par
l'hypotheſe, les Raiſons $\frac{F}{G}$ & $\frac{B}{C}$ ſont égales, donc par
le IX. Axiome $\frac{G}{G}\frac{F}{G}$: : $\frac{C}{C}\frac{B}{C}$ donc par le 4ᵉ Axiome G F
: : C B.

III. THEOREME.

Si 4 grandeurs font proportionnelles, elles le feront en-core en les prenant alternativement ; c'eft à dire en com-parant les antecedens enfemble, & les confequent enfem-ble, le 1ᵉ terme au 3ᵉ, & le 2 au 4ᵉ, ce qui s'appelle *Al-ternando*. Si B C :: F G. Je dis qu'*Alternando* B F :: C G; car $\frac{B}{C} \frac{F}{C}$ :: $\frac{F}{G} \frac{F}{C}$ par le 8ᵉ Axiome & fon Corollaire. La pre-miere & la 3ᵉ Raifon eftant égale par l'hypothefe, & la 2 & la 4ᵉ eftant la mefme. Or $\frac{B}{C} \frac{F}{C}$ :: B F par le vi Axio-me, & $\frac{F}{G} \frac{F}{C}$ C G par le vᵉ Axiome.

Donc B F :: C G par le   ce qu'il falloit demonftrer.

COROLLAIRE.

Si 4 grandeurs font proportionnelles, elles le feront encore en tranfpofant la premiere, & la 4ᵉ, c'eft à dire que la 4ᵉ fera à la feconde, comme la 3ᵉ à la 1ᵉ fi B C :: F G C G :: F B ; car par le precedent Theoreme, la 1ᵉ eft à la 3ᵉ comme la 2 à la 4ᵉ B F :: C G. Donc *Permu-tando* la 3 eft à la 1ᵉ comme la 4ᵉ eft à la 2 F B :: G C, donc par le X Axiome en tranfpofant les Raifons. La 4ᵉ fera à la 2 comme la 3ᵉ à la 1ᵉ G C :: F B. Autrement par le precedent Theoreme, les Raifons $\frac{B}{F}$ & $\frac{C}{G}$ :: $\frac{F}{F} \frac{B}{F}$ donc par le 4ᵉ Axiome G C :: F G.

HUIT DISPOSITIONS.
Dans lefquelles 4 Grandeurs peuvent eftre proportionnelles.

Il s'enfuit deux chofes de ce que deffus : 1 que 4 gran-deurs eftant proportionnelles elles le font toûjours de quelque maniere qu'on les tranfporte, pourveu que les extrémes demeurent extrémes, & les moyens, moyens, ou que les extremes deviennent moyens, & les moyens extrémes.

2. Qu'il y a huit differentes Difpofitions, ny plus ny moins, dans lefquelles 4 Grandeurs peuvent eftre pro-portionnelles. Les Voicy en les marquant par premiere, feconde, troifiéme, & quatriéme felon qu'elles auroient efté difpofées la 1 fois.

Hypothefe

Hypothefe 1 2 :: 3 4. ⎫ Premiere difpofition.
10 Axiome 3 4 :: 1 2. ⎭ Equivalente.
2 Theoreme 2 1 :: 4 3. ⎫ Permutation.
10 Axiome 4 3 :: 2 1. ⎭ Equivalente.
3 Theoreme 1 3 :: 2 4. ⎫ Alterne.
10 Axiome 2 4 :: 1 3. ⎭ Equivalente.
2 Theoreme 3 1 :: 4 2. ⎫ Permutation de l'Alterne.
10 Axiome 4 2 :: 3 1. ⎭ Equivalente.

On peut encore prouver ces 8 Difpofitions en cette maniere ayant mis en quarré les 4 Grandeurs proportionnelles : enforte que dans la premiere difpofition , les antecedens foient au deffus des confequens.

Ainfi $\frac{B}{C} \backslash \frac{F}{G}$.

Elles feront toûjours proportionnelles en les prenant
deux à deux en mefme fens de quelque maniere que ce
foit, pourveu que ce ne foit point de coin en coin. Mais

1 De haut en bas par l'Hypothefe.
2 De bas en haut *Permutando*.
3 De gauche à droite *Alternando*.
4 De droite à gauche *Permutando*. L'Alterne & chacune de ces difpofitions eft double, parce que l'on peut commencer par laquelle on voudra de deux raifons.

IV. THEOREME.

DES RAISONS PROPORTIONNELLES.

LES deux Theoremes precedens font vrais, des Raifons proportionnelles auffi-bien que des Grandeurs ; c'eft
à dire que fi 4 Raifons font proportionnelles, la 1ᵉ eftant
à la 2 comme la 3ᵉ à la 4ᵉ, elles le feront *Permutando* &
Alternando ; c'eft à dire que la 2 fera à la premiere comme la 4ᵉ à la 3ᵉ, & que la premiere fera à la 3ᵉ comme la
2 à la 4ᵉ. On fe contentera de prouver l'Alterne qui eft
de plus grand ufage, foient les 4 Raifons proportionnel-
les $\frac{2}{21} \frac{4}{15} :: \frac{4}{7} \frac{6}{3}$ qu'on appellera pour les marquer avec
moins d'embarras a c :: i o elles ne font proportion-
nelles que parce que la Raifon qui eft entre les deux
premieres Raifons [a & c] eft égale à la Raifon qui
eft entre les deux dernieres [i & o] donc $\frac{a}{c} \frac{i}{o}$ donc

F

comparant chacune de ces Raisons égales entre elles, avec la Raison qui est entre la 3 & la 2 Raisons ; c'est à dire avec $\frac{2}{1}$. Il est clair par que $\frac{2}{1} \cdot \frac{1}{1} :: \frac{1}{5} \cdot \frac{1}{5}$

Or les deux premieres de ces 4 nouvelles Raisons ayant mesme consequent, sont comme les antecedens a & i, & les deux dernieres ayant le mesme antecedent, sont comme les consequens dans un ordre renversé ; c'est à dire comme e & o, donc si A E :: I O A I :: E O.

V. THEOREME.

Si à 4 Grandeurs proportionnelles comme B C : : F G. on ajoûte deux quelconques, comme M & N. La raison de la 2 à la 5, est à la Raison de la 4 à la 6 comme la Raison de la 1 à la 5 est a, la Raison de la 3 à la sixiéme $\frac{C}{M} \frac{G}{N} :: \frac{B}{M} \frac{F}{N}$.

Donc la 1 & la 3 de ces 4 Raisons ayant mesme consequent, sont comme les antecedens ; c'est à dire comme C est à B. Et il en est de mesme de la 2 & de la 4 qui sont comme G a F. Or par l'Hypothese & le 2^d Theoreme C B :: G F. Donc la premiere de ces Raisons est à la 3, comme la 2 à la 4 donc *Alternando* la 1 est à la 2, comme la 3 à la 4.

VI. THEOREME.

Si à 4 Grandeurs proportionnelles comme B C : : F G, on ajoûte deux autres quelconques comme 3 & 2. la Raison de la 2 à la 5 est à la Raison de la 6 à la 3 comme la Raison de la 1 à la 5, est à la Raison de la 6 à la 4 $\frac{C}{M} \frac{N}{P} :: \frac{B}{M} \frac{N}{G}$.

Demonstration. La 1 & la 3 de ces 4 Raisons ayant mesme consequent, sont comme les antecedens par le IV. Axiome ; c'est à dire comme C à B. Et la 2 & la 4 ayant mesme antecedent font comme les consequens dans un ordre renversé [par le V Axiome,] c'est à dire comme G a F. Or par l'Hypothese & le 2 Theoreme C B :: G F dont la 1 de ces Raisons est à la 3 comme la 2 à la 4. ce qu'il falloit demonstrer.

COROLLAIRE.

DANS l'une & l'autre de ces deux proportions de Raisons des deux Theoremes precedens, si l'on suppose que

les deux premieres Raiſons ſont égales. Les deux dernieres le ſont auſſi, c'eſt à dire pour le 5 Theoreme. Si
C M :: G N B M :: F N, & par le VI. Theoreme.
Si C M :: N F B M :: N G. C'eſt une ſuitte évidente
de ces deux Theoremes, mais comme on a accouſtumé de
propoſer l'un & l'autre en d'autres termes nous en ferons
le VII. & le VIII. Theoreme.

VII. THEOREME.

Si à 4 Grandeurs proportionnelles comme B C :: F G.
On en ajoûte deux autres comme M N qui ſoient telles
que la 2 eſt à la 5 comme la 4 à la 6. la 1 ſera à la 5
comme la 3 à la 6.

    1 Hypotheſe B C :: F G.
    2 Hypotheſe C M :: G N.
    Conſequences à prouver B M :: F N.

Demonſtration pour la 1 Hypotheſe & le 4 Axiome.
Ces 4 Raiſons ſont proportionnelles $\frac{B}{M} \frac{C}{M} :: \frac{F}{N} \frac{G}{N}$. Or par la
2 Hypotheſe, la 2 Raiſon & la 4 [$\frac{C}{M}$ & $\frac{G}{N}$] ſont égales,
[car c'eſt ce que l'on ſuppoſe quand on dit que C M ::
G N.] Donc par le Corollaire du VIII Axiome, la 1
Raiſon & la 3 $\frac{B}{M}$ & $\frac{B}{N}$ ſont égales, c'eſt à dire que B M
:: F N, ce qui eſt la conſequence à prouver. Ce Theore-
me, s'appelle *Æqualitas Ordinata.*

VIII. THEOREME.

Si 4 grandeurs proportionnelles comme B C :: F G, on
en ajoûte deux autres comme X & Y qui ſoient telles que
la 2, ſoit à la 5 comme la 6 à la 3. la premiere ſera à la
5 comme la 6 à la 4.

    1 Hypotheſe B C :: F G.
    2 Hypotheſe C X :: Y F.
    Conſequences à prouver B X :: Y G.

Demonſtration par la 1 Hypotheſe, & le IV & V Axio-
me $\frac{B}{X} \frac{C}{X} :: \frac{Y}{G} \frac{Y}{F}$. Or par la 2 Hypotheſe, la ſeconde & la
quatriéme Raiſon [$\frac{C}{X}$ & $\frac{Y}{F}$] ſont égales; car c'eſt ce que
l'on ſuppoſe quand on dit que C X :: Y F, donc par le
Corollaire du VIII Axiome, la 1 Raiſon & la 3 [$\frac{B}{X}$ & $\frac{Y}{G}$]
ſont égales auſſi, c'eſt à dire que B X :: Y G, ce qui eſt

la confequence à prouver. Ce Theoreme s'appelle *Æqua-litas Perturbata.*

AVERTISSEMENT.

ON propofe encore ce dernier Theoreme d'une autre maniere qui revient à la mefme chofe , quoique cela paroifle fort different.

VIII. THEOREME.
Propofé d'une autre maniere.

Y ayant; Grandeurs d'une part , & 3 de l'autre. Si la 1 d'une part eft à la 2 comme la 2 de l'autre part eft à la 3 , & que la 2 d'une part foit à la 3 comme la 1 de l'autre part eft à la 2 , la 1 d'une part fera à la 3 , comme la 1 de l'autre part fera à la 3ᵉ.

Soient les Grandeurs 3 d'une part B C X & 3 de l'autre.   Y F G.

    1 Hypothefe B C : : F G.
    2 Hypothefe C X : : Y F.
Confequences à prouver B X : : Y G.

On voit clairement que ce font les mefmes Hypothe-fes & la mefme confequence à prouver que dans le VIII Theoreme , & qu'ainfi cela fe prouvera de la mefme forte. Il faudra peut-eftre mettre là les reciproques.

IX. THEOREME.

Si 4 Grandeurs font proportionnelles , elles le feront encore en comparant chaque antecedent plus ou moins , fon confequent avec fon confequent , c'eft à dire que fi la 1 eft à la 2 comme la 3 eft à la 4 , la 1 plus ou moins , la 2 fera à la 2 comme la 3 plus ou moins , la 4 à la 4 ; ce qui s'appelle ordinairement *Componendo*, s'il y a plus , & *Dividendo* s'il y a moins , quoique peut-eftre par abus , comme nous le ferons voir plus bas , & il faut remarquer que pour y avoir moins chaque antecedent doit eftre plus grand que fon confequent. Il faut prouver que B C : : F G. B plus ou moins C eft à C comme ce que F plus ou moins G eft à G ; c'eft que $B + CC :: F + G \frac{B}{G} \& \frac{F}{G}$ eftant égales par l'hypothefe , & $\frac{C}{C} = \frac{G}{G}$, parce que ce font deux Raifons d'égalité $\frac{B}{C} + \frac{C}{C}$ eft égal à $\frac{F}{G} + \frac{G}{G}$. Or

$\frac{B}{G} + \frac{C}{G}$ n'eſt autre choſe que $\frac{B \pm C}{G}$ & $\frac{F \pm G}{G}$ n'eſt autre choſe que $\frac{F \pm G}{G}$ donc $\frac{B \pm C}{G}$ eſt égal à $\frac{F \pm G}{G}$, c'eſt
à dire que la raiſon B plus ou moins C à C eſt égale à la
Raiſon de F plus ou moins G à G, donc $\frac{B \pm C}{G}$ C :: $\frac{F \pm}{G}$
G G ce qu'il falloit demonſtrer.

X. Theoreme.

Si 4 Grandeurs ſont proportionnelles, & que chaque
antecedent ſoit plus grand que ſon conſequent, le 1 antecedent eſt à la quantité dont il ſurpaſſe ſon conſequent
en meſme Raiſon que le ſecond antecedent eſt à la quantité dont il ſurpaſſe ſon conſequent. Cette quantité s'appelle la difference de l'antecedent d'avec ſon conſequent, comme nous avons déja veu, ſoit B C : : F G, &
que chaque antecedent ſoit plus grand que le conſequent. Je dis que B B — C :: F F — G pour le montrer,
il ne faut que prouver B — C B :: F — G F ; car ſi cela
eſt, l'autre ſera vray *Permutando*. Or ce dernier eſt clair;
car la Raiſon de $\frac{B-C}{F}$ eſt la meſme choſe que $\frac{B}{B}$ moins $\frac{C}{B}$
& $\frac{F-G}{G}$ eſt la meſme choſe que la Raiſon $\frac{F}{F}$ moins $\frac{G}{G}$. Or
$\frac{B}{B} = \frac{F}{F}$ & $\frac{C}{B} = \frac{G}{F}$ donc $\frac{B-C}{B} = \frac{F-G}{F}$ donc B — C B :: F — G
F & *Permutando* B B — G :: F F — G, ce qu'il falloit
demonſtrer.

XI. Theoreme.

Lors qu'on a deux proportions que je nommeray **A** &
E. Si 3 termes de l'une ſont égaux à 3 termes de l'autre,
chacune à chacune, & dans le meſme ordre [c'eſt à dire
le 1 au 1, le 2 au 2, &c.] Les deux qui reſteront da part
& d'autre ſeront auſſi égaux entre eux.
Soit la proportion A B D :: L M
& la proportion E β ♪ :: λ μ. Je dis que ſi le premier terme d'A eſt égal au 1 terme d'E, & le 2 au 2,
& le 3 au 3, les deux 4 le feront auſſi; car par le 2 Axiome, les 2 premieres Raiſons d'A & d'E ſont entre elles
comme les deux dernieres.
Or les deux premieres ſont égales par le 8 Axiome,

parce que par l'Hypothefe, les antecedens font égaux, & leurs confequens auffi. Il faut donc auffi que les deux dernieres Raifons foient égales, c'eft à dire que L M : : λ μ. Or les deux antecedens de ces deux Raifons qui font L & λ font égaux par l'Hypothefe. Donc par le VIII. Axiome, les deux confequens M & μ le font auffi, ce qu'il falloit demonftrer.

On prouvera fans peine la mefme chofe, fi c'eft l'égalité d'un autre terme d'A à un femblable d'E, comme du 2 au 2 qui foit fuppofé inconnu ; car alors l'égalité de deux dernieres Raifons qui fera manifefte par l'Hypothefe, prouvera celle des deux premieres : & l'égalité des deux premieres, dont les antecedens font égaux par l'Hypothefe prouvera l'égalité des deux confequens qui feront le 2 terme D A, & le 2 D E.

I. Corollaire.

Ce theoreme ne laiffe pas d'eftre vray, quand les 3 termes d'une proportion égaux chacun à chacun a 3 termes, de l'autre ne feroient pas dans le mefme ordre dans l'une & dans l'autre, pourveu que les deux moyens de l'une foient égaux, ou aux deux moyens de l'autre, ou aux 2 extremes ; car alors il fera aifé en tranfportant les termes de l'une, de faire que les termes égaux fe repondent dans l'une & dans l'autre felon ce qui a efté dit.

II. Corollaire.

Si deux proportions A & E eftoient continuës, les deux moyennes proportionnelles eftant égales, l'un des extremes d'A, ne pourroit eftre égal à l'un des extremes d'E, que l'autre extreme d'A ne foit égal à l'autre extreme d'E.

XII. Theoreme.

Plusieurs Raifons eftant égales, tous les antecedens font à tous les confequens, comme un des antecedens à fon confequent comme deux Raifons eftant égales, l'antecedent eft à l'antecedent, comme le confequent au confequent ; ainfi 4 Raifons [ou tant que l'on voudra] eftant égales, le premier antecedent eft au derniere an-

recedent, comme le 1 confequent au dernier, & le 2 antecedent, au dernier antecedent comme le 2 confequent
au dernier, & ainfi la fuitte jufques au dernier antecedent qui fera à foy-même, comme le dernier confequent
à foy-mefme.

Donc les 4 Raifons de chacun des quatre antecedens
au dernier antecedent, font égales aux 4 Raifons de chacun des 4 confequens au dernier confequent, chacune à
chacune, c'eft à dire que fi ces 4 Raifons égales, font

$$\frac{B\ C\ D\ F}{A\ E\ I\ O} \quad \frac{B\ C\ D\ F}{F\ F\ F\ F}$$ feront égales chacune à chacune à $\frac{A\ E\ I\ O}{O\ O\ O\ O}$.

Or ces Raifons des 4 antecedens au dernier font la mefme chofe que la Raifon des 4 antecedens, joints avec le
figne de plus au dernier antecedent, c'eft à dire que
$$\frac{B + C + D + F}{F}$$

Et les 4 Raifons des 4 confequens au dernier que l'u-
nique Raifon $\frac{A + C + I + O}{O}$

Donc $B + C + D + F$ eft à F, comme $A + E + I + O$ eft à O.

Donc *Alternando*, les 4 antecedens font aux 4 confequens, comme F dernier antecedent eft à O dernier confequent.

SECTION DEUXIE'ME.

Des Raifons tant d'égalité que d'inégalité qui peuvent eftre
entre diverfes Raifons, quand les termes de l'une
font multipliables par ceux de l'autre.

AVERTISSEMENT.

On croit ordinairement que les grandeurs de divers genre qu'on
appelle Heterogenes, ne fe peuvent pas multiplier, cela ne me
paroît pas vray, on a befoin d'explication ; car les nombres
font d'un autre genre que les autres grandeurs comme l'étenduë & le temps, & neantmoins il eft clair que les nombres

multiplient toutes fortes de grandeurs , & que c'eſt une veri-
table Multiplication , quand je dis 6 toiſes ou 6 heures , puiſ-
que c'eſt prendre une toiſe ou une heure autant de fois qu'il
y a d'unitez dans 6 , en quoy conſiſte la Multiplication.

De plus ce qui ne ſe peut multiplier par la nature , ſe peut
multiplier par une fiction d'eſprit , par laquelle la verité ſe
decouvre auſſi certainement que par les Multiplications ré-
elles ; ainſi voulant ſçavoir quel chemin fera en dix heures.
celuy qui a fait 24 lieuës en 8 heures , je multiplie par une
fiction d'eſprit 10 heures par 24 lieuës , ce qui me donne un
produit imaginaire d'heures & de lieuës de 240 qui eſtant di-
viſé par 8 heures me donne 30 lieuës. On multiplie auſſi par
la meſme fiction d'eſprit des ſurfaces par des ſurfaces , quoi-
que cela donne pour produit une étenduë de 4 dimenſions qui
ne peut eſtre dans la nature , & neantmoins on ne laiſſe pas
de decouvrir beaucoup de veritez par ces ſortes de multipli-
cations.

Ie ſçay bien qu'on dit que c'eſt parce que ces produits ima-
ginaires ſe peuvent reduire en lignes qui auront meſme rai-
ſon entre celles que ces produits ; mais il n'y a guere d'ap-
parence que la verité de ces ſortes de preuves dependent de
ces lignes , qui ſont viſiblement étrangeres à ces demonſtra-
tions : quoy qu'il en ſoit ne me voulant broüiller avec perſon-
ne ; chacun prendra ce que je diray des Raiſons qui ſe trou-
vent entre diverſes raiſons qu'on ne connoît qu'en multi-
pliant les termes de l'un par ceux de l'autre , ſelon l'opinion
qu'il aura que les termes de certaines raiſons , ſont ou ne ſont
pas multipliables les uns par les autres ; car ce n'eſt que dans
cette ſuppoſition que tout ce que je m'en vais dire ſe doit en-
tendre.

I. LEMME.

ON a déja veu dans ce Livre precedent que deux
grandeurs ont été multipliées l'une par l'autre, quand l'u-
nité eſt à l'une comme l'autre eſt au Produit, c'eſt à dire
ce qui s'eſt fait par cette Multiplication ; Ainſi 3 multipliez par 4 donnent 12 , parce que 1 3 :: 4 12 , & un
tiers

tiers multiplié par un quart donne une douziéme, par-
ce que $1 \frac{1}{3} :: \frac{1}{4} \frac{1}{12}$ l'unité eſtant triple du tiers comme le
quart eſt triple du douziéme, & de meſme generale-
ment quand B & X eſtant multipliez donnent B X. Il
faut que I X :: B. B X.

II. Lemme.

Il s'enſuit de là que toute Grandeur eſtant multipliée
par un autre, la Grandeur ſimple eſt à ſoy-meſme multipliée comme l'unité eſt à l'autre Grandeur par laquelle
elle a eſté multipliée B B X :: I X. Ce n'eſt que tranſporter les deux Raiſons qui ſe doivent trouver dans toute la Multiplication.

III. Lemme.

Deux Grandeurs eſtant multipliées par une meſme
Grandeur, ſi elles ſont égales, leurs Produits ſeront
égaux, & ſi les Produits ſont égaux, elles ſeront égales,
B & D deux Grandeurs égales. Je dis que B X & D X
ſont égaux, car par le premier Lemme

IX. $\left\{ \begin{array}{c} . \\ . \end{array} \right. \begin{array}{c} \text{B . X} \\ \text{D . X} \end{array}$ donc B B X :: D D X. Donc ſi les Gran-

deurs B & D ſont égales, les Produits B X & D X le ſont
auſſi par le VIII. Axiome, & ſi les Produits B X & D X
ſont égaux, les Grandeurs B & D le ſont auſſi par le même VIII. Axiomme.

IV. Lemme.

Lorsque deux Grandeurs eſtant multipliées l'une
par l'autre font un Produit, & que 2 autres en font une
autre, comme par exemple. $\begin{smallmatrix} B & S & B & S \\ D & T & D & T \end{smallmatrix}$. On y peut remarquer 3 ſortes d'égalitez. La 1e & la 2e les égalitez de
chacune des deux Grandeurs d'une part à chacune des
Grandeurs de l'autre de B à D & S à T. La 3e égalité des
deux Produits B S & D T : or deux de ces égalitez eſtant
données donnent la 3e, c'eſt à dire que ſi chacune des
deux Grandeurs d'une part eſt égale à chacune des deux
Grandeurs de l'autre les Produits ſont égaux.

2. Et ſi ce ſont les 2 Produits qui ſont ſuppoſez égaux,
& qu'une des Grandeurs d'une part, ſoit égale à l'une de

G

l'autre part, les deux autres Grandeurs font égales.

Preuve du premier Cas , la double Hypothefe de B égal à D & d'S, égale à T fait voir par le 3ᵉ Lemme que $BS = DS = DT$, donc $BS = DT$ ce qu'il falloit demonftrer.

Preuve du 2ᵉ Cas par la double Hypothefe de B S égal à D T, & de B égal à D, en fe fouvenant du 3ᵉ Lemme $BS = DT = BT$, donc $BS = BT$, donc le 3ᵉ Lemme $S = T$ ce qu'il falloit demonftrer.

I. PROPOSITION GENERALE.

Si les deux termes d'une Raifon font multipliez par une mefme grandeur la Raifon des termes fimples eft égale à celle des termes multipliez B C : : B M. C M ou $\frac{B}{C} = \frac{BM}{CN}$

I. DEMONSTRATION.

Par le 2 Lemme $\left.\begin{array}{l}\text{B B M.}\\ \text{C C M.}\end{array}\right\}$ I M donc B B M C C M,

donc *Alternando* B C : : B M C M.

II. DEMONSTRATION.

Toutes les Aliquotes pareilles des antecedens B & B M font également continuées dans les confequens C & C M.

Car foit X, l'Aliquote quelconque de B , & fi l'on veut la centiéme , 100 X feront la mefme chofe que B.

Donc par le 1ᵉ Lemme ce fera la mefme chofe de multiplier cent X par M que de multiplier B par M, Donc B M & 100 fois X M font la mefme chofe , donc X & M font les Aliquotes pareilles des antecedens B C B M.

Suppofé maintenant que X foit danc C ou tant de fois fans refte ou toûjours avec quelque refte qu'il y foit, par exemple 87 precifement ou 87 fois plus R.

Ce fera la mefme chofe de multiplier C par M que de multiplier par M , ou 87 fois X precifement [ce qui donne 87 X M] ou 87 X + R [ce qui donne 87 X M + R M] Donc C M eft la mefme chofe que ou
$$\begin{cases} 87\ XM \\ 87\ XM + RM. \end{cases}$$

Comme donc il eft clair par les proportions naturelle-

ment connuës, & par le 1ᵉ Theoreme que 100 X 87 X
:: 100 X M 87 X M ou 100 X 87 X ⊣ R :: 100 X M
87 X M ⊣ R M. Il eft clair auffi que B [egal à 100 X]
eft à C [egal à 87 X ou à 87 X ⊣ R] comme B M [egal
à 100 X M] eft à C M [egal à 87 X M ou à 87 X M ⊣ R
M, c'eft à dire que B C :: B M. C M ce qu'il falloit demonftrer.

COROLLAIRE.

QUAND des Grandeurs de plufieurs dimenfions, &
qui en ont autant l'une que l'autre font une Raifon, les
mefmes lettres qui fe trouveront dans l'une & dans l'autre de ces Grandeurs, eftant oftées de part & d'autre
une pour une, ce qui reftera, donnera la mefme Raifon
en termes plus fimples que s'il ne reftoit rien, ces Raifons feroient entre elles comme un à un B M. C M :: B.
C. B B. B C :: B C. B C M. B C N :: M N. D F G. D P
G :: F G. P G. R S T. T R S :: T T.

PROBLEME.

AYANT deux Raifons quelconques, faire que demeurant
les mefmes, elles ayent mefme confequent : Il ne faut que
multiplier les deux termes de chacune par le confequent
de l'autre.

Par là elles demeureront chacune de mefme qu'elles
eftoient auparavant par la propofition precedente,& elles
auront pour confequent commun les produits des deux
confequens $\frac{B}{C} \frac{M}{N} :: \frac{BN}{CN} \cdot \frac{CM}{CN}$.

II. PROPOSITION GENERALE.

Pour connoiftre la Raifon que des raifons quelconques ont
entres elles.

DEUX Raifons quelconques font entre elles, comme
le Produit des extremes, c'eft à dire du premier antecedent par le 2 confequent] eft au Produit des moyens,
c'eft à dire du 2 antecedent par le premier confequent]
$\frac{B}{C} \frac{M}{N} :: B N. C M.$ car par le precedent Probleme, on
reduit les deux Raifons données à n'avoir qu'un mefme
confequent en donnant pour antecedent à la premiere le
Produit des extremes, & à la feconde le Produit des

G ij

moyens & à chacune pour conſequent le Produit des
conſequens.

Donc par le 5ᵉ principe n'ayant qu'un conſequent, elles ſont comme les antecedens, & par conſequent comme le Produit des extrémes qui eſt l'antecedent de la
premiere au Produit des moyens qui eſt l'antecedent de
la ſeconde. $\frac{B}{C} \frac{M}{N}$ :: $\frac{BN}{CN} \frac{CM}{CN}$ :: BN. CM.

I. THEOREME.

DEux Raiſons quelconques ſont entre elles comme
la Raiſon des antecedens à celle des conſequens $\frac{B}{C} \frac{M}{N}$ :: $\frac{B}{M} \frac{C}{N}$.

Car cette nouvelle comparaiſon laiſſant les meſmes extremes B & N ne fait que tranſpoſer les moyens C & M,
donc ces deux nouvelles Raiſons ſont encore entre elles
comme le Produit des meſmes moyens B M

$$\left.\begin{array}{c} \overline{B} \ \overline{M} \\ \overline{C} \ \overline{N} \\ B \ C \\ \overline{M} \ \overline{N} \end{array}\right\} :: \text{BN.CM.}$$

II. THEOREME.

DEux Raiſons quelconques ſont entre elles, comme
ces meſmes Raiſons renverſées priſes dans un ordre renverſé.

J'appelle Raiſons renverſées quand de l'antecedent
on en fait le conſequent, & du conſequent l'antecedent.
Je dis donc que $\frac{B}{C} \frac{M}{N}$ :: $\frac{N}{M} \frac{C}{B}$; car il faut prendre ces Raiſons
renverſées dans un ordre renverſé, afin que ce ſoit toû-
jours les meſmes extremes & les meſmes moyens.

$$\left.\begin{array}{c} B \ M \\ \overline{C} \ \overline{N} \\ N \ C \\ \overline{M} \ \overline{B} \end{array}\right\} \text{BN. CM.}$$

TOUTES les Raiſons d'égalité eſtant égales, elles
ont toutes meſme raiſon à quelque raiſon que ce ſoit,
& ainſi on peut prendre celle que l'on veut à diſcretion,
& les demonſtrations pour l'ordinaire en ſont plus ſenſibles, quand on prend celle du conſequent au conſe-

quent de la Raison d'inégalité, avec laquelle on compare cette Raison d'égalité.

III. Théoreme.

La Raison d'égalité est à une Raison quelconque d'inégalité, comme le conséquent de la Raison d'inégalité est à son antecedent.

1 Demon. $\frac{x}{x} \frac{B:}{c} :: X C. X B :: C B.$

2 Demon. $\frac{c}{c} \frac{B}{c} :: C B.$

Et toute Raison d'inégalité est à la Raison d'égalité, comme l'antecedent de la Raison d'inégalité est à son conséquent $\frac{B}{c} \frac{x}{x} :: B X. C X :: B C.$

Autrement $\frac{B}{c} \frac{c}{c} :: B C.$

I. Corollaire.

La Raison d'égalité est plus grande qu'aucune Raison de moindre inégalité, & plus petite qu'aucune Raison de plus grande inégalité, car elle est à chacune, comme le conséquent de chacune est à son antecedent, donc la Raison d'égalité est plus grande qu'aucune Raison de moindre inégalité.

On prouvera de la mesme sorte qu'elle est plus petite qu'aucune Raison de plus grande inégalité, parce que le conséquent de toute Raison de plus grande inégalité est plus petit que son antecedent.

Cela seroit encore plus grossierement en prenant pour Raison d'égalité celle du conséquent au conséquent de la Raison, avec laquelle on la compare; car il est clair que la Raison de 4 à 4 est plus grande que la Raison de 3 à 4, parce qu'ayant mesme conséquent celle d'égalité à un plus grand antecedent $\frac{4}{4} \frac{3}{4}$, & il est clair aussi par le même principe que la Raison de 3 à 3 est plus petite que la Raison de 4 à 3 $\frac{3}{3} \frac{4}{3}$.

II. Corollaire.

La Raison d'égalité est moyenne proportionnelle entre deux Raisons, dont l'une est l'inverse de l'autre, ou l'inverse d'une Raison égale à l'autre $\frac{B}{c} \frac{c}{c} :: \frac{B}{b} \frac{c}{b}$ que si $\frac{F}{G}$ est égale à $\frac{B}{c} \frac{G}{F}$ sera aussi égale à $\frac{c}{b}$ & par conséquent $\frac{B}{c} \frac{c}{c} :: \frac{B}{F} \frac{G}{F}.$

G iij

III. COROLLAIRE.

LA Raiſon de moindre inégalité eſt d'autant plus grande, & la raiſon de plus graande inégalité eſt d'autant plus petite que l'une & l'autre approche plus de la Raiſon d'egalité. J'en laiſſe à trouver la demonſtration qui ſe tire ſans peine du Theoreme precedent.

II. THEOREME.

SI les deux termes d'une Raiſon ſont multipliez par deux nouvelles grandeurs, l'antecedent par l'une, & le conſequent par l'autre.

La Raiſon des termes ſimples, eſt à la Raiſon des termes multipliez, comme la Grandeur qui a multiplié l'antecedent, à celle qui a multiplié le conſequent $\frac{bm}{cn} \cdot \frac{b}{c}$ :: B M C CN B :: M N.

COROLLAIRE.

LA Raiſon des Racines eſt à la Raiſon des Quarrez comme la derniere Racine eſt à la premiere $\frac{b}{c} \cdot \frac{bb}{cc}$ :: C B, & la Raiſon des Quarrez eſt à celle des Racines, comme la premiere racine eſt à la derniere $\frac{bb}{cc} \cdot \frac{b}{c}$ :: B C.

AVERTISSEMENT.

ON jugera ſans peine par là de ce qu'eſt la Raiſon des Racines à la Raiſon des Cubes.

III. THEOREME.

SI ayant deux Raiſons quelconques, j'en fais une troiſiéme qui ait pour entecedent le produit des antecedens des deux premieres, & pour conſequent le produit de leurs conſequens, chacune des premieres eſt à la troiſiéme comme le conſequent de l'autre eſt ſon antecedent, c'eſt à dire que la premiere eſt à la troiſiéme, comme le conſequent de la ſeconde eſt à ſon antecedent, & la ſeconde eſt à la troiſiéme, comme l'antecedent de la premiere eſt à ſon antecedent, ſoient les deux Raiſons quelconques. $\frac{b}{c}$ & $\frac{m}{n}$ & la troiſiéme $\frac{bm}{cn} \cdot \frac{b}{c} \cdot \frac{bm}{cn}$ :: N M & $\frac{m}{n} \cdot \frac{bm}{cn}$ :: C B. C'eſt la meſme choſe que le ſecond Theoreme propoſé autrement.

IV. THEOREME.

SI deux Raiſons ſont égales, le Produit des extrémes

est égal au Produit des moyens: & si ces deux Produits font égaux, les Raisons sont égales. Cela se prouve ordinairement ainsi, soient les deux Raisons $\frac{b}{c}$ $\frac{f}{g}$: On compare le Produit des extremes B G avec le produit des consequens C G & le Produit des moyens avec le mesme Produit des consequens C G , & on raisonne ainsi,

B G. C G :: B C.
& C F. C G :: F G.

Donc si les Raisons $\frac{b}{c}$ & $\frac{f}{g}$ sont égales, les Raisons $\frac{b}{c}$ $\frac{f}{g}$ seront égales aussi, & ces deux dernieres raisons ayant un mesme consequent, elles ne sçauroient estre égales que leurs antecedens B G & C F ne soient égaux.

Or de ces deux antecedens B G est le Produit des extremes, & C F le produit des moyens. Donc si les Raisons $\frac{b}{c}$ & $\frac{f}{g}$ sont égales, le Produit des extremes sera égal au Produit des moyens.

Que si au contraire on suppose que B G & C F soient égaux, ils ne pourront avoir qu'une mesme Raison à un mesme consequent C G par S , donc les deux Raisons $\frac{bg}{cg}$ $\frac{cf}{cg}$ sont égales, & pa consequent les deux $\frac{b}{c}$ & $\frac{f}{g}$ ausquelles deux autres sont égales chacune à chacune, seront égales: aussi cette demonstaction est tres-ingenieuse & tres-bonne, mais la nostre est beaucoup plus courte & plus claire ; car par la seconde proposition generale, deux Raisons quelconques sont entre elles, comme le Produit des extremes, est au produit des moyens.

Donc si elles sont égales, ces deux Produits sont égaux, & si ces deux Produits sont égaux, elles sont égales.

I. Corollaire.

Les 4 Termes d'une proposition sont toûjours proportionnels en quelque façon qu'on les dispose, pourveu que les extrémes demeurent toûjours extrêmes, & les moyens moyens, ou que les deux extrémes deviennent moyens, & les deux moyens extrémes.

Car tant que cela sera dans toutes ces differentes dispositions, le produit des extrémes sera toûjours égal au Produit des moyens, & par consequent les 4 termes ainsi diſpoſez ſeront, toûjours proportionnels.

II. COROLLAIRE.

LE Produit des moyens [ou celuy des extrémes qui luy eſt égal, eſt moyen proportionnel entre le produit des antecedens & celuy des conſequens, c'eſt à dire que ſi

B C :: F G ;
B F C F :: C F C G ; car le produit des exremes B F.C G

eſt égal au produit des moyens C F C F. C F eſtant commun à l'un & à l'autre , & B G qui reſte du premier étant égal à l'autre C F du ſecond.

III. COROLLAIRE.

LES Quarrés des deux termes de chaque Raiſon , ſont entre eux comme le produit des antecedens eſt au produit des conſequens. B B. C C :: B F. C G ;

car B B. C G ⇌ C C B F.

C B eſtant commun à l'un & à l'autre, & B G du premier eſtant égal à C F du ſecond.

IV. COROLLAIRE.

4· Grandeurs eſtant proportionnelles , leurs Quarrez le ſont auſſi. Si B C :: F G.

B B C C :: F F G G ; car B B G G ⇌ C C F F.

le prémier eſtant le Quarré de B G , & le ſecond de C F.

V. COROLLAIRE.

QUATRE nombres eſtant proportionnels, le produit des quatre multipliez l'un par l'autre eſt neceſſairement un nombre quarré , qui a pour ſa racine le Produit des extrémes ou celui des moyens qui eſt la meſme choſe ; car le produit des quatre nombres proportionnels , eſt la même choſe que le produit des extrémes multipliez par le produit des moyens 2. 3 :: 4. 6. 2 fois 6 [12] par 3 fois 4 [12] font 12 fois 12 ; c'eſt à dire 144, & c'eſt abſolument la meſme choſe que de dire 2 fois 3 font 6 , 4 fois 6 font 24 , 6 fois 24 font 144.

VI. COROLLAIRE.

ON prouve aiſément par ce 4 Theoreme, ce qui a eſté dit cy-deſſus , que quatre grandeurs eſtant proportionnelles comme B C :: F G. ſi on en ajoute 2 autres quel-

conques

conques comme M & N , les quatre Raiſons ſuivantes ſont proportionnelles $\frac{c}{m}\frac{n}{f}$ :: $\frac{b}{m}\frac{n}{g}$; car par la propoſition generale , les deux premieres Raiſons ſont entre elles comme C F eſt à M N , & les deux dernieres comme B G eſt à M N. Or par le Theoreme precedent C F $=$ B G donc C F. M N :: B G. M N; donc $\frac{c}{m}\frac{n}{f}$ :: $\frac{b}{m}\frac{n}{g}$ ce qu'il fal-loit demonſtrer.

V. Theoreme.

S i les deux moyens d'une proportion ſont égaux aux deux moyens d'une autre proportion , & que l'un des extrémes de l'un ſoit égal à l'un des extrémes de l'autre, l'autre extréme ſera auſſi à l'autre extréme , & il n'im-porte ni que les deux moyens ſuppoſez égaux de part & d'autre ne ſoient pas placez de meſme dans ces deux pro-portions [comme ſi c'eſt le 1 des moyens de la propor-tion A qui ſoit égal au 2 des moyens de la proportion C, & le ſecond d'A au premier de C] ni que ce ſoit le 1 des extrémes d'A qui ſoit ſuppoſé égal au dernier de C, les 2 extrémes d'A & de C n'en ſeront pas moins égaux.

Demonſtr. les 2 moyens d'A eſtant égaux aux 2 moyens D C. Le produit des moyens d'A ſera égal au Produit des moyens de C par le 2 Lemme. Or dans chaque pro-portion le Produit des moyens eſt égal au produit des extrémes.

Donc les Produits des extrémes d'A & de C ſont é-gaux auſſi.

Or par le 2 Lemme , ſuppoſé que l'un des extrémes d'A quel qu'il ſoit, ſoit égal à l'un des extrémes de C quel qu'il ſoit auſſi , l'autre extréme d'A , ſera égal à l'autre extreme de C.

Corollaire.

S i A & C eſtoient deux proportions continuës , les deux moyennes proportionnelles eſtant égales, l'un des extrémes d'A , ne pourroit eſtre égal à l'un des extrémes de C, que les deux autres extrémes d'A & de C ne fuſſent auſſi égaux, ce qui eſt prouvé dans ce Theoreme & ce Corollaire, l'a déja eſté plus haut d'une aute façon.

DES RECIPROQUES.

DEUX Grandeurs ſont dites eſtre reciproques à deux autres, quand les unes ſont les extrémes d'une propor-tion, & que les autres en ſont les moyens. Ainſi dans la proportion B C :: F G. B & G ſont reciproques à C & F, & il eſt clair, par ce qui vient d'eſtre dit, que quand deux proportions ſont reciproques à deux autres, le Pro-duit des unes eſt égal au produit des autres. Q ıe s'il n'y a que trois Grandeurs dans une proportion, parce qu'elle eſt continuë, celui du milieu qui ſert de conſequent à la premiere Raiſon, & d'antecedent à la ſeconde, eſt ap-pellé moyenne proportionnelle, & alors le Quarré de cette Grandeur eſt égal au Produit des autres Gran-deurs. Si B. D :: D H. B H ⹀ D D.

V I. THEOREME.

SI deux Grandeurs chacune de deux dimenſions ſont égales : l'une des dimenſions de la premiere eſt à l'une des dimenſions de la ſeconde, comme l'autre di-menſion de la ſeconde eſt à l'autre dimenſion de la pre-miere. Si B G eſt égal à C F, B ſera à C comme F à G, c'eſt une ſuitte manifeſte de ce qui vient d'eſtre dit.

VII. THEOREME.

SI deux Grandeurs d'une part, & deux autres d'une autre, ſont chacune reciproques à deux autres Grandeurs, elles ſeront reciproques entre elles. Si B & G ſont reci-proques à P & Q ; [c'eſt à dire ſi B P :: Q G] & que S T ſoient auſſi reciproques à P & Q ; [c'eſt à dire ſi S P :: Q T] B & G ſeront auſſi reciproques à S T ; [c'eſt à dire que B S :: T G.] Car le premier ne peuteſtre que le Pro-

duit B G ne foit égal au Produit P Q, & le fecond ne
peut eftre que le Produit S T ne foit égal au mefme Produit P Q, auquel le Produit B G eftoit égal, donc les
deux Produits B G & S T font égaux entre eux, parce
qu'ils font chacun égal à un troifiéme, dont les Grandeurs B & G font reciproques aux Grandeurs S & T.

COROLLAIRE.

QUATRE Grandeurs eftant proportionnelles, fi la 1
eft à une 5 comme une 6 eft à la 4, la 2 fera auffi à la 5,
comme la 6 à la 3 ; car il eft clair par l'Hypothefe que la
1 & la 4 font reciproques à la 5 & à la 6. Or la 2 & la 3
font auffi reciproques à la 1 & à la 4 : elles le font donc
auffi à la 5 & à la 6. Soient les 4 proportionnelles B C F G,
& les deux autres P Q.
Si B C :: F G.
& B P : : Q G.
C P : : Q F.

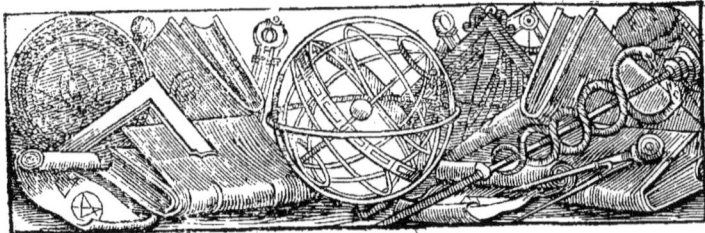

NOUVEAUX ELEMENS
DE
GEOMETRIE.
LIVRE TROISIEME.

DE LA RAISON COMPOSE'E.

Où l'on fait voir aussi comment on peut faire sur les Raisons les quatre Operations communes Ajoûter, Soustraire, Multiplier, Diviser.

I.

N ne s'est point encore avisé que je sçache de faire sur les 4 Operations communes Ajoûter, Soustraire, Multiplier, Diviser, ce que l'on fait sur les autres Grandeurs, cependant la maniere dont nous avons expliqué la Nature de la Raison dans le Livre precedent, fait voir que cela se peut faire sans peine (& voicy comment.)

I. LEMME.

Pour l'Addition & Soustraction.

II.

Nous avons déja veu N, que quand deux Rai-

fons ont le mefme confequent, la Raifon qui a pour antecedent le premier antecedent plus ou moins le fecond, & pour confequent le confequent commun, ft
ou la fomme de deux Raifons, c'eft à dire l'une plus l'autre ou la difference de ces deux Raifons, c'eft à dire la
premiere moins la feconde. $\frac{B}{x} \quad \frac{D}{x} \quad \frac{B+D}{x} \quad \frac{B-D}{x} \quad \frac{5}{7}\frac{3}{7}$
$\frac{5+3}{7} \frac{5-3}{7}$ delà s'enfuit.

ADDITION.

III.

Pour ajoûter enfemble deux Raifons quelconques, il
ne faut que les reduire à un mefme confequent. La Raifon des nouveaux antecedens joints par le figne de Plus
au commun confequent, eft la fomme de ces deux Raifons données, ou l'une ajoûtée à l'autre.

$$\left\{ \frac{B}{D} \frac{S}{T} \quad \frac{BT}{DT} \quad \frac{DS}{DT} \quad \frac{BT+DS}{DT} \right.$$

autrement la $\left\{ \frac{7}{5} \frac{4}{9} \quad \frac{63}{45} \quad \frac{20}{45} \quad \frac{63+20}{45} \right.$

Raifon qui a pour antecedent le Produit des extrémes,
plus le produit des moyens, & pour confequent le Produit des confequens, eft la fomme de ces deux Raifons
données.

SOUSTRACTION.

IV.

Pour fouftraire une Raifon quelconque d'une autre
qui foit plus grande. Il faut de mefme les reduire à un
mefme confequent, & alors la Raifon du plus grand antecedent, moins le plus petit au confequent, eft la difference de ces deux Raifons, où la plus grande moins la
plus petite $\frac{b}{d} \frac{f}{t} \frac{b f}{d t} \frac{d f}{d t} \frac{b-d f}{d t} \frac{7}{5} \frac{4}{9} \frac{63-20}{45}$.

Autrement aiant mis la plus grande Raifon la premiere,
la Raifon qui aura pour antecedent le produit des extrémes moins le produit des moyens, & pour confequent le
Produit des confequens, eft la difference de ces deux
Raifons ou la plus grande moins la plus petite.

AVERTISSEMENT.

On voit par là que les Geometres appellent Compofition &
Divifion, quand ils difent que quatre Grandeurs efant pro-

portionnelles Componendo *ou* Dividendo. *La* 1 *plus ou moins,* la 2 *est à la* 2 *comme la* 3 *plus ou moins,* la 4 *est à la* 4*, a dû estre plûtost appellé Addition & Soustraction, & qu'on a dû dire que cela se fait* ad dendo *ou* subtrahendo, *& c'est ainsi que nous avons resolu de l'appeller dans le reste de ces Elemens.*

II. Lemme.

V.

Pour la Multiplication & la Division comme dans les Grandeurs absoluës , on a multiplié deux Grandeurs l'une par l'autre, quand l'unité est à l'une de ces Grandeurs, comme l'autre est à ce qui est né de cette Multiplication qu'on appelle le Produit, & qu'on a divisé une Grandeur par une autre , quand la Grandeur qui divise est à celle à diviser, ce qu'est l'unité à ce qui est né de cette Division qu'on appelle le Quotient.

Il faut aussi que dans les Grandeurs relatives qui s'appellent Raisons, on ait multiplié deux Raisons l'une par l'autre, quand ce qui tient lieu d'unité dans ces Grandeurs relatives est à l'une des Raisons, comme l'autre est à la Raison qui est née de cette Multiplication.

Et qu'on ait divisé une Raison par une autre quand la Raison qui a dû diviser est à celle à diviser, comme est ce qui tient lieu d'unité dans ces Grandeurs relatives à la Raison qui est née de cette Division.

Or ce qui tient lieu d'unité dans les Grandeurs relatives, c'est à dire dans les Raisons, ne peut estre autre chose que la Raison d'égalité qui est celle ou l'antecedent est égal au consequent comme $\frac{6}{6}$ $\frac{1}{1}$. Cela est clair de soy-mesme, & se prouve encore par l'analogie des fractions qui ont un parfait raport aux Raisons comme on l'a déja souvent observé.

Car dans les fractions, celle dont le numerateur est le mesme nombre que le dénonciateur [ce qui revient entierement à la raison d'égalité] est la mesme chose que l'unité , deux moitiés $\frac{2}{2}$, trois tiers $\frac{3}{3}$, quatre quarts $\frac{4}{4}$ n'estant que l'unité diversement exprimée.

Cela eſtant ſuppoſé, il eſt tres-facile de multiplier & de diviſer les Raiſons.

MULTIPLICATION DE DEUX RAISONS.

ON a multiplié deux Raiſons quand on a fait une Raiſon qui a pour antecedent le produit des antecedens & pour conſequent le produit des conſequens, ayant les deux Raiſons $\frac{b}{c}$ & $\frac{m}{n}$, elles ſe trouveront multipliées par la Raiſon de $\frac{bm}{cn}$.

VI.

Pour le prouver il ne faut que montrer que la Raiſon d'égalité eſt à la Raiſon $\frac{b}{c}$ comme la Raiſon $\frac{m}{n}$ eſt à la Raiſon $\frac{bm}{cn}$; c'eſt à dire que $\frac{c}{c} \cdot \frac{b}{c} :: \frac{m}{n} \cdot \frac{bm}{cn}$.

Ce qui eſt facile :   Car par 2 $\frac{c}{c} \cdot \frac{b}{c} ::$ c b.

& par 2 $\frac{m}{n} \cdot \frac{bm}{cn} ::$ c b.

donc $\frac{c}{c} \cdot \frac{b}{c} :: \frac{m}{n} \cdot \frac{bm}{cn}$.

DIVISION D'UNE RAISON PAR UNE AUTRE.

ON a diviſé une Raiſon par une autre, quand ayant mis la premiere celle qui doit diviſer l'autre, on a fait une Raiſon qui a pour antecedent le produit des moyens; c'eſt à dire le produit du conſequent de la Raiſon qui tient lieu de diviſeur par l'antecedent de l'autre & pour le conſequent le produit des extremes : ainſi $\frac{b}{c}$ a diviſé $\frac{m}{n}$ quand on a la Raiſon de $\frac{cm}{bn}$. Pour le prouver il faut demonſtrer que la Raiſon $\frac{b}{c}$ eſt à la Raiſon $\frac{m}{n}$ comme la Raiſon d'égalité eſt eſt à la Raiſon de $\frac{cm}{bn}$; c'eſt à dire que $\frac{b}{c} \cdot \frac{m}{n} :: \frac{x}{x} \cdot \frac{cm}{bn}$. Or cela eſt facile : car par le 2 $\frac{b}{c} \cdot \frac{m}{n} ::$ bn cm. Or par le 2 $\frac{x}{x} \cdot \frac{cm}{bn} ::$ bn cm. donc $\frac{b}{c} \cdot \frac{m}{n} :: \frac{x}{x} \cdot \frac{cm}{bn}$.

PROBLEME.

Ayant trois Raiſons quelconques, en trouver une quatriéme pour proportionnelle, ſoient les trois Raiſons quelconques $\frac{b}{c} \cdot \frac{d}{f} \cdot \frac{m}{n}$, les deux du milieu eſtant multipliées l'une par l'autre, ce qui fait $\frac{dm}{fn}$, ſi on diviſe cette nouvelle Raiſon par la premiere, ce qui donne $\frac{cdm}{bfn}$, cette derniere Raiſon eſt la quatriéme, proportionnelle au au regard des trois autres : c'eſt à dire que $\frac{b}{c} \cdot \frac{d}{f} :: \frac{m}{n} \cdot \frac{cdm}{bfn}$.

VII.

Car $\frac{b}{c} \cdot \frac{d}{f} ::$ BF CD. par, & $\frac{m}{n} \cdot \frac{cdm}{bfn} ::$ BF CD par

OBSERVATION.

CE que font ces quatre regles ſur les Raiſons égales,

VIII.

l'addition de deux Raisons égales fait une Raison double
de chacune. Si BC :: FG $\frac{bг+cf}{cg}$ est double de chacune
de ces deux Raisons, la souſtraction de deux Raisons
égales donne zero pour l'antecedent, & par conſequent
le réduit à rien. Si BC :: FG. $\frac{BG + CF.}{CG}$

Car BG = CF, donc l'un moins l'autre n'eſt rien. La
multiplication de deux Raiſons égales fait une Raiſon
compoſée des deux , qui s'appelle Raiſon doublée,
dont on va parler bien-toſt.

La diviſion d'une Raiſon par une autre qui luy eſt é-
gale, donne une Raiſon d'égalité. Si $\frac{b}{c}$ eſt égale à $\frac{f}{g}$, $\frac{b}{c}$
diviſant $\frac{f}{g}$ donne $\frac{cf}{bg}$ qui eſt une Raiſon d'égalité, parce
que C F = B G.

DE LA RAISON COMPOSE'E.

IX.   CE qui vient d'eſtre dit de la multiplication des Raiſons fait comprendre ſans peine ce que c'eſt que la
Raiſon compoſée ; ce qui n'a point encore eſté bien expliqué par aucun Geometre.

Car au lieu d'en donner une definition generale, ils
ſe ſont contentez d'apporter l'exemple d'une Raiſon
compoſée dans un cas particulier, comme ſi on n'eût pû
avoir d'autre notion plus claire, plus diſtincte & plus
univerſelle de la Raiſon compoſée.

,, Lors, diſent-ils, qu'ayant deux grandeurs on en prend
,, une troiſiéme telle que l'on veut, & que l'on compa-
,, re la premiere des grandeurs données à cette troiſié-
,, me, & cette troiſiéme à la ſeconde des données, la
,, Raiſon des deux grandeurs données eſt compoſée de
,, deux Raiſons, de la premiere grandeur à l'interpoſée
,, & de l'interpoſée à la ſeconde : ainſi la Raiſon de B
,, à D eſt compoſée des Raiſons de B à X & d'X à D.

Or il eſt auſſi ridicule de ne dire que cela pour expliquer la nature de la Raiſon compoſée, que ſi on ſe con-
tentoit de dire pour définir la proportion Geometrique,
que quand la premiere grandeur eſt double de la ſecon-
                                                    de,

de, & la troifiéme double de la quatriéme, cela s'appelle proportion.

Car comme cette définition de la proportion feroit vicieufe, parce qu'elle ne comprendroit pas tout le défini, celle qu'ils donnent de la Raifon compofée ne l'eft pas moins, parce que bien loin de convenir à toute Raifon compofée, ce n'eft qu'un abregement dans un cas particulier de la maniere dont fe forment les Raifons compofées, comme on le verra plus bas. Voicy donc en general ce que c'eft que Raifon compofée.

Definition de la Raison compose'e.

LA compofition des Raifons n'eft autre chofe que leur multiplication ; & une Raifon qui eft née de la multiplication de deux ou plufieurs Raifons, eft dite compofée de ces deux ou plufieurs Raifons.   IX.

C'eft pourquoy, fuivant ce qu'on a dit de la multiplication, & y ajoûtant feulement les termes de Compofante & de Compofée, une Raifon eft compofée de deux Raifons quand la Raifon d'égalité eft à l'une des compofantes, comme l'autre compofant eft à la Raifon compofée.

Proposition generale.

LA Raifon qui a pour antecedent le produit de tous les antecedens de plufieurs Raifons, & pour confequent le produit de tous les confequenens, eft compofée de toutes ces Raifons : ainfi la Raifon de $\frac{bmp}{cnq}$ eft compofée de trois Raifons $\frac{b}{c}$ $\frac{m}{n}$ $\frac{p}{q}$.   X.

On ne peut le demonftrer qu'en commançant par deux Raifons, & en faifant voir d'abord que $\frac{bm}{cn}$ eft compofée des Raifons $\frac{b}{c}$ $\frac{m}{n}$.

Or il ne faut pour cela que prouver que la Raifon d'égalité eft à $\frac{b}{c}$ comme $\frac{m}{n}$ eft à $\frac{bm}{cn}$; ce qu'on a déja fait en expliquant la Multiplication.

Et quand cela eft fait des deux premieres, on prouvera de la mefme forte que $\frac{bmp}{cnq}$ eft compofée de toutes les trois, en faifant voir qu'elle eft compofée de $\frac{bm}{cn}$ [qui l'eft des deux premieres] & de la la troifiéme $\frac{p}{q}$.

I

Car $\frac{x}{x}\ \frac{bm}{cn}$ :: $cn\ bm$ par z, & $\frac{p}{q}\ \frac{bmp}{cnq}$ :: $cn\ bm$ par

Donc $\frac{x}{x}\ \frac{bm}{cn}$ :: $\frac{p}{q}\ \frac{bmp}{cnq}$ & par conséquent $\frac{bmp}{cnq}$ est composé de $\frac{p}{q}$ & $\frac{bm}{cn}$, laquelle l'est de $\frac{b}{c}$ & $\frac{m}{n}$, & ainsi l'est de toutes trois $\frac{b}{c}\ \frac{m}{n}\ \frac{p}{q}$.

Suite importante de la vraye notion de la Raison composée.

XI. LA veritable notion de la Raison composée estant une fois établie, qui est la Raison du produit des antecedens de deux ou plusieurs Raisons au produit de leurs consequens, il s'enfuit de là une chose fort remarquable ; c'est que lors qu'il se rencontre dans les Raisons composantes des antecedens égaux aux consequens, il faut les ôter un pour un avant que de former les produits des antecedens & des consequens, qui doivent faire l'antecedent & le consequent de la Raison composée, si on veut qu'elle soit réduite aux moindres termes qu'elle peut estre.

Que si ces antecedens & consequens égaux estans ôtez, il ne restoit qu'un antecedent & un consequent dans les Raisons composantes, cét antecedent & consequent sera toute la Raison composée : & s'il ne restoit rien, la Raison composée seroit d'un à un, parce que ce seroit une marque que le produit des antecedens seroit égal au produit des consequens.

On verra mieux tout cela par des exemples.

RAISONS COMPOSANTES.

XII. $\frac{b}{d}\ \frac{c}{p}\ \frac{d}{r}\ \frac{p}{f}\ \frac{q}{b}\qquad \frac{cq}{rf}$

$\frac{m}{d}\ \frac{n}{f}\ \frac{f}{m}\ \frac{x}{n}\qquad \frac{x}{d}$

$\frac{a}{o}\ \frac{e}{a}\ \frac{o}{e}\qquad \frac{i}{i}$

LA Raison de cela, est que quand on auroit mis toutes ces lettres semblables dans le produit des antecedens & dans celuy des consequens, il les en faudroit ôter pour avoir la Raison de ces produits reduite aux moindres termes qu'elle peut estre, selon ce qui a esté dit cy-ydessus.

Il vaut donc mieux les retrancher d'abord, comme inutiles, quand on ne veut qu'avoir la Raison de ces

Produits qui est la Raison composée.

On peut tirer delà divers Corollaires qui donneront une grande lumiere à toute cette matiere de la Raison composée.

I. COROLLAIRE.

Quand une de ces Raisons composantes, est une Raison d'égalité; Il ne la faut que retrancher comme inutile à la Rraison composé $\frac{z}{x}\frac{b}{z}\frac{m}{n}\frac{bm}{cd}$
$\frac{z}{x}\frac{b}{z}\frac{b}{c}$

XIII.

II. COROLLAIRE.

QUAND les deux Raisons composantes ont la mesme grandeur pour leurs extrémes, la Raison composée a pour son antecedent l'antecedent de la Raison, & pour son consequent le consequent de la premiere $\frac{z}{b}\frac{d}{z}\frac{d}{b}$.

XIV.

III. COROLLAIRE.

LORS qu'au contraire les deux Raisons ont la mesme grandeur pour moyens 1 [comme il arrive dans les Raisons que nous avons dites , se pouvoir appeller continuës.] La Raison composée a pour son antecedent l'antecedent de la 1 Raison , & pour son consequent le consequent de la 2.

XV.

IV. COROLLAIRE.

QUAND il y a de suitte plusieurs de ces Raisons continuës égales ou inégales ; c'est à dire qui sont telles que le consequent de la precedente est toûjours l'antecedent de la suivante, la Raison du premier antecedent au dernier consequent est composée de toutes ces Raisons.
$\frac{b}{c}\frac{c}{d}\frac{d}{f}\frac{f}{g}\frac{g}{h}\frac{h}{b}$.

XVI.

V. COROLLAIRE.

CE qui vient d'estre dit est la mesme chose que ce qu'on propose en cette matiere, ayant plusieurs Grandeurs de suitte , la Raison de la premiere à la derniere est composée de toutes les Raisons continuës, de toutes les Grandeurs, c'est à dire des Raisons de la 1. à la 2 , & de la 2 à la 3 , & de la 3 à la 4 jusqu'à la derniere , c'est la mesme chose que le 2e Theoreme , & que le 1er Corollaire s'il n'y a que trois Grandeurs ; car ayant ces grandeurs *b*

XVII.

$c\,d\,f\,g\,h$, leurs Raifons continuës font $\frac{b}{c}\,\frac{c}{d}\,\frac{1}{f}\,\frac{f}{g}\,\frac{g}{h}$. Donc par le 2 Theoreme la Raifon $\frac{b}{}$ à $\frac{h}{}$ eft compofée de toutes ces Raifons, & s'il n'y a que trois Grandeurs $b\,c\,d$. La Raifon de b à $d\,\frac{b}{d}$ par le 1 Corollaire eft compofée de deux Raifons $\frac{b}{c}$ & $\frac{c}{d}$.

VI. COROLLAIRE.

XVIII.   S i entre deux Grandeurs données, on en interpofe une ou plufieurs autres à difcretion, la Raifon des Grandeurs données fera compofée de deux ou de plufieurs Raifons continuës que formeront ces Grandeurs données avec les interpofées. Soient les données $b\,d$ l'interpofée à difcretion x ou fi on en veut mettre plufieurs $x\,y\,z$, ce qu'on a dit des 3 Grandeurs ne peut pas n'eftre point vray de $b\,x\,d$.

VII. COROLLAIRE.

XIX.   D e u x Raifons eftant égales, fi on en renverfe une en faifant l'antecedent du confequent, & le confequent de l'antecedent, la Raifon compofée de ces deux Raifons, dont l'une eft renverfée eft une Raifon d'égalité. J'en laiffe à trouver la demonftration.

III. THEOREME.

XX.   D e u x Raifons compofées font égales quand les Raifons compofantes de l'une, font égales chacune à chacune aux Raifons compofantes de l'autre, toute raifon compofée eft le 4 terme d'une proportion, dont la Raifon d'égalité fait le premier terme, & les deux Raifons compofantes le 2 & le 3, donc les Raifons d'égalité eftant égales dans l'une & l'autre proportion.

Si les Raifons compofantes d'une part font égales aux Raifons compofantes de l'autre part, les trois premiers termes de l'une font égaux aux trois premiers termes de l'autre.

Et par confequent les deux Raifons compofées qui en font chacune le 4 terme, feront égales par 2.

IV. THEOREME.

XXI.   S i les Raifons donc une raifon eft compofée font toutes deux de moindres inégalité, la compofée eft moindre qu'aucune des compofantes. Si elles font toutes deux de plus grande inégalité la compofée eft plus grande qu'aucune des compofantes. Si l'une eft de moindre inégalité, & l'autre de plus grande inégalité, l'acompofée fera plus petite que celle de plus grande inégalité, & la plus grande que celle de moindre inégalité. Tout cela dépend de deux principes.

L'un que toute raifon compofée eft le 4e terme d'une proportion dont la Raifon d'égalité eft le premier terme & les deux compofantes, le 2 & le 3 terme, l'autre que la Raifon compofante qui fait le 3 terme de cette proportion eft à la compofée, comme le confequent de celle qui en fait le 2 terme eft à fon antecedent par 2 & cy-deffus.

Donc quand l'une & l'autre compofante eft de moindre inégalité, le confequent de chacune eftant plus grand que fon antecedent, elles ne pourront eftre difpofées de forte que l'une & l'autre ne foit plus grande que la compofée, $\frac{1}{2} \cdot \frac{2}{3} :: \frac{4}{5} \cdot \frac{8}{15} :: 32$

$\frac{1}{2} \cdot \frac{4}{5} :: \frac{2}{3} \cdot \frac{8}{15} :: 54$ & au contraire par le mefme principe quand les deux compofantes font de plus grandes inégalité, le confequent de chacune eftant plus petit que fon antecedent, chacune auffi eft plus petite que la compofée. $\frac{3}{2} \cdot \frac{5}{4} :: \frac{4}{1} \cdot \frac{15}{8} :: 23.$ $\frac{5}{4} \cdot \frac{3}{2} :: \frac{5}{1} \cdot \frac{15}{8} :: 45.$

Mais fi l'une des compofantes eft de moindre inégalité, le confequent en l'une eftant plus grand que l'antecedent & moindre en l'autre, la compofante de plus grande inégalité fera plus grande que la compofée, & celle de moindre inégalité plus petite que la compofée. $\frac{1}{2} \cdot \frac{2}{3} :: \frac{7}{5} \cdot \frac{11}{15} :: 32.$ $\frac{1}{2} \cdot \frac{7}{5} :: \frac{2}{3} \cdot \frac{14}{15} :: 57.$

OBSERVATION SUR CE THEOREME.

ON voit clairement par ce qui vient d'eftre demonftré dans ce Theoreme, que la compofition des Raifons n'en peut eftre une Addition, mais en doit eftre une Multiplication; car il eft contre la nature de l'Addition que deux chofes ajoûtées enfemble faffent un tout qui foit moindre que chacune, parce qu'il faudroit pour cela qu'un'tout fuſt moindre que la partie, mais il en eſt tout autrement de la Multiplication, dans laquelle il ſe peut faire que deux choſes eſtant multipliées l'une par l'autre, il en naiſſe un Produit qui ſoit moindre que chacune, & cela arrive toûjours quand les deux choſes que l'on multiplie ſont moindres chacune que l'unité, comme quand on multiplie un tiers par un quart, ce qui fait un douziéme, & c'eſt ce qui fait encore voir la parfaite ana-logie des nombres aux raiſons ; car il n'arrive jamais que la Raiſon compoſée ſoit plus petite qu'aucune des com-poſantes, que quand chacune des compoſantes eſt de moindre inégalité, & qu'elle eſt par conſequent plus pe-tite que la Raiſon d'égalité qui tient lieu d'unité dans les Raiſons.

Quand une Raiſon eſt compoſée de pluſieurs Raiſons égales, ſi c'eſt de deux, elle s'appelle doublée, de trois triplée, de quatre quadruplée, &c.

V. THEOREME.

XXIII. S'IL y a pluſieurs termes en proportion continuelle, c'eſt à dire que le premier ſoit au ſecond, comme le 2 au 3, & le 3 au 4 & le 4 au 5, ce qui s'appelle Progreſ-ſion Geometrique, la Raiſon d'un terme à l'autre, ſera ſimple ou doublée, ou triplée ou quadruplée, &c. ſelon que ces termes ſeront diſtans l'un de l'autre ; car s'ils ſe ſuivent immediatement, leur Raiſon ſera ſimple, c'eſt à dire la meſme qui regne dans toute la Progreſſion.

S'il y a un terme entre deux qui eſt une moyennne pro-portionelle leur Raiſon ſera doublée, c'eſt à dire com-poſée de deux Raiſons ſimples, qui par l'hypotheſe ſont égales.

S'il y a deux termes entre deux, c'eſt à dire deux moyen-nes proportionnelles, leur raiſon ſera triplée s'il y en a trois quadruplée, &c.

VI. THEOREME.

XXIV. LA Raiſon d'une grandeur de pluſieurs dimenſions à toute autre grandeur homogene, d'autant de dimen-ſions eſt compoſée de toutes les Raiſons de chacune des dimenſions d'une grandeur à chacune des dimenſions de l'autre : ce n'eſt qu'une application de la definition de la Raiſon compoſée; car comparant chacune des dimenſions d'une grandeur à chacune des dimenſions de l'autre, on met tous les antecedens de ces Raiſons dans une des grandeurs, & tous les conſequens dans l'autre. Or une Grandeur de pluſieurs dimenſions eſt la meſme choſe que le Produit de ces dimenſious multipliées l'une par l'autre : Et par conſequent les grandeurs ſont entre elles, comme le produit de leur dimenſion, c'eſt à dire comme le Produit des antecedens des Raiſons de chacune des dimenſions de l'une à chacune des dimenſions de l'autre au Produit des conſequens de ces meſmes Raiſons, ce qui eſt une Raiſon compoſée de ces Raiſons par la définition meſme de la Raiſon compoſée.

I. Corollaire.

Toute Grandeur plane eſt à une autre Grandeur plane en raiſon compoſée de deux raiſons de chacun des côtez de l'une à chacun des côtez de l'autre, c'eſt la meſme choſe que la precedente. XXV.

II. Corollaire.

Toute Grandeur ſolide eſt à une autre Grandeur ſolide en raiſon compoſée de trois raiſons de chacune des côtez de l'un à chacune des côtez de l'autre, c'eſt la même choſe que la propoſition generale. XXVI.

III. Corollaire.

Les Grandeurs planes & ſolides ayant quelqu'une de leurs dimenſions égale & l'autre inégale ſont entre elles comme les inégales. $b f. b g :: f g. b f d. b f g. :: d g. b f d. b m n :: f d. m n.$ XXVII.

IV. Corollaire.

Les plans dont les deux dimenſions ont meſme raiſon, chacune de l'un à chacune de l'autre, ſont en raiſon doublée de cette meſme raiſon. Cela eſt clair par le premier Corollaire & la définition de la Raiſon doublée. XXVIII.

V. Corollaire.

XXIX. Les solides dont les trois dimensions ont mesme raison chacune de l'un à chacune de l'autre, sont en raison triplée de cette raison. Cela est encore clair par le second Corollaire, & la définition de la raison triplée.

VI. Corollaire.

XXX. Tous les Quarrez & les Cubes sont en raison, les uns doublez, & les autres triplez de la raison de leurs racines, car toutes les dimensions des Quarrez & des Cubes estant égales entre elles, elles ne peuvent pas n'avoir pas chacune la mesme raison à chacune des dimensions des autres Quarrez & des autres Cubes.

VII. Corollaire.

XXXI. Si 4 Grandeurs sont proportionelles, leurs Quarrez & leurs Cubes le sont aussi. Si $bc :: fg$ $bb. cc :: ffgg.$ bbb $ccc :: fffggg$; car les Quarrez estant en raison doublée, leurs Racines & leurs Cubes en raison triplée, les Raisons doublées, & les triples de Raisons égales doivent estre égales par le 3e Theoreme.

VIII. Corollaire.

XXXII. Le Produit de deux Grandeurs quelconques est moyen proportionnel entre les Quarrez de chaque Grandeur. Soient les Grandeurs b & c. $bb. bc :: bc cc$; car bb, bc $:: b. c.$ & $bc. cc :: b. c.$

C'est la mesme chose que de dire que le Produit de la toute, & d'une partie est moyen proportionnel entre le Quarré de la toute & le Quarré de cette partie; car il est visible que si la toute est t & m une partie $tt. t. m$ $:: t m. mm.$

IX. Corollaire.

XXXIII. En toute Progression Geometrique, les Quarrez de deux termes qui se suivent immediatement sont entre eux comme deux termes, entre lesquels il y en a un d'interposé. Soient $\div$ $b c d fg$ en Progression Geometrique. Je dis que $bb. cc :: b. d$ ou $cc dd :: c f$; car la Raison de bd est doublée de celle de bc. Or par le 6 Corollaire, les Quarrez bb & cc, sont aussi en raison doublée

doublée de celle de *b c*. Cela se peut prouver encore d'une autre sorte. Si $\frac{.}{.}$ *b c d f. b d = c c.* Or *b b. b d* :: *b d* donc *b b c c* :: *b d.*

X. COROLLAIRE.

EN toute la Progression Geometrique , les Cubes de deux termes qui se suivent immediatement, sont entre eux comme deux termes , entre lesquels il y en a deux d'interposez ; car les Cubes sont en raison triplée de la Raison de la Progression, & les termes entre lesquels il y en a deux d'interposée, sont aussi en raison triplée de cette mesme raison , cela se peut prouver aussi par Corollaire 7ᵉ ; car si $\frac{.}{.}$ *b c. d f.* par *b b. c c* :: *c f*, donc *b b f. = c c c.* Or *b b b. b b f* :: *b f.* donc *b b b. c c c* :: *b f.*

XXXIV.

XI. COROLLAIRE.

C'EST par là qu'on a trouvé comment il s'y falloit prendre pour doubler un Cube donné ; car ayant un Cube donné *b b b.* Il faut prendre *f* double de *b*, & si on peut trouver deux moyennes continuëment proportionnelles entre *b* & *f* ; comme seroient *c* & *d* : ensorte que soient *b c d f.* Le Cube de *c* premiere de ces moyennes proportionnelles sera double du Cube de *b*.

XXXV.

VII. THEOREME. DEFINITION.

DEUX Grandeurs planes qui sont telles que les deux dimensions de l'une sont les extrémes d'une proportion, dont les deux dimensions de l'autre , sont les moyens, ou [ce qui est la mesme chose] que l'une des dimensions de la premiere soit à l'une des dimensions de la seconde, comme l'autre dimension de la seconde est à l'autre dimension de la premiere sont appellées reciproques, & sont toûjours égales.

XXXVI.

Soient *b g* & *c f.* Je dis que si *b* est à *c* comme *f* est à *g* *b c* :: *g f.*
b g = c f.

Or par 2 le Produit des extrémes b g qui est le premier
de ces deux plans est égal au Produit des moyens $e f$ qui
est le second de ces deux plans.

VIII. THEOREME.

LES Grandeurs planes égalès font toûjours reciproques, c'est à dire les deux dimensions de l'une font les
extrémes de la proportion dont les deux dimensions de
l'autre font les moyens. Si b g est égal à $e f.$ Je dis que
$b. c. :: f g.$

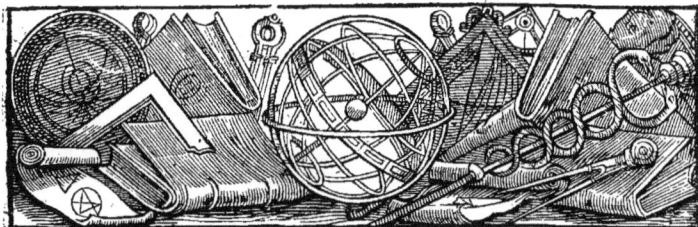

NOUVEAUX ELEMENS
DE
GEOMETRIE.
LIVRE QUATRIEME.

DES GRANDEURS COMMENSURABLES
ET INCOMMENSURABLES.

Nous *avons dit generalement qu'il y a deux* I.
sortes de raisons ; la raison de nombre à nom-
bre, & la raison sourde ; & comme c'est par là
que les grandeurs sont commensurables & in-
commensurables , la suite naturelle nous obli-
ge *de parler de ces sortes de Grandeurs.*

DEFINITION.

C'est la même chose de dire que deux grandeurs II.
sont commensurables , & de dire qu'elles sont comme
nombre à nombre.

Car afin que *b* soit commensurable à *c*, il faut que quelque grandeur comme *x* soit précisément tant de fois dans
K ij

b & précifément tant de fois dans c comme fi elle eft 9 fois dans b & 10 fois dans c.

Donc b eft la méfme chofe que $9x$, & c la même chofe que $10x$.

Or $9x$. $10x$ :: 9. 10.

Donc b. c :: 9. 10.

Donc b eft à c comme nombre à nombre. Et delà il s'enfuit que c'eft auffi la même chofe de dire que deux grandeurs ne font pas entr'elles comme nombre à nombre, & de dire qu'elles font incommenfurables, puifque fi elles eftoient commenfurables elles feroient comme nombre à nombre.

SECTION PREMIERE.
Des Grandeurs commenfurables ou des Raifons de nombre à nombre.

III.   TOUT ce qui a efté dit dans les deux Livres precedens des Raifons en general, peut eftre appliqué fans peine aux Raifons de nombre à nombre. Ce n'eft donc pas ce que l'on va faire icy : ce feroit une repetition inutile. Mais on parlera feulement de ce qui convient fpecifiquement aux Raifons de nombre à nombre, & en quoy elles font différentes des Raifons Sourdes.

I. LEMME.
Marquer les nombres par lettres.

I V.   ON peut marquer les nombres par lettres comme les autres grandeurs : & alors il faut obferver en faifant les quatre operations fur les nombres que l'on a marquez par lettres, tout ce qui a efté dit dans le I. Livre de ces operations fur les grandeurs quelconques : D'où naît plufieurs differences entre cette maniere de marquer les nombres par lettres, & celle de les marquer par chiffres.

1. Une feule lettre peut marquer quand on veut quelque grand nombre que ce foit ; au lieu qu'il faut beaucoup de caracteres pour marquer les grands nombres.

2. Les chiffres changent dans l'Addition, Souftraction, Multiplication des nombres ; mais les lettres ne changent point : Car fi b fignifie 4. & a 5, pour les adjoûter

en chiffres je mettray 9, & par lettres je mettray $b+a$. Et pour multiplier en chiffre je mettray 20, & par lettres je mettray ba : & c'est en cela qu'est le plus grand avantage des lettres ; car les multiplications s'y font sans peine, & laissent toûjours voir les nombres par lesquels on a multiplié ; au lieu que deux grands nombres sont difficiles à multiplier par chiffres, & on ne voit plus dans le produit les nombres dont il a esté fait.

3. Le rang dans les chiffres fait tout ; car 29 & 92 sont deux nombres bien differens : Mais il ne fait rien dans les lettres quand on les joint ensemble, ce qui marque une multiplication ; car il n'importe par où on commence la multiplication de deux nombres. C'est toûjours la mesme chose 5 fois 4, ou 4 fois 5 : & ainsi bcd, bdc, dbc marquent le mesme chiffre.

4. Les chiffres signifient des nombres déterminez : & un mesme caractere dans la mesme place des unitez, des dixaines, &c. ne peut signifier que la mesme chose. Mais les lettres signifient des nombres quelconques ; en observant neanmoins que dans une mesme operation la mesme lettre doit signifier le mesme nombre.

II. LEMME.

CETTE maniere de marquer les nombres par lettres, fait voir que les nombres peuvent estre considerez comme estant d'une dimension, ou de deux, ou de trois, ou de quatre, &c.

On considere un nombre comme estant d'une seule dimension, lors qu'on regarde simplement ce qu'il contient d'unitez & qu'on le marque par une seule lettre, soit qu'il ait besoin pour estre écrit en chiffre d'un seul ou de plusieurs caracteres. Ainsi 72 marqué par un s, est un nombre d'une seule dimension.

On le considere comme ayant deux dimensions, lors qu'il est exprimé par deux lettres qui marquent deux nombres, qui se multipliant l'un l'autre font le nombre total qu'on veut exprimer. Ainsi b signifiant 2, & p 36, bp signifie deux fois 36, ce qui fait encore 72.

K iij

On le confidere comme ayant 3 dimenfions, lors qu'il eft exprimé par 3 lettres, qui marquent 3 nombres, dont le 3e multiplie le produit des deux premiers. Ainfi *b* fignifiant 2., *c* 3 & *m* 12.: *b c m* fignifie 2 fois 3 fois 12. c'eft à dire, 6 fois 12 ; cé qui fait encore 72.

On le confidere comme ayant 4. dimenfions, lors qu'il eft exprimé par 4 lettres qui marquent 4 nombres, dont le 3e ayant multiplié le produit des deux premiers, le 4, multiplie le produit des 3. autres. Ainfi *b* fignifiant 2, *c* 3, & *d* 4 ; *b c d e* fignifie 2 fois 3 fois 4 fois 3 ; c'eft à dire, 6 fois 4 fois 3, ou 24 fois 3 ; ce qui fait encore 72.

On le confidere comme ayant cinq dimenfions, lors qu'il eft exprimé par 5. lettres.

De 6 quand par 6.

De 7 quand par 7.

De 8 quand par 8, &c.

III. Lemme.

VI.

On voit affez que deux mefmes lettres, comme *b b* ou *c c*, doivent faire un nombre quarré ; & 3 mefmes lettres, comme *b b b*, un nombre cubique.

Mais il y a encore une autre obfervation à faire fur ces nombres. C'eft qu'un nombre eft reconnu pour quarré non feulement quand il eft exprimé par deux mêmes lettres comme *b b*, mais auffi quand on partage en deux parts égales les lettres d'un nombre, en forte que les mêmes lettres fe trouvent en l'une & en l'autre partie. Ainfi *b b c c*, ou *b b c c d d*. font des nombres quarrez, parce que l'un fe peut partager en *b c* & *b c*, & l'autre en *b c d* & *b c d*. Car on a déjà veu qu'il n'importoit de rien en quelque maniere que les lettres fuffent rangées.

Un nombre de même eft cubique non feulement quand il eft exprimé par les trois mêmes lettres comme *b b b*, mais auffi quand les lettres qui le marquent peuvent eftre divifées en trois parts égales dont chacune contienne les mêmes lettres. Ainfi *b b b c c c*, ou *b b b c c c d d d* font deux nombres cubiques, parce que le premier fe peut partager en *b c*, *b c* & *b c*, & l'autre en *b c d*, *b c d* & *b c d*.

COROLLAIRE.

IL s'enfuit delà fans autre preuve, que le produit de
deux nombres quarrez eft toûjours un nombre quarré qui
a pour fa racine le produit des deux racines des deux autres nombres quarrez. Ainfi *b b* en *cc* fait *b b cc*, qui a
pour fa racine *b c*. Et que le produit de deux nombres cubiques eft toûjours un nombre cubique, qui a auffi pour
fa racine le produit des deux racines des deux autres nombres cubiques.

VII.

IV. LEMME.

LES expofans d'une raifon de nombre à nombre font
neceffairement ou deux nombres impairs, ou un nombre
pair & un impair, mais ce ne peut eftre deux pairs; car
deux pairs pouvant encore l'un & l'autre eftre partagez
par la moitié. Cette raifon n'auroit pas efté reduite aux
moindres termes qu'elle l'auroit pû eftre & cette divifion
par la moitié fera enfin que ces deux pairs fe reduiront ou
à deux impairs comme la raifon de 10 à 6 fe reduit à la raifon de 5 à 3, ou au moins à un pair & à un impair comme
la raifon de 8 à 14 fe reduit à la raifon de 4 à 7.

VIII.

V. LEMME.

QUOY que deux nombres n'ayent pas autant de dimenfions l'un que l'autre, ils ne laiffent pas de pouvoir eftre
comparez enfemble, parce que tous les nombres eftant
mefurez par l'unité ont toûjours raifon l'un à l'autre.

IX.

Neanmoins il eft fouvent utile de pouvoir faire que le
nombre qui auroit moins de dimenfions que l'autre, en ait
autant demeurant le même, & cela eft aifé.

Car refervant la lettre (*i*) pour marquer l'unité il ne
faut qu'augmenter les lettres du nombre qui en a moins
que l'autre, d'autant d'*i* qu'il eft neceffaire pour faire
qu'il y ait autant de lettres à l'un qu'à l'autre. Ainfi ayant
à comparer *b* avec *b x*; ajoûtant un *i* à *b*, *b i* aura autant
de dimenfions que *b x*.

Et neanmoins *b i* fera le même nombre que *b*, parce
que l'unité multipliant un nombre ne le change point;
4 fois un, ou une fois 4, eftant la même chofe que quatre.

Et quand on le multiplieroit 2, 3 & 4 fois par l'unité, ce seroit toûjours de même : comme il se voit en ce que l'unité prise une fois (ce qui peut estre marqué par un seul *i*) est un nombre lineaire & multiplié par soy-même, ce qui peut estre marqué par deux (*i i*) est un nombre quarré, quoy que ce soit toûjours un : Et marqué par trois (*iii*) un nombre cubique : Et par quatre (*iiii*) un nombre quarré de quarré : Et ainsi à l'infini. D'où il s'ensuit que comme un seul (*i*) n'apporte aucun changement au nombre auquel il est ajoûté, deux, trois, quatre *i*, n'en apportent point aussi.

Cette observation sera de grand usage dans les Theoremes suivans.

VI. LEMME.

X.

IL est bon pour distinguer plus facilement les nombres pairs des impairs de marquer les nombres pairs par des consonnes, & les impairs par des voyelles, reservant toûjours *l* pour l'unité : neantmoins quand on ne considere ni les pairs ni les impairs, les consonnes alors se prendront pour les nombres en general.

VII. LEMME.

XI.

OUTRE cette maniere de marquer par lettres les nombres que l'on veut multiplier, on peut aussi en les marquant par les chiffres ordinaires avoir presque les mesmes avantages, qui font. 1, Que les nombres multiplians & multipliez paroissent toûjours. 2, Qu'on voit tout d'un coup combien de dimensions est chaque nombre. 3. Que l'on voit sans peine les exposans de chaque raison de nombre à nombre.

Il ne faut pour cela que faire deux choses. La 1ᵉ est de mettre une virgule entre deux, ou trois, ou quatre, ou cinq nombres que l'on veut multiplier les uns par les autres, en se souvenant que cette virgule veut dire *fois*.

Ainsi 4, 5, voudra dire 4 fois 5 c. 20.

5, 12. 5 fois 12 c. 60.

5, 6,

5 , 6 , 7 , 8. 5 fois 6 fois 7 fois huit , c. 30 fois 7 qui font
210 , & 8 fois 210 ce qui fait 1680.

Les quarrez se mettront de mesme.

3 , 3. Quarré de 3. 9.
4 , 4. Quarré de 4. 16.
12 , 12. Quarré de 12. 144.
36 , 36. Quarré de 36. 1296.

Les Cubes de mesme.

4 , 4 , 4. Le Cube de 4. 64.
10 , 10 , 10. Le Cube de 10. 1000.

On peut aussi dans cette maniere faire les nombres d'autant de dimensions les uns que les autres , en multipliant
par 1 c'est à dire par l'unité ceux qui n'en ont pas tant, &
mettant la virgule entre deux. Ainsi si je veux comparer
4 à 4 , 7. Je n'auray qu'à mettre 4 , 1 & 4 , 7. Ce qui signifiera 4 fois 1 , & 4 fois 7. Ce qui peut estre de grand
usage dans les proportions.

L'autre invention qui n'est que pour les nombre quarrez, cubiques, quarrez de quarrez , &c. C'est de faire
comme aux lettres mettre au dessus un peu à costé un
petit 2 pour les quarrez , un 3 pour les cubes. Un 4. pour
les quarrez de quarrez , &c.

Ainsi 8^1 marquera le quarré de 8. 64.

8^3. Le cube de 8. 512.

8^4. Le quarré de quarré 8. 4096.

DEFINITIONS.

Il y a quelques definitions qu'il faut sçavoir pour bien **XII.**
comprendre les raisons de nombre à nombre.

1. Un nombre est dit en diviser un autre , ou en estre la
mesure quand il y est précisément tant de fois.

Aussi l'unité est la mesure de tous les autres nombres,
& tous les autres nombres sont multipliés de l'unité.

2. Elle est la mesure de tous les autres nombres pairs , &
tous les nombres pairs sont multiples de l'unité.

Mais il faut remarquer 1 , que chaque nombre est la
mesure de soy-mesme , parce qu'il est une fois dans soy-

L

mefme. Et ainfi tout nombre a au moins deux mefures, foy-mefme & l'unité. Il n'y a que l'unité qui n'a que foy-mefme. 2, Que toutes mefures font doubles, fi ce n'eft dans les quarrez, où un nombre fe multiplie foy-même; Car fi 3 par exemple eft le quart de 12, quatre en fera le tiers. Si 5 eft le 12me de 60, 12 en fera le 5me.

3. On dit qu'un nombre eft nombre premier, quand il n'a de mefure que l'unité & foy-mefme, (ce qui fe fous-entend fans qu'on le dife.) Comme 2. 3. 5. 7. 11. 13 , &c.

Hors le nombre de deux nul nombre pair ne peut eftre premier, parce que tous (hors deux) peuvent au moins eftre divifez par 2.

4. Deux nombres font premiers entr'eux , quand ils n'ont de mefure commune que l'unité.

Il s'enfuit delà que deux nombres differens qui font chacun premiers le font entr'eux, comme 5. 7. 11. J'ay dit deux nombres differens ; car deux mefmes nombres comme 5 & 5, quoy que chacun foit premier, ne le font point entr'eux; Car outre l'unité eftant chacun à foy-mefme fa mefure, ils ont encore cette mefure commune.

Deux nombres qui fe fuivent font premiers entr'eux.

Deux impairs qui fe fuivent comme 7 & 9 le font auffi.

Tous les quarrez font premiers entr'eux, lors que leurs racines font des nombres premiers, ou feulement premiers entr'eux, quoy que nul quarré ne puiffe eftre nombre premier 9. 25. 49. 64. 81.

Deux nombres premiers entre eux, ne fçauroient tous deux eftre pairs. Il faut qu'au moins l'un des deux foit impair ; car deux pairs auroient le nombre de deux pour mefure commune.

La Notion des Raifons de nombre à nombre.

XIII.　　LA raifon de nombre à nombre eft bien plus facile à concevoir que la raifon des grandeurs en general, à caufe que les nombres ont toûjours l'unité pour commune mefure, & qu'il y a des grandeurs qui n'ont aucune mefure commune.

Ainſi la raiſon de deux nombres ne conſiſte qu'en ce que l'un eſt tant de fois dans l'autre. Si l'un eſt multiple de l'autre, comme 4 eſt 3 fois dans 12, ou que quelque aliquote de l'un eſt preciſement tant de fois dans l'autre, ce qui eſt toûjours certain au moins de l'unité, comme 2 qui eſt le tiers de 6, eſt quatre fois dans 8. L'unité qui eſt le quart de quatre, eſt 7 fois dans 7.

Or delà il eſt aiſé de comprendre qu'afin que la raiſon de deux nombres ſoit égale à la raiſon de deux autres, il faut que ſi le ſecond eſt multiple du premier, le troiſiéme ſoit autant de fois dans le quatriéme que le premier eſt dans le ſecond, ou que ſi le premier n'a que quelqu'un de ſes aliquotes qui ſoit tant de fois dans le ſecond, une aliquote pareille du troiſiéme, ſoit autant de fois dans le quatriéme, c'eſt à dire que ſi le tiers du premier eſt cinq fois dans le ſecond: il faut auſſi que le tiers du troiſiéme ſoit cinq fois dans le quatriéme. Quatre eſt 5 fois dans 20 comme 7 eſt 5 fois dans 35.

La moitié de 6 eſt 5 fois dans 15, comme la moitié de 8 eſt 5 fois dans 20.

DIVISION GENERALE.

La plus generale diviſion des raiſons de nombre à nombre, eſt de dire que les uns ſont premiers, & les autres non premiers.

XIV.

J'appelle premieres celles dont les termes ſont premiers entre eux, comme la raiſon de l'unité à tout autre nombre: La raiſon de 2 a tout nombre impair.

J'appelle non premieres, celles dont les termes ne ſont pas des nombres premiers entre eux, comme 8. 12. 15. 20. 45. 81.

PROPOSITIONS FONDAMENTALES.

Deux raiſons premieres eſtant differentes ne ſçauroient eſtre égales.

XV.

Chaque raiſon premiere peut eſtre égale à une infinité de non premieres.

L ij

Chaque raifon non premiere peut eftre reduite à une premiere qui luy fera égale.

Il faut prouver toutes ces trois propofitions.

La premiere fe prouve ainfi. Deux nombres premiers entre eux n'ont de mefure commune que l'unité qui eft l'aliquote qui prend fa denomination du nombre mefme. comme l'unité eft une feiziéme de 16. Si je compare donc 16 à 25 qui font deux nombres premiers entre eux (quoy que nul ne foit premier.) La raifon de 16 à 25 ne confifte qu'en ce qu'une 16ᵐᵉ de 16 eft 25 fois dans 25. Or dans l'infinité des nombres, il n'y a que 16 & fes multiples, comme 2 fois 16, 3 fois 16 qui ait des feiziémes, & il n'y a auffi que 25 & fes multiples, comme 2, 25. 3, 25. en qui quelque nombre puiffe eftre précifement 25 fois. Or deux nombres dont l'un feroit multiplié de 16, & l'autre de 25 ne feroient pas des nombres premiers entre eux. Donc il eft impoffible que deux raifons premieres eftant differentes foient égales.

PREUVE DE LA DEUXIEME PROPOSITION.

XVI. ELLE eft claire par ce qui vient d'eftre dit ; car deux nombres premiers entre eux peuvent eftre chacun multipliés par un mefme nombre, & cela une infinité de fois : ny ayant point de nombre qui ne puiffe multiplier l'un & & l'autre. Et alors (par 11. 51.) cette raifon non-premiere fera égale à la premiere.

PREUVE DE LA TROISIEME PROPOSITION.

XVII. UNE raifon non premiere eft celle qui eft entre deux nombres non premiers entre eux. Or afin que deux nombres foient non premiers entre eux : il faut qu'il ayent une commune mefure autre que l'unité, & que par confequent ils foient multiples d'un mefme nombre. Ils ont donc chacun deux dimenfions, & en ont une commune. Ils peuvent donc eftre exprimés chacun par deux lettres, dont il y en aura une qui fera la même, ou par deux chiffres avec une virgule entre deux, & il y aura de part &

d'autre le mefme chiffre. Donc effaçant ou la mefme lettre, ou le mefme chiffre, ce qui reftera fera en mefme raifon par 11. 51. 52.

$$\left.\begin{array}{l} 8.\ 12. \\ bd.\ ad \\ 2, 4.3, 4. \end{array}\right\} :: \begin{array}{l} b.\ a. \\ 2.\ 3. \end{array}$$

Mais il faut remarquer 2 chofes. La premiere que quand l'un des nombres eft multiple de l'autre, c'eft le nombre mefme dont l'autre eft multiple, qui eft la mefure commune des deux nombres : de forte qu'il faut ou l'exprimer ou le concevoir comme eftant multiplié par l'unité 5 à 20 ; c'eft à dire 4 1. à 4, 5. De forte qu'effaçant 4 de part & d'autre, la réduction fera 1. 5.

La deuxiéme que toute raifon d'un mefme nombre à foy-mefme fe reduit à la raifon de l'unité à l'unité ; car ils ont chacun deux mefures comme il a efté dit, l'unité & foy-mefme, & chacune leur eft commune, effaçant donc la plus grande de ces mefures qui font toutes deux communes, refte l'unité de part & d'autre.

S1 la premiere reduction ne donnoit pas des nombres premiers entre eux, (ce qui arrive quand on ne prend pas le plus grand divifeur commun,) il ne faudroit que recommencer, & il eft indubitable que cela fe reduiroit à la fin à une raifon premiere, c'eft à dire à une raifon de deux nombres premiers entre eux.

COROLLAIRE.

LEs deux termes de la raifon premiere à laquelle fe reduit une raifon non premiere, s'appellent *les expofans* de cette raifon non-premiere.   XVIII.

Ainfi 2 & 3 font les *expofans* de la raifon de 8 à 12. 4 & 5. Les *expofans* de la raifon de 28 à 35.

Cela s'appelle autrement reduire une raifon aux moindres termes qu'elle peut eftre. Et pour abreger le mot de *reduire* fignifiera tout cela. Ce qu'il faut bien remarquer.

Cecy revient encore à cette maxime. Si un mefme nombre en divife deux autres, les quotiens font proportionnels ; car le mefme nombre 4 ayant divifé 8 & 12, les quotiens ont esté 2 & 3 qui sont en mesme raison que 8 & 12.

I. THEOREME.

XIX. ¡ DEUX raisons égales ont necessairement les mesmes exposans, & ce n'est qu'en cela qu'elles sont égales.

Car il faut que deux raisons que l'on compare, ou soient toutes deux premieres, ou toutes deux non-premieres, ou que l'une soit premiere, & l'autre non premiere.

Or il vient d'estre prouvé qu'elles ne sçauroient estre égales estant toutes deux premieres si elles sont differentes : & que les non-premieres se peuvent reduire à une premiere. Il faut donc que les non-premieres pour estre égales se puissent reduire à une seule & mesme premiere, ou s'il n'y en a qu'une de non-premiere, qu'elle se puisse reduire à la mesme premiere que celle qui l'est déja. Or c'est ce qu'on appelle avoir les mesmes *expofans*, que de ne pouvoir estre reduite qu'à une mesme & seule raison premiere. Donc il est impossible que deux raisons égales n'ayent pas les mesmes *expofans*.

II. THEOREME.

XX. DEUX raisons de nombre à nombre estant égales, le produit des antecedens est au produit des confequens comme deux nombres quarrez : où, la raison du produit des antecedens au produit des confequens a pour ses exposans des nombres quarrez ; Car deux raisons ne sçauroient estre égales, qu'elles n'ayent les mesmes exposans par le Theoreme precedent. C'est à dire qu'estant reduites, elles ne le soient à deux raisons premieres qui ont chacune le mesme antecedent & le mesme confequent. Donc le produit des antecedens sera la multiplication d'un nombre par soy même, ce qui fait un nombre quarré, & de même du produit des confequens.

Deux raisons égales $\quad b\,x.\ c\,x :: b\,y.\ c\,y.$
reduites aux moindres termes $b.\quad c :: b.\quad c.$

Donc le produit de antecedens est bb.
        & celuy des conseqvens cc.
Exemple par les chiffres selon le sixiéme Lemme.

$$4, 7. \; 5, 7 :: 4, 3. \; 5, 3.$$

Exp. $4. \; 5 \quad :: 4. \quad 5.$

Donc le produit des antecedens est 4 fois 4 ; c'est à dire le quarré de quatre.

Et le produit des consequens 5 fois 5 ; c'est à dire le quarré de cinq.

III. THEOREME.

XXI.

Trois raisons de nombre à nombre estant égales, la raison du produit des 3 antecedens au produit des 3 consequens a pour ses exposans des nombres cubiques.

C'est la mesme chose ; car trois raisons ne sçauroient estre égales, qu'elles n'aient toutes trois les mesmes exposans. C'est à dire qu'estant reduites elles ne le soient à trois raisons, qui ne seront que la mesme ayant toutes trois le mesme antecedent & le mesme consequent. Donc le produit des antecedens sera un cube, & le produit des consequens un autre cube.

$$b x. \quad c x :: b y. \quad c y :: b z. \quad c z.$$
$$b. \quad c :: \quad b. \quad c :: \quad b. \quad c.$$

Donc le produit $\begin{cases} \text{des antecedens } bbb. \\ \text{des consequens } ccc. \end{cases}$

C'est la mesme chose par les chiffres.

$$4, 7. 5, 7 :: 4, 3. 5, 3 :: 4, 9. 5, 9.$$
$$4. \quad 5 :: \quad 4. \quad 5 :: \quad 4. \quad 5.$$

Donc le produit des antecedens est 4, 4, 4, c'est à dire le cube de 4. Et le produit des consequens 5, 5, 5, c'est à dire le cube de 5.

IV. THEOREME.

XXII.

La raison doublée ou triplée d'une raison de nombre à nombre a pour ses exposans des nombres quarrez si elle est doublée, & des nombres cubiques si elle est triplée.

Car une raifon doublée n'eft autre chofe qu'une raifon compofée de deux raifons égales.

Or une raifon compofée de deux raifons n'eft autre chofe que la raifon du produit des antecedens de ces deux raifons au produit de deux confequens par III. 33.

Donc une raifon compofée de deux raifons égales de nombre à nombre (ce qui eft la même chofe que la raifon doublée d'une raifon de nombre à nombre) n'eft autre chofe que la raifon du produit des antecedens de 2 raifons égales de nombre à nombre au produit des confequens.

Or cette raifon du produit des antecedens de deux raifons égales de nombre à nombre au produit des confequens, a pour fes expofans des nombres quarrez par le 2 Theoreme.

Donc toute raifon doublée d'une raifon de nombre à nombre a pour fes expofans des nombres quarrez.

On prouvera de la mefme forte par le 3 Theoreme que la raifon triplée d'une raifon de nombre à nombre a pour fes expofans des nombres cubiques; parce qu'une raifon triplée n'eft autre chofe qu'une raifon compofée de trois raifons égales. Donc, &c.

I. COROLLAIRE.

XXIII. TROIS nombres eftant continuëment proportionnels, ne peuvent eftre reduits aux moindres nombres qu'ils peuvent eftre, que les deux extrémes ne foient des nombres quarrez, & celuy du mileu le produit de leurs racines.

Car le 1. de ces 3 nombres eft au troifiéme en raifon doublée de la raifon du 1 au 2, ou ce qui eft la mefme chofe en raifon compofée de la raifon du 1 au 2, & de celle du 2 au 3 comme il a efté prouvé III. 34. Donc par le 3 Theoreme la raifon du 1 au 3 doit avoir pour fes expofans des nombres quarrez. Or par III. 4. le produit des 2 racines eft le moyen proportionnel entre deux quarrez, & il eft clair que deux nombres quarrez ne peuvent avoir qu'un feul nombre pour moyen proportionnel. Donc le produit des deux racines doit eftre ce fecond terme.

II.

II. COROLLAIRE.

QUATRE grandeurs estant continuëment propor- XXIV.
tionnelles la raison de la 1 à la 4, a pour ses exposans des
nombres cubiques.

C'est la même chose; car (par III. 34.) la raison de la
1 à la 4 est une raison triplée. Or par le Theoreme precedent, toute raison triplée a pour ses exposans des nombres
cubiques.

V. THEOREME.

SI plusieurs nombres sont continuëment proportionnels XXV.
(ce qui s'appelle Progression Geometrique :) il faut necessairement qu'estant *reduits*, ils soient ou tous impairs,
ou tous pairs hors l'un des extremes, qui sera seul necef-
sairement impair. Car il est clair qu'ils ne peuvent pas
estre tous pairs, parce qu'ils ne seroient pas *reduits*.

Demonstr. Ce qui fait que les nombres sont proportionnels, & qu'il y a toûjours une mesme raison entre ceux
qui se suivent immediatement. Et ainsi toutes ces raisons
estant égales n'ont que les mêmes exposans, qui sont ou
l'unité & quelque autre nombre que ce soit, quand la
Progression est multiple. Ou deux autres nombres quand
elle n'est pas multiple, lesquels deux nombres sont necessairement ou tous deux impairs, ou l'un pair & l'autre
impair 5. 12.

PREUVE DU PREMIER CAS.

DANS le premier cas; c'est à dire quand l'un des ex- XXVI.
posans est l'unité ; la verité du Theoreme est manifeste ;
car le 2 exposant sera le 2 terme de la Progression , &
tous les autres en sont les puissances, le 3 le quarré, le 4
le cube , le 5 le quarré de quarré, &c. D'où il s'ensuit que
si ce 2 exposant est un nombre impair , (toutes les puissances d'un nombre impair l'estant toûjours aussi ,) tous
les termes de la Progression sont impairs.

Exemple quand le deuxiéme terme est 5, se souvenir que

M

par 5'. 5', &c. J'entends toûjours le quarré de 5. le cube de 5, &c.

÷ 1. 5. 5². 5³. 5⁴, &c.

÷ 1. 5. 25. 125. 625, &c.

Que si le 2 exposant est pair, comme il sera le 2 terme de la Progression, & que tous les autres termes seront ses puissances : ils seront tous pairs (toute puissance d'un nombre pair l'étant toûjours aussi.) Il n'y aura donc que l'unité qui sera un nombre impair dans cette Progression.

Exemple, ce second exposant estant 10.

÷ 1. 10. 10². 10³. 10⁴, &c.

÷ 1. 10. 100. 1000. 10000.

PREUVE DU DEUXIEME CAS.

XXVII. QUAND la Progression n'est pas multiple ; c'est à dire quand l'un des deux exposans n'est pas l'unité, il faut toûjours qu'ils soient ou tous deux impairs, ou l'un pair & l'autre impair, comme il a déja esté dit. Or ce sont alors les deux exposans qui determinent tous les autres termes.

Car les deux extrémes doivent estre la mesme puissance de chacun des deux exposans ; c'est à dire le quarré s'il n'y en a que trois termes, le cube s'il y en a 4. le qq. s'il y a 5. le qc. s'il y en a 6, & ainsi jusques à l'infiny. Et tous les autres termes doivent avoir autant de dimensions que ces extrémes ; c'est à dire avoir 2 si ces extrémes sont des quarrez. 3 si ce sont des cubes. 4 Si ce sont des qq. 5 Si ce sont des qc, &c. Mais il faut qu'une partie de leurs dimensions soit d'un exposant, & l'autre partie de l'autre exposant.

Or delà s'ensuit tout ce qu'on avoit à prouver dans ce Theoreme ; car 1. Quand les deux exposans sont impairs, toutes les multiplications qui font les extrémes & ceux d'entre deux se font par impairs, & par consequent ils doivent tous estre impairs.

Exemples, les deux exposans estant 3. & 5. (il faut se

fouvenir qu'une virgule entre deux chiffres fignifie qu'ils
fe doivent multiplier l'un l'autre.

3^2.	$3,5$.	5^2.		9.	15.	25.	
3^3.	$3^2,5$.	$3,5^2$.	5^3.	27.	45.	75.	125.
3^4.	$3^3,5$.	$3^2,5^2.3$.	$5^3.$	$5^4.$	81.	135.	225.375. 625.

2. Quand l'un des expofans eft pair & l'autre impair,
l'un des extrémes fera pair & l'autre impair. Mais tous
ceux d'entre deux feront pairs, parce qu'il y aura quelqu'un de leurs dimenfions qui fera un nombre pair. Or
toute multiplication où il entre un nombre pair, fait un
nombre pair.

Exemples. Les deux expofans eftant 2 & 5.

2^2.	$2,5$.	5^2.			4.	10.	25.	
2^3.	$2^2,5$.	$2,5^2$.	5^3.		8.	20.	50.	125.
2^4.	$2^3,5$.	$2^2,5^2$.	$2,5^3$.	5^4.	16.	40.	100. 250. 625.

AVERTISSEMENT.

Ces deux cas de la Progreffion multiple, & de la non XXVIII.
multiple ne font differens qu'en apparence. Le 1. fe devant
concevoir comme eftant virtuellement femblable au fecond ;
Car l'unité qui en eft le premier terme doit eftre conceuë com-
me quarré quand il y a trois termes, comme cube quand il y
en a 4, comme quarré de quarré quand il y en a 5, & ainfi
de fuite. Et tous les autres termes doivent eftre conceus com-
me ayant autant de dimenfions qu'en a le dernier terme de
la Progreffion : ce qui fe fait par le moyen des unitez que
l'on met par autant de dimenfion qui leur manquent. Cela
fe comprendra mieux pour des exemples, foit 1 pris pour l'uni-
té, & x pour l'autre expofant quelconque pair ou impair.
Voici comme ces Progreffions multiples doivent eftre conceuës,
pour eftre femblables aux non multiples.

ii.	ix.	xx.	
iii.	iix.	ixx.	xxx.
iiii.	iiix.	iixx.	ixxx. xxxx.

M ij

SECTION SECONDE.

Des Grandeurs incommensurables ou des Raisons Sourdes.

XXIX. Nous avons déja dit , que ce qui fait que des Grandeurs sont appellées incommensurables (ce qui est la même chose que n'avoir entre elles qu'une raison sourde,) est qu'ayant chacune une infinité de mesures de plus petites en plus petites, nulle des mesures de l'une ne peut estre la mesure de l'autre.

Cela paroist incomprehensible, & l'est en effet, parce que ce qui est cause de cela, ne peut estre que la divisibilité de la matiere à l'infiny. Or il est clair que tout ce qui tient de l'infinité, ne sçauroit estre compris par un esprit finy tel qu'est celuy de tous les hommes.

Il ne faut donc pas s'imaginer que l'on puisse avoir des notions aussi claires des raisons sourdes , qu'on en a des raisons de nombre à nombre : ny qu'on puisse prouver positivement que deux grandeurs sont incommensurables, on ne le peut certainement. Et tout ce que l'on sçauroit faire de mieux, est de le faire negativement, c'est à dire en monstrant qu'elles ne sont point entre elles comme nombre à nombre : par où on est tres-convaincu que la chose est , quoy qu'on ne penetre pas comment cela peut estre. Tout se reduit donc à faire voir par les proprietez essentielles des raisons de nombre à nombre que nous venons d'établir qu'elles peuvent estre les grandeurs qui ne sont point entre elles comme nombre nombre , & qui par consequent sont incommensurables, parce que les proprietez des raisons de nombre à nombre ne pourroient convenir à la raison qu'elles auroient entre elles. C'est pourquoy il faut bien avoir dans l'esprit les definitions suivantes.

DEFINITIONS.

XXX. DEUX grandeurs sont incommensurables, quand elles ne sont point entre elles comme nombre à nombre , ou

que la raifon qu'elles ont entre elles n'eft point une raifon de nombre à nombre.

2. Une raifon eft fourde quand on peut prouver qu'elle n'a point ce qui convient neceffairement aux raifons
de nombre à nombre.

3. Chacune des deux raifons égales, dont eft compofée
la raifon qu'on appelle *doublée*, ou des trois égales dont
eft compofée la raifon qu'on appelle *triplée*, foit appellée la raifon fimple d'une raifon doublée ou triplée.

4. Deux grandeurs peuvent eftre incommenfurables, que
leurs quarrez & leurs cubes ne le font pas. Et on dit alors,
qu'elles font incommenfurables en elles mêmes, ou en
longueur, ou lineairement, mais qu'elles font commenfurables en puiffance. Et il faut remarquer que le quarré
eft la puiffance, qui s'appelle fimplement puiffance,
le cube la 2, le quarré de quarré la 3, & ainfi à l'infiny.
Et que neanmoins quand on les marque par un petit
chiffre au deffus & un peu à côté d'une lettre, ou d'un
plus grand chiffre, 2 fignifie le quarré, 3 le cube, 4
le quarré de quarré, comme 6^2. 6^3. 6^4, &c. De 8^2. 8^3.
8^4.

PROPOSITION FONDAMENTALE
DES INCOMMENSURABLES.

Deux grandeurs font incommenfurables (quoy que XXXI.
non en puiffance, ou 1 ou 2.) Quand la Raifon qu'elles
ont entre elles, eft la raifon fimple, ou d'une raifon doublée, qui a pour fes expofans d'autres nombres que deux
nombres quarrez, ou d'une raifon triplée qui a pour fes
expofans d'autres nombres que deux cubiques.

C'eft une fuitte neceffaire de ce qui a efté prouvé cy-
deffus, qu'une raifon compofée de deux raifons égale de
nombre à nombre, doit avoir neceffairement pour fes expofans des nombres quarrez ; c'eft à dire que les deux termes de cette raifon doublée doivent eftre neceffairement
deux nombres quarrez, comme 1 & 4. 4 & 9 16 & 25.

Et qu'il ne suffit pas que l'un d'eux soit quarré, mais qu'ils le doivent estre tous deux.

Donc toute raison qui a pour ses exposans d'autres nombres que deux nombres quarrez ne sçauroit estre composée de deux raisons égales de nombre à nombre : Elle ne le peut donc estre que de deux raisons sourdes. Donc les deux grandeurs entre lesquelles est cette raison, qui ne sçauroit estre de nombre à nombre, sont incommensurables par la 1 definition S 31. & par 2. S.

Il n'y a rien de plus facile que d'appliquer tout cela à la raison simple d'une raison triplée, &c.

Mais on voit bien aussi que ces grandeurs sont commensurables en puissance ou 1. ou 2 ; car c'est ce que l'on suppose que leurs quarrez ou leurs cubes sont comme nombre à nombre, mais non comme deux nombres ou quarrez ou cubiques.

I. COROLLAIRE.

XXXII. DEUX quarrez qui sont entre eux comme deux nombres, & non comme deux nombres quarrez ont leurs racines incommensurables.

Et deux Cubes de mesmes ont leurs racines incommensurables, si ces Cubes sont entre eux comme deux nombres, qui ne sont pas tous deux cubiques.

C'est la proposition mesme ; car par III. 41. deux quarrez sont entre eux en raison doublée de leurs racines, & deux cubes en raison triplée. Donc si les quarrez sont entre eux comme 2 à 1. ou comme 4. à 3. La raison des racines sera la raison simple d'une raison doublée, qui n'aura pas pour ses exposans deux nombres quarrez. Donc ce sera une raison sourde. Donc ces deux racines seront incommensurables : Et on voit assez qu'il en sera de mesme de la racine des cubes.

II. COROLLAIRE.

XXXIII. QUAND trois grandeurs sont continuëment proportionnelles. Si la 1 est à la derniere comme deux nombres qui ne foient pas tous deux quarrez, comme fi la 1. eft à la derniere comme 2 à 1, ou comme 3 à 2. La feconde fera in-commenfurable à la premiere & à la derniere, c'eft à dire que la raifon de la 1. à la derniere fera une raifon fourde, auffi bien que celle qui luy eft égale de la 2 à la 3. Mais cet-te 2 fera commenfurable en puiffance à chacune des deux autres; car (par III. 45.) La raifon de la 1. à la 3 eft com-pofée des 2 raifons égales de la 1 à la 2. & de la 2 à la 3. Donc fi ces deux raifons eftoient de nombre à nombre, la raifon de la 1 à la 3 qni en eft compofée, auroit eu pour fes expofans deux nombres quarrez. Or elles ne les a pas par l'hypothefe. Elles font donc fourdes : & par confe-quent la 2 de ces 3 grandeurs eft incommenfurable tant la 1. que la 3.

Mais elle leur eft commenfurable en puiffance ; car (par III. 44.) le quarré de la 1. eft au quarré de la 2, la 1. à la 3, & le quarré de la 2. au quarré de la 3. eft de mefme comme la 1. à la 3.

III. COROLLAIRE.

LORS que 4 grandeurs font continuëment proportion- XXXIV. nelles, fi la 1 eft à la 4 comme deux nombres qui ne foient pas tous deux cubiques : Chaque grandeur eft incom-menfurable à celle qui la fuit, en longueur & en 1 puiffan-ce, & feulement commenfurable en 2 puiffance.

C'eft la même demonftration que la precedente ; Car d'une part (par III. 45.) La raifon de la 1. à la 4 doit eftre compofée des 3 raifons égales de la 1 à la 2. de la 2 à la 3. & de la 3 à la 4. Donc c'eft une raifon triplée, qui par l'hy-pothefe a d'autres nombres pour fes expofans que des nombres cubiques. Donc par la propofition, chacune de ces raifons eft fourde. Donc les grandeurs qui ont entre elles cette raifon fourde font incommenfurables.

D'autre part (par III. 44.) Les cubes de deux de ces grandeurs qui fe fuivent font en mefme raifon que la 1 à la 4. Or par l'hypothefe, la raifon de la 1. à la 4, eft une raifon de nombre à nombre (quoy ce ne foit pas celle qui eft entre deux nombres cubiques.) Donc ces grandeurs qui fe fuivent font commenfurables en 2 puiffance.

IV. COROLLAIRE.

XXXV. Si 3 grandeurs font telles, que d'une part le quarré de la plus grande foit égal au quarré des deux autres, & que de l'autre la plus petite des trois foit une aliquote de la plus grande, c'eft à dire qu'elle foit à la plus grande comme l'unité à quelque nombre : celle qui eft entre deux fera incommenfurable à l'une & à l'autre, & elle leur fera feulement commenfurable en puiffance.

Soient les trois grandeurs *b. d. i.* Et que *b* foit à *i* com-me 3 à 1. Leurs quarrez feront comme 9. à 1. Donc par l'hypothefe du plus grand quarré égal aux deux autres.

bb. dd. :: 9. 8.

Et *dd. ii.* :: 8. 1.

Donc par le 1. Corollaire, *b* & *d* font incommenfurables, & *d.* & 1. le font auffi. Mais on voit affez que *d.* eft com-menfurable en puiffance à l'une & à l'autre.

V. COROLLAIRE.

XXXVI. Si trois Grandeurs font d'une part continuëment pro-portionnelles, & que de l'autre la plus grande foit égale aux deux autres : elles font abfolument incommenfura-bles entre elles.

Car fi elles eftoient comme trois nombres, il faudroit par là 5 hypothefe, & le 5 Theoreme qu'elles fuffent ou comme trois impairs, ou comme un impair, & deux pairs, ou comme deux pairs, & un impair ; c'eft à dire en l'une de ces 3 manieres, en marquant les impairs par des voyelles, & les pairs par des confonnes, & en com-mençant par la plus grande. *a. e. o.*

a. b. c.

b. c. e.

Or la 2 hypothefe fait que tous ces 3 cas font impoffi-bles ; car cette 2ᵉ hypothefe, eft que la 1. doit eftre égale aux 2 dernieres, ce qui ne peut eftre dans aucun des trois

cas:

cas: La 1. dans les deux premiers cas eſtant un impair,
& les deux dernieres un pair. Et dans le 3ᵉ cas eſtant un
pair, & les deux dernieres faiſant un impair.

AVERTISSEMENT IMPORTANT.

De tout ce qui vient d'eſtre dit dans la 1 ſection des rai- XXXI.
ſons de nombre à nombre, & dans cette 2 des raiſons ſour-
des, on voit aiſément que la maniere dont les premieres ſont
égales, eſt tres-differente de celle dont le ſont ces dernieres ;
car il paroit par les propoſitions fondamentales de la 1 ſec-
tion S. 15. Que deux raiſons de nombre à nombre ne ſont
égales, que par ce qu'elles ont les meſmes expoſans, &
qu'ainſi eſtant reduites, elles ne ſont toutes deux qu'une
ſeule & meſme raiſon. 8 eſt à 12, ou 100 eſt à 150. par ce
que la raiſon de 8 à 12, eſt la raiſon de 2 à 3, & que la
raiſon de 100 à 150, eſt auſſi la raiſon de 2 à 3.

Mais il n'en eſt pas de meſme des raiſons ſourdes ; car
on ne peut point dire qu'elles ayent les meſmes expoſans.
Elles ne ſeroient plus ſourdes ſi cela eſtoit. Ce n'eſt donc
point de là qu'on doit prendre leur égalité, mais comme il a eſté prouvé dans le 1 Theoreme du 2 Livre de ce
que toutes les aliquotes pareilles des deux antecedens,
ſont également contenuës dans les conſequens, quoy que
nulle aliquote du 1. antecedent, ne ſoit préciſément tant
de fois dans ſon conſequent, ny par conſequent l'aliquote pareille du 2. antecedent dans le 2 conſequent ;
mais que ce ſoit toûjours au regard de l'un & de l'autre
avec quelque reſte.

Et c'eſt pourquoy dans les raiſons de nombre à nombre,
quand une ſeule aliquote pareille de chaque antecedent,
par exemple un tiers eſt également contenu dans chaque
conſequent, c'eſt à dire autant de fois dans l'un que dans
l'autre, on n'a point beſoin apres cela d'examiner d'autres aliquotes. Mais dans deux raiſons ſourdes pour eſtre
aſſuré qu'elles ſont égales, il faut avoir comme examiné
toutes les aliquotes pareilles de l'un & de l'autre antecedent quoy qu'infinies, & eſtre aſſuré que nulle du 1 ne

N

pourra eftre dans fon confequent avec quelque refte, que
la pareille du 2 antecedent ne foit autant de fois dans fon
confequent, quoy qu'avec auffi quelque refte, comme
nous le demonftrerons des lignes dans le 10 Livre. Et ainfi
l'on ne peut point dire à proprement parler que 2 raifons
fourdes égales (fur tout quand leurs termes font abfolument incommenfurables, tant lineairement qu'en puiffance) fe puiffent reduire à une feule & mefme raifon
premiere ; puifque l'on ne peut dire ny quelle des deux
tiendroit lieu de premiere, ny qu'il y en ait une troifiéme
qui foit plûtoft *raifon premiere* que ces deux-là, à laquelle
il les faille reduire pour les comprendre plus facilement ;
car affurement cela eft impoffible.

C'eft pourquoy il faut bien prendre garde à ne pas
étendre aux raifons entre deux étenduës, ce que nous
avons dit dans les propofitions fondamentales de la 1.
fection ; Que deux differentes raifons premieres ne pouvoient eftre égales ; car on ne l'a dit que des raifons de
nombre à nombre, & cela n'a point de lieu dans les raifons fourdes entre deux étenduës.

Et c'eft ce qui me fait croire que ceux qui fe fervent de
la confideration des expofans, qu'ils fuppofent eftre les
mefmes dans toutes les raifons égales, pour expliquer les
proprietez des propofitions en general, que nous avons
demonftrées par une autre voye dans le commencement
du 2 Livre, font le mefme fophifme que celuy qui ayant
à expliquer la nature du genre, le feroit par ce qui ne
convient qu'à une de fes efpeces, qui eft un fophifme affez ordinaire, mais qui n'en eft pas moins fophifme ; car
c'eft ainfi par exemple qu'on explique les actions des bê-
tes par des penfées & des volontez qui ne conviennent
qu'à l'homme, & qu'on le fait mefme au regard des chofes
inanimées. Prefque tout le monde s'imaginant que les
pierres vont au centre de la terre, comme à un lieu de
repos, par une inclination qui a quelque rapport à celle
qui nous fait defirer ce que nous regardons comme nôtre bien.

AVERTISSEMENT.

Tout ce qui suit jusques à la fin de ce Livre ne sont que des pensées détachées que l'on peut passer, mais où je croy neanmoins que l'on trouvera assez de choses nouvelles, ou demonstrées d'une nouvelle maniere.

SECTION TROISIEME.

Reflexions sur les nombres quarrez, & divers moyens de XXXIII.
trouver les sommes de plusieurs nombres rangez
en de certains ordres.

De la différence entre deux quarrez.

DEUX quarrez quelconques ont pour leur différence le produit de la somme de leur racine par leur différence.

Soient les deux quarrez bb. & cc.

Leur différence sera bb—cc.

Or la somme des racines est b + c.

Et le produit de l'un par l'autre donne bb—cc; ce qui est leur différence.

Exemple dans les nombres.

Ayant les deux quarrez 12, 12 (144) & 9, 9 (81.)

Je veux sçavoir tout d'un coup leur différence. Je prens la somme des racines qui est 12 + 9 (21.)

Et leur différence   12—9 (3.)

3, 21 donne 63 qui est justement la différence de 144 à 81.

COROLLAIRE.

QUAND les racines de deux quarrez ne different que XXXIV.
d'une unité, leur différence est simplement la somme des racines; car on ne fait rien davantage en la multipliant par l'unité.

Ainsi la différence entre 10, 10 (100) & 9, 9 (81) est 19 la somme des racines 10 & 9.

I. PROBLEME.

TROUVER des quarrez qui ayent entre eux une dif- XXXV.
ference donnée.

N ij

Soit h la difference donnée, l'ayant divisée par celuy qu'il me plaira de ses diviseurs, & appellant d ce diviseur & q le quotient, il est clair que dq est égal à h, & qu'ainsi ces deux quarrez auront h pour leur difference s'ils ont dq.

Or ils auront dq, si je donne au premier pour sa racine $\frac{1}{2} d + \frac{1}{2} q$.

Et au 2. pour la sienne $\frac{1}{2} d - \frac{1}{2} q$. (remarquez qu'il faut mettre pour le premier de d ou de q, celuy qui sera le plus grand.)

Car le quarré du 1 sera $\frac{1}{4} dd + \frac{1}{4} qq + \frac{1}{2} dq$; (car deux quarts font une moitié.)

Et le quarré du 2 sera $\frac{1}{4} dd + \frac{1}{4} qq - \frac{1}{2} dq$.

Donc la difference entre ces quarrez sera deux moitiez de dq ; c'est à dire dq qui est égal à h.

Exemple dans les nombres, soit 80 la difference donnée. Je la divise par 20 & le quotient sera 4.

Donc la moitié de 20 (10) & la moitié de 4 (2) donneront les racines de ces deux quarrez ;

sçavoir 10 + 2 (12)

& 10 — 2 (8)

Car le quarré du 1 sera 100 + 4 + 2, 2, 10 (40)

Et le quarré du 2 sera 100 + 4 — 40.

Donc leur difference est 80. qui est en effet la difference du quarré de 12 (144) du quarré de 8 (64.)

COROLLAIRE.

XXXVI. Quand la moitié de l'un des deux du diviseur ou du quotient, seroit un nombre rompu, la mesme chose se rencontreroit.

Exemple, soit la difference donnée 60, qui estant divisé par 12 donne 5. Je dis que le quarré de b plus $2\frac{1}{2}$ ($8\frac{1}{2}$) & de b moins $2\frac{1}{2}$ ($3\frac{1}{2}$) auront 60 pour leur difference.

Car le quarré de $8\frac{1}{2}$ est $72\frac{1}{4}$ & celuy de $3\frac{1}{2}$ 12, $\frac{1}{4}$ qui ont visiblement 60 pour leur difference.

On pourroit mesme prendre l'unité pour diviseur) ce

qui donneroit 60 pour quotient,)&ce feroit la même
chofe.

Car le quarré de 30 ⊣ $\frac{1}{4}$ eft 900 ⊣ $\frac{1}{4}$ ⊣ 30.

Et celuy de   30 — $\frac{1}{4}$ eft 900 ⊣ $\frac{1}{4}$ — 30.

Donc ces deux quarrez ont 60 pour leur difference;
car le premier eft 930 ⊣ $\frac{1}{4}$, & le dernier 870 ⊣ $\frac{1}{4}$.

II. PROBLEME.

TROUVER tous les nombres dont le quarré eft égal XXXVII.
à deux quarrez.

Tout nombre compofé de deux quarrez, comme 4 ⊣
1 (5) 9 ⊣ 4 (13) 16 ⊣ 1 (17) 16 ⊣ 9 (25) à fon quarré
égal à deux quarrez. Et il n'y a que ces nombres là, ou
leurs multiples, qui ayent cette proprieté.

Soit un nombre quelconque compofé de 2 quarrez,
comme bb ⊣ cc. Il eft impoffible que fon quarré ne foit
pas égal au quarré du nombre bb — cc, & à celuy du nombre 2. bc. C'eft à dire qui fera le double du produit des
deux racines.

Car bb ⊣ cc a pour fon quarré b^4 ⊣ c^4 ⊣ 2. $bb\,cc$.

Et bb — cc a pour fon quarré b^4 ⊣ c^4 — 2. $bb\,cc$.

Donc leur difference eft 4 $bb\,cc$, qui eft certainement
un quarré qui a pour fa racine 2 bc. Donc ce quarré là, plus
celuy qui a pour fa racine bb — cc, doivent eftre égaux à
celuy dont la racine eft bb ⊣ cc.

Donc il eft impoffible qu'un nombre compofé de deux
quarrez, n'ait pas fon quarré égal à deux quarrez.

Exemple dans les nombres. 29 eft compofé de deux
quarrez de 25 & de 4. Je dis donc que fon quarré fera
égal au quarré de 25 — 4 (21,) & à celuy de 2, 2, 5; c'eft
à dire de 20.

Car 25 ⊣ 4 a pour fon quarré 625 ⊣ 16 ⊣ 2, 4, 25. (200.)

Et 25 — 4 a pour fon quarré 625 ⊣ 16 — 200.

Donc leur difference eft 400 qui eft le quarré de 20.

Et en effet le 1. de ces quarrez fera 841.

Le fecond   441.

Et le troifiéme   400.

I. Corollaire.

XXXVIII   Tout nombre quarré plus 1 fait un nombre, dont le quarré est égal à deux quarrez, comme 16 ⊹ 1. 36 ⊹ 1. Mais alors le second quarré ayant pour sa racine ce quarré primitif moins un, le troisiéme est quatre fois ce même quarré, & a pour sa racine deux fois la racine de ce quarré que j'ay appellé primitif.

Exemple 36. ⊹ 1. a pour son quarré 36, 36, (1296) ⊹ 1 ⊹ 2, 36 (72.)

Et 36 — 1 a pour son quarré 36, 36 (1296 ⊹ 1 — 2, 36 (72.)

Donc leur difference est 4, 36. (144) dont la racine est 2, 6 (12.)

II. Corollaire.

XXXIX.   La plus grande moitié d'un quarré impair à son quarré égal à deux quarrez; sçavoir au quarré de la plus petite moitié, & au quarré impair dont cette premiere racine est la plus grande moitié.

Preuve particuliere, soit hh un quarré impair, soit m sa plus grande moitié & n la plus petite (je les appelle ainsi, parce que je suppose qu'elles ne different que d'une unité) $m = n ⊹ 1$. Donc $m ⊹ n$ estant égal à hh, $n ⊹ n ⊹ 1$, ou 2 $n ⊹ 1$ seront aussi égales à hh.

Et le quarré de $n ⊹ 1$ sera la mesme chose que mm.

Or $n ⊹ 1$ a pour son quarré $nn ⊹ 1 ⊹ 2 n$.

Or $2 n ⊹ 1 = hh$.

Donc $mm = nn ⊹ hh$; ce qu'il falloit demonstrer.

Exemple dans les nombres.

Le quarré de 25 à 13 pour sa plus grande partie, & 12 pour la plus petite.

Donc le quarré de 12 ⊹ 1 est la mesme chose que le quarré de 13.

Or 12 ⊹ 1 a pour son quarré 12, 12, (144) ⊹ 1 ⊹ 24.

Et 24 ⊹ 1, est 25. Donc 144 ⊹ 25 = 169 quarré de 13.

AVERTISSEMENT.

On *dira peut eſtre qu'il n'eſt donc pas vray qu'il n'y ait*   **XL.** **]**
que les nombres compoſez de deux quarrez ou leurs multi-
ples, qui ayent leur quarré égal à deux quarrez.

Je nie la conſequence ; car il n'y a point de plus grande
moitié de quarré impair qui ne ſoit compoſée de deux
quarrez ; ſçavoir du quarré de la plus grande moitié de la
racine de ce quarré impair & de la plus petite. Exemple,
25 quarré de 5 à 13 pour ſa plus grande moitié, & 5 ſa racine a 3 pour ſa plus grande moitié, & 2 pour la plus petite. Je dis donc que 13 ſera compoſé du quarré de 3 qui
eſt 9, & du quarré de 2 qui eſt 4. Et voicy la raiſon pourquoy il faut neceſſairement que cela ſoit ainſi ; car le
quarré de 5 eſt la meſme choſe que le quarré de 3 ÷ 2, qui
eſt 9 ÷ 4 ÷ 2, 6 (12.) Et n'y ayant qu'un dē difference entre 3 & 2. Les deux quarrez de 3 & 2, ne ſçauroient auſſi
eſtre differents du double du produit des deux racines
que d'une unité. C'eſt pourquoy les deux quarrez 9 & 4
feront toûjours la plus grande moitié du quarré de 5, &
2, 6 ſa plus petite moitié.

III. COROLLAIRE.

LE double d'un nombre compoſé de deux quarrez eſt   **XLI.**
auſſi compoſé de deux quarrez ; ſçavoir du quarré de la
ſomme des racines des deux premiers quarrez & du quarré de leur difference.

Soient les 2 quarrez dont eſt compoſé le 1. nombre bb
÷ cc. Je dis que le double de ce nombre là ſera auſſi compoſé de deux quarrez, dont le premier aura pour ſa racine $b + c$, & l'autre $b — c$.

Car $b + c$ a pour ſon quarré $bb + cc + 2bc$.

Et $b — c$ a pour le ſien $bb + cc — 2bc$.

Or $2bc$ eſtant par ÷ & par — ſe reduit à zero. Reſte
donc $2bb$ & $2cc$ qui font le double de $bb + cc$.

Exemple dans les nombres. Le double de 25 ÷ 4 eſt 58.
Les racines de ces premiers quarrez ſont 5 & 2.

Or $5 + 2$ a pour son quarré $25 + 4 + 2$, $10 (20,)$ ce qui fait en tout 49.

Et $5 - 2$ a pour son quarré $25 + 4 - 20$ ce qui fait 9. Donc le tout fait $49 + 9$, ce qui fait 58 double de 29.

IV. COROLLAIRE.

XLII.   LA moitié d'un nombre composé de deux quarrez est aussi composée de deux quarré, sçavoir du quarrez de la moitié de la somme des racines, & du quarré de la moitié de leur difference.

Soient les deux quarrez $bb +$ & cc. Je dis que $\frac{1}{2} bb +$ plus $\frac{1}{2} cc$, sera aussi composé de deux quarrez, dont le premier aura pour sa racine $\frac{1}{2} b + \frac{1}{2} c$. Ce qui fait pour quarré $\frac{1}{4} bb + \frac{1}{4} cc + \frac{1}{2} bc$.

Et l'autre aura pour sa racine $\frac{1}{2} b - ' c$, ce qui fait $\frac{1}{4} bb + \frac{1}{4} cc - \frac{1}{2} bc$.

Or ces deux quarrez ensemble tout comté & tout rabbatu font $\frac{1}{2} bb + \frac{1}{2} cc$. Et par consequent la moitié du nombre composé de bb & cc.

Exemple dans les nombres 208 est composé des quarrez 144 & 64. La somme de leurs racines est $12 + 8$, dont la moitié est 10, & leur difference 4, dont la moitié est 2, donc le quarré de $10 (100)$ plus celuy de $2 (4)$ doit estre comme il est aussi la moitié de 208.

PROBLEMES.

Pour trouver les sommes de plusieurs nombres mis dans une certaine suite.

I. PROBLEME.

XLIII.   TROUVER la somme d'une Progression Arithmetique quelque grande qu'elle soit, pourveu qu'on en connoisse le premier & le dernier terme, & le nombre des termes.

Il ne faudra qu'ajoûter le 1 & le dernier, & multiplier ce nombre composé du 1 & du dernier par la moitié du nombre des termes, ou le nombre des termes entier, par la moitié de ce que font le premier & le dernier.

Exemple.

Exemple. Cent pierres eſtant arrangées de toiſe en toiſe, ſi un homme s'oblige à les ramaſſer toutes l'une apres l'autre, & les mettre en un tas à une toiſe pres de la premiere : combien fera-t'il de toiſes de chemin ? Il en fera deux pour la 1re pierre, 4 pour la 2, & 200 pour la derniere. Ce ſera donc une Progreſſion Arithmetique de 100 termes, dont le premier & le dernier feront 202. Il faut donc multiplier ou 50 par 202 ou 100, par 101, ce qui fera 10100 ; c'eſt à dire 12120 pas Geometriques ; ce qui fait plus de 4 lieuës.

II. PROBLEME.

TROUVER la ſomme d'une Progreſſion Geometrique, ſuppoſant qu'elle va en augmentant comme c'eſt le plus ordinaire, & qu'ainſi l'antecedent de chaque raiſon eſt plus petit que ſon conſequent.   XLIV.

Soit la ſomme de tous les termes appellée S.

Le premier terme a le 2 b & le dernier ω. Et les expoſans de la raiſon qui regne par toute la Progreſſion n & m ; c'eſt à dire que deux termes qui ſe ſuivent immediatement ſont entre eux comme n eſt à m, ou comme a eſt à b : ſi la premiere raiſon eſt déja dans les moindres termes qu'elle peut eſtre.

Or tous les termes eſtant antecedens hors le dernier qui n'eſt que conſequent, & tous conſequens hors le premier qui n'eſt qu'antecedent. Tous les antecedens ſe pourront nommer S—ω. Et tous les conſequent S—a.

Cela ſuppoſé, je dis que le dernier moins le 1 ; (c'eſt à dire ω—a) eſt à toute la ſomme moins le dernier, (c'eſt à dire à S—ω) comme m—n, eſt à n, ou comme b—a eſt à a. Et en voicy la raiſon.

Parce qui a eſté dit 11. 45 dans une Progreſſion Geometrique, tous les antecedens ſont à tous les conſequens, comme un antecedent eſt à un conſequent.

Donc *permutando*, tous les conſequens ſont à tous les antecedens comme un conſequent eſt à un antedent.

Donc *dividendo*, tous les conſequens moins tous les

O

antecedens font à tous les antecedens, comme un confequent moins fon antecedent eft à fon antecedent.

Or quand je dis, *tous les confequens moins tous les antecedens*, c'eft comme fi je difois le dernier terme moins le
premier (ω—a ;) car tous les termes eftant confequens.
hors le premier, je les mets tous par *plus*, hors le premier, quand je dis, *tous les confequens* : & eftant tous antecedens hors le dernier, je les mets tous par *moins* hors le
dernier, quand je dis *moins tous les antecedens*. Ils font
donc tous hors le premier & le dernier, par plus & par
moins, & par confequent fe reduifent à rien. Et il n'y
a que le dernier qui ne foit que par *plus*, & le premier qui
ne foit que par *moins*. Donc cela fe reduit au dernier moins
le premier (ω—a.)

Donc quand la Progreffion eft afcendante, le dernier
terme moins le 1, eft à tous les termes moins le dernier,
comme le 2 terme moins le premier eft au premier.

En voicy la preuve par la fpecieufe.

S—a. S—ω. :: b. a.

Donc *dividendo* S—a—S—ω. S—ω :: b—a. a.

Or dans le premier terme de cette proportion S eftant
par *plus* & par *moins* fe reduit à rien. Refte donc ω par
plus & a par *moins*. Donc cela ne veut dire qu'ω—a.

Mais fi la Progreffion eftoit décendante, chaque antecedent eftant plus grand que fon confequent, il ne faudroit que changer & dire.

Que le 1 terme moins le dernier feroit à tous les termes moins le premier, comme un antecedent moins fon
confequent eft à fon confequent a—ω. S—a :: n—m. m.

I. COROLLAIRE.

XLV. ON pourra prouver facilement par là que fi on prend
d'un tout une dixiéme, & une dixiéme de cette dixiéme,
c'eft à dire $\frac{1}{100}$ & une dixiéme de cette centiéme, c'eft à
dire $\frac{1}{1000}$ & ainfi jufques à l'infiny, toutes ces dixiémes de
dixiémes prifes à l'infiny ne feront que $\frac{1}{9}$ du tout, & les
neuviémes de neuviémes prifes de la mefme forte, $\frac{1}{8}$ &
les huitiémes de huitiémes $\frac{1}{7}$, & ainfi en diminuant toû-

jours les dominateurs d'un, les quarts un tiers , les tiers une moitié, & les moitiés le tout.

Il ne faut pour cela que faire une Progreſſion Geome- trique en cette maniere. $1. \frac{1}{10} \frac{1}{100} \frac{1}{1000}$. & ainſi à l'infiny.

Donc par ce qui vient d'eſtre dit. 1. moins le dernier terme (qui ſe reduit à zero la progreſſion allant à l'infiny, de ſorte qu'on le doit prendre ſimplement pour 1.) eſt à tous les termes de la Progreſſion moins un ; c'eſt à dire à toute cette infinité de dixiémes de 10mes, comme $1 - \frac{1}{10}$ eſt à $\frac{1}{10}$, c'eſt à dire comme $\frac{9}{10}$ eſt à $\frac{1}{10}$, & parconſequent comme 9 à 1. Donc toute cette infinité de dixiémes de 10mes, n'eſt au tout que comme un à 9. Donc elles ne ſont que la 9 partie du tout ; ce qu'il falloit demonſtrer.

II. COROLLAIRE.

On voit par la ſolution du ſophiſme des anciens con- tre le mouvement.   XLVI.

Suppoſant , diſoient-ils , qu'Achille aille 10 fois plus viſte qu'une tortuë , ſi la tortuë a une lieuë d'avance, ja- mais Achile ne l'attrapera : car tandis qu'Achile fera la 1re lieuë , la tortuë fera la $\frac{1}{10}$ de la 2e lieuë ; & tandis qu'A- chile fera la $\frac{1}{10}$ de la 2e lieuë, la tortuë fera la $\frac{1}{10}$ de cette $\frac{1}{10}$, & ainſi à l'infiny.

Tout cela ſuppoſe que toutes ces dixiémes de dixiémes à l'infini faſſent une eſpace infini, au lieu qu'elles ne font toutes enſemble qu'$\frac{1}{9}$ de lieuë , ſelon le Theoreme pre- cedent.

Et c'eſt pourquoy Achile doit attraper la tortuë à la premiere $\frac{1}{9}$ de la 2e lieuë. Car allant 10 fois plus viſte que la tortuë , il doit avoir fait dix fois autant de chemin dans le même temps.

Donc pendant que la tortuë parcourra une $\frac{1}{9}$ de lieuë, Achile en doit parcourir $\frac{10}{9}$, ce qui fait juſtement la pre- miere lieuë compoſée de $\frac{9}{9}$, plus $\frac{1}{9}$ de la ſeconde lieuë.

III. COROLLAIRE.

Si une horloge a deux aiguilles, l'une des heures, qui fait   XLVII.

-ſon tour en 12 heures , & l'autre des minutes, qui fait le même tour en une heure, marquer tous les points auſquels ces deux aiguilles ſe rencontreront.

Ce ſera à ces heures icy. $1 + \frac{1}{11}$ 2 $+ \frac{2}{11}$ 3 $+ \frac{3}{11}$ 4 $+ \frac{4}{11}$ 5 $+ \frac{5}{11}$ 6 $+ \frac{6}{11}$ 7 $+ \frac{7}{11}$ 8 $+ \frac{8}{11}$ 9 $+ \frac{9}{11}$ 10 $+ \frac{10}{11}$ 11 $+ \frac{11}{11}$. C'eſt à dire 12 heures.

La preuve en eſt aiſée à deviner par celle du premier Corollaire.

III. Probleme.

XLVIII.   Trouver la ſuite des nombres triangulaires, pyrami- daux & plus que pyramidaux.

Pour bien comprendre cecy, il faut remarquer qu'on peut diſpoſer les nombres en pluſieurs bandes, qui ſeront telles que chaque nombre d'une bande ſera égal à tous ceux de la bande precedente incluſivement juſques à ce- luy-là, c'eſt à dire que le 2 par exemple de la troiſiéme bande ſera égal aux deux premiers de la 2 , le 3 aux trois premiers , le 4 aux quatre premiers, & ainſi de ſuite juſ- qu'à l'infiny.

On le comprendra mieux par l'exemple de 6 bandes que je ne continueray que juſques à 9 termes.

1	1	1	1	1	1	1	1	1	1
2	1	2	3	4	5	6	7	8	9
3	1	3	6	10	15	21	28	36	45
4	1	4	10	20	35	56	84	120	165
5	1	5	15	35	70	126	210	330	495
6	1	6	21	56	126	252	462	792	2187

La premiere bande n'eſt que d'unités.

La deuxiéme des nombres ordinaires, dont on voit aſfez que chacun comprend autant d'unitez qu'il y a eu de termes dans la premiere bande jufques à ce terme de la 2.

La troifiéme eft des nombres qu'on appelle Triangulaires, parce qu'ils fe peuvent difpofer en triangle.

La quatriéme de ceux qu'on appelle Pyramidaux.

La cinquiéme des feconds-Pyramidaux. Je ne fçay fi on leur a donné un autre nom.

La fixiéme des troifiémes Pyramidaux. Et cela fe peut continuer jufques à l'infiny.

Il s'agit donc de trouver la fomme de tant de nombres que l'on voudra à commencer toûjours par l'unité dans chacune de ces bandes. Par exemple la fomme des dix premiers termes de la troifiéme bande, ou de la quatriéme, ou de la cinquiéme. Et il faut remarquer que c'eft la mefme chofe de trouver la fomme des dix premiers termes de la troifiéme bande; c'eft à dire des dix premiers nombres triangulaires, que de trouver le dixiéme nombre pyramidal.

Voilà une regle generale pour cela que je tiens d'un fort habile homme. Je la pourrois propofer generalement: mais j'aime mieux l'appliquer tout d'un coup à un exemple particulier par lequel on jugera fans peine de tous les autres.

Je veux chercher la fomme des 10 premiers termes de quelques bandes que ce foit. Je mets 10, & puis 11, & puis 12, &c. comme des nombres qui fe doivent multiplier les uns les autres felon les bandes, dont on veut fçavoir la fomme des dix premiers termes: & je mets au deffous de chacun de ces nombres 1, 2, 3, &c. en cette maniere.

$$10, 11, 12, 13, 14, 15, 16, \&c.$$
$$1, 2, 3, 4, 5, 6, 7, \&c.$$

Les nombres de deffous font pour divifer les produits des nombres de deffus; car fi j'ay befoin de multiplier les 3 premiers nombres les uns par les autres, je les diviferay par le produit des 3 de deffous, qui ne font que 6, parce que l'unité ne change rien en divifant.

Oiij,

Cela fuppofé, fi je veux avoir la fomme de dix termes de la 1. bande, je ne prends que le premier chiffre d'en-haut qui marque que c'eft de dix termes, dont je veux avoir la fomme. Et ce nombre me la donne fans qu'il foit divifé, parce que l'unité qui eft au deffous ne divife point.

Mais fi je veux avoir la fomme de dix termes de la 2e bande, je multiplie les deux premiers nombres de deffus, c'eft à dire 10 par 11, ce qui fait 110, & les divife par les deux de deffous ; c'eft à dire par une fois 2, ce qui donne 55. Mais pour faire cela plus facilement avant que de faire la multiplication, je divife par deux l'un des deux chiffres qui le peut eftre, & je multiplie l'autre nombre par fa moitié, c'eft à dire 11 par 5 ; ce qui donne encore 55.

Si je veux avoir la fomme de dix termes de la 3e bande, je me fers pour cela des trois premiers chiffres d'enhaut, & je commence par divifer ou 10 par 2 & 12 par 3, ou tout d'un coup 12 par 6 ; (car cela revient au mefme,) & je multiplie les uns par les autres 5, 11, 4, ou 10, 11, 2, ce qui donnera 220, qui font la fomme de dix premiers chiffres de la 3e bande.

Pour la 4e bande je me fers des 4 chiffres d'enhaut, les ayant auparavant divifez par ceux d'enbas, fçavoir 10 par 2, & 12 par 3 fois 4, ce qui le reduira à 1, qui ne fera rien dans la multiplication des chiffres d'enhaut, & ainfi ils fe reduiront à 5, 11, 13, ce qui fait 715.

Pour la 5e bande, on en fera autant des 5 chiffres d'enhaut, on les divifera autant que l'on pourra par ceux d'enbas en cette maniere, 14 par 2, ce qui donnera 7, 12 par 3 fois 4, ce qui le reduira à rien au regard de la multiplication à faire, & 10 par 5, ce qui donnera 2. Et ainfi ces 5 nombres ne feront plus que 2, 11, 13, 7, ce qui fait 2002.

Je n'en dirai pas davantage. On voit affez comment cela doit faire pour toutes les bandes fuivantes, & pour toute autre quantité de termes dont on voudra fçavoir la fomme, comme la fomme des 100 premiers termes de

quelques bandes que ce foit ; car laiffant toûjours enbas 1,
2, 3, &c. ce qui eft invariable pour divifer les nombres
d'enhaut : il faudra mettre pour ces nombres d'enhaut
100, 101, 102, 103, &c.

Mais j'avoüe franchement que je ne fçay la raifon de cela que pour la 2 & la 3 bande, & non pour les autres.

Obfervations fur les nombres Triangulaires.

J'AY déja dit qu'on appelloit Triangulaires les chiffres   XLIX.
de la 3 bande. Or comme je pretends m'en fervir pour
trouver avec beaucoup de facilité la fomme des quarrez & des cubes : j'ay befoin d'en remarquer quelques
proprietez.

La 1 eft que deux nombres triangulaires qui fe fuivent
immediatement font pris enfemble le quaré du nombre
qui répond au plus grand des deux. On le verra par la
table & en voicy la raifon.

Je dis donc que le nombre Triangulaire de 9 & celui
de 10, doivent faire enfemble le quarré de 10 qui eft cent.
Car pour avoir le nombre triangulaire de neuf, il faut
multiplier 9 par la moitié de 10, ce qui fait 5, 9, & pour
avoir celuy de 10, il faut multiplier 11 par la moitié de
10, ce qui fait 5, 11. Or 9 & 11 faifant 20, il eft vifible
que ces deux multiplications enfemble font 5, 20 ; c'eft
à dire 100.

Autrement 5, 10 — 1 font 50 — 5.
Et 5, 10 + 1 font   50 + 5.
Or cela fait enfemble 2, 50, c'eft à dire 100.
Autre exemple, le nombre Triangulaire de 8 eft 4, 9.
Et celuy de 9   5, 9.
Ce qui fait enfemble 9, 9 ou 81.

La 2 proprieté eft que deux nombres Triangulaires qui
fe fuivent ont pour leur difference le nombre naturel qui
répond au plus grand.

Et il faut bien que cela foit ainfi ; car le 9ᵐᵉ nombre
Triangulaire eft la fomme des 9 premiers nombres, &

le 10 la fomme des 10 premiers, qui parconfequent ne
peut differer de l'autre, que parce qu'elle a 10 de plus.

On peut encore remarquer une 3e proprieté de ces
nombres Triangulaires, qui eft affez furprenante, quoy
qu'elle ne foit pas de grand ufage. C'eft que tout nombre quarré impair moins un fe pouvant divifer par 8,
pour trouver combien 8 y fera de fois, il ne faut que
prendre le nombre triangulaire de la plus petite moitié
de la racine de ce quarré impair. Exemples 8 eft 45 fois
dans le quarré de 19, parce que le nombre triangulaire
de 9 (qui eft la plus petite moitié de 19) eft 45. Et 8 eft
120 fois dans le quarré de 31, parce que 120 eft le nombre
Triangulaire de 15 qui eft la plus petite moitié de 31.

De la premiere Proprieté il s'enfuit que toute quantité
de nombres quarrez pris de fuite, (ce qui fe fuppofe toûjours) contient deux fois la mefme quantité des nombres Triangulaires moins le dernier qu'elle ne contient
qu'une fois. Car chaque nombre Triangulaire entre deux
fois dans la compofition d'un quarré, hors le dernier qui
ny entre qu'une fois : 1. dans le 1, qui eft auffi 1. Et dans le
2 qui eft 1 + 3, & 3 qui eft entré dans le 2 quarré qui eft
4, entre avec 6 dans le 3 qui eft 9, & 6 avec 10 dans le 4
qni eft 16 & 10 avec 15 dans le 5 qui eft 25, & 15 avec 21
dans le 6 qui eft 36.

On voit donc que fi on en demeure-là, il n'y aura que
21, fixiéme nombre Triangulaire, qui n'entrera qu'une
fois dans l'un des 6 premiers quarrez, & par confequent
tous les autres y entrant deux fois, il eft donc clair que
la fomme des 6 quarrez plus 21, doit eftre égale au double
de la fomme des 6 premiers nombres triangulaires.

IV. Probleme.

Trouver la fomme de tant de nombres quarrez de
fuite que l'on voudra, c'eft à dire des 10 premiers, des 20
des 100, &c.

On n'a felon ce qui vient d'eftre dit, qu'à avoir la fomme d'autant de nombres Triangulaires ; c'eft à dire de
ceux

ceux de la 3 bande, la doubler, & puis en ofter le dernier des nombres Triangulaires, dont a trouvé la fomme.

Le 10 nombre Triangulaire eft 55. La fomme des 10 premiers eft 220, comme on l'a déja fait voir. Le double eft 440, d'où oftant 55, on aura 385 pour la fomme des 10 premiers quarrez.

Autrement. Faites comme fi vous vouliez avoir la fomme des 10 premiers nombres Triangulaires, en mettant au deffous 1, 2, 3, ou feulement 2, 3; car l'1 ne fert que pour l'analogie, & au deffus 10, 11, mais au lieu du troifiéme qui eft 12, mettre la fomme des deux premiers qui eft 21; ainfi

$$\frac{10, 11, 21.}{2, 3,}$$

Puis ayant divifé 10 par 2, ce qui donne 5 & 21 par 3, ce qui donne 7, multiplier les uns par les autres 5, 11, 7, ce qui donnera 55, 7, ce fait 385.

Cette derniere façon revient à l'autre; car il faut remarquer que fi au lieu de prendre pour troifiéme nombre le premier plus 2. On prend le double du 1 plus un: il fe trouve toûjours que ce dernier plus trois eft double de celuy dont on fe fert pour trouver la fomme des Triangulaires: d'où il arrive que divifant l'un & l'autre par trois, celuy dont on fe fert pour les quarrez plus 1 eft double de l'autre. 21 plus 3 eft double de 12, & le tiers de 21 eftant 7 7 + 1 eft double de 4 qui eft le tiers de 12.

V. PROBLEME.

TROUVER la fomme de tant de Cubes que l'on voudra en les prenant de fuite, c'eft à dire des 10 premiers, des 20 premiers, &c.

Le quarré du nombre triangulaire qui répond au nombre des Cubes dont on veut avoir la fomme eft la fomme des Cubes; c'eft à dire que fi on veut avoir la fomme des 10 premiers Cubes, il ne faut que trouver le 10 nombre Triangulaire qui eft 55, & fon quarré qui eft 3025 fera le nombre des Cubes.

On le peut prouver en deux manieres, l'une plus fubtile, & l'autre plus naturelle. La 1 dépend des deux pro-

P

prietez des nombres triangulaires.

Car par la 1, deux triangulaires qui fe fuivent font enfemble le quarré du nombre qui répond au plus grand, c'eft à dire que le 5 qui eft 15, & le 6 qui eft 21, font enfemble le quarré de 6 qui eft 36.

Et par la feconde ces deux mefmes Triangulaires ont 6 pour leur difference. D'où il s'enfuit que les prenant pour racines de deux quarrez : ces quarrez auront pour leur difference la fomme de ces deux racines qui eft 36 multipliée par leur difference qui eft 6, c'eft à dire qu'ils auront pour leur difference le cube de 6.

Or pour voir plus facilement ce qui fuit delà, nous marquerons chaque nombre triangulaire par un accent circonflexe que nous mettrons au deffus du nombre qui marque fa place, c'eft à dire que 6 fera le fixiéme nombre Triangulaire qui eft 21, 5 le cinquiéme qui eft 15, & ainfi des autres.

Et pour marquer le quarré de chacun nous mettrons feulement 6^1 5^1. Et les Cubes des nombres ordinaires 6^3. 5^3. 4^3, &c. Cela eftant.

$$6^1 = \begin{cases} 6^3 \\ 5^2 \end{cases} = \begin{cases} 5^3 \\ 4^2 \end{cases} = \begin{cases} 4^3 \\ 3^2 \end{cases} = \begin{cases} 3^3 \\ 2^2 \end{cases} = \begin{cases} 2^3 \\ 1 \end{cases} = \begin{cases} 1 \\ 0 \end{cases}$$

D'où il s'enfuit que laiffant là les quarrez des autres nombres Triangulaires, parce que l'on a leurs équivalens, le feul quarré du fixiéme nombre, qui eft 441 eft égal à la fomme des fix premiers nombres cubes.

L'autre raifon eft plus fimple, & on la peut exprimer ainfi. La fomme de tant de nombres cubiques de fuite que l'on voudra, eft le produit de la fomme de toutes les racines multipliée par cette mefme fomme ; car prenant comme il le faut, ces nombres cubiques d'ordre, leurs racines feront toûjours autant de nombres naturels que l'on prendra de Cubes dont on voudra fçavoir la fomme.

Soient donc tant de nombres naturels que l'on voudra en commenceant par 1.

Les multipliant par autant   1. 2. 3. 4. 5. 6. &c.
d'autres tous les mefmes.   1. 2. 3. 4. 5. 6. &c.

Il se fera autant de multiplications partiales, que sera le quarré des termes que l'on prendra, c'est à dire que si on n'en prend que 5, il y aura 25 multiplications partiales. Si 6, il y en aura 36, &c.

Mais il faut remarquer 1. Que de ces multiplications partiales, les directes comme 2, 2. 3, 3. sont toûjours simples, & que celles qui se font en croix, comme 2, 3, 3, 5, &c. sont toûjours doubles.

En second lieu, que c'est la mesme chose de multiplier 6 par 2 + 4 que de le multiplier separement par 2, en disant 2, 6. & par 4 en disant 4, 6. Il faut seulement remarquer que la multiplication de 2 + 4 par 6 comprend deux des 36 multiplications partiales, que doit avoir la multiplication des 6 premiers nombres par eux mesmes : & qui ajoûtant *bis* cela en fait 4.

Cela supposé, voicy comme ces 36 Multiplications partiales feront les 6 premiers Cubes.

Denomb. des Mult. partiales.	Mult. partiales.		Cubes.
1	1, 1	1	1
3 { 1 2	2, 2 1, 2 *bis* }	4 } 4 } 2, 4.	8
5 { 1 4	3, 3 1 + 2, 3 *bis* }	9 } 2, 9 } 3, 9.	27
7 { 1 4 2	4, 4 1 + 3, 4 *bis* } 2, 4 *bis*	16) 2, 16 } 4, 16 16)	64
9 { 1 4 4	5, 5 1 + 4, 5 *bis* } 2 + 3, 5 *bis*	25) 2, 25 } 5, 25. 2, 25)	125
11 { 1 4 4 2	6, 6 1 + 5, 6 *bis* } 2 + 4, 6 *bis* } 3, 6 *bis*	36) 2, 36 } 2, 36 } 6, 36. 36)	216

Somme 36.

On voit par là, que le premier nombre multiplié par foy-mesme ne donne qu'une multiplication qui fait un premier nombre cube.

Que les deux premiers 1. 2 multipliez auffi par eux mêmes, (ce qui fe doit toûjours fous-entendre fans qu'il foit befoin de l'exprimer,) luy donne 4 , dont une eftant déja prife, les trois autres donnent huit fecond nombre cube.

Que les trois premiers 1.2.3. en donnent 9 dont 4 étant prifes qui ont donné les deux premiers cubes, les cinq qui reftent donnent le 3. 27.

Que les quatre 1.2.3.4. en donnent 16, dont 9 eftant déja prifes qui ont donné les trois premiers cubes, les 7 qui reftent donnent le 4 64.

Que les cinq 1. 2. 3. 4. 5. en donnent 25, dont 16 eftant déja prifes qui ont donné les 4 premiers cubes , les 9 qui reftent donnent le 5 125.

Que les fix 1. 2.3. 4. 5. 6. en donnent 36, dont 25 eftant déja prifes qui ont donné les cinq premiers cubes. Les 11 qui reftent donnent le 6. 2. 16.

Et on voit fans peine que cela doit aller jufqu'à l'infiny.

Mais pour éviter l'embarras & la longueur de ces multiplications partiales, (ce qui n'a fervy qu'à la preuve.) Il ne faut que prendre la fomme de toutes ces racines, (c'eft à dire de tant que l'on voudra de nombres naturels,) & la multiplier par elle-même ; car il eft vifible que c'eft la même chofe de multiplier 3 par 3, que de multiplier 1 + 2 par 1 + 2.

Or la fomme de ces nombres naturels, eft ce qu'on appelle nombre triangulaire ; car 6 par exemple, eft le nombre triangulaire de 3, parce que 1 + 2 + 3 font 6. Donc en multipliant le dixiéme nombre triangulaire qui eft 55 par foy mefme, on aura la fomme des dix premiers cubes.

Or rien n'eft plus facile que de trouver le nombre triangulaire de tel nombre que l'on veut ; car fi c'eft un nombre impair, Il ne faut que le multiplier par fa plus grande moitié : 5. 3, 5. 7. 4, 7. 9. 5, 9. 11, 6, 11.

Et si c'est un nombre pair, il ne faut que prendre sa moitié, & multiplier par là ce nombre plus un. 6. 3, 7. 8. 4, 9. 10. 5, 11. 12. 6, 13. 14. 7, 13.

Comment il se faut conduire pour resoudre tous les Problèmes semblables à ceux de la mule & de l'asnesse, des deux vases qui ont un mesme couvercle, &c.

PREPARATION.

IL faut écrire les hypotheses en donnant des noms aux quantitez inconnuës, exemple, mule, asnesse.

Le nombre des sacs que porte la mule soit appellé A, & celuy que porte l'asnesse B.

HYPOTHESES.

1. Hip. $A - 3 = B + 3$ $\begin{cases} \text{Si la mule donne à l'asnesse} \\ \text{trois de ses sacs, ils en auront} \\ \text{autant l'une que l'autre.} \end{cases}$ L I I.

2. Hip. $A + 1 = 3B - 3$ $\begin{cases} \text{Si l'asnesse donne à la mule} \\ \text{l'un de ses sacs, la mule en} \\ \text{porter a 3 fois autant que l'as-} \\ \text{nesse.} \end{cases}$

Ayant ces hypotheses, il faut trouver les équivalens ; c'est à dire l'équivalent d'A par B plus ou moins, ce qu'il faut, & l'équivalent de B par A plus ou moins ce qu'il faut.

Pour trouver les équivalens d'une Hypothese : il faut oster d'un membre les chiffres & laisser la lettre seule, & transporter les chiffres dans l'autre membre, en changeant le signe. Exemple

EQUIVALENS.

Par la 1 Hip. $\begin{cases} A = B + 6. \\ B = A - 6. \end{cases}$

Par la 2 Hip. $\begin{cases} A = 3B - 4. \\ 3B = A + 4. \end{cases}$

Ayant ces équivalens, on refout fans peine les Problemes. Il ne faut pour cela que reprendre les Hypothefes,
& fi on veut refoudre le Probleme par la premiere : Il
faut fe fervir des équivalens de la feconde, & au contraire fi on le veut refoudre par la feconde Hypothefe. Il
faut fe fervir des équivalens de la premiere, & par là, on
fera que dans l'équation de chaque hypothefe, il n'y ait
que les mefmes lettres dans l'un & dans l'autre membre.

I. PROBLEME. HYPOTHESES.

1. $\begin{cases} A-3 = B+3. \end{cases}$
2. $\begin{cases} A+1 = 3\,B-3. \end{cases}$

EQUIVALENS.

Par la 1 Hyp. $\begin{cases} A = B+6. \\ B = A-6. \end{cases}$

Par la 2 Hyp. $\begin{cases} A = 3\,B-4. \\ 3\,B = A+4. \end{cases}$

I. Solution par la 1 Hypothefe en reduifant tout en B.

1. Hypothefe. $\begin{cases} A-3 = B+3. \end{cases}$
Equivalent de la 2. $\begin{cases} A = 3\,B-4. \end{cases}$

Je puis donc mettre au lieu d'A 3 B—4, donc mettant
dans le fecond membre de l'équation 7 qui eft par moins
dans le premier.

$$3\,B = B+10.$$
Donc $2\,B = 10.$
Donc $B = 5.$

II. Solution par la 2 Hypothefe en reduifant le tout en B.

2. Hypothefe. $\begin{cases} A+1 = 3\,B-3. \end{cases}$
2. Eq. de la 2 Hyp. $\begin{cases} B = A-6. \end{cases}$
Mettant donc B 6 au lieu d'A.

$$B+7 = 3\,B-3.$$
Donc $B+10 = 3\,B.$
Donc $10 = 2\,B.$
Donc $5 = B.$

III. *Solution par la 2 Hypothese en reduisant tout en* **A**.

2 Hypothese. $\{$ A $+$ 1 $=$ B $-$ 3.
2 Equiv. de la 2. $\{$ B A $=$ $-$ 6.

Donc mettant au lieu de 3 B trois fois A $-$ 6 qui font 3 A $-$ 18.

A $+$ 1 $=$ 3 A $-$ 18 $-$ 3, [c'eft à dire $-$ 21] & tranfpo-fant 21 dans le premier membre en changeant le figne.

A $+$ 22 $=$ 3 A.

Donc 22 $=$ 2 A.

Donc 11 $=$ A.

Donc A eft 11 & B 5;

C'eft à dire que la mule avoit 11 facs, & l'afneffe 5.

II. PROBLEME.

Hypothefes 1. $\{$ A $-$ 9 $=$ B $+$ 9.
    2. $\{$ A $+$ 3 $=$ 3 B $-$ 9.
Équivalens de $\{$ 1 A $=$ B $+$ 18.
la 1 Hypoth. $\{$ 2 B $=$ A $-$ 18.
Equivalens de $\{$ A $=$ 3 B $-$ 18.
la 2.

I. *Solution par la* 1 *Hypothese en reduifant tout en* **B**.

1. Hypothese. $\{$ A $-$ 9 $=$ B $+$ 9.
Equiv. de la 2. $\{$ A $=$ 3 B $-$ 12.

3 B $-$ 12 $-$ 9, [c'eft à dire $-$ 21 $=$ B $+$ 9.

Donc 3 B $=$ B $+$ 30.

Donc 2 B $=$ 30.

Donc B $=$ 15.

II. *Solution par la* 2 *Hypothese en reduifant tout en* **A**.

2 Hypothese. $\{$ A $+$ 3 $=$ 3 B $-$ 9.
2 Equiv. de la 1. $\{$ B $=$ A $-$ 18.

A $+$ 3 $=$ 3 A $-$ 63.

Donc A $+$ 66 B $=$ 3 A.

Donc 66 B $=$ 2 A.

Donc 33 $=$ A. C'eft à dire que A eft 33 & B eft 15.

III. *Solution par la 2 Hypothese en reduisant tout en B.*

3 B + 9 = B + 21.
Donc 3 B = B + 30.
Donc 2 B = 30.
Donc B = 15.

III. PROBLEME.

LIII.   Hypothese 1. $\begin{cases} A + 2000 = 4\,B. \\ B + 1000 = \frac{1}{2}\,A. \end{cases}$
              2.
        Equiv. de la 1. $\begin{cases} A = 4\,B - 2000. \\ B = \frac{1}{2}\,A - 1000. \end{cases}$
          de la 2.

I. *Solution par la 1 Hypothese.*

A + 2000 = 2 A - 4000.
Donc A + 6000 = 2 A.
Donc 6000 = A.

II. *Solution par la 2 Hypothese.*

B + 1000 = 2 B - 1000.
Donc B + 2000 = 2 B.
Donc 2000 = B.

III. *Solution par la 1 Hypothese.*

LIV.   A + 2000 = 4 B.
Donc $\frac{1}{4}$ A + 500 = B.
Donc B = $\frac{1}{2}$ A - 1000.
Donc $\frac{1}{4}$ A + 500 = $\frac{1}{2}$ A - 1000.
Donc $\frac{1}{4}$ A + 1500 = $\frac{1}{2}$ A.
Donc 1500 A = $\frac{1}{4}$ A.
Donc 6000 = A.

IV. PROBLEME.

Hypothese 1. $\begin{cases} A + 3000 = 3\,B. \\ B + 3000 = \frac{1}{2}\,A. \end{cases}$
      2.
Equiv. de la 1. $\begin{cases} A = 3\,B - 3000. \\ B = \frac{1}{2}\,A - 1000. \end{cases}$
      2.

I. *Solution*

I. *Solution par la* 1 *Hypothese.*

$A + 3000 = A \frac{1}{2} - 3000.$
Donc $A + 6000 = A \frac{1}{2}.$
Donc $6000 = \frac{1}{2} A.$
Donc $12000 = A.$

II. *Solution par la* 2 *hypothese.*

$B + 1000 = B \frac{1}{2} - 1500.$
Donc $B + 2500 = B \frac{1}{2}.$
Donc $2500 = \frac{1}{2} B.$

V. PROBLEME.

Hypothese 1. $\begin{cases} A + 3000 = 9 \ B. \\ B + 5000 = \frac{1}{3} A. \end{cases}$
Eqviv. de la 1. $\begin{cases} A = 9 \ B - 3000. \\ B = \frac{1}{3} A - 5000. \end{cases}$
de la 2.

I. *Solution par la* 1e *Hypothese.*

$A + 3000 = 3 A - 45000.$
Donc $A + 48000 = 3 A.$
Donc $48000 = 2 A.$
Donc $24000 = A.$

II. *Solution par la* 2e *Hypothese.*

$B + 5000 = 3 B - 1000.$
Donc $B + 6000 = 3 B.$
Donc $6000 = 2 B.$
Donc $3000 = B.$

VI. PROBLEME.

Hypothese 1. $\begin{cases} A - 25 = B + 25. \\ A + 25 = 2 B - 50. \end{cases}$
Equiv. de la 1. $\begin{cases} A = B + 50. \\ B = A - 50. \end{cases}$
de la 2. $\begin{cases} A = 2 B - 75. \end{cases}$

Q

I. *Solution par la* 1 *Hypothese.*

$B + 25 = 2B - 100.$

Donc $B + 125 = 2B.$

Donc $125 = B.$

II. *Solution par la* 2 *Hypothese.*

$A + 25 = 2A - 150.$

Donc $A = 2A - 175.$

Donc $A = 175.$

NOUVEAUX ELEMENS

DE

GEOMETRIE.

LIVRE CINQUIE'ME.

DE L'ESTENDUE.
DE LA LIGNE DROITE ET CIRCULAIRE.
DES DROITES PERPENDICULAIRES, ET OBLIQUES.

DEFINITIONS.

Nous *avons parlé jufques icy de la grandeur* I.
en general. Il faut maintenant defcendre à
fes efpeces.

TOUTE grandeur est continuë, comme
est l'étenduë, le temps, le mouvement:
ou non continuë, comme le nombre.

La continuë est ou fucceffive, comme le temps, le mouvement.

Ou permanente, qui s'appelle generalement *efpace* ou
étenduë.

Mais elle fe confidere ou felon toutes fes trois dimen-
Q ij

fions, longueur, largeur & profondeur, & alors elle s'appelle *corps* ou *folide*.

Ou felon deux feulement, longueur & largeur, & alors elle s'appelle *furface* ou *fuperficie*, qui eft ou plate, qui s'appelle *plan*, ou non plate qui s'appelle *furface courbe*.

Ou felon une feulement, qui eft la longueur, & alors elle s'appelle *ligne*, qui eft ou droite ou courbe.

L'extrémité de la ligne s'appelle *point*, qui doit eftre conceu indivifible. Car s'il pouvoit eftre partagé en deux, l'une de ces moitiez ne feroit pas à l'extrémité de la ligne.

Et par la même raifon la ligne, qui eft indivifible felon la largeur, parce qu'elle eft confiderée comme n'en ayant point, eft l'extrémité de la furface.

Et la furface qui eft auffi indivifible felon la profondeur, eft l'extrémité du corps.

PREMIER AVERTISSEMENT.

II.
LES idées d'une furface plate & d'une ligne droite font fi fimples, qu'on ne feroit qu'embroüiller ces termes en les voulant definir. On peut feulement en donner des exemples pour en fixer l'idée aux termes de chaque langue.

SECOND AVERTISSEMENT.

III.
QUOY qu'il n'y ait point au monde d'étenduë qui n'ait que longueur & largeur fans profondeur, ou longueur fans largeur ny profondeur, & encor moins de point, qui n'ait ny longueur, ny largeur, ny profondeur; ce que difent les Geometres des furfaces, des lignes & des points ne laiffe pas d'eftre vray, parce qu'il fuffit pour cela que dans un corps qui eft veritablement long, large, & profond, je puiffe n'en confiderer que la longueur & la largeur, fans faire attention à la profondeur, ou même la longueur feule fans m'arrefter ny à la largeur, ny à la profondeur. Ainfi pour mefurer un champ, je ne m'amufe pas à creufer pour fçavoir fi la terre y eft bien profonde, mais je regarde feulement combien il eft long & large : Et pour fçavoir combien il y a de Paris à Orleans, je ne mefure pas la largeur des chemins, mais feulement la longueur. Et de même ce qu'on appelle Point n'eft que la ligne même, entant qu'on n'y confidere que la negation d'une plus longue étenduë.

TROISIEME AVERTISSEMENT.

ON doit commencer par la ligne comme par la plus simple   IV.
estenduë: & de plus pour en rendre la consideration plus facile
lors que l'on compare plusieurs lignes ensemble, on les suppose
toûjours dans ces premiers élemens comme estant posées, ou décrites sur un même plan, c'est à dire sur une même superficie
plate; ce qu'il suffit d'avoir dit une fois pour toutes.

PRREMIERE SECTION.

DE LA LIGNE DROITE.

Nous n'avons point defini la ligne droite, parce que   V.
l'idée en est tres claire d'elle même, & que tous les hommes conçoivent la même chose par ce mot. Mais il est
bon de remarquer ce que nous concevons naturellement
estre enfermé dans cette idée, ce que l'on pourra prendre si l'on veut pour sa definition.

La ligne droite est la plus courte étenduë entre deux
points.

Et celle qui approche plus de la droite, est aussi la plus
courte: ce qui a donné occasion à Archimede d'établir
ce principe ou Axiome.

PREMIER AXIOME.

SI deux lignes sur le même plan
ont les extremitez communes &
font courbes ou creuses vers la mê-   ^ı
me part, celle qui est contenuë est
plus courte que celle qui la contient. J'ay dit courbes ou creuses,
car cela n'est pas seulement vray des   ^{ıı}
lignes courbes comme dans la 1. fi-
gure, mais aussi des droites comme
dans la 11, lors que deux ou plusieurs   ^{ııı}
lignes droites se joignant font un
creux. Car alors deux ou plusieurs
lignes droites font considerées com-
me une seule ligne courbe qui se-   ^{ıv}
roit creuse vers ce costé-là.

Mais il faut bien remarquer ces

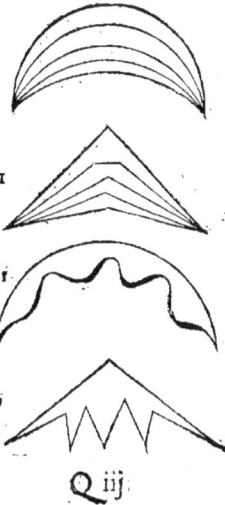

Q iij

mots, (vers la même part) car cela ne feroit pas vray, fi la même ligne courbe eftoit creufe vers differens côtez comme dans la III figure, ou fi diverfes lignes droites confiderées comme une feule ligne faifoient auffi des creux de differens coftez comme dans la IV figure ; car alors la contenante pourroit eftre plus courte que la contenuë.

SECOND AXIOME OU DEMANDE.

VII. AYANT deux points donnez on peut mener une ligne droite de l'un à l'autre.

Et on n'y en peut mener qu'une.

Laquelle par confequent eft l'unique & naturelle mesure de la diftance entre ces deux points. L'inftrument dont on fe fert pour cela s'appelle *regle*.

TROISIEME AXIOME OU DEMANDE.

VIII. LA fimplicité de la ligne droite fait qu'en ayant une posée on la peut prolonger de part & d'autre jufques à l'infiny, c'eft à dire tant que l'on veut.

D'où il s'enfuit que la pofition d'une ligne droite ne dépend que de deux points.

Ou, que connoiffant deux points dans une ligne droite, nous la connoiffons toute.

Ou, que deux points eftant donnez de pofition, toute la ligne droite eft donnee.

QUATRIEME AXIOME.

IX. SI une ligne droite eft immediatement couchée fur une autre en une de fes parties, elle le fera en toutes, pourveu que l'une & l'autre foit prolongée autant qu'il faudra, & elles ne feront proprement qu'ue même ligne.

CINQUIEME AXIOME.

X. DEUX lignes droites ne fe peuvent couper qu'en un point.

SIXIEME AXIOME.

XI. DEUX lignes droites qui eftant prolongées vers un même cofté s'approchent peu à peu, fe couperont à la fin.

Euclide prend cette propofition pour un principe & avec raifon : car elle a affez de clarté pour s'en contenter, & ce

feroit perdre le temps inutilement que de se rompre la teste pour
la prouver par un long circuit.

SECONDE SECTION.
DE LA LIGNE CIRCULAIRE.
DEFINITIONS.

LA ligne que décrit sur un plan l'une des extrémitez   XII.
d'une ligne droite, son autre extrémité demeurant immobile, s'appelle *circulaire*, ou *circonference*.

ET l'espace que décrit toute la ligne s'appelle *cercle*.   XIII.

LE point immobile, *centre*, qui ne peut pas n'estre point   XIV.
également distant de chaque point de la circonference,
puisque c'est toûjours la même ligne qui a fait cette distance.

ET ainsi il est bien clair que toutes les lignes du centre   XV.
à la circonference sont égales.

CES lignes s'appellent *rayons* ou *de-*   XVI.
mydiametres.

LES lignes menées d'un point de la   XVII.
circonference à un autre s'appellent
cordes.

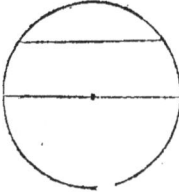

SI elles passent par le centre, elles   XVIII.
s'appellent *diametres*, & elles coupent
le cercle & la circonference en deux
parties égales, qui s'appellent *demy-*
cercles & *demycirconferences.*

LA partie de la circonference qui se   XIX.
trouve entre les extremitez d'une cor-
de s'appelle *arc.* Mais lors que cette
corde est moindre qu'un diametre, il
y a deux portions de circonferences qui se terminent aux
extremitez de cette corde. L'une plus grande que la demycirconference, & l'autre plus petite. Or quand on parle de l'arc d'une corde, si on n'ajoûte autre chose, on
entend celuy qui n'est pas plus grand que la demycirconference. Ce qui soit bien remarqué.

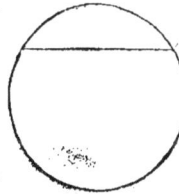

TOUTE circonference se conçoit divisée en 360. parties   XX.
égales qui s'appellent *degrez.*

XXI. CHAQUE degré en 60 minutes premieres qu'on appelle fimplement *minutes* : Chaque minute en 60 *fecondes*, & chaque feconde en 60 *troifiémes*; & ainfi à l'infini.

PREMIER AXIOME OU DEMANDE.

XXII. ON demande qu'ayant un intervale donné, on puiffe décrire une circonference de cet intervale. Ce qu'on ne peut douter eftre poffible, puis qu'il ne faut pour cela que concevoir que la ligne qui joindra les deux points de cet intervale fe remuë, l'une de fes extremitez demeurant immobile.

La machine la plus ordinaire dont on fe fert pour la décrire fur le papier s'appelle, *compas*, qui a deux jambes, qui eftant ouvertes plus ou moins felon l'intervale donné, l'une demeurant immobile, l'autre décrit la circonference.

SECOND AXIOME OU DEMANDE.

XXIII. OR comme il faut fuppofer dans cette operation que les deux jambes du compas gardent toûjours la même diftance entr'elles, il n'eft rien de plus facile après avoir mefuré la longueur d'une ligne donnée par l'ouverture du compas, de fe fervir de cette même ouverture pour décrire ailleurs une ligne égale à celle-là, ou retrancher d'une autre ligne une portion qui foit égale à cette premiere. C'eft pourquoy on peut hardiment mettre ce Probleme entre les demandes qui n'ont point befoin d'eftre prouvées.

Décrire une ligne égale à une ligne donnée, foit par le retranchement d'une autre ligne, foit par tout ailleurs.

TROISIEME AXIOME.

XXIV. LA maniere dont l'on conçoit que fe forme la ligne circulaire eft fi fimple, qu'il eft impoffible de concevoir qu'elle ne foit pas par tout dans une entiere uniformité. Et de là il s'enfuit que les Theoremes fuivans font naturellement connus.

Les circonferences qui font décrites d'un égal intervale font égales.

Et celles qui font decrites d'un plus petit intervale font plus petites.

Et

Et d'un plus grand font plus grandes.

QUATRIEME AXIOME.

Les degrez de circonferences égales font égaux, puis XXV. que ce font aliquotes pareilles de grandeurs égales. Et par la même raifon les degrez d'une petite circonference font plus petits que les degrez d'une plus grande.

CINQUIEME AXIOME.

DANS un même cercle les cordes qui foûtiennent des XXVI. arcs égaux font égales, & les arcs qui font foûtenus par des cordes égales font égaux. C'eft une fuite évidemment neceffaire de l'entiere uniformité de la circonference. Il ne faut que de l'attention pour en appercevoir la certitude.

Il en eft de même dans deux cercles égaux que dans le même cercle.

SIXIEME AXIOME.

TOUTES les lignes tirées du centre qui font plus petites XXVII. que les rayons du cercle, ont leur extremité au dedans du cercle : que fi elles font plus longues, elles l'ont au dehors; fi égales, dans la circonference même.

SEPTIEME AXIOME.

LORS qu'on a d'une ligne, l'une des extremitez donnée de pofition, & fa longueur, fon autre extremité doit eftre dans la circonference du cercle décrit par un intervale de cette longueur donnée.

TROISIEME SECTION.

DES LIGNES DROITES PERPENDICULAIRES. XXVIII.

DEFINITIONS.

NOUS avons déja dit qu'une ligne droite n'en peut couper une autre droite qu'en un point. Mais la coupant elle le peut faire en deux manieres.

La premiere, eft en ne panchant point plus vers un cofté de la ligne coupée, que vers l'autre.

Et alors elles font dites fe couper *perpendiculairement* & eftre *perpendiculaires* l'une à l'autre.

La feconde, en panchant plus vers un cofté que vers l'autre, & alors elles font dites fe couper *obliquement* & eftre *obliques* l'une au regard de l'autre.

Mais il ne faut pas confondre l'obliquité qui convient

R

à une ligne droite par rapport à une autre ligne, avec la curvité qui convient à la ligne par sa nature même, & constituë une espece de ligne opposée à la ligne droite.

AVERTISSEMENT.

XXX. *Quoy que deux lignes qui se coupent, & soient coupées mutuellement, neanmoins afin qu'on ne les confonde pas, nous appellerons l'une coupée & l'autre coupante.*

DEFINITION PLUS EXACTE
DE LA PERPENDICULAIRE.

XXXI. Pour former une notion plus distincte de deux lignes perpendiculaires, on les peut définir en cette sorte.

Lors que deux points de la ligne coupée estans pris également distans de l'un des points de la ligne coupante, tout autre point de la ligne coupante se trouvera aussi estre également distant de ces deux points de la ligne coupée, la ligne coupante est perpendiculaire à la coupée, étant bien clair qu'elle ne peut alors incliner plus d'un costé que d'autre.

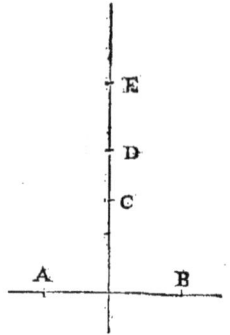

AXIOME.

XXXII. Pour montrer que tous les points de la ligne coupante sont également distans de deux de la ligne coupée, il suffit d'en auoir deux dans la ligne coupante dont chacun soit également distant de deux points de la ligne coupée. Car de là il s'ensuivra que tous les autres le seront aussi.

Je pretens que la seule consideration de la nature de la ligne droite fait voir la verité de cette proposition, & que sans cela il est impossible de garder dans la Geometrie l'ordre naturel des choses.

Car 1. *puisque la position de la ligne droite ne dépend que de deux points, & qu'en ayant donné deux points, elle est toute donnée, c'est à dire que la position de tous les autres points est determinée, il est visible que la position de ces deux points de la ligne coupante, dont on suppose que chacun est également distant de deux points de la ligne coupée, determine tous les autres à en estre aussi également distans.*

2. *S'il y en avoit quelqu'un qui approchast plus de l'un des points que de l'autre, la ligne feroit necessairement courbée de ce costé là.*

3. *Il n'y auroit point de raison pourquoy il s'approcheroit plûtost d'un costé que de l'autre, ny pourquoy il s'approcheroit de tant plûtost que de tant. Car la position de ces deux points donnez qui determine tous les autres points de la ligne, ne les peut determiner qu'à une égalité de distance, puis qu'ils n'ont pour eux-mesmes que cette determination là.*

4. *Tous les Geometres semblent assez convenir de l'évidence de cette proposition, puisque dans la solution de tous les problemes qui regardent les perpendiculaires, ils ne font autre chose que chercher deux points dans la ligne coupante, dont chacun soit également distant de deux points de la ligne coupée. Et ainsi quelque circuit qu'ils cherchent pour montrer que leur probleme est resolu par là, il est clair neanmoins que dans la nature des choses ce n'est que cela seul qui l'a resolu.*

5. *Quoy qu'il en soit, je soûtiens que quiconque voudra agir de bonne foy reconnoistra que considerant les choses avec attention, il luy est impossible de concevoir que cela puisse estre autrement, & qu'il repugne à l'idée que nous avons naturellement de la ligne droite, que deux de ses points estans posez directement, comme nous avons dit, sur une autre ligne, quelqu'un des autres s'écarte ou à droit ou à gauche, & s'approche ainsi plus prés de l'un des costoz de la ligne.*

Or il me semble tres inutile de chercher bien loin & par de longs détours des preuves d'une chose dont il nous est impossible de douter, pour peu que nous y voulions faire attention.

6. *Ce qui doit faire rejetter le scrupule qu'on pourroit avoir de recevoir cette proposition comme claire d'elle-mesme, c'est qu'on ne peut faire autrement sans troubler l'ordre naturel des choses, & employer des triangles pour demonstrer les proprietez des lignes, c'est à dire se servir du plus composé pour expliquer le plus simple, ce qui est tout à fait contraire à la veritable methode.*

Soit donc, de justice ou de grace, nous demandons qu'on nous accorde cette proposition, qui donne un moyen tres facile

de démonstrer les Problemes suivans sans se servir des trian-
gles comme fait Euclide.

PREMIER PROBLEME.

XXXIII.　D'un point donné hors une ligne donnée tirer une perpendiculaire sur cette ligne : on suppose que cette ligne
soit prolongée s'il en est besoin, & que le point donné ne
se puisse pas rencontrer dans la ligne prolongée, car alors
il ne seroit pas proprement hors cette ligne.

　Soit le point *k* & la ligne *z* de
k pris pour centre, décrire un cercle qui coupe *z*, & par conséquent y marque 2 points comme
m & *n*, également distans de *k*,
puisque *m k*, & *n k* seront rayons
du même cercle. Cela fait, décrivant deux cercles égaux d'*m* & d'*n*
qui s'entrecoupent par tout ailleurs
qu'en *k*, comme en *b*, la ligne qui joindra *b* & *k* sera perpendiculaire à la ligne *z*, ce qu'il falloit faire. Car *k* & *b*
font chacun également distans de
deux points de *z*, *m* & *n*, & par consequent tous les autres en seront aussi
également distans par la precedente,
& ainsi sa ligne sera perpendiculaire par la definition.

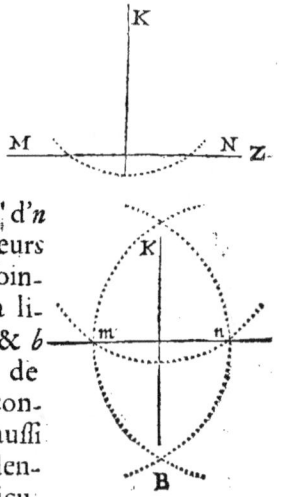

SECOND PROBLEME.

XXXIV.　D'un point donné dans une ligne élever un perpendiculaire. Soit le point *k* dans
la ligne *z* qui étant pris pour
centre, le cercle que l'on
décrira de ce centre coupera
la ligne *z*, prolongée s'il en
est besoin, en deux points
comme *m* & *n*, qui seront é-
galement distans de *k*. Donc
l'interfection de 2 cercles égaux qui auront *m* & *n* pour
centre donnera le point *b*, auquel il faudra mener la ligne.

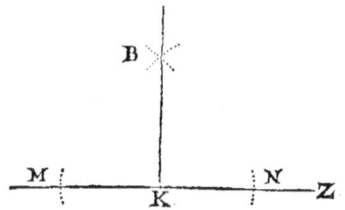

du point *k* pour faire la perpendiculaire que l'on cherche.

C'eſt la même preuve que du precedent. Car *k* & *b*
feront chacun également diſtans de *m* & *n*.

TROISIEME PROBLEME.

COUPER une ligne donnée en deux parties égales. **xxxv.**

Soit la ligne donnée *m n*, en tirant
des deux extremitez *m* & *n*, pris pour
centres, deux cercles égaux qui s'entrecoupent en deux points comme
k & *b* où tirant des mêmes centres
deux arcs de cercles égaux qui s'entrecoupent en un point comme en
k, & deux autres arcs de cercles
égaux ou inégaux aux premiers,
mais égaux entr'eux, qui s'entrecoupent auſſi en autre point comme
en *b*, la ligne *k b* prolongée autant
qu'il fera beſoin coupera la ligne *m*
n en deux parties égales. Car ſi le
point de la ſection eſt *z* comme il eſt
dans la ligne *b*, *k* qui eſt perpendiculaire à la ligne *mn*, parce que *b* &
k ſont également diſtans de *m* & *n*, *z* auſſi en ſera également diſtant, & par conſequent *m z* ſera égal à *z n*. Ce
qu'il falloit demonſtrer.

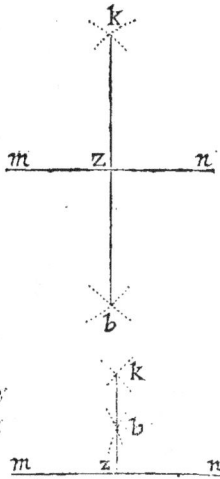

I. THEOREME.

LA perpendiculaire eſt la plus courte de toutes les li- **xxxvi.**
gnes qui puiſſent eſtre menées d'un point à une ligne.

Soit le point *k* & la ligne *z*, ſur
laquelle ayant mené de *k* la perpendiculaire *k b*, & l'ayant prolongée
juſques en *c*, en faiſant *b c* égale à
k b, ſi on tire de *k* d'autres lignes
ſur la ligne *z* comme en *m* & *n*,
je dis que *k b* eſt plus courte
que *k m*, ou *k n*. Car ayant tiré les
lignes *m c* & *n c*, je dis que *k m* eſt
égale à *m c*, & *k n* à *n c*, puiſque la

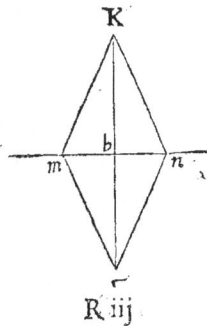

R iij

ligne z eſtant perpendiculaire à la ligne $k c$, le point b qui eſt commun à ces deux lignes ne peut eſtre comme il eſt également diſtant de k & de c, que les autres points comme m & n ne ſoient auſſi chacun également diſtans de k & de c.

Or cela eſtant, il eſt clair que la ligne $k b c$ eſtant droite eſt plus courte que les lignes $k m c$, qui ne font pas une ligne droite, & par conſequent $k b$, qui eſt la moitié de $k b c$, eſt plus courte que $k m$, qui eſt la moitié de $k m c$.

II. THEOREME.

XXXVII. ON ne peut élever du meſme point d'une ligne plus d'une perpendiculaire, ny en mener plus d'une d'un point à une ligne. Le premier eſt clair de ſoy-même : car ayant élevé du milieu de la ligne $m n$, la perpendiculaire $b k$, il eſt viſible que ſi on en vouloit élever une autre du même point b, on ne la pourroit tirer que plus vers un côté que vers l'autre, ce qui eſt directement contraire à la notion de perpendiculaire.

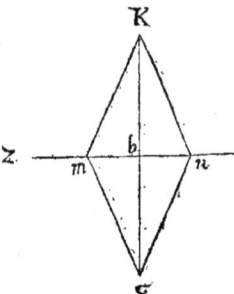

La 2e partie eſt encore tres manifeſte, & ſe peut neanmoins prouver de cette ſorte. Soit mené de k ſur $m n$ la perpendiculaire $k b$, en ſorte que b ſoit également diſtant de m & n, dont par conſequent k doit eſtre auſſi également diſtant : ſi on menoit de k une autre perpendiculaire à un autre point comme à g, il faudroit que g fuſt également diſtant de m & de n, puiſque k qui ſeroit un des points de cette ligne en eſt également diſtant. Or cela eſt impoſſible, puiſque ſi g eſtoit entre b & m, il ſeroit plus prés de m que de n, & s'il eſtoit entre b & n, il ſeroit plus prés de n que de m.

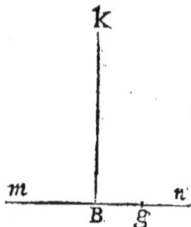

I. COROLLAIRE.

XXXVIII. LA perpendiculaire eſt la meſure d'un point hors d'une ligne à cette ligne, & de la ligne à ce point.

Car eſtant unique & la plus courte de toutes les lignes

DE GEOMETRIE, Liv. V. 135

qui peuvent estre menées d'un point à une ligne, on n'en pouvoit prendre aucune autre qui fust si propre à mesurer cette distance.

II. Corollaire.

Deux differentes lignes estant perpendiculaires à une XXXIX. même ligne, il est impossible qu'elles se rencontrent, quoy que prolongées à l'infini.

Car si elles se rencontroient, elles auroient un point commun, & ainsi il y auroit deux lignes menées d'un même point qui seroient perpendiculaires à une même ligne, ce qu'on a fait voir estre impossible.

III. Corollaire.

Lors que d'un point hors une ligne on a tiré une obli- X L. que sur cette ligne, si du même point on tire une perpendiculaire sur la même ligne, cette perpendiculaire tombera du costé que l'oblique est inclinée sur cette ligne.

Soit la ligne *b c*, & le point *k* dont ait esté tirée l'oblique *k g* qui soit inclinée vers *b*, je dis qu'il est clair parce qui a esté dit de la perpendiculaire, que si du même point *k* on en tire une sur *b c*, elle tombera entre *b* & *g*, & non pas entre *g* & *c*, car il est visible que si elle tomboit entre *g* & *c*, tant s'en faut qu'elle fust perpendiculaire, qu'elle seroit encore plus oblique que *k g*.

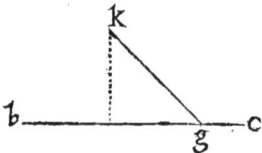

De plus ayant pris dans la ligne *b c* deux points également distans de *k*, comme pourroit estre *b* & *c* (33. S) le point où tombera la perpendiculaire doit estre également distant de ces deux points (*b c*) ; & au contraire celuy où tombe l'oblique doit estre plus éloigné du point vers lequel elle est inclinée, & par consequent la perpendiculaire doit tomber du costé vers lequel cette ligne est inclinée.

IV. Corollaire.

Si d'un point où une oblique coupe une ligne on veut X L I. élever une perpendiculaire sur cette ligne, elle s'élevera du costé vers lequel cette oblique n'est pas inclinée.

Soit la ligne *b c* coupée par l'oblique *k g* inclinée vers *b*, si du point *g* on veut élever une perpendiculaire sur *b c*, elle s'élevera du costé de *c*, non du costé de *b*; c'est à dire qu'elle se trouvera entre les lignes *k g* & *g c*, & non pas entre *k g* & *g b*. Car il est visible que si elle se trouvoit entre *k g* & *g b*, elle seroit encore plus inclinée que *k g*.

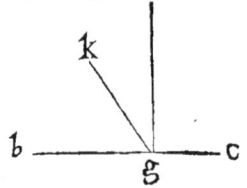

XLII.

III. THEOREME.

LA perpendiculaire indefinie qui coupe par la moitié la distance de deux points comprend tous les points du mesme plan, dont chacun peut estre également distant de ces deux points.

Soient les points *m* & *n* joints par la ligne *m n*, & la perpendiculaire indefinie *k b*, qui la coupe par la moitié au point *b*, il est clair que tous les poins de la ligne *k b* sont également distans de *m n*. Mais je dis de plus, qu'il n'y en peut avoir aucun autre hors cette ligne qui en soit également distant. Car il faudra qu'il soit à l'un des costez comme seroit *g*, d'où tirant une perpendiculaire sur *m n* (par 5.) elle la coupera en un autre point que *b*, comme seroit *p*, Or si *g* estoit également distant d'*m* & d'*n*, il faudroit que *p*, qui seroit un point de la perpendiculaire en fust aussi également distant, ce qui est visiblement impossible, comme on l'a déja veu.

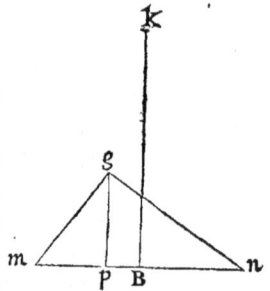

QUATRIEME SECTION.

DES LIGNES DROITES OBLIQUES.

Explication de la maniere dont on doit considerer les Lignes obliques pour le mieux comprendre

XLIII.

Nous avons déja dit que lors qu'une ligne droite en coupe

coupe une autre en penchant plus d'un cofté que de l'autre., elle s'appelle oblique au regard de cette ligne qu'elle
coupe obliquement.

Mais pour mieux juger de la grandeur de ces obliques
en les comparant les unes aux autres., il eft bon de ne les
confiderer que felon le cofté felon lequel elles approchent
plus de la ligne qu'elles coupent, qui eft auffi la façon la
plus naturelle de confiderer ces lignes.

De plus, nous ne regarderons les obliques que comme
menées d'un certain point à la ligne qu'elles coupent , &
comme terminées à cette ligne.

Cela eftant fuppofé., ce que j'entens par l'obliquité
d'une ligne fur une autre, eft que cette ligne foit plus couchée fur la ligne qu'elle coupe, que ne feroit la perpendiculaire menée du mefme point fur la mefme ligne. De forte que c'eft toûjours par rapport à cette perpendiculaire
que je confidere cette obliquité.

Mais ce rapport enferme deux chofes. 1. La diftance
du point qui eft commun à l'oblique & à la perpendiculaire d'avec le point de la ligne où la perpendiculaire tombe,
qui eft la mefme chofe que la longueur de cette perpendiculaire.

2. La diftance du point ou l'oblique tombe, d'avec celuy où tombe la perpendiculaire, que j'appelle l'éloignement du perpendicule.

A quoy il faut ajoûter la diftance du point d'où l'oblique eft menée de celuy où elle coupe la ligne au regard
de laquelle elle eft appellée oblique : qui eft la mefme
chofe que la longueur de cette oblique.

Soit par exemple la ligne z indefinie, fur laquelle on faffe décendre du point k au point b
l'oblique k b, & que de k on
tire la perpendiculaire k c, les
trois diftances dont nous venons de parler font trois lignes; dont deux (fçavoir la per-

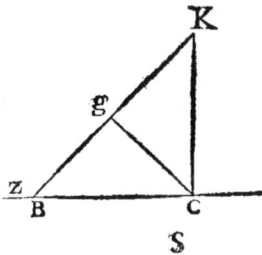

pendiculaire kc, & l'éloignement du perpendicule bc)
fe coupent perpendiculairement, & la troifiéme, qui eft
l'oblique kb, rencontre obliquement l'une & l'autre.

Et ainfi peut eftre confiderée tantoft comme l'oblique
de l'une, tantoft comme oblique de l'autre. Mais il faudra
alors changer alternativement aux deux autres lignes les
noms de perpendiculaire & d'éloignement du perpendicule. Car fi je confidere kb comme oblique fur bc. kc eft
la perpendiculaire, & bc l'éloignement du perpendicule.
Et au contraire fi je confidere kb comme oblique fur kc,
bc fera la perpendiculaire, & kc l'éloignement du perpendicule.

On pourroit auffi confiderer bc & kc comme obliques
fur kb, (car comme les lignes
font mutuellement perpendiculaires, elles font auffi mutuellement obliques.) Mais pour fuivre noftre methode il faudroit
alors mener une perpendiculaire du point c à la ligne kb, comme feroit cg. Et ainfi en confi-
derant bc comme oblique fur la ligne bk, la perpendiculaire feroit cg, & l'éloignement du perpendicule gb.
Mais à moins que de faire cela, kb feule eft confiderée
comme oblique, tantoft au regard de l'une, tantoft au
regard de l'autre.

La confideration de ces trois lignes, kb oblique, kc
perpendiculaire, bc éloignement du perpendicule, nous
fera comprendre plufieurs chofes des lignes obliques qui
n'ont pû encore eftre expliquées que par des triangles, ce
qui eft un ordre tout renverfé. Et nous verrons d'une part
que dans la comparaifon des obliques, l'égalité en deux
de ces lignes donne l'égalité dans la troifiéme, & nous
examinerons de l'autre quand il n'y a égalité que dans
une, quelle eft l'inégalité des deux autres.

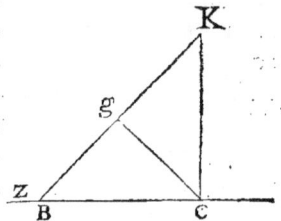

PROPOSITION FONDAMENTALE.

DE LA MESURE DES LIGNES OBLIQUES.

Les lignes obliques menées du mesme point à une mê- XLIV.
me ligne, sont plus longues, plus elles sont éloignées du
perpendicule.

Soient du point k menées sur la ligne z la perpendiculaire kb, & les obliques kf & kg.
Et soit prolongée kb jusques en
c, en sorte que bc soit égale à
kb. Et soient aussi menées les
lignes fc & gc : je dis premierement que z estant perpendiculaire à kb, comme le point b, qui
est commun à l'une & à l'autre
est également distant de k & de
c. Donc kf est égale à fc, & kg à
gc. Or par la maxime d'Archimede Liv. I. kfc est plus courte que k
gc. Donc kf, qui est la moitié de kfc est plus courte que k
g, qui est la moitié de kgc. Ce qu'il falloit demonstrer.

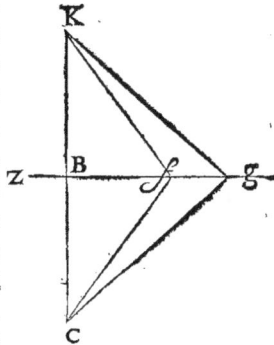

COROLLAIRE.

Il est visible que ce n'est que la même chose si l'on dit XLV.
que de toutes les obliques qui seront menées au même
point d'une même ligne de di-
vers points d'une perpendiculaire à cette ligne pris du même côté, celles qui sont menées des
points plus proches de la ligne
où tombe l'oblique sont les plus
courtes.

Car il ne faudra alors que tirer
d'autres lignes des mêmes points
de cette perpendiculaire vers un
même point de l'autre côté de
la ligne qui coupe cette perpendiculaire également distant de

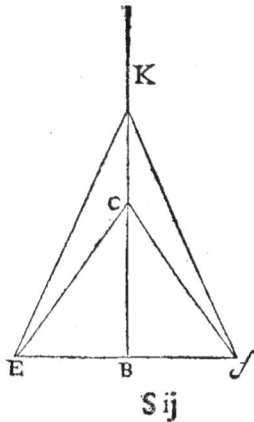

cette perpendiculaire. Si je veux montrer par exemple
que la ligne *k f* eſt plus longue que *cf*, je n'ay qu'à prendre le point *c* autant diſtant de *b*, que *f* eſt auſſi diſtant de
b, & tirer les lignes *k e* & *c e*, & faire enſuite la demonſtration precedente.

AVERTISSEMENT.

XLVI. C'EST *la même choſe pour juger de la grandeur de deux
lignes obliques de les conſiderer comme menées du même point
ſur une même ligne, ou comme menées
de deux points differens ſur la même ligne, ou deux differentes lignes, pourveu que l'on ſuppoſe que chaque point
eſt également diſtant de la ligne à laquelle on mene l'oblique. Car il eſt vi-
ſible qu'il n'y a que cette diſtance qui y faſſe quelque choſe.*

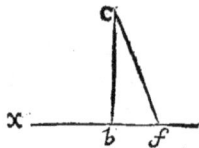

*Il eſt vray qu'il faut ſuppoſer pour cela que ſi l'on a d'une
part la ligne* x, *& de l'autre la ligne* z,
*& qu'on éleve d'un point de chacune,
comme de* b *&* d'm, *une perpendiculaire, & que dans chaque perpendiculaire
on prenne un point comme* c & n, *qui
ſoit de part & d'autre également diſtant
du point de la ſection* b & m; *& qu'on prenne auſſi dans chaque coupée* x & z *un point comme* f & p, *également diſtant de
part & d'autre du même point de la ſection* b & m, *les obliques*
c f & n p *ſont égales.*

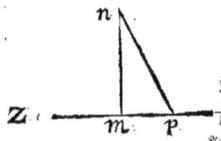

*Mais la verité de cette ſuppoſition eſt naturellement connuë,
& ſi on la peut conteſter de paroles, comme les Pyrrhoniens
ont fait voir qu'il n'y a rien qu'on ne puiſſe conteſter en cette
maniere, il eſt certain au moins qu'il eſt impoſſible à tout eſprit
raiſonnable d'en avoir interieurement le moindre doute, ce
qui eſt la plus grande certitude qu'on doive deſirer dans les
ſciences.*

*Neanmoins ſi on en veut eſtre convaincu par une preuve
groſſiere & materielle, on peut ſe ſervir de celle dont Euclide
prouve que deux angles eſtant égaux, & ayant les coſtez égaux*

aux coſtez, la baze eſt égale à la baze ; qui eſt qu'il fait mettre ces angles l'un deſſus l'autre, en ſorte que les extrémitez des coſtez ſe trouvent enſemble ; d'où il conclud que les bazes ſont auſſi couchées l'une ſur l'autre, ce qu'on appelle en Latin congruere, *& par conſequent égales. Car on peut de même icy s'imaginer que la ligne* z *eſt couchée ſur la ligne* x, *en ſorte que le point* m *eſt immediatement ſur le point* b, *& la perpendiculaire ſur la perpendiculaire : D'où il arrivera neceſſairement que le point* n *ſera ſur le point* c, *& le point* p *ſur le point* f, *& qu ainſi les obliques* n p *&* c f *ſeront couchées l'une ſur l'autre, & ainſi entierement egales.*

Voila ce qui peut ſatisfaire ceux qui aiment mieux ſe ſervir dans la connoiſſance des choſes de leur imagination que de leur intelligence : ce que je trouve fort mauvais, parce que l'eſprit ſe rend par là incapable de bien comprendre les choſes ſpirituelles, s'accouſtumant à ne recevoir pour vray que ce qu'il peut concevoir par des fantòmes & des images corporelles : au lieu qu'il y a beaucoup de choſes que nous ſçavons tres certainement ſans que nous les puiſſions concevoir par l'imagination, comme quand je dis : Je penſe, donc je ſuis, *nul fantòme ou image corporelle ne me peut ſervir à me faire concevoir ce que j'entends par ces mots ;* je penſe, je ſuis.

EGALITÉ DANS LES LIGNES OBLIQUES.

CETTE ſeule propoſition avec ſon corollaire & l'avertiſſement nous donne moyen de prouver facilement pluſieurs theoremes touchant les lignes obliques. Et voicy premierement ceux de l'égalité.   XLVII.

I. THEOREME.

DES trois lignes que nous avons dit ſe dévoir conſiderer dans les lignes obliques ; la perpendiculaire, l'éloignement du perpendicule, & l'oblique même ; deux ne peuvent eſtre égales que la troiſiéme ne le ſoit auſſi. Ainſi   XLVIII.
1. S'il y a égalité dans la perpendiculaire & dans l'éloignement du perpendicule, les lignes obliques ſont égales.

Soient du point k de la ligne kb, qui coupe perpendiculai-rement la ligne z en b, menées les deux obliques km & kn, la perpendiculaire estant la même, & par consequent éga-le à soy même. Si bm, qui est l'éloignement du perpendicu-le de l'oblique km est égal à bn, qui est l'éloignement du perpendicule de l'oblique kn; km & kn seront égales. Car les points m & n ne peuvent estre également distans de b, l'un des points de la perpendiculaire kb, qu'ils ne soient aussi également distans de tout autre point de cette per-pendiculaire, & par consequent de k. Donc km est égale à kn.

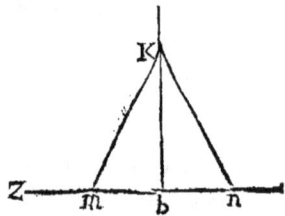

I. COROLLAIRE.

XLIX. ON ne peut mener d'un point à une ligne que deux li-gnes égales. Car on n'en peut mener qu'une seule perpen-diculaire. Et pour les obliques, elles ne peuvent estre éga-les que les deux points où elles coupent cette ligne ne soient également distans du point où tombe la perpendi-culaire. Or il ne peut y avoir que deux points, l'un d'un costé & l'autre de l'autre, qui soient également distans de ce point. Car tout autre en sera, ou plus proche ou plus éloigné, comme il est évident. Donc, &c.

II. COROLLAIRE.

L. Il est impossible qu'un mesme point soit également di-stant de trois points d'une ligne droite.

C'est la mesme chose que la precedente differemment énoncée.

II. THEOREME.

LI. S'IL y a égalité dans la perpendiculaire & dans l'obli-que, il y a égalité dans l'éloignement du perpendicule.

Soit fait comme devant. Si km est égale à kn, bm sera

égale à *b n*. Car fi *m* eftoit plus éloignée de *b* que n'eft *n*,
l'oblique *k m* feroit plus éloignée de la perpendiculaire,
& par confequent plus longue par la propofition principale.

III. THEOREME.

S'IL y a égalité dans l'oblique & dans l'éloignement
du perpendicule, il y en a dans
la perpendiculaire.

Car fi la perpendiculaire de
l'une eftoit plus grande que la
perpendiculaire de l'autre, c'eft
comme fi des deux obliques
qui fe terminent en *m* & *n* l'une
defcendoit du point *k* de la per-
pendiculaire *k b*, & l'autre du point *c* plus bas que *k* de
cette mefme perpendiculaire *k b*, de forte que l'une feroit
k m, & l'autre *c n*.

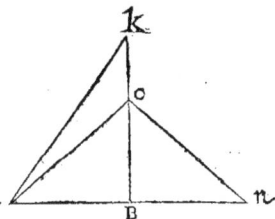

Or fi cela eftoit, *c n* feroit plus petite que *k m*, par 44.
& 45. *fup.* ce qui eft contre l'hypothefe.

LII.

IV. THEOREME.

QUAND il n'y a égalité donnée que dans l'une de ces
trois lignes, voicy ce qui eft des deux autres.

1. S'il n'y a égalité que dans la perpendiculaire, le plus
grand éloignement du perpendicule donne la plus grande
oblique, & la plus grande oblique donne le plus grand
éloignement du perpendicule. C'eft ce qui a efté prouvé
dans la propofition principale.

LIII.

V. THEOREME.

2. S'IL n'y a égalité que dans l'éloignement du perpendicule, la plus grande perpendiculaire donne la plus grande oblique, & la plus grande oblique la plus grande perpendiculaire; & alors la plus grande oblique eft la moins
oblique.

Il y a deux parties dont la premiere a efté prouvée par

LIV.

le corollaire de la propofition fondamentale ; & pour l'autre , elle en eft une fuite évidente. Car fi deux obliques fe terminent au mefme point d'une ligne comme *k m* , & qu'elles foient menées de deux points differens de la mefme perpendiculaire, comme de *k* & de *c* , il eft clair que *cm* eft plus couchée fur *m b* que *k m*. Or c'eft la mefme chofe, fi ayant pris *n* autant diftant de *b* que l'eft *m* on tire *cn* au lieu de *cm*.

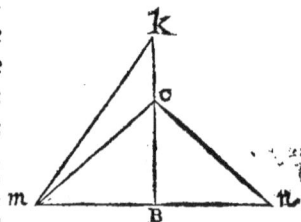

VI. THEOREME.

LIV.
S'IL n'y a égalité que dans la longueur des obliques, le plus grand éloignement du perpendicule donnera une moindre perpendiculaire, & une meſpuſo perperpendiculaire donnera un plus grand éloignement du perpendicule. Cela eft clair par les theoremes precedens.

Car foit la perpendiculaire *k b* fur la ligne *m n* , fi on tire l'oblique *c m*, & qu'on prenne un autre point plus prés de *b*, comme *n* , il eft vifible que *cn* feroit plus courte que *c m* par le 4ᶜ Theoreme , & par confequent afin qu'on mene à *n* de quelque point de la ligne *k b* une oblique égale à *cm*, il faudra la tirer d'un point plus éloigné de *b* que n'eft *c*, comme de *k*.

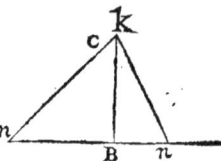

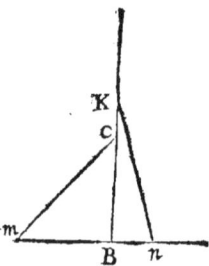

AVERTISSEMENT.

LV.
JE ne dis rien de la diverfe obliquité qu'à la même ligne fur les deux lignes qui peuvent eftre reciproquement confiderées comme fa perpendiculaire & fon éloignement du perpendicule, comme K b fur b c & fur K c: car cela eft trop facile à juger par ce qui eft dit.

VII. THEO-

VII. THEOREME.

Lors que deux lignes obliques font menées d'un mefme LVI.
point fur une même ligne, la diftance des deux points de
fection eft égale à la diftance du perpendicule, de l'une
plus ou moins la diftance du
perpendicule de l'autre. *Plus*,
fi les lignes font inclinées de
different cofté ; *moins*, fi elles
font inclinées du mefme cofté.

Soient menées du point *k* fur
la ligne *z* les deux obliques *k*
m & *k n*, inclinées de different
cofté, & une autre comme *k p*,
inclinée du mefme cofté que *k m* ; il eft vifible que la perpendiculaire *k b* fe trouvera entre *k m* & *k n*, mais au delà
de *k m* & de *k p* : & ainfi la diftance entre les points de la
fection *m* & *n* fera égal à l'éloignement du perpendicule
de *k m*, qui eft *m b* plus l'éloignement du perpendicule de
k n, qui eft *b n*.

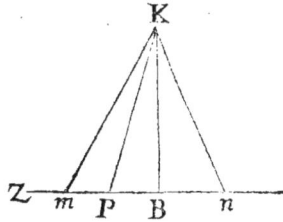

Mais fi on confidere *k m*, & *k p*, inclinée du mefme côté, il eft vifible que la diftance d'*m* & *p*, points de la fection
de ces deux obliques, eft moindre que l'éloignement du
perpendicule de *k m*, qui eft *m b* de la longueur de *p b*, qui
eft l'éloignement du perpendicule de l'autre oblique *k p*.

VIII. THEOREME.

Deux lignes obliques inégales entr'elles & inclinées de XLVII.
different cofté eftant menées du mefme point fur la mefme ligne : & deux autres obliques, dont chacune eft égale
à chacune des deux premieres, eftant auffi menées d'un autre point fur une mefme ligne, & y eftant auffi inclinées
de different cofté, fi la diftance des points de fection des
deux premieres obliques eft égale à la diftance des points
de fection des deux dernieres, les deux points dont elles
font menées font également diftans de la ligne à laquelle
elles font menées.

T

Soient fur la ligne *x* menées du point *k* les deux obliques *k b* & *k d*, & du point *h* deux autres obliques *h p* &
h q, enforte que *k b* foit égale à *h p*, & *k d* à *h q*, & que
les points *b* & *d* foient autant diftans que le font *p* & *q*; je
dis que les points *k* & *h* fon également diftans de la ligne
x; ou, ce qui eft la mefme chofe, que les perpendiculaires
menées de ces deux points font égales.

Car la diftance des points *b* & *d* ne peut eftre égale à la
diftance des points *p* & *q*
que les éloignemens du perpendicule de *k b* & *k d* pris
enfemble, ne foient égaux à
ceux de *h p* & *h q* pris enfemble: ce qui ne feroit pas fi *k*
eftoit plus éloigné de *x* que
h. Car alors *k b* eftant égal à *h p* auroit fon éloignement
du perpendicule plus petit que ne l'auroit *h p*, puis qu'elle
defcendroit d'un point plus éloigné que ne defcend *h p*,
(par 44. *fup.*) de même *k d* auroit fon éloignement du
perpendicule plus petit que *h q*; Et ainfi les deux éloignemens du perpendicule de *k b* & de *k d* pris enfemble feroient plus petits que ceux de *h p* & *h q* pris enfemble.

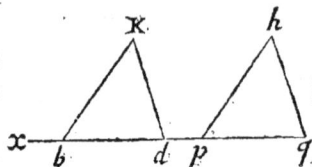

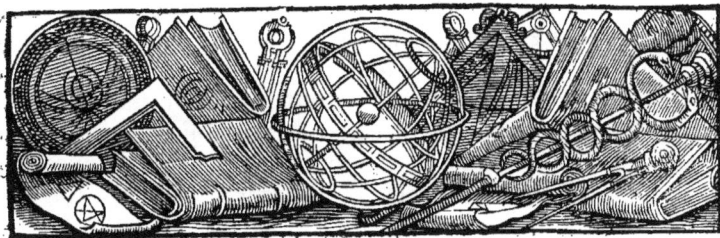

NOUVEAUX ELEMENS
DE
GEOMETRIE.
LIVRE SIXIEME.

DES LIGNES PARALLELES.

APRES *avoir parlé des lignes droittes qui* I. *se rencontrent, soit perpendiculairement, soit obliquement, on peut considerer dans les lignes une autre proprieté toute opposée, qui est de ne se rencontrer jamais, & d'estre toûjours également distantes l'une de l'autre, & c'est ce qu'on appelle des lignes paralleles.*

DEUX NOTIONS DES LIGNES PARALLELES, L'UNE NEGATIVE ET L'AUTRE POSITIVE.

MAIS ces lignes peuvent estre considerées selon deux II. notions differentes; l'une negative & l'autre positive.

La negative est de ne se rencontrer jamais, quoy que prolongées à l'infiny.

La positive, d'estre toûjours également distantes l'une

T ij

de l'autre, ce qui consiste en ce que tous les points de chacune sont également distans de l'autre; c'est à dire que les perpendiculaires de chacun des points d'une ligne à l'autre ligne, sont égales. Et il est bien clair que la notion negative est une suite necessaire de la positive, ne se pouvant pas faire que deux lignes se rencontrent si elles demeurent toûjours également distantes l'une de l'autre.

C'est pourquoy c'est avoir tout fait que d'avoir trouvé des marques certaines par lesquelles on puisse reconnoître que deux lignes sont paralleles selon la notion positive, c'est à dire qu'elles soient tellement disposées, que les points de chacune soient également distans de l'autre, ce qui suppose toûjours qu'elles soient prolongées autant qu'il est necessaire, afin que des points de l'une on puisse tirer des perpendiculaires sur l'autre.

C'est ce que nous trouverons facilement apres avoir étably quelques Lemmes.

AVERTISSEMENT
POUR LES LEMMES SUIVANS.

III. Lors *que dans les Lemmes suivans je compare diverses lignes qui coupent les deux mêmes, je suppose toûjours deux choses.*

L'une, que ces coupées, dont l'une sera toûjours nommée x *& l'autre* z, *ou ne se joignent point, ou se joignent simplement sans se traverser: c'est à dire qu'on les considere toûjours comme n'ayant point changé de costé au regard l'une de l'autre.*

L'autre, que ces coupantes soient enfermées entre les coupées, & c'est aussi ce que j'entens dans tout ce Livre quand je parle des lignes entre-paralleles.

I. Lemme.

IV. Quand les deux lignes x & z sont coupées par b c, perpendiculaire sur x, & oblique sur z, il arrive trois choses.

1. Que toutes les autres lignes menées de z perpendiculairement sur x, sont obliques sur z.

2. Qu'elles sont inclinées sur z du même costé que c b

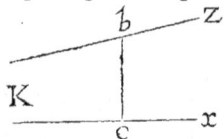

l'eſt auſſi ſur z, lequel côté j'appelleray k.

3. Que les perpendiculaires ſur z ſont obliques ſur x, & inclinées ſur x du même côté que c b l'eſt ſur z, c'eſt à dire vers k.

Les deux premieres parties ſe prouvent enſemble, & la la preuve de ces deux premieres emporte celle de la 3e.

PREUVE DES DEUX PREMIERES PARTIES.
Soient pris deux points en la ligne z, f & p aux deux côtez de b, d'où ſoient menées f g & p q perpendiculairement ſur la ligne x, il faut prouver qu'elles ſeront obliques ſur z, & inclinées vers k. K

Soit tirée de c une perpendiculai-re ſur z, elle ſera vers k, & non pas vers p, par V. 40. Et ainſi le point où cette perpendiculaire tom-bera ſur z ſera
ou le même point que f.
ou au delà de f.
ou entre f & b.

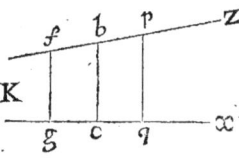

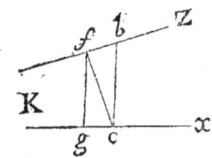

1. CAS. Si c'eſt le même point que f, c f eſtant perpendicu-laire ſur la ligne z, g f ſera oblique ſur z, & inclinée vers k.

2. CAS. Si ce point eſt au delà de f, comme en c d, alors c d coupera f g. Que ce ſoit en a. Donc a d eſtant perpendiculai-re ſur z, a f (qui eſt la même choſe que g f) ſera oblique ſur z, inclinée vers a d, & par con-ſequent vers k.

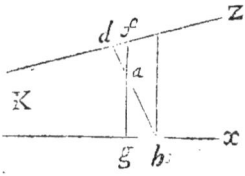

3. CAS. Si d eſt entre f & b, de d menant d h perpen-diculaire ſur x, & de h, h l perpendiculaire ſur z; ſi h l ſe termine ou à f, ou au de-là de f, on prouvera de la même ſorte que dans le premier & dans le ſecond Cas.

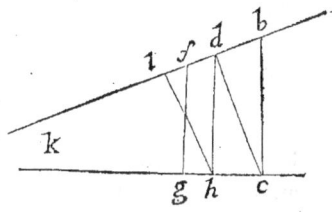

gf eſt oblique ſur z, & inclinée vers k.

Et ſi hl n'alloit pas juſques à f, on tireroit encore d'l, lm perpendiculaire ſur x, & d'm une perpendiculaire ſur z, juſques à ce qu'il y en ait une qui ſe termine à f, ou au delà d'f.

On prouve de la même ſorte que qp eſt oblique ſur z, & inclinée vers k, excepté qu'on élevera de b une perpendiculaire ſur la ligne z, qui coupera la ligne x, au delà de c, par V. 41. Et ainſi tombera ou à q.

ou au delà de q.

ou entre c & q.

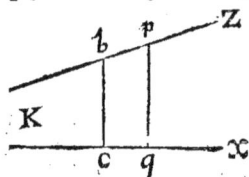

Ainſi en l'une ou l'autre de ces trois manieres, on prouvera que pq eſt oblique & inclinée vers k, comme on l'a prouvé de fg.

PREUVE DE LA TROISIÈME PARTIE.

Elle eſt compriſe dans la preuve des deux premieres, eſtant clair que toutes les lignes qui ont eſté perpendiculaires ſur z, ont eſté obliques ſur x, & inclinées vers k.

II. LEMME.

V.

Si les lignes x & z ſont coupées par bc, perpendiculaire ſur x, & oblique ſur z, & inclinée vers k, toutes les lignes menées des points de z, perpendiculairement ſur x, ſeront inégales, & les plus courtes ſeront celles qui ſeront vers k, c'eſt à dire vers le coſté ou la ligne bc eſt inclinée.

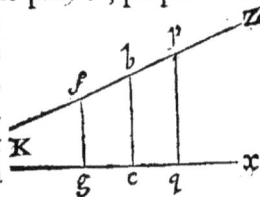

Il ſuffira de prouver que bc eſtant plus vers k que pq, ſera neceſſairement plus courte que pq.

Soit menée de q, une perpendiculaire ſur z, le point où cette perpendiculaire tombera, ſera

ou le même point que b.

ou au delà du point b.

ou entre b & p.

1. CAS. Si c'eſt le même point que *b*, *b c* eſtant perpendiculaire ſur *x*, & *b q* oblique, *b c* ſera plus courte que *b q*.

Or par la même raiſon *q b* eſtant perpendiculaire ſur *z*, & *p q* oblique, *q b* eſt plus courte que *q p*.

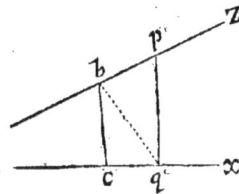

Donc ſi *b c* eſt plus courte que *q b*, & *q b* plus courte que *p q*, *b c* doit eſtre plus courte que *p q*, Ce qu'il falloit demonſtrer.

2. CAS. Si ce point eſt au delà de *b*, comme en *q d*, en tirant *q b*, *q b* ſera oblique, mais plus proche de la perpendiculaire *q d*, que *p q*, & par conſequent plus courte que *p q*. Or *b c* eſt plus courte que *q b*. Donc *b c* eſt à plus forte raiſon plus courte que *p q*. Ce qu'il falloit demonſtrer.

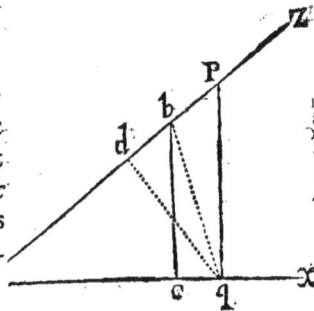

3. CAS. Si *d* ſe trouve entre *b* & *p*, de *d* on tirera *d f* perpendiculaire ſur *x*, & d'*f*, *f g*, perpendiculaire ſur *z*, & *g* ſe trouvant ou au point *b*, ou au delà du point *b*, on prouvera comme dans le premier & le ſecond cas que *b c* eſt

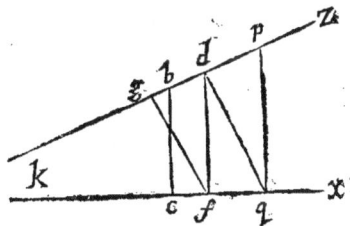

plus courte que *d f*, laquelle par le premier cas eſt plus courte que *p q*, & par conſequent *b c* eſt plus courte que *p q*. Ce qu'il falloit demonſtrer.

Que ſi *f g* n'alloit pas juſques à *b*, on tireroit d'autres perpendiculaires ſur *x*, & puis ſur *z*, juſques à ce qu'il y en euſt une qui allaſt juſques à *b*, ou au delà.

Donc de tous les points de *z* les perpendiculaires ſur *x* ſont inégales, & par conſequent tous les points de *z* ſont inégalement diſtans de *x*, lors qu'une même ligne eſt perpendiculaire ſur *x*, & oblique ſur *z*.

COROLLAIRE.

VI.   C'eſt viſiblement la même choſe de toutes les lignes perpendiculaires à z, & obliques ſur x, comparées enſemble.

III. LEMME.

VII.   EN comparant une perpendiculaire ſur x , & oblique
ſur z, avec une perpendiculaire ſur z & oblique ſur x : ſi
elles ne ſe croiſent point , mais qu'elle ſoient toutes ſepa-
rees , elles ſont neceſſairement inégales , & la plus courte
eſt celle qui eſt plus vers le coſté vers lequel elles ſont inclinées.

Soit fg perpendiculaire ſur z,
& oblique ſur x , & pq perpendiculaire ſur x , & oblique ſur z, &
que leur inclination ſoit vers k;
je dis que fg, qui eſt plus vers k
eſt la plus courte.

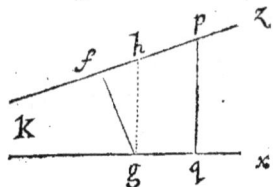

Car en élevant de g, gh perpendiculaire ſur x , & oblique ſur z, par le Lemme precedent gh ſera plus courte
que pq : or gf eſtant perpendiculaire ſur z, elle eſt plus
courte que gh, qui eſt oblique ſur la même z, & par conſequent fg eſt plus courte que pq.

IV. LEMME.

VIII.   DEUX lignes enfermées ne ſe croiſant point, ne ſçauroient eſtre égales , & eſtre chacune perpendiculaire ſur
quelqu'une des enfermantes , qu'elles ne le ſoient ſur toutes les deux.

Car ſi l'une eſtoit perpendiculaire ſur x , & oblique ſur
z, elle ſeroit inégale à l'autre , ou par le ſecond Lemme, ſi
l'autre eſtoit auſſi perpendiculaire ſur x ; ou par le troiſiéme , ſi l'autre eſtoit perpendiculaire ſur z. Il faut donc
pour eſtre égales qu'elles ſoient perpendiculaires ſur l'une
& ſur l'autre des enfermantes.

V. LEMME.

IX.   SI une ligne enfermée eſt perpendiculaire à l'une & à l'autre des enfermantes , toutes les lignes menées
de quelque point que ce ſoit d'une
enfermante perpendiculairement

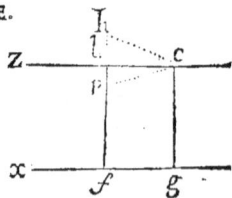

ſur

DE GEOMETRIE, LIV. VI. 153

fur l'autre, feront égales à cette enfermée, & par confequent entr'elles.

Soit bf enfermée entre les lignes z & x, & perpendiculaire à l'une & à l'autre : & de c point quelconque de z foit
menée cg perpendiculaire fur x : bf & cg feront égales,
fi on ne peut rien retrancher de bf, ny y rien ajoûter, que
bf & cg ne foient inégales. Or cela eft ainfi.

Car fi de p, point quelconque au deffous de b dans bf,
on tire pc, cette ligne pc coupera obliquement bf, puifque par l'hypothefe cb (partie de z) coupe perpendiculairement bf, & que d'un même point on ne peut tirer
qu'une feule perpendiculaire à la même ligne.

Donc par le fecond Lemme pf (c'eft à dire bf retran-
chée de quelque chofe) & cg font inégales.

Ce fera la même chofe fi on alongeoit bf de quoy que ce
fuft. Car fi du point h au deffus de b, bf eftant prolongée,
on tiroit hc, cette ligne par la mefme raifon couperoit
obliquement bf prolongée.

Donc par le fecond Lemme bf prolongée feroit encore
inégale à cg.

Donc on ne fçauroit rien retrancher de bf, ny y rien
ajoûter, que bf & cg ne foient inégales.

Donc elles font égales.

VI. Lemme.

Si une ligne eft perpendiculaire à deux lignes, toutes
les lignes perpendiculaires à l'une de ces lignes feront perpendiculaires à toutes les deux.

Car s'il y en avoit une feule qui fût perpendiculaire fur
l'une & oblique fur l'autre, il s'enfuivroit par le premier
Lemme que toutes les autres lignes perpendiculaires à
l'une de ces deux lignes feroient obliques fur l'autre.

Donc s'il y en a une feule qui foit perpendiculaire à toutes les deux, il faudra neceffairement que toutes celles
qui font perpendiculaires à l'une des deux enfermantes
le foient à toutes les deux, & par confequent qu'elles
foient toutes égales par le precedent Lemme.

V

VII. Lemme.

X I.   Deux lignes ne fe traverfant point, tous les points de chacune font également diftans de l'autre, ou tous iné-galement diftans. Car menans d'un point de z, $b\,c$, perpendiculaire fur x ; fi $b\,c$ eft auffi perpendiculaire fur z, de quelque point de z qu'on mene des perpendiculaires fur x,

$$z \rule{3cm}{0.4pt}\,b$$
$$x \rule{3cm}{0.4pt}\,c$$

elles feront égales à $b\,c$ par le 5e Lemme ; & ce fera la même chofe de quelque point d'x qu'on mene des perpendiculaires fur z.

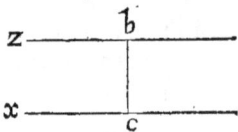

Que fi au contraire $b\,c$ eft oblique fur z, toutes les perpendiculaires des points de z fur x feront inégales, & par confequent tous les points de z inégalement diftans d'x. Et il en fera de mefme des perpendiculaires fur z, menées des points d'x, qui par la mefme raifon feront toutes inégales entr'elles. Et par confequent auffi tous les points d'x feront inégalement diftans de z.

Mais remarquez que je ne dis pas qu'un point d'x ne puiffe eftre auffi diftant de z qu'un point de z eft diftant d'x, mais feulement que tous les points d'x font inégalement diftans de z, & tous les points de z inégalement diftans d'x.

VIII. Lemme.

X I I.   Si deux lignes menées d'un mefme point font inclinées l'üne fur l'autre, tous les points de chacune font inégalement diftans de l'autre, & les plus courtes perpendiculaires des points de chacune fur l'autre feront celles qui font les plus proches du point de la fection.

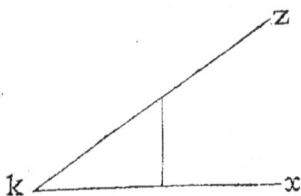

Car on ne peut tirer d'un point de z une perpendiculaire fur x, qu'elle ne foit oblique fur z, par V. 37. Dont tout le refte fuit par le fecond Lemme.

TROIS PROPOSITIONS FONDAMENTALES
DES PARALLELES.

Ces Lemmes donnent trois marques certaines pour recon-
noiſtre ſi deux lignes ſont paralleles ſelon la notion poſitive,
c'eſt à dire ſi tous les points de chacune ſont également diſtans
de l'autre ; ce qui fera les trois Propoſitions ſuivantes.

I. PROPOSITION.

Sɪ deux lignes ſont coupées par une ligne perpendiculaire à l'une, & à l'autre tous les points de chacune ſont
également diſtans de l'autre, & par conſequent elles ſont
paralleles. 5. & 6ᵉ Lemmes.

XIII.

II. PROPOSITION.

Sɪ deux points d'une ligne ſont également diſtans d'une
autre ligne, tous les points de chacune ſont également
diſtans de l'autre, & par conſequent elles ſont paralleles.
4. & 5ᵉ Lemmes.

XIV.

Soient *b* & *c* deux points de la
ligne *z* également diſtans de la
ligne *x* ; *b f* & *c g* perpendiculaires ſur *x* ſeront égales.

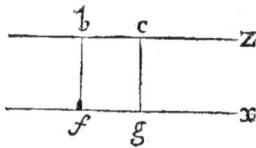

Donc elles ſeront auſſi perpendiculaires ſur *z*, par le 4ᵉ Lemme.

Donc toutes les autres lignes menées des points de *z*
perpendiculairement ſur *x*, ſeront auſſi perpendiculaires
ſur *z*, & égales à ces deux-là (par le 6ᵉ Lemme.) Et il en
ſera de meſme de celles qu'on menera des points d'*x* perpendiculairement ſur *z*.

III. PROPOSITION.

Dᴇᴜx lignes ne ſe croiſant point & eſtant enfermées
entre deux lignes, ne ſçauroient eſtre égales & eſtre perpendiculaires, l'une ſur une des enfermantes & l'autre ſur
l'autre, qu'elles ne le ſoient chacune ſur toutes les deux
(par le 4ᵉ Lemme) & que par conſequent ces lignes en-

XV.

fermantes ne foient paralleles (par le 6e Lemme.)

I. COROLLAIRE.

XVI.   TOUTES les perpendiculaires entre deux paralleles font égales : car c'eſt cela meſme qui les rend paralleles.

II. COROLLAIRE.

XVII.   LES obliques entre paralleles ſont plus longues que les perpendiculaires. Car chaque oblique eſt plus longue que ſa perpendiculaire , & toutes les perpendiculaires ſont égales.

PROBLEME.

XVIII.   MENER par un point donné une parallele à une ligne donnée.

Soit la ligne donnée x, & le point donné b, on peut en diverſes manieres mener par le point b une parallele à x.

PREMIERE MANIERE.

Du point b mener ſur x la perpendiculaire bf, & mener par b une perpendiculaire ſur bf, comme peut eſtre mb, elle ſera parallele à x (par la 1re propoſition.)

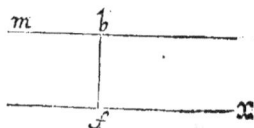

SECONDE MANIERE.

Ayant mené de b ſur x la perpendiculaire bf, en élever une autre d'un autre point quelconque d'x, comme gc, la prenant égale à bf, & joignant les points c & b. cb. ſera parallele à x, par la 2e propoſition.

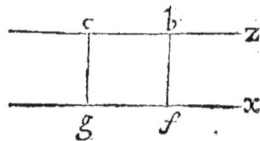

TROISIEME MANIERE PLUS COURTE ET PLUS FACILE.

Du point b tirer ſur x une oblique quelconque, comme bd. Du centre d, intervale bd, d'écrire l'arc bk, qui cou-

pe x en k. Puis du centre b, intervale $b\,d$, décrire une
portion de circonference dans
laquelle on puisse prendre l'arc
$d\,c$, égal à l'arc $b\,k$; la ligne $c\,b$
sera parallele à $d\,k$, c'est à dire
à x.

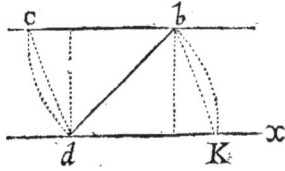

Car les deux arcs $b\,k$, & $d\,c$,
estant égaux & de cercles égaux, les cordes de ces arcs
seront égales.

De plus $b\,c$, & $d\,k$, sont égales aussi, parce que ce sont
rayons de cercles égaux.

Donc $d\,b$, estant égale à elle même, les trois lignes
d'une part $d\,b$, $d\,c$, $c\,b$, & les trois de l'autre $b\,d$, $b\,k$, $d\,k$
sont égales chacune à chacune.

Donc le point d est autant éloigné de la ligne $c\,b$, que
le point b, de la ligne $d\,k$, par V. 57.

Donc les perpendiculaires de d sur $c\,b$, & de b sur $d\,k$,
sont égales.

Donc $c\,b$ & $d\,k$ sont paralleles par la 3ᵉ proposition.

I. THEOREME.

DEUX lignes ne sçauroient estre paralleles à une troisié- XIX.
me, qu'elles ne le soient entr'elles.

Si x & z sont chacune parallele
à y, elles le sont entr'elles. Car soit
élevé d'un point d'x une perpendiculaire qui coupe y & z, elle
coupera perpendiculairement y,
parce que x & y sont paralleles. Et estant perpendiculaire
sur y, elle le sera aussi sur z, parce qu'y & z sont paralleles.

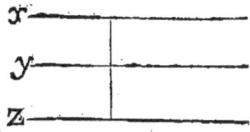

Donc x & z auront une même perpendiculaire. Donc
elles seront paralleles.

COROLLAIRE.

ON ne sçauroit faire passer par le mesme point deux XX.
differentes lignes qui soient paralleles à une mesme. Car
il faudroit par le Theoreme precedent qu'elles fussent paralleles entr'elles, ce qui est absurde, puis qu'elles auroient

un point commun, & qu'il eſt de l'eſſence des paralleles
de ne ſe rencontrer jamais.

II. THEOREME.

XXI.   LES également inclinées entre les meſmes paralleles
ſont égales, & les égales ſont également inclinées.

Soient les paralleles x & y.
Soient également inclinées
entre ces paralleles bf & cg.
Soient menées de b & de c les
perpendiculaires bp & cq;
ces perpendiculaires ſont égales. Donc afin que bf & cg
ſoient également inclinées, il faut que les éloignemens du
perpendicule fp & gq ſoient égaux : or cela eſtant, les
obliques ſont égales par V. 48.

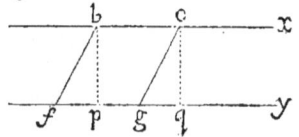

Et par la meſme raiſon les obliques bf & cg eſtant égales, & les perpendiculaires bp & cq égales auſſi, les éloignemens du perpendicule fp & gq ſeront égaux. Donc
ces obliques égales ſeront également inclinées.

III. THEOREME.

XXII.   LES plus inclinées entre les meſmes paralleles ſont les
plus longues, & les plus longues ſont les plus inclinées;
cela ſe prouve de la meſme ſorte par V. 54.

IV. THEOREME.

XXIII.   LORS que deux perpendiculaires ou deux obliques également inclinées du meſme cô-
té coupent des paralleles, le
portions de ces paralleles compriſes entre ces lignes ſont é-
gales.

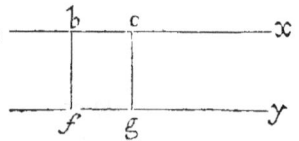

1. Cela eſt clair pour les perpendiculaires. Car bc & fg
ſont chacune perpendiculaire aux deux bf & cg, & par
conſequent égales par le cinquiéme Lemme.

2. Si ces deux coupantes ſont également obliques du
meſme coſté, comme bd & ck; je dis que bc & dk ſe

trouveront auffi eftre égales:
car tirant les perpendiculaires *b f* & *c g*, par le premier
cas *b c* eft égale à *f g*.

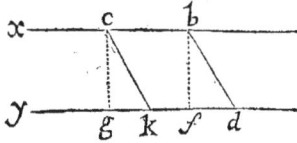

Or *df* eft égale à *k g*, par-
ce que ces obliques font fuppofées également inclinées.
Donc ajoûtant *f k* à l'une & à l'autre, *d k* fera égale à
f g. Donc *d k* eft égale à *b c*, qui eft égale à *f g*. Et il
n'importe que les lignes fuf-
fent fi proches que les éloignemens du perpendicule en-
treroient l'un dans l'autre
comme en cette figure.

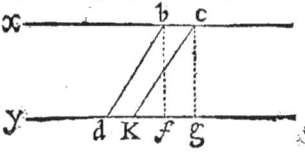

Car $bc = fg$.

$\quad df = kg$.

Donc oftant *k f* de l'un & de l'autre,

$\quad dk = fg$. & par confequent à *b c*.

V. THEOREME.

LES obliques également inclinées du mefme cofté en- XXIV.
tre paralleles, font paralleles
elles mefmes.

Soit comme devant *b d* &
c k également inclinées entre les paralleles *x* & *y*. Soit
menée l'oblique *b k*.

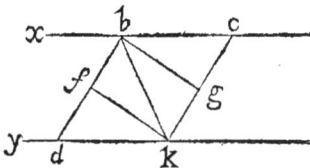

$\quad bd = kc$. Par l'Hypothefe & le 2 Theoreme.

$\quad dk = cb$. Par le Theoreme precedent.

$\quad bk = kb$. C'eft à dire à foy-mefme.

Donc par V. 57. les perpendiculaires de *k* fur *b d* & de
b fur *c k* font égales. Donc les lignes *b d* & *c k* font paralleles par 15. S.

VI. THEOREME.

LES inégales entre paralleles, quoy qu'inclinées du XXV.
mefme cofté ne peuvent eftre paralleles, non plus que les
égales qui font inclinées de divers coftez. Car

1. Suppofons que bd & ch entre les paralleles x & y foient inégales. Soit tiré de c, ck égale à bd, & inclinée du mefme cofté que bd; par le Theoréme precedent bd & ck font paralleles. Donc bd & ch ne peuvent pas eftre paralleles, par 20. S.

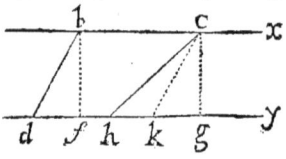

2. On prouvera de la mefme forte que bd & cq eftant égales, mais inclinées de .divers coftez, ne fçauroient eftre paralleles, parce que ck égale aufli à bd, mais inclinée du même côté luy eft parallele.

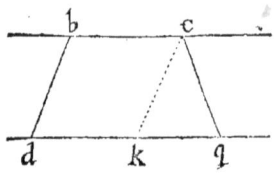

VII. THEOREME.

XXVI. QUATRE lignes ne fe joignant qu'aux extrémitez, fi les oppofées font égales elles font paralleles.

Soient les quatre lignes bc, dk, bd, ck; ayant tiré l'oblique bk,

$dk = bc$. Par l'Hypothefe.
$bd = ck$. Par la mefme Hypothefe.
$bk = kb$. C'eft à dire égale à foy-mefme.

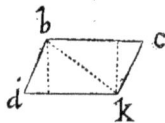

Donc par V.57. les perpendiculaires de b fur dk, & de k fur bc, font égales. Donc bc & dk font parallelles par 15. S.

VIII. THEOREME.

XXVII. QUATRE lignes ne fe joignant qu'aux extrémitez, fi les oppofées font paralleles elles font égales.

Soit fait comme auparavant, bc & dk font paralleles. Donc bd & ck qui font entre ces paralleles ne fçauroient eftre elles mefmes paralleles qu'elles ne foient égales & inclinées du mefme cofté par le fixiéme Thereme. Donc elles font égales, &c.

Mais eftant égales & inclinées du mefme cofté, les

portions

portions des paralleles qui font comprifes entre ces lignes font égales par le 4ᵉ Theoreme. Donc *b c* & *d k* font éga-les.

IX. THEOREME.

QUATRE lignes ne fe joignant qu'aux extrémitez, fi deux des oppofées font parallels & égales, les deux au-tres oppofées font auffi parallels & égales.

Si *b c* & *d k* font parallels & égales; donc les perpendicu-laires *b f* & *k g* font égales, & *b g* égale à *f k*, 23. *fup.*

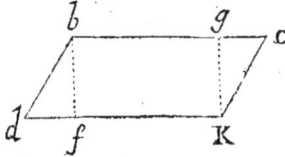

Donc *d f* égale à *g c.* I 19. Donc *b d* & *k c* font égales, par V. 48. Et parallels par 24. *fup.*

X. THEOREME.

LES lignes qui enferment des parallels égales, font parallels elles mêmes. On le prouve de la même forte.

COROLLAIRE.

LES lignes qui enferment des parallels inégales ne fçauroient eftre parallels.

Car fi les parallels *b c* & *f g*, enfermées entre *x* & *z*, eftoient inégales prenant *g k* égale à *b c*, la ligne *b k* par le Theoreme pre-cedent eft parallele à *x*. Donc *x* n'eft pas parallele à *z*, par 19. *fup.*

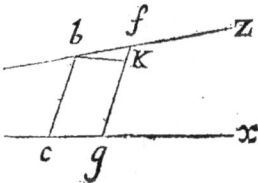

XI. THEOREME.

QUAND une ligne en coupe deux obliquement, & qu'elle eft inclinée fur chacune du même cofté, toutes les parallels à cette coupante enfermées entre ces deux mê-mes lignes font inégales : & les plus courtes font celles qui font vers le cofté, vers lequel cette premiere coupan-te eftoit inclinée.

Soit *x* & *z*, coupées l'une & l'autre obliquement par *b c*, inclinée vers *k* ; je dis que *f g* & *p q*, parallels à *b c*, & en-

X

fermées aussi entre x & z, seront inégales ; & fg plus proche
de k sera la plus courte, & pq
la plus longue. Car soit menée
zn, perpendiculaire sur les trois
paralleles, & xt de même perpendiculaire sur toutes les trois,
par le 8ᵉ Lemme , fi est plus
courte que bm, & bm, que pn ; & de même rg plus courte que lc, & lc que tq.

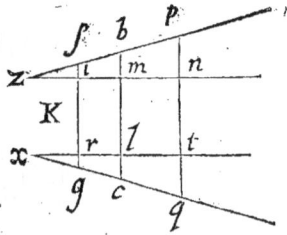

Or par 23. *sup.* ir, ml, & nt sont égales.

Donc (par I. 21.) fg est plus courte que bc ; & bc que
pq. Ce qu'il falloit demonstrer.

I. COROLLAIRE.

XXII. Il s'ensuit delà, 1. Que deux lignes coupées par une
ligne qui coupe toutes les deux obliquement , & qui est
inclinée sur chacune du même côté , ne sçauroient estre
paralleles.

II. COROLLAIRE.

XXIII. 2. Que ces lignes se rapprochant toûjours vers le côté
vers lequel cette coupante est inclinée, estant prolongées
de ce costé-là, se rencontreront à la fin. V. 11.

XII. THEOREME.

XXIV. Deux differentes lignes se joignant en un même point,
les perpendiculaires sur chacune de ces lignes se rencontreront estant prolongées du costé qui regarde la concavité que font ces lignes jointes à un
même point.

Soient les deux lignes kz & kx,
dont kz soit coupée en g, perpendiculairement par fg, & kx, coupée en c, perpendiculairement par
bc ; soient joints les points g & c ; il
est clair que gc est oblique tant sur
fg que sur bc, & inclinée sur l'une
& sur l'autre vers y :

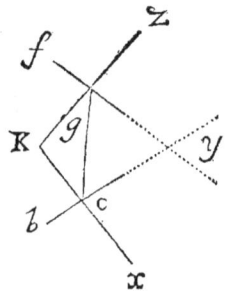

Donc elles fe rencontreront eftant prolongées de ce cofté là par 33. *fup.*

XIII. THEOREME,

Deux lignes fe joignant perpendiculairement, les perpendiculaires fur l'une & fur l'autre fe joindront auffi perpendiculairement.

XXV.

Soient kz & kx perpendiculaires ; fi bc eft perpendiculaire fur kz, elle eft parallele à kx, par 13. *fup.*

Donc gf ne peut eftre perpendiculaire fur kx, qu'elle ne le foit auffi fur bc.

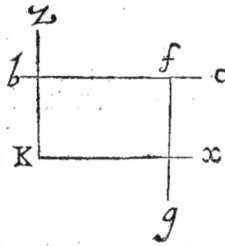

Xij

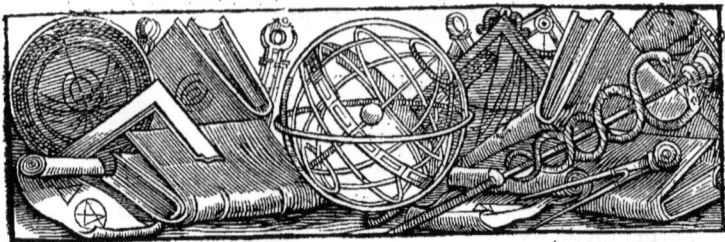

NOUVEAUX ELEMENS
DE
GEOMETRIE.
LIVRE SEPTIE'ME

DES LIGNES TERMINE'ES
A UNE CIRCONFERENCE,
Où il eſt parlé
DES SINUS,

Et de la Proportion des Arcs de divers Cercles à leurs Circonferenees , & du Parallelifme des Lignes Circulaires.

I.

USQUES *icy nous avons conſideré les lignes droites entant qu'elles ſont terminées à d'autres lignes droites , ou qu'elles leur ſont paralleles. Nous les conſiderons maintenant entant qu'elles ſont terminées à quelque point d'une circonference.*

On les peut diſtinguer par les diverſes ſituations du point d'où elles ſont menées à la circonference. Car ce point eſt

1. *Ou dans la circonference même,*
2. *Ou au dedans du cercle,*
3. *Ou au dehors.*

1. *Quand il eſt dans la circonference même , ce ſont les li_
gnes qui ſont menées d'un point de la circonference à un autre
point de la même circonference ; Et ce ſont celles que nous
avons déja dit s'appeller des cordes.*

2. *Quand le point eſt au dedans du cercle , ſi ce point eſt le
centre, ce ſont des rayons. Mais ſi ce n'eſt pas le centre, on
les peut appeller des ſecantes interieures.*

3. *Et quand ce point eſt hors le cercle ; ou ces lignes entrent
dans le cercle, le coupant dans ſa convexité & eſtant termi_
nées à ſa concavité ; ou elles n'entrent point dans le cercle ; &
alors elles ſont telles , que ſi on les prolongeoit elles y entre_
roient , & tant celles là que celles qui y entrent, peuvent eſtre
appellées des ſecantes exterieures.*

*Ou bien , quoy que prolongées , elles n'entrent point dans le
cercle ; & ce ſont celles là que l'on dit toucher le cercle, &
que l'on appelle pour cette raiſon des tangentes.*

*Mais parce que les deux derniers genres , hors la derniere
eſpece du 3ᵉ, qui eſt des tangentes , peuvent eſtre compris dans
les mêmes propoſitions, nous renfermerons tout cela en 3. ſec_
tions , Dont*

La 1. ſera des cordes.

La 2. des ſecantes interieures & exterieures.

La 3. des tangentes.

*Et nous y en ajoûterons une 4ᵉ , qui ſera du parallelifme
des lignes circulaires.*

PREMIERE SECTION.
DES CORDES
PREMIER THEOREME.

Les lignes droites qui coupent les cordes peuvent avoir
trois conditions.

La 1. De les couper perpendiculairement.

La 2. De les couper par la
moitié.

La 3. De paſſer par le centre.

Or deux de ces conditions
etant donneés, donnent la 3ᵉ.

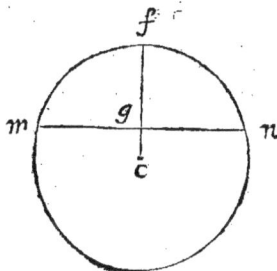

X iij

H.

C'est à dire:

1. Si elles coupent les cordes perpendiculairement &
par la moitié, elles passent par le centre.

2. Si elles coupent les cordes perpendiculairement &
qu'elles passent par le centre, elles les coupent par la
moitié.

3. Si elles les coupent par la moitié & qu'elles passent
par le centre, elles les coupent perpendiculairement.

Soit pour tous les cas le centre *c*, & la corde *m n*, coupée par *f g*.

PREUVE DU PREMIER CAS.

Si *f g*, estant perpendiculaire *à m n*, la coupe par la moitié, le point *g* est également distant des extrémitez de la
coupée *m* & *n*. Donc *f g* estant prolongée doit contenir
tous les points de ce plan également distans d'*m* & *n*, par
V. 39. Or le centre est un de ces points: Donc il se doit
trouver dans *f g* prolongée. Ce qu'il falloit demonstrer.

PREUVE DU SECOND CAS.

Si *f g* coupe perpendiculairement *m n*, & qu'estant
continuée elle passe par le centre, il y a un point dans cette ligne, sçavoir le centre qui est également distant d'*m*
& *n*. Donc tous les autres points de cette ligne *f g*, dont
l'un est le point de la section, sont également distans d'*m*
& *n*. (par V. 31. 32.) Donc *m n* est divisée par la moitié.

PREUVE DU TROISIEME CAS.

Si *f g* divisant *m n* par la moitié estant prolongée passe
par le centre, il y aura deux points dans cette ligne, sçavoir le point de la section, & le centre également distans
d'*m* & *n*. Donc *f g* est perpendiculaire *à m n*, par V. 32.

I. COROLLAIRE.

211. Ayant trois points d'une circonference, on a toute
la circonference.

Car qui a un point de la circonference & le centre, l'a
toute entiere, par V. 22.

Or qui a trois points de la circonference, en a le centre. Ce qui se prouve de cette sorte.

Il est clair que ces trois points ne
peuvent pas estre dans la même ligne
droitte, parce que tous les points
d'une circonference doivent estre é-
galement distans d'un même point,
sçavoir le centre, & qu'il est impossible que trois points d'une ligne droit-
te soient également distans d'un même point, par V. 47.

Ainsi joignant ces trois points deux à deux, on a trois
cordes qui soûtiennent 3 arcs de cette circonference.

Donc le centre se trouvera dans l'intersection de deux
lignes qui couperont perpendiculairement & par la moitié de deux de ces 3 cordes.

Car par le precedent Theoreme chacune de ces perpendiculaires passe par le centre. Donc le centre est le
point qui leur est commun. Et par là on voit combien il
est facile de resoudre ce Probleme.

PROBLEME.

Trouver la circonference qui passe par trois divers
points donnez.

Il ne faut que faire ce qui a servi de preuve au Theoreme precedent, en remarquant que si ces trois points
étoient dans la même ligne droitte, le Probleme seroit
impossible, parce que les perpendiculaires estant paralleles ne se rencontreroient jamais : au lieu qu'il est toûjours possible quand ils sont en deux differentes lignes,
parce que les lignes qui les couperont perpendiculairement se rencontreront. VI. 34.

II. COROLLAIRE.

DEUX circonferences ne peuvent avoir trois points
communs, qu'elles ne les ayent tous. Car par le premier
Corollaire ces 3 points communs auront le mesme centre.
Donc ces cercles seront concentriques. Or deux cercles
estant concentriques, s'ils ont un rayon égal, tous les
points des circonferences sont ensemble : comme quand
un cercle de bois convexe est emboité dans un autre cercle de bois qui est creux.

IV.

III. Corollaire.

v.   DEUX cercles ne fe peuvent couper en plus de deux
points. Car s'ils fe coupóient en trois, leurs circonferences auroient 3 points communs, & par confequent les auroient tous, & ainfi ne fe couperoient point.

II. Theoreme.

VI.   LES lignes qui coupent les cordes perpendiculairement
& par la moitié, coupent auffi par la moitié les arcs grands
& petits qui foûtiennent ces cordes de part & d'autre.

Soit la corde *m n* coupée par
f h perpendiculairement & par
la moitié; je dis que chacun des
arcs *m f n*, & *m h n*, font coupez
par la moitié, l'un en *f*, & l'autre en *h*. Car *f g* eftant perpendiculaire à *m n*, & ayant un de
fes points, fçavoir le point de
fection également diftant d'*m* &
n, tous fes autres points, comme *f h*, feront auffi également
diftans d'*m* & *n*. Donc tirant les cordes *f m* & *f n*, elles feront égales, & par confequent les arcs qu'elles foûtiennent feront égaux. Donc par la même raifon ces cordes
h m & *h n* feront égales, & les arcs qu'elles foûtiendront
égaux. Donc les deux arcs *m f n*, & *m h n*, feront chacun
partagez par la moitié par la ligne *f g*.

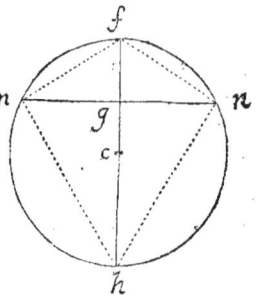

Corollaire.

VII.   TOUT rayon perpendiculaire à un diametre coupe par
la moitié la demy circonference qui foûtient ce diametre.
Car y ayant un point dans ce rayon perpendiculaire à ce
diametre également diftant des extrémitez de ce diametre, fçavoir le centre, tous les autres points de ce rayon
feront auffi également diftans des extrémitez de ce diametre. Donc le point où ce rayon coupe cette circonference en fera également diftant. Donc cette circonference fera coupée par la moitié. Par V. 26.

III. THEO-

III. THEOREME.

La ligne qui paſſant par le centre coupe un arc par la moitié, coupe auſſi par la moitié & perpendiculairement la corde qui ſoûtient cet arc. Car il y a alors deux points dans la ligne qui coupe l'arc par la moitié, le centre & le point de ſection de l'arc, dont chacun eſt également diſtant des deux extrémitez de la corde.

IV. THEOREME.

Les cordes également diſtantes du centre dans le mê-me cercle, ou dans cercles égaux, ſont égales ; & les éga-les ſont également diſtantes du centre ; & les plus proches du centre ſont les plus grandes.

Cela eſt clair des diametres qui ſont également proches du centre, puis qu'ils paſſent tous par le centre.

Et il eſt clair auſſi que tout diametre eſt plus grand que toute autre corde, puiſque ti-rant du centre deux rayons aux extrémitez de toute autre corde, ces deux rayons ſeront égaux au diametre & plus grands que cette corde. Par V. 5.

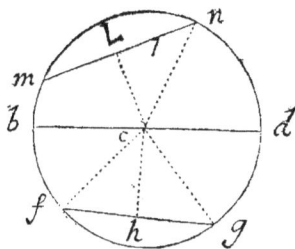

Pour ce qui eſt des autres cordes : 1. Les également di-ſtantes du centre ſont égales. Car ſi *m n* & *f g* ſont également diſtantes du centre. Donc les perpendiculaires du centre à chacune ſont égales, puis que c'eſt ce qui meſure la diſtance de ces cordes d'avec le centre. V. 38.

Et de plus ces perpendiculaires les diviſent chacune par la moitié. Donc tirant les rayons *c n* & *c g*, *l n*, & *h g* (qui ſont les moitiez de chacune de ces cordes) ſeront égales, par V. 50. parce que les obliques *c n* & *c g* ſont égales, & les perpendiculaires auſſi *c l* & *c h*. Donc les toutes *m n* & *f g* ſont égales. Ce qu'il falloit demonſtrer.

2. Les égales ſont également diſtantes du centre : car y ayant égalité entre les moitiez de ces cordes *l n* & *h g*, qui peuvent eſtre conſiderées comme les éloignemens du per-

pendicule, & entre les rayons *c n* & *c g*, qui font les obliques, il faut qu'il y ait auffi égalité entre les perpendiculaires du centre à ces cordes qu'elles divifent par la moitié,
(V. 51.) & qu'ainfi ces cordes
foient également diftantes du
centre.

3. Les plus proches du centre
font les plus longues, car fi la corde *m n* eft plus proche du centre
que la corde *p q*, elle doit eftre
plus grande que la corde *p q*,
parce que la perpendiculaire *c l*
eftant plus courte que la perpen-
diculaire *c r*, & les obliques *c n* & *c q* eftant égales ; l'é-
loignement du perpendicule *l n* doit eftre plus grand que
l'éloignement du perpendicule *r q*. (V. 54.) C'eft à dire
que la moitié d'*m n* eft plus grande que la moitié de *p. q.*

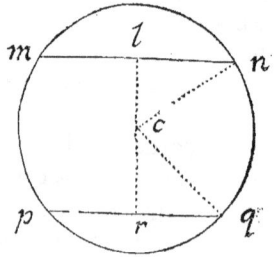

V. THEOREME.

X.   DANS les mêmes cercles ou dans des cercles égaux, les
plus grandes cordes foûtiennent les plus grands arcs du
cofté que ces arcs font plus petits que la demycirconference.

Soit *m n* plus grande que *p q*;
je dis que l'arc *m n* eft plus grand
qne *p q*. Car prolongeant la perpendiculaire *c l* jufques à ce qu'elle
foit auffi longue que la perpendiculaire *c r*, comme *c s*, & tirant la
corde *b d*, qui foit perpendiculaire
à *c s*, cette corde *b d* eft égale à *p q*,
par le Theoreme precedent. Et ces
deux cordes *m n* & *b d* eftant parallelles (par VI. 13.) ne
fe peuvent jamais rencontrer.

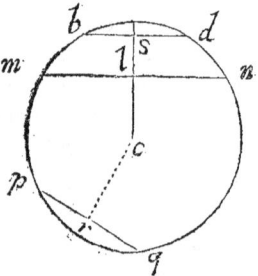

Donc l'arc *m n* ne pourra manquer de comprendre l'arc
b d. Donc il fera plus grand que l'arc *b d*, puifque le tout
eft plus grand que fa partie.

Donc l'arc *m n* eft plus grand auffi que l'arc *p q*, qui eft égal à l'arc *b d*. Ce qu'il falloit demonstrer.

D'une autre mesure des Arcs , qui sont les Sinus.

DEFINITIONS.

QUAND un arc est moindre que la moitié de la demy-   XI.
circonference, ou le quart de la circonference, la perpendiculaire de l'une des extrémitez de l'arc sur le rayon ou le
diametre qui se termine à l'autre extrémité, s'appelle *le
sinus* de cet arc ; & la partie du rayon ou diametre qui est
depuis la rencontre de la perpendiculaire, ou sinus, jusqu'à l'extrémité de l'arc , s'appelle
le sinus verse.

Soit une circonference, dont le
centre est *c*, & un arc moindre que
la moitié de la demy circonference
f d, soit tiré le rayon *c d*, & la perpendiculaire d'*f* sur ce rayon *f g*,
cette perpendiculaire *f g* est le *sinus*
de l'arc *f d* ; & *g d* en est le *sinus verse.*

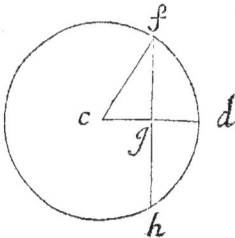

I. LEMME.

QUE si on continuë *f g* jusqu'à *h*, autre point de la cir-   XII.
conference, il est clair par le 1er Theoreme que *f h* est
partagée par la moitié par *c d*, & qu'ainsi le sinus *f g* est
la moitié de la corde *f h*.

II. LEMME.

ET il est clair aussi par le 2e Theoreme que l'arc *f d h*,   XIII.
soûtenu par la corde *f h*, est double de l'arc *f d*, dont *f g*
est le sinus.

D'où il s'ensuit qu'on peut encore definir le *sinus*.

AUTRE DEFINITION DES SINUS.

LA moitié de la corde du double de l'arc.

Car *f g* est la moitié de la corde *f h*, laquelle corde *f*   XIV.
g h soûtient l'arc *f d h*, lequel est double de l'arc *f d*. Tout
cela estant supposé soit.

VI. THEOREME.

DANS le même cercle, ou dans les cercles égaux , les   XV.
arcs qui ont le sinus égal sont égaux ; & les sinus égaux

Y iij

donnent des arcs égaux ; & les arcs qui ont les plus grands
sinus, sont les plus grands. Car par le 1 Lemme les sinus
égaux sont moitiez de cordes égales. Or par le 2 Lemme
ces cordes égales soûtiennent des arcs égaux qui sont
doubles des arcs qui ont pour sinus ces sinus égaux. Donc
les arcs doubles de ceux là estant égaux, ceux là le sont
aussi. La converse se prouve de la même sorte, sans qu'il
soit besoin de s'y arrester.

Et de même quand un sinus est plus grand que l'autre,
la corde dont le plus grand est la moitié, est plus grande
aussi que la corde dont le plus petit est la moitié. Donc
cette plus grande corde soûtient un plus grand arc. Or
l'arc qu'elle soûtient est double de celuy dont la moitié
de cette plus grande corde est le sinus. Donc l'arc dont
la moitié de cette plus grande corde est le sinus, est plus
grand que l'arc qui a pour sinus la moitié d'une plus petite
corde. (Ce qu'il falloit demonstrer.)

VII. THEOREME.

XVI.

QUAND les sinus sont égaux, les sinus verses le sont aussi,
& les plus grands sinus donnent les plus grands sinus verses.

Car les sinus égaux sont également distans du centre.

Or cette distance du centre ostée du rayon, ce qui reste
est le sinus verse. Donc cette distance estant égale, le sinus verse est égal.

Que si le sinus est plus grand, cette distance est plus
petite. Donc ostant moins du rayon, ce qui reste, qui est
le sinus verse, est plus grand.

AVERTISSEMENT.

XVII.

LES sinus ne mesurent proprement que les arcs moindres que
la moitié de la demy circonference. Mais cela n'empêche pas
qu'on ne s'en puisse servir pour mesurer ceux qui sont plus
grands. Car ce qui manque à ces plus grands arcs pour faire
la demycirconference, s'appelle le complement de ces plus
grands arcs. Or ces complemens se mesurent par les sinus ; &
il est aisé de juger que ces complemens estant égaux, ces plus
grands arcs sont égaux aussi. Mais qu'estant inégaux, celuy
qui a le plus petit complement est le plus grand.

VIII. THEOREME.

QUAND plufieurs circonferences font concentriques, XVIII. & que du centre on tire des lignes indefinies, les arcs de toutes ces circonferences compris entre ces deux lignes font en même raifon à leurs circonferences.

Soient au tour du centre *c* deux circonferences concentriques, & foient tirées les deux lignes *c B* & *B c D* ; je dis que l'arc *B D* de la plus grande, & *b d* de la plus petite, font proportionels à leurs circonferences.

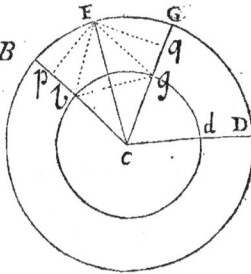

Car les aliquotes quelconques de *B D* foient appellez *x* ; je dis que fi par tous les points de fec- tion on tire des lignes au centre, *b d* fera divifée par ces lignes en aliquotes pareilles.

Pour le prouver il fuffit de confiderer deux *x*, que je fuppofe eftre *B F* & *F G*, tirant les lignes *F c* & *G c* ; je dis que les arcs *b f* & *f g* font égaux entr'eux, auffi bien que *B F* & *F G*. Car tirant d'*F* une perpendiculaire fur *B c* & une autre fur *G c*, les deux perpendiculaires *F p* & *F q* feront les finus d'arcs égaux, & par confequent égales ; & les finus verfes de ces arcs *B p* & *B q* feront auffi égaux. Donc *p b* & *q g* feront auffi égales.

Donc *F b* & *F g* font égales, parce que ce font les obli- ques dont les perpendiculaires *F p* & *F q* font égales, comme auffi les éloignemens des perpendicules *p b* & *q g*. V. 48.

Donc dans la ligne *F c* il y a deux points, fçavoir *F* & *c*, dont chacun eft également diftant de *b* & de *g*.

Donc *F c* coupe perpendiculairement & par la moitié la corde *b g*, & par confequent auffi l'arc *b f g*.

Donc l'arc *b f* eft égal à l'arc *f g*. Ce qu'il falloit dé- monftrer.

Or cela eftant demonftré, il eft clair qu'on prouvera la

Y iij

même chofe de toutes les aliquotes de *B G* en les prenant deux à deux.

Donc *B G* eftant divifé en aliquotes quelconques, les lignes menées au centre par tous les points de fection feront des aliquotes pareilles dans *b g*, lefquelles on pourra appeller *x*.

Or appliquant *X* pour mefurer le refte de la grande circonference, fi elle s'y trouve precifement tant de fois menant des lignes par tous les points de fection, *x* fe trouvera auffi precifement tant de fois dans la petite circonference. Et fi ce n'eft dans la grande qu'avec quelque refte, ce ne fera auffi dans la petite qu'avec quelque refte.

Donc par la definition des grandeurs proportionnelles *B D* eft à la grande circonference, comme *b d* à la petite, puifque les aliquotes quelconques pareilles de *B D* & de *b d* font également contenuës dans les 2 circonferences.

DEFINITION.

XVIII.   LES arcs qui ont même raifon à leur circonference foient appellez proportionnellement égaux, ou d'autant de degrez l'un que l'autre. Surquoy il fe faut fouvenir que toute circonference grande ou petite eft confiderée comme divifée en 360 parties, qu'on appelle degrez, & chaque degré en 60 minutes, & chaque minute en 60 fecondes, & chaque feconde en 60 troifiémes, & ainfi à l'infiny.

Et comme on ne regarde point la grandeur abfoluë des portions d'une circonference, parce que cette grandeur nous eft inconnuë, mais feulement la grandeur relative, c'eft à dire par proportion à la circonference ; on pourroit appeller les arcs qui font proportionellement égaux, parce qu'ils font d'autant de degrez fimplement *égaux* : & appeller *tout-égaux* ceux qui le font tout enfemble proportionellement & abfolument comme font les arcs d'autant de degrez dans le mefme cercle.

IX. THEOREME.

XIX.   QUAND les cercles font inégaux, les arcs proportionellement égaux font foûtenus par de plus grandes cordes, & ont de plus grands finus, dans les plus grands cercles.

DE GEOMETRIE. LIV. VII. 175

Soient au tour du centre *c* deux
circonferences concentriques,
les arcs *B D* & *b d* compris entre
les mesmes rayons *B C* & *D C*
sont proportionellement égaux.

Or tirant les cordes *B D* & *b d*
& les divisant par la moitié aussi
bien que les arcs par la ligne *P c*,
les arcs *B P* & *b p* son aussi proportionellement égaux. Or *B F*
& *b f*, perpendiculaires sur *P c*,
sont les sinus de ces deux arcs.

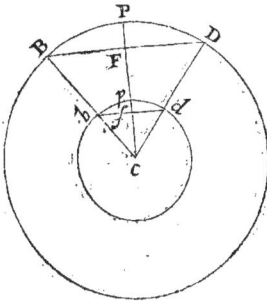

Et par VI. 12. *B F* est plus grande que *b f*.

Donc les arcs égaux ont de plus grands sinus dans les
plus grands cercles.

Et de même la corde *B D* est plus grande que *b d* (par
VI. 31.) & aussi parce que *B F*, moitié de *B D*, est plus
grande que *b f*, moitié de *b d*.

Donc les arcs *B D* & *b d* estant proportionellement
égaux, celuy du plus grand cercle a une plus grande corde.

X. THEOREME.

LES cordes dans un même cercle ne sont point propor- XXI.
tionelles aux arcs, mais les plus grands arcs (j'entens toûjours ceux qui ne sont pas plus grands que la demycirconference) ont de plus petites cordes à proportion que les
plus petits. C'est à dire que la corde d'un arc, qui n'est
que la moitié d'un plus grand arc,
est plus grande que la moitié de la
corde de ce plus grand arc.

La preuve en est bien facile. Car
soit l'arc *b d* partagé en *m* par la moitié, *b m* égale à *d m* seront chacune
la corde d'un arc qui n'est que la
moitié de l'arc que soûtient la corde
b d. Or ces deux cordes *b m* & *d m* sont plus grandes que
b d. Donc estant égales, chacune est plus grande que la
moitié de la corde *b d*.

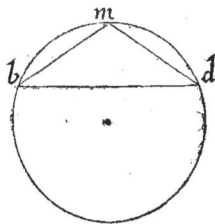

COROLLAIRE.

XXII. De là il s'enſuit que plus les arcs ſont grands, plus la difference eſt grande entre la longueur de l'arc & celle de la corde; & qu'au contraire plus les arcs ſont petits plus cette difference diminuë. De ſorte qu'on peut prendre un ſi petit arc, que cette difference ſera plus petite que quelque ligne qu'on ait donnée.

SECONDE SECTION.

DES SECANTES INTERIEURES ET EXTERIEURES.

XXIII. Nous avons déja dit que les lignes menées à la cir-conference d'un point de dedans le cercle autre que le centre ſe pouvoient appeller *des ſecantes in-terieures.*

Et que quand le point eſtoit hors le cercle, & qu'elles n'é-toient point tangentes, on les pouvoit appeller des *ſecantes ex-terieures.*

Or pour abreger le diſcours dans l'expreſſion de ces lignes, ſoient toûjours appellez

Le centre	*c.*
Le point, ſoit dedans le cercle, ſoit hors le cercle,	*k.*
La ligne menée de ce point paſ-ſant par le centre,	*k g.*
Celle qui ne paſſant point par le centre eſt dans la même ligne droite que celle qui y paſſe,	*k f.*
	k x.
	k y.
Les autres,	*k z.*
	k φ.

Cela ſuppoſé ſoit.

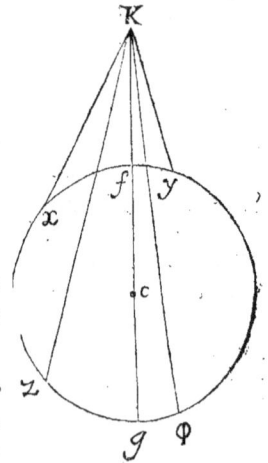

I. THEO-

I. THEOREME.

LA plus longue de ces li-
gnes eft *k g*. C'eft à dire celle qui pafſe par le centre.

Car fi on la veut compa-
rer avec *k φ* , ſoit tiré le
rayon *c φ*, qui eft égal à *c
g*. *k c* , plus *c φ* , eft plus
grande que *k φ*, par V. 6.

Donc *k g*, eft plus grande que *k φ*.

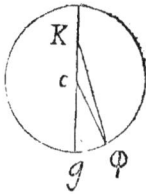

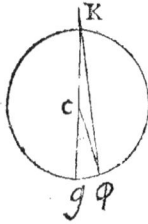

II. THEOREME.

LA plus courte de toutes ces lignes eft *k f*. C'eft à dire
celle qui ne pafſant point par le centre eft dans la même
ligne droite que celle qui y pafſe.

Car comparant *k f* avec *k y*, & ayant
tiré le rayon *c y*,
Si *k* eft au dedans du cercle,
c k plus *k f* eft égale à *c y*.
Or *c y* eft plus courte que *c k* plus *k y*.
Donc *c k* plus *k f* eft plus courte que *c k*
plus *k y*.
Donc oftant *c k* , qui eft commun , *k f*
eft plus courte que *k y*.
Que fi *k* eft dehors le cercle,
k f plus *f c*, eft plus courte que *k y* plus
y c.
Or *f c* eft égale à *y c*.
Donc *k f* eft plus courte que *k y*.

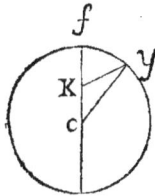

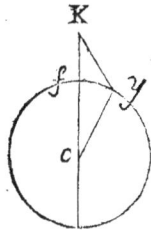

III. THEOREME.

LES lignes menées de *k* à des points de la circonference
également diftans de *f* ou de *g* ſont égales. Et il faut remarquer que deux points ne ſçauroient eftre également
diftans d'*f*, qu'ils ne ſoient aufſi également diftans de *g*.
Mais on appelle également diftans d'*f* ceux qui ſont plus

proches d'*f* que que de *g*, & également diſtans de *g* ceux qui ſont plus proches de *g* que d'*f*.

Soient les deux points également diſtans d'*f*, x & *x* la corde terminée par ces deux x & *x* eſt coupée perpendiculairement par la ligne *fc*, puiſque *f* par l'hypotheſe eſt également diſtant d'x & *x*, & *c* auſſi, parce que c'eſt le centre du cercle.

Donc tous les points de cette ligne ſont également diſtans d'x & *x*. Donc le point *k*, qui en eſt un. Donc *k* x. & *k x* ſont égales.

C'eſt la même choſe de 2 points également diſtans de *g*.

IV. THEOREME.

XXVII. Si du centre *k*, intervale *k f*, ou *k g*, on décrit un nouveau cercle, il touchera le premier cercle en un ſeul point, c'eſt à dire en *f*, ou en *g*, ſans le couper.

Car ſi *k f* eſt rayon du 2ᵉ cercle, comme cette ligne eſt la plus courte de toutes celles qui peuvent eſtre menées de *k* à la circonference du 1ᵉʳ cercle, toute autre ligne menée à la circonference du premier paſſera la circonference du ſecond.

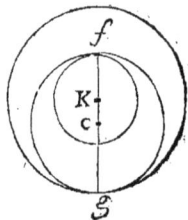

Et au contraire ſi *k g* eſt le rayon du 2ᵉ cercle, cette ligne eſtant la plus longue de toutes celles qui peuvent eſtre menées de *k* à la circonference du 1ᵉʳ cercle, toute autre ligne menée de *k* à la circonference du 1 cercle ne pourra pas aller juſqu'à la circonference du 2.

V. THEOREME.

XXVIII. Si du centre *k*, intervale plus grand que *kf*, & plus petit que *k g*, comme pourroit eſtre *k x*, on décrit un cercle, il coupera la circonference du premier au point x & *x*. C'eſt à dire à 2 points également diſtans de *f*, (ou également diſtans de *g*, ſi on avoit pris un point pour déterminer cet intervale plus proche de *g*,) & la partie de la circonfe.

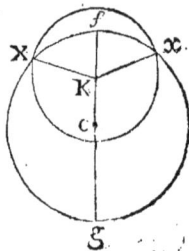

rence du 1 cercle entre x & x, dont le milieu est f, sera au
dedans du 2 cercle, au lieu que la partie de la même circonference du 1 cercle, entre ces deux mêmes points x &
x, dont g est le milieu, sera au dehors du 2 cercle. Car
par 4. S. deux circonferences ne se peuvent couper en plus
de deux points.

Or cela estant, le rayon du 2 cercle estant k x, toute
ligne menée de k à la circonference du 1 cercle qui sera
égale à k x, se trouvera aussi terminée à la circonference
du 2 cercle.

Or par le troisiéme Theoreme cette
ligne égale à k x est celle qui est terminée à un point de la circonference
du premier cercle, aussi distant d'f de
l'autre costé qu'x en est distant de son
costé Donc x & x seront les deux seuls
points dans lesquels la deuxiéme circonference coupera la premiere.

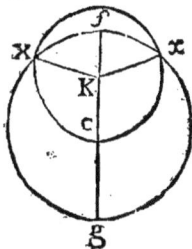

Or il est clair que le point f se trouvera au dedans du 2 cercle, parce que
k f est plus courte que k x, qui en est le rayon. Donc tout
ce qui est d'une part entre f & x, & de l'autre entre f & x,
se trouvera aussi au dedans du 2 cercle, puis qu'il faudroit
que le 2 cercle eust coupé le 1 en d'autres points qu'x & x,
afin que quelqu'un des points plus proche d'f se trouvas-
sent ou dans la circonference du 2 cercle, ou au dehors.

Et par la mesme raison le point g se trouvera au dehors
du 2 cercle, parce que k g est plus longue que k x, qui en
est le rayon : ce qui fait voir aussi que tous les points de
la 1 circonference plus proches de g qu'x se trouveront
aussi au dehors du 2 cercle.

VI. THEOREME.

De toutes les lignes menées de k, celles qui sont menées à des points plus proches d'f sont les plus courtes, &
celles qui sont menées à des points plus proches de g sont
les plus longues.

XXIX.

Z ij

Suppofons par exemple que le point *y* eſt plus proche
d'*f* que le point *x* ; je dis que *k y* eſt plus courte que *k x*

Car ſi on décrit un cercle
du centre *k*, intervale *k x*,
par le Theoreme prece-
dent tous les points de la
circonference du premier
cercle plus proches d'*f*
qu'*x* ſe trouveront au dedans du deuxiéme cercle.

Or par l'hypotheſe, *y* eſt
plus proche d'*f*, qu'*x*.
Donc *y* eſt au dedans du 2
cercle. Donc *k y* eſt plus
courte que *k x*, qui eſt un
rayon du 2 cercle.

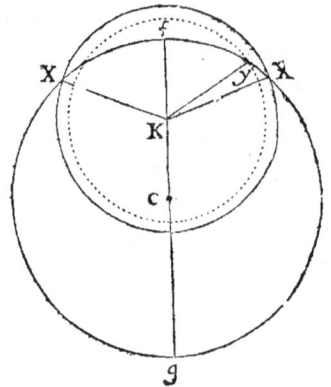

Que ſi au contraire nous ſuppoſons que *φ* eſt plus proche de *g* que *z* ; je dis que *k φ* eſt plus longue que *k z*. Car
ſi on décrit un cercle du centre *k*, in-
tervale *k z*, par le Theoreme precedent tous les points de la circonference du premier cercle plus proches de
g que *z*, ſe trouveront au dehors du
deuxiéme cercle. Or par l'hypotheſe,
φ eſt plus proche de *g* que *z*. Donc *φ*
eſt au dehors du cercle. Donc *k φ* eſt
plus longue que *k z*, qui eſt un rayon
du deuxiéme cercle.

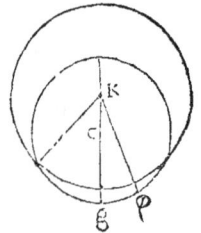

I. COROLLAIRE.

XXX.   DE nul point autre que le centre ou ne peut mener trois
lignes égales à la circonference. Car les 3 points où ces
trois lignes ſeroient terminées ne peuvent pas eſtre également diſtans du point *f*, ou du point *g*. Donc ſi l'un des 3
eſt plus proche ou plus éloigné du point *f*, la ligne qui y
ſera terminée ſera plus courte ou plus longue que les deux
autres. Donc, &c.

II. COROLLAIRE.

LE point d'où l'on peut mener trois lignes égales à la circonference, en est neceffairement le centre.

TROISIEME SECTION.

DES TANGENTES.

Nous avons déja dit qu'on appelle *tangente* du cercle X X XI. la ligne qui touche le cercle fans entrer dedans, quoy que prolongée.

I. THEOREME.

TOUTE ligne perpendiculaire à l'extrémité d'un rayon touche le cercle, & ne le touche qu'en un feul point ; c'eft à dire qu'il n'y a qu'un feul point qui foit commun à la circonference & à cette ligne ; & ce point s'appelle le point de l'atouchement. Car puifque le rayon eft perpendiculaire à cette ligne, c'eft la plus courte de toutes les lignes qui puiffent eftre menées du centre à cette ligne. Donc toute autre menée du centre fera plus longue. Donc elle fe terminera en un point hors de la circonference. Donc nul autre point que celuy où ce rayon coupe perpendiculairement cette ligne ne pourra eftre commun à cette circonference & à cette ligne. Ce qu'il falloit demonftrer.

II. THEOREME.

ON ne peut faire paffer aucune ligne droite entre la tangente & la circonference, quoy qu'on en puiffe faire paffer une infinité de circulaires qui ne fe rencontreront que dans le point de l'attouchement.

La premiere partie fe prouve ainfi. Soit cf un rayon, mf la tangente : foit b un point quelconque au deffous de la tangente. Tirant de b une ligne à f, elle fera obli-

Z iiij

que fur $c f$, inclinée vers c, parce
que $m f$ eft perpendiculaire à $c f$.
Donc la perpendiculaire de c à $b f$,
fera plus courte que $c f$. Donc elle
fe terminera dans le cercle (V. 27.)
Donc une partie de $b f$ fera au dedans du cercle. Donc on n'aura pas
pû faire paffer $b f$ entre la tangente
& la circonference.

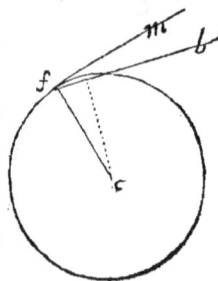

La deuxiéme partie fe prouve ainfi. Soit $f c$ prolongée
à l'infiny du cofté de c : foient tous les divers points de
cette ligne au deffous de c appellez x. Toutes les circonferences qui auront l'un de ces points que j'appelle x
pour centre, & $x f$ pour rayon, auront $m f$ pour tan-

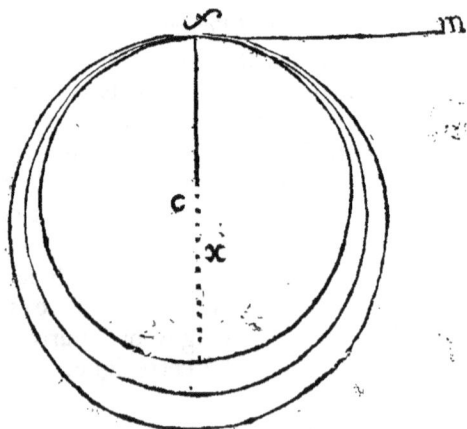

gente par le premier Theoreme, & ne rencontreront,
ny la circonference qui a c pour centre, ny les unes les
autres, qu'en f (par 27. S.) Donc toutes ces circonferences paffëront fans fe rencontrer entre la tangente &
le premier cercle.

I. Probleme.

XXXIII.   Descrire la tangente qui touche la circonference à un
point donné.

Tirer un rayon de ce point donné, la perpendiculaire à l'extrémité de ce rayon fera la tangente que l'on cherche.

II. PROBLEME.

D'UN point donné hors le cercle tirer des tangentes XXXIV. au cercle.

Soit le point *k* donné hors le cercle, dont le centre est *c*, & le rayon *cf*; je décris un autre cercle du même centre, intervalle *c k*, & puis ayant tiré la ligne *k c*, qui coupe en *f* la circonférence du 1 cercle, je tire par le point *f* la corde du grand cercle *m n*, qui coupe perpendiculairement *k c*, ce qui fait que *m n* touche le premier cercle en *f*.

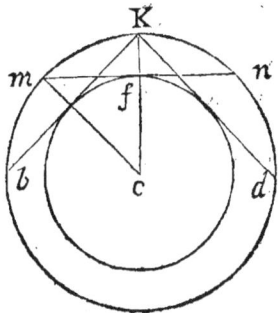

Cela fait, du point *k* je prends dans le grand cercle de part & d'autre les deux arcs *k b*, *k d*, égaux chacun à l'arc *m n*; Et je dis que les cordes *k b*, *k d* touchent le 1 cercle, & qu'elles le touchent au point où les rayons du grand cercle *m c* & *n c* coupent ces cordes.

Car les trois arcs du grand cercle *m n*, *k b*, *k d* estant égaux, les trois cordes qui les soûtiennent sont égales aussi, & par conséquent également distantes du centre par 4. *sup.* Or *m n* est distante du centre *c* de là longueur d'un rayon du premier cercle.

Donc les deux autres cordes *k b*, *k d* sont aussi distantes du centre de la longueur d'un rayon du premier cercle.

Donc ce rayon leur est perpendiculaire, puis qu'autrement il ne mesureroit pas leur distance d'avec le centre.

Donc par le Theoreme precedent elles sont tangentes du premier cercle.

Et elles le touchent au point où elles sont coupées par les rayons du grand cercle *m c* & *n c*. Car le point *k* partageant par la moitié l'arc *m n*, le point *m* partage aussi par la moitié l'arc *k b*. Donc le rayon *m c* est perpendiculaire à la corde *k b*, parce que les deux points *m* & *c* font chacun également diſtans de *k* & de *b*.

Donc ſi le point où le rayon *m c* coupe la corde *k b* eſt *b*, *b* ſera auſſi l'extrémité du rayon du premier cercle, qui eſt perpendiculaire à la corde *k b*, puis qu'autrement il faudroit que de *c* on puſt tirer ſur *k b* deux perpendiculaires differentes, ce qui ne ſe peut.

I. COROLLAIRE.

XXXV. D'un point hors le cercle on peut tirer deux tangentes au cercle, & non plus.

Cela eſt clair par ce qui vient d'eſtre demonſtré.

II. COROLLAIRE.

XXXVI. On peut conſiderer les tangentes comme terminées au point de l'atouchement ; & alors

Les tangentes, ou menées à un même cercle d'un même point, ou de divers point également diſtans du centre, ou menées à des cercles égaux de points également diſtans des centres de chacun ; ſont égales.

Car il eſt viſible par la ſolution du deuxiéme Probleme, que dans tous ces cas, ces tangentes ſont moitié de cordes égales.

QUATRIEME SECTION.

DES CIRCONFERENCES PARALLELES.

I. LEMME.

XXXVII. Une ligne droite eſt perpendiculaire à une circonference, autant que la nature de l'une & de l'autre le peut ſouffrir, lorſqu'elle eſt perpendiculaire à la tangente au point de la ſection.

II. LEMME.

XXXVIII. D'où il s'enſuit, que toute ligne qui eſtant prolongée paſſe par le centre, eſt perpendiculaire à la circonference.

III. LEMME.

III. Lemme.

La diſtance d'un point à une circonference, ſe meſure
par la plus courte ligne qui puiſſe eſtre menée de ce point
à cette circonference. Or cette plus courte ligne eſt celle
qui ne comprend point le centre, mais qui eſt dans la
même ligne droite que celle qui y paſſe. (S. 25.)

Et par conſequent cette ligne eſt perpendiculaire à la
circonference par les deux premiers Lemmes.

XXXIX.

DEFINITION.

DES CIRCONFERENCES PARALLELES.

Deux circonferences ſont paralleles, lorſque tous les
points de chacune ſont également diſtans de l'autre.

C'eſt à dire ſelon les precedens Lemmes, lorſque toutes
les lignes droites, menées chacune des points de l'une
perpendiculairement ſur l'autre, ſont égales.

XL.

I. Theoreme.

Toutes les circonferences concentriques (c'eſt à dire
qui ont un meſme centre) ſont paralleles.

XLI.

Car tous les rayons de la plus gràn-
de circonference ſont perpendiculaires à l'une & à l'autre. Donc oſtant
les rayons de la plus petite, ce qui
reſtera entre les deux circonferences,
ſera égal, & en meſurera la diſtance.
Donc tous les points de chacune ſeront également diſtans de l'autre.
Donc elles ſont paralleles.

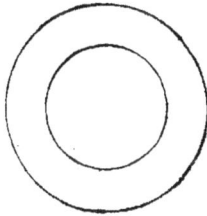

II. Theoreme.

Deux cercles non concentriques eſtant l'un dans l'autre, le diametre du plus grand qui paſſera par les deux
centres, coupera chaque circonference par la moitié ; &
alors il arrivera 3. ou 4. choſes conſiderables.

XLII.

1. Les parties de ce diametre qui ſe trouveront d'un

A a

cofté & d'autre entre les deux circonferences, c'eft à dire
f m, & *g n*, font perpendiculaires à l'une & à l'autre, &
mefurent *f m* le plus grand, & *g n* le
plus petit éloignement de ces deux
circonferences.

2. Nulle autre ligne que ces deux
là qui fe trouvent dans ce diametre
qui paffe par les deux centres, ne
peut eftre perpendiculaire à l'une
& à l'autre circonference, toute
autre ligne qui fera perpendiculaire à l'une des circonferences, étant
oblique fur l'autre.

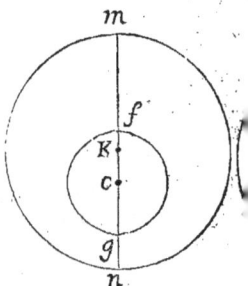

3. Tous les points d'une demy-circonference d'une part
font inégalement diftans de l'autre demy-circonferenc»
de la mefme part.

4. Toutes les fois que deux points d'une circonferenc»
font également diftans de l'une ou l'autre des extremite»
de fon diametre, qui paffe par les deux centres, ils fon»
auffi également diftans de l'autre circonference.

Tout cela eft fi aifé à prouver par ce qui a efté dit dan»
la 2ᵉ Section, & par les trois Lemmes de celle-cy, que j'a»
me mieux le laiffer à trouver pour exercer l'efprit, que »
perdre du temps à le demonftrer.

COROLLAIRE.

XLII.　Il s'enfuit de là, qu'on peut remarquer trois differen»
ces entre le parallelifme des lignes droites, & celuy d»b
lignes circulaires.

La 1ʳᵉ eft, que la notion negative des paralleles droite»
qui confifte à ne fe rencontrer jamais quand on les pr»ro
longeroit à l'infiny, n'a point de lieu dans les circulaire»
qui peuvent bien ne fe rencontrer jamais fans eftre para»»
leles; de forte que pour l'eftre il faut que ce foit felon »»
notion pofitive, qui confifte en ce que les points de l'»»»'»
font toûjours également diftans de l'autre.

La 2ᵉ eft, eft que deux lignes droites font parallele»l»

quand une mesme ligne est perpendiculaire à l'une & à l'autre. Au lieu qu'il peut y avoir non seulement une ligne droite, mais deux, qui soient perpendiculaires à l'une & à l'autre circonference, sans qu'elles soient paral_ leles, mais il n'y en peut pas avoir trois.

La 3ᵉ est, que deux lignes droites ne s'étant point croi_ sées, il ne peut pas y avoir deux points de l'une égale_ ment distans de l'autre, qu'elles ne soient paralleles. Au lieu que dans les circonferences non paralleles il peut y avoir une infinité de points dans chacune, qui soient deux à deux également distans de l'autre. Mais il n'y en peut avoir trois ensemble.

Le fondement de ces differences vient d'une part de ce que la ligne circulaire est bornée en elle-mesme. Et de l'autre, de ce qu'il en faut avoir trois points pour en avoir la position; au lieu qu'il n'en faut que deux pour avoir celle de la ligne droite.

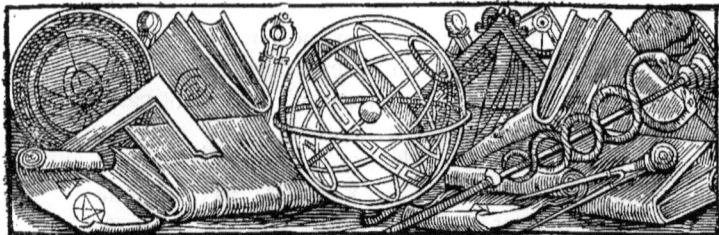

NOUVEAUX ELEMENS
DE
GEOMETRIE.
LIVRE HUITIEME.

DES ANGLES RECTILIGNES.

I. *APRES avoir parlé des lignes, c'est suivre l'ordre de la nature que de passer aux angles qui font plus composez que les lignes tenant quelque chose des surfaces, comme nous allons voir.*

DEFINITION
DE L'ANGLE RECTILIGNE.

II. *L'angle rectiligne* est une surface comprise entre deux lignes droites qui se joignent en un point du costé où elles s'approchent le plus, indefinie & indeterminée selon l'une de ses dimensions, qui est celle qui répond à la longueur des lignes qui la comprennent, & determinée selon l'autre par la partie proportionnelle d'une circonference dont le centre est au point où ces lignes se joignent.

AUTRES DEFINITIONS.

III. Les lignes qui comprennent l'angle s'appellent *ses cotez.*

IV. Le point où ces lignes se joignent s'appelle *son sommet.*

Si l'on joint deux points de ces coftez par une autre li-gne, cette ligne s'appelle *la bafe* ou *la fouftendante de l'an-gle*. Et l'on dit que cette ligne *foûtient* l'angle, & que l'angle eft *oppofé* à cette ligne, ou eft *foûtenu* par cette ligne.

CETTE bafe s'appelle *corde* quand les côtez de l'angle VI. font égaux, pource qu'alors ces coftez de l'angle font confiderez comme rayons d'un cercle dont cette bafe eft une corde.

QUE fi d'un des côtez on peut faire décendre une per- VII. pendiculaire fur l'autre, cette bafe alors s'appelle le *finus* de cet angle.

CETTE partie proportionelle de la circonference qui VIII. mefure la grandeur de l'angle s'appelle *l'arc que comprend l'angle*.

PROPOSITION FONDAMENTALE.
DE LA MESURE DES ANGLES.

LES arcs de toutes les circonferences qui ont pour cen- IX. tre le point où les coftez de l'angle fe coupent font tous proportionels à leurs circonferences, & par confequent determinent tous la mefme grandeur de l'angle.

La confequence eft claire par la definition de l'angle, puifque nous avons dit que c'eftoit une furface indeter-minée felon une dimenfion, & qui n'eftoit determinée felon l'autre que par une partie proportionnelle des cir-conferences qui ont pour centre le point où fes coftez fe joignent.

Pour montrer donc que les arcs de ces circonferences determinent tous la mêfme grandeur de l'angle, il ne faut que montrer que tous ces arcs font proportionels à leurs circonferences.

Or c'eft ce qui a déja efté prouvé, Livre VII. 20.

DE LA PREMIERE MESURE DE L'ANGLE
QUI EST L'ARC COMPRIS ENTRE SES COSTEZ.

IL s'enfuit delà que pour fçavoir la vraye grandeur d'un X. angle, il faut fçavoir la grandeur proportionelle de l'arc compris entre fes coftez, c'eft à dire de combien de degrez

est cet arc. Car un degré n'est pas le nom d'une grandeur absoluë, mais proportionelle, puisque, comme nous
avons déja dit, il signifie la trois cent soixantiéme partie
de quelque circonference que ce soit, dont chacune en
soy est plus grande ou plus petite selon que la circonference est plus grande ou plus petite: & il en est de mesme
des minutes, des secondes, & des troisiémes. C'est pourquoy on peut appeller arcs égaux, selon qu'il a esté dit
VII. 19. ceux qui sont d'autant de degrez, quoy qu'ils
puissent estre inégaux selon leur grandeur absoluë, &
égaux en toute maniere, ou *tout-égaux*, ceux qui sont
d'autant de degrez & qui sont aussi égaux selon leur grandeur absoluë, tels que sont les arcs d'autant de degrez
dans les cercles égaux.

De l'Angle droit.

XI.   C'est par là qu'on a divisé l'angle en *droit* & *non droit*,
& le non droit, en *aigu* & *obtus*.

On appelle angle droit celuy qui a pour mesure la moitié de la demy-circonference. D'où il s'ensuit.

1. Que tout angle droit a de l'autre costé sur la mesme
ligne un autre angle qui luy est égal, puisque l'angle qui
est de l'autre costé a pour mesure ce qui reste de la demy-
circonference, qui est la moitié.

2. Qu'un angle droit est la mesme chose qu'un angle de
90. degrez. Car la demy-circonference en ayant 180. la
moitié de cette demy-circonference en a 90.

3. Que toute ligne perpendiculaire sur un ligne fait sur
cette ligne deux angles droits, l'un d'un costé & l'autre
de l'autre. Car elle partage en deux la demy-circonference qui a pour centre le point de leur section, par VII. 17.

De l'Angle aigu.

XII.   On appelle angle *aigu* celuy qui est moindre qu'un
droit, c'est à dire qui a pour mesure un arc moindre que la
moitié de la demy-circonference. D'où il s'ensuit.

Que tout angle moindre que de 90. degrez est aigu.

De l'Angle obtus.

XIII.   On appelle angle *obtus* celuy qui est plus grand que

l'angle droit, c'eſt à dire qui a pour meſure un arc plus-
grand que la moitié de la demy-circonference. D'où il
s'enſuit.

Que tout angle plus grand que de 90. degrez eſt obtus.

I. THEOREME.

TOUTE ligne qui en coupe une autre obliquement fait   XIV.
d'un coſté une angle aigu & de l'autre un obtus, & les
deux enſemble valent deux droits. Car cet-
te ligne partage inégalement la demy circonference. Et partant fait deux angles inégaux. Mais elle ne la diviſe qu'en deux portions , & partant les deux portions priſes enſemble valent toute la demy-circonference.

II. THEOREME.

LORSQUE pluſieurs lignes droites en rencontrent une   XV.
en un même point & du meſme coſté, tous les angles que
font toutes ces lignes entre elles & avec la
rencontrée valent deux droits. Car ils comprennent tous enſemble la demy-circonference, qui eſt la meſure de deux angles droits.

DEFINITION.

L'ANGLE *aigu*, qui avec l'obtus vaut deux angles-droits,   XVI.
s'appelle le *complement de l'angle obtus.*

III. THEOREME.

LORSQUE deux lignes ſe coupent en paſſant de part &   XVII.
d'autre, il eſt bien clair que ſi elles ſe coupent perpendiculairement, elles font quatre angles égaux tous quatre
entr'eux, c'eſt à dire tous quatre droits.

Mais ſi elles ſe coupent obliquement, elles en font deux
aigus & deux obtus, dont l'aigu eſt oppoſé à l'aigu & l'obtus à l'obtus , & cela s'appelle eſtre
oppoſé au ſommet. Et les oppoſez
font égaux.

Car faiſant un cercle du point où ces
deux lignes *b c* & *f g* ſe coupent , chacune coupera la circonference par la
moitié, & par conſequent la moitié

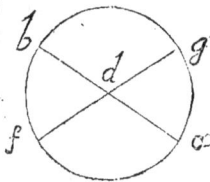

b g c est égale à la moitié *f b g*. Or ces deux moitiez ont
l'arc *b g* de commun, qui est l'arc d'un des angles obtus :
& par conséquent ostant cet arc, l'arc de l'aigu qui reste
d'une part sera égal à l'arc de l'aigu qui reste de l'autre.
On prouvera la même chose des deux angles obtus.

IV. THEOREME.

XVIII. LORSQUE plusieurs lignes droites se
rencontrent en un même point estant
menées de toutes parts, tous les angles qu'elles font valent quatre droits.
Car ils ont tous ensemble pour mesure une circonference entiere.

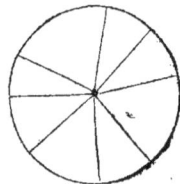

DES AUTRES MESURES
DE L'ANGLE.

XIX. *Quoy que l'angle n'ait en effet de vraye & naturelle mesure*
que l'arc d'un cercle ; neanmoins comme on ne connoist pas la
longueur des lignes courbes, on est obligé d'avoir recours à
d'autres mesures, mais toûjours par rapport à celle-là.

On les peut rapporter à trois qui sont toutes prises de la
base considerée diversement : ou comme *corde* : ou comme *sinus* : ou simplement comme *base*.

DE LA SECONDE MESURE DE L'ANGLE
QUI EST LA CORDE.

XX. Nous commencerons par la base considerée comme
corde, sur quoy il faut remarquer

1. Que pour cela il faut que les costez de l'Angle soient
pris égaux. Car alors ils sont considerez comme rayons
d'un cercle dont le centre est au sommet, & ainsi la ligne
qui en joint les extremitez est la corde de l'arc de ce cercle qui mesure cet angle.

2. Les angles ainsi considerez peuvent estre appellez
isosceles, c'est à dire à jambes égales.

3. Deux angles isosceles comparez ensemble peuvent
estre ou *équilateres* entre eux, ou *inéquilateres* ; c'est à dire
que leurs costez sont rayons ou de cercles égaux, ou de
cercles inégaux.

Cela

Cela fuppofé, pour bien comprendre toute cette mefure de l'angle, il ne faut que faire attention à ces Lemmes tirez des Livres V. & VII.

I. LEMME.

DANS les cercles égaux les cordes égales foûtiennent **XXI.**
des arcs tout-égaux. Et les arcs égaux font foûtenus par
cordes égales.

II. LEMME.

DANS les cercles égaux les plus grandes cordes foûtien- **XXII.**
nent de plus grands arcs. Et les plus grands arcs font foûtenus par les plus grandes cordes. VII. 10.

III. LEMME.

LES cercles eftant inégaux, les cordes égales foûtien- **XXIII.**
nent des arcs de plus de degrez dans les plus petits cercle s
VII. 20.

IV. LEMME.

LES arcs d'un même nombre de degrez font foûtenus **XXIV.**
par de plus grandes cordes dans les plus grands cercles.
VII. 20.

I. THEOREME.

TROIS fortes d'égalitez peuvent eftre confiderées dans **XXV.**
deux angles ifofceles.

1. L'égalité des coftez de l'un à ceux de l'autre, qui fait
qu'on les appelle *équilateres entr'eux.*

2. L'égalité des cordes, qui les peut faire appeller *ifocordes.*

3. L'égalité des angles mêmes.

Or deux de ces égalitez eftant données, donnent la 3me.

PREMIER CAS.

LES angles équilateres entr'eux & ifocordes font égaux. **XXVI.**
Car ils ont pour mefure des arcs tout-égaux, puifqu'étant
équilateres ils font mefurez par des arcs de cercles égaux,
& que par le 1er Lemme les cordes égales de cercles égaux
foûtiennent des arcs tout-égaux.

SECOND CAS.

LES angles équilateres & égaux font ifocordes. C'eft la **XXVII.**
converfe du même premier Lemme.

Bb

TROISIEME CAS.

XXVIII.   Les angles ifocordes & égaux font équilateres enrr'eux. Car il eft aifé de voir par le 3 Lemme que les cordes égales ne peuvent foûtenir des arcs égaux, que dans les mêmes cercles, ou en des cercles égaux.

II. THEOREME.

XXIX.   Quand il n'y a égalité que dans l'une de ces trois chofes, voicy ce qui arrive.

PREMIERE CAS.

XXX.   N'y ayant égalité que dans les coftez, les plus grandes cordes donnent les plus grands angles, & les plus grands angles ont les plus grandes Cordes. C'eft le 2ᵉ Lemme.

SECOND CAS.

N'y ayant égalité que dans les cordes, les plus grands coftez donnent les plus petits angles, & les plus petits angles ont les plus grands coftez. C'eft le 3ᵉ Lemme.

TROISIEME CAS.

XXXI.   N'y ayant égalité que dans la grandeur des angles, les plus grandes cordes donnent les plus grands coftez, & les plus grands coftez ont les plus grandes cordes. C'eft le 4ᵉ Lemme.

I. PROBLEME.

XXXII.   Couper en deux un angle donné. L'ayant pris ifofcele, il ne faut qu'en couper la corde perpendiculairement & par la moitié, ce qui fe fait de la même forte. Car alors l'arc fera partagé par la moitié, par VII. 6.

II. PROBLEME.

XXXIII.   Ayant un point donné dans une ligne donnée, en élever une qui faffe fur cette ligne un angle égal à un donné. Soit l'angle donné. L'ayant fait ifofcele en marquer la corde, puis du point donné dans la ligne pris pour centre, décrire d'un intervale égal aux coftez de l'angle donné une portion de circonference, dans laquelle en commençant par le point où cette circonference coupera la ligne donnée, on prendra une corde égale à la corde de l'angle donné. La ligne menée du point donné à l'extremité de cette corde fatisfera au Probleme. Car ces deux angles

feront équilateres entr'eux & ifocordes ; & par confequent égaux par le premier Theoreme.

DE LA TROSIEME MESURE DE L'ANGLE,
QUI EST LE SINUS.

Le finus de l'arc qui mefure un angle peut eftre appellé **xxxiv.**
le finus de cet angle. D'où il s'enfuit,

1. Que comme il n'y a que les arcs moindrès que la moi- **xxxv.**
tié de la demy-circonference qui ayent un finus ; il n'y a
auffi que les angles aigus qui en ayent. Ce qui n'empéche
pas qu'on ne fe puiffe fervir des finus pour comparer enfemble deux angles obtus, en mefurant par les finus les angles aigus qui font les complemens de ces obtus. Voyez
VII. 17.

2. Il s'enfuit que toute ligne menée d'un point de l'un **xxxvi.**
des coftez d'un angle aigu perpendiculairement fur l'autre cofté , eft le finus de l'arc qui mefure cet angle, & par
confequent le finus de cet angle.

Car foit *k* le fommet d'un angle
aigu, & que de *b*, point quelconque
de l'un de fes coftez, foit menée fur
l'autre la perpendiculaire *b c*. Je dis
que *b c* eft le finus de l'arc qui mefure cet angle. Car ayant prolongé
k c jufques en *d*, en forte que *k d*
foit égale à *k b* ; fi du centre *k*, intervale *k b*, on décrit un cercle, l'arc
de ce cercle compris entre *d* & *b* fera la mefure de cet angle. Or *b c* eft le finus de cet arc, par VII. 11. Donc *b c*
eft le finus de l'arc qui mefure l'angle *k* , & par confequent
de l'angle *k*.

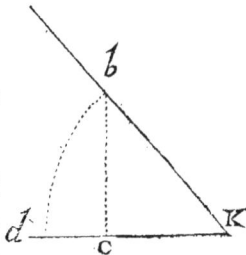

3. Il s'enfuit que le cofté d'un des points duquel eft me- **xxxvii.**
née la perpendiculaire fur l'autre cofté confideré depuis le
fommet jufques à ce point, comme *k b*, peut eftre appellé
le rayon de cet angle, parce qu'il eft le rayon du cercle
dont l'arc le mefure. Et l'autre cofté depuis le point où
tombe la perpendiculaire ou *finus* , peut eftre appellé
l'*antifinus*, qui eft toûjours égal au rayon moins le *finus verfe.* D'où il s'enfuit,   B b ij

XXXVIII 4. Que la grandeur du finus reglant toûjours celle du finus verfe (comme il a efté montré VII. 16) elle regle toûjours auffi celle des *antifinus* , quoyque par rapport au rayon, puifque l'*antifinus* n'eft autre chofe que le rayon moins le *finus verfe* ; de forte que dans deux angles diffe-rens les rayons & les finus ne fçauroient eftre égaux que les antifinus ne le foient auffi.

Tout cela fuppofé, foient confiderez les Lemmes fui-vans.

I. Lemme.

XXXIX. Quand on dit que deux angles qu'on veut mefurer par les finus ont le rayon égal, c'eft de même que fi l'on difoit qu'ils font mefurez par des arcs de cercles égaux ; & s'ils ont le rayon inégal , par des arcs de cercles inégaux.

II. Lemme.

XL. Dans les cercles égaux les arcs égaux ont des finus égaux , & les finus égaux donnent des arcs égaux. VII. 15.

III. Lemme.

XLI. Dans les cercles égaux les plus grands arcs ont les plus grands finus , & les plus grands finus donnent les plus grands arcs. VII. 15.

IV. Lemme.

XLII. Dans des cercles inégaux les arcs eftant égaux, ceux des plus grands cercles ont les plus grands finus. VII. 18.

V. Lemme.

XLIII. Dans des cercles inégaux les finus eftant égaux, ceux des plus grands cercles donnent des arcs proportionelle-ment plus petits, c'eft à dire de moins de degrez. C'eft une fuitte claire du precedent.

I. Theoreme.

XLIV. Trois égalitez peuvent eftre confiderées dans les an-gles que l'on compare & que l'on mefure par les finus.

1. L'égalité des rayons.
2. L'égalité des finus.
3. L'égalité des angles mêmes.

Or deux eftant données donnent la 3ᵉ.

PREMIER CAS.

Les angles qui ont le rayon égal & le sinus égal font   XLV.
égaux. 1ᵉʳ & 2ᵐᵉ Lemme.

SECOND CAS.

Les angles égaux qui ont le rayon égal ont le sinus égal.   XLVI.
1ᵉʳ & 2ᵐ·¹ Lemme.

TROISIEME CAS.

Les angles qui font égaux & qui ont le sinus égal, ont XLVII.
le rayon égal. Car s'ils avoient le rayon inégal, ils feroient
mesurez par des arcs de cercles inégaux : & par conséquent (selon le 5ᵉ Lemme) les sinus égaux donneroient
des arcs proportionellement inégaux, & ainsi les angles
ne pourroient pas estre égaux.

II. THEOREME.

N'y ayant égalité que dans l'une de ces trois choses, XLVIII.
voicy ce qui arrivera.

PREMIER CAS.

N'y ayant égalité que dans le rayon, les plus grands   XLIX.
sinus donnent les plus grands angles, & les plus grands
angles ont les plus grands sinus. 3ᵉ Lemme.

SECOND CAS.

N'y ayant égalité que dans les sinus, le plus grand   L.
rayon donne le plus petit angle, & le plus petit angle a
le plus grand rayon. 5ᵐᵉ Lemme.

TROISIEME CAS.

N'y ayant égalité que dans les angles, le plus grand   LI.
rayon donne le plus grand sinus, & le plus grand sinus
donne le plus grand rayon.

DES ANGLES FAITS PAR LES LIGNES
ENTRE PARALLELES.

Comme les perperpendiculaires entre les paralleles font
des angles droits sur l'une & sur l'autre (ce qui est toûjours
la mesme chose) il n'y a que les angles que font les obliques à considerer.

Mais ces obliques entre paralleles faisant d'une part un
angle aigu & de l'autre un obtus, c'est l'aigu que l'on mesure premierement, & par l'aigu on connoist l'obtus. Et

ainſi quand nous parlerons d'angles égaux, nous entendrons les aigus, & les obtus par conſequence ſeulement.

Or dans la conſideration de ces angles aigus faits par
des obliques entre·paralleles,

L'oblique eſt le rayon de l'angle,

La perpendiculaire de l'extremité de l'oblique (qui eſt
un point de l'une des paralleles ſur l'autre parallele) en eſt
le ſinus.

D'où il s'enſuir, que les ſinus qui meſurent les angles
que font des obliques entre les mêmes paralleles ſont tous
égaux , parce que les·perpendiculaires entre les mêmes
paralleles ſont égales.

Comme auſſi entre differentes paralleles, pourveu que
les deux paralleles d'une part ſoient autant diſtantes l'une
de l'autre, que celles de l'autre part. Et c'eſt ce qu'on peut
appeller deux eſpaces paralleles égaux.

On peut tirer de là diverſes propoſitions importantes qui
ne ſeront que des Corollaires du 1er ou du 2me Theoreme.

I. COROLLAIRE.

LII.   TOUTE oblique entre deux paralleles fait les angles alternes ſur ces paralleles égaux, c'eſt à dire que l'aigu qui
eſt d'une part eſt égal à l'aigu
qui eſt de l'autre part , & par
conſequent l'obtus à l'obtus.

Car ces angles alternes ont
pour rayon cette même ligne
oblique *b c*, & pour ſinus l'un la
perpendiculaire de *b*, ſur la parallele *x*, & l'autre la perpendiculaire de *c*, ſur la parallele *z*. Or ces deux perpendiculaires ſont égales. Donc par 45. S.

II. COROLLAIRE.

LIII.   LES obliques égales entre les mêmes paralleles font les
angles égaux : par la même raiſon.

III. COROLLAIRE.

LIV.   LES obliques entre paralleles qui font les angles égaux
ſont égales, S. 47.

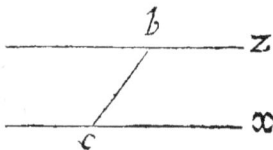

IV. COROLLAIRE.

LES plus courtes lignes entre paralleles font les plus LV.
grands angles; par le 2 Theoreme. 2. Cas.

V. COROLLAIRE.

QUAND des lignes font enfermées entre differentes li- LVI.
gnes paralleles, on peut y confiderer trois égalitez.

1. L'égalité des obliques.

2. L'égalité des angles.

3. L'égalité de la diftance entre les unes & les autres
de ces paralleles, ce qui fait que cette diftance eftant égale, les perpendiculaires entre ces differentes paralleles
font égales.

Or deux de ces égalitez eftant données donnent la troifiéme.

1. CAS. Si les obliques font égales, & les angles qu'elles
font entre leurs paralleles égaux, les unes & les autres paralleles font également diftantes. Car ce font des angles
qui font égaux, & qui ont les rayons égaux (fçavoir ces
obliques.) Donc leurs finus font égaux, par 46. S.

Or ils ont pour finus les perpendiculaires entre leurs
paralleles.

Donc ces perpendiculaires font égales.

2. CAS. Si les obliques font égales, & les paralleles de
part & d'autre également diftantes, les angles feront é-
gaux, par 45. S.

3. CAS. Si les paralleles de part & d'autre font également diftantes, & que les angles foient égaux, les obliques font égales, 47. S.

VI. COROLLAIRE.

LA même ligne coupant obliquement plufieurs pa- LVII.
ralleles, les coupe toutes avec la même obliquité. C'eft
à dire qu'elle fait fur toutes les angles aigus égaux. C'eft
une fuitte du premier Corollaire & de 13. S.

Soient trois lignes paralleles x, y, z, coupées par la
ligne B en c, en d, en f; l'angle aigu vers c au deffus d'x
eft égal à l'angle aigu de deffous, parce qu'ils font oppofez au fommet; & l'angle aigu de deffous eft égal à

l'angle aigu vers *d*, au deſſus d'*y*, parce qu'ils ſont alternes, & ce dernier eſt égal à l'aigu de deſſous *y*, parce qu'ils ſont oppoſez au ſommet. Et ce dernier à l'aigu vers *f*, au deſſus de *z*, parce qu'ils ſont alternes, & ainſi des autres. Donc tous les angles aigus que fait une même ligne ſur diverſes paralleles qu'elles coupe ſont égaux. Et de là il s'enſuit, que les obtus ſont égaux auſſi, parce que les aigus ſont les complemens des obtus.

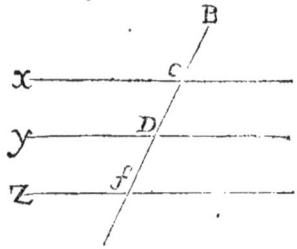

VII. COROLLAIRE.

LVIII. PLUSIEURS paralleles eſtant également diſtantes les unes des autres, c'eſt à dire la 1 de la 2, & la 2 de la 3, & la 3 de la 4, &c.

Si une même ligne les coupe toutes, toutes les portions de cette ligne compriſes entre deux de ces paralleles ſont égales.

Car tous les angles aigus que fait cette ligne ſur ces paralleles ſont égaux. Et les ſinus de ces angles, qui ſont les perpendiculaires entre chaques deux paralleles, ſont égaux auſſi par l'hypotheſe.

Donc les rayons de ces angles qui ſont les portions de cette ligne compriſes entre chaques deux paralleles ſont égales.

VIII. COROLLAIRE.

LIX. LORS que deux lignes ſont menées d'un même point ſur une autre ligne, c'eſt comme ſi ces lignes eſtoient entre paralleles.

Car on peut par ce point tirer une parallele à la ligne que ces deux lignes coupent.

IX. COROLLAIRE.

LX. TOUT angle plus les deux angles que font ces coſtez ſur la baſe ſont égaux à deux droits.

Soient *b c* & *b d* les coſtez d'un angle, & *c d* la baſe,

par

par le precedent Corollaire,
on peut mener par le point *b*
la ligne *m n*, parallele à la bafe, fur laquelle parallele les
coſtez de l'angle donné feront de nouveaux angles au-
tour du donné, ſçavoir l'angle *m b c*, & *n b d*. Or ces trois
angles ſont égaux à deux droits, par 15. S. Et chacun des
deux qui ſont à coſté de l'angle donné, eſt égal à un de la
baſe, ſçavoir à ſon alterne, par 51. S.

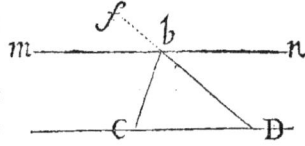

Donc les deux de la baſe plus l'angle donné ſont égaux
à deux droits.

X. COROLLAIRE.

LXI.

S<small>I</small> on prolonge un coſté d'un angle vers le ſommet de
l'angle, comme ſi on prolongeoit *d b* juſques en *f*, l'angle que fait ce coſté prolongé ſur l'autre coſté, comme
l'angle *f b c*, eſt égal aux deux angles ſur la baſe. Car cet
angle qui eſt appellé exterieur plus l'angle du ſommet,
vallent deux droits. Or les deux angles ſur la baſe, plus
l'angle du ſommet vallent auſſi deux droits. Oſtant donc
l'angle du ſommet qui eſt commun, l'angle exterieur ſera
égal aux deux angles ſur la baſe.

Ce ſera la même choſe ſi on prolonge la baſe. Car l'angle exterieur que fera la baſe prolongée ſur un coſté, ſera
égal aux deux interieurs oppoſez; c'eſt à dire à l'angle que
fait l'autre coſté ſur la baſe plus l'angle du ſommet.

XI. COROLLAIRE.

LXII.

D<small>EUX</small> angles ſont égaux, quand les angles que les côtez de l'un font ſur ſa baſe, ſont égaux à ceux que les côtez
de l'autre font ſur la ſienne.

XII. COROLLAIRE.
III. PROBLEME.

LXIII.

D'<small>UN</small> point donné hors une ligne donnée, mener une
ligne qui faſſe ſur la donnée un angle donné.

D'un point quelconque de la ligne donnée en élever
une qui faſſe ſur la donnée l'angle donné (par le 2 Probleme. 33.)

C c

La parallele à cette ligne qui paſſera par le point donné & coupera la ligne donnée, ſatisfera au Probleme.

DE LA QUATRIEME MESURE DE L'ANGLE
QUI EST GENERALEMENT LA BASE.

CETTE meſure eſt la plus imparfaite, & ne peut ſervir
à meſurer les angles qu'en cas que les coſtez de deux angles non iſoſceles ſoient égaux chacun à chacun, ce qui
fera deux Theoremes.

I. THEOREME.

LXIII.

LORS que deux angles non
iſoſceles ſont équilateres entr'éux; c'eſt à dire que chacun
des coſtez de l'un eſt égal à
chacun des côtez de l'autre ;
ſi la baſe eſt égale à la baſe, ces
angles ſont égaux.

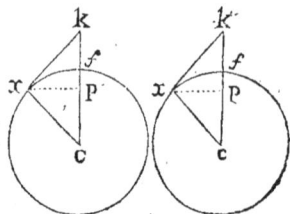

C'eſt ce qui ſe prouve ainſi. Où l'on peut faire tomber
une perpendiculaire de l'extremité de l'un des coſtez de
ces angles ſur l'autre côté; ou on ne le peut, comme lors
qu'ils ſont obtus.

1. CAS. Si on le peut (comme lorſque les angles ſont
$k c x$) les perperpendiculaires $x p$ feront égales, par V. 57.

Or ces perpendiculaires ſont les ſinus de ces angles qui
ont auſſi le rayon égal, ſçavoir $c x$. Donc ils ſont égaux,
par 45. S.

2. CAS. Si on ne le peut (comme ſi ces angles eſtoient
$c x k$ des mêmes figures) alors la perpendiculaire $x p$ menée du ſommet même de chacun des angles, feroit voir
que les deux angles que les coſtez de chacun de ces angles
obtus ſont ſur leur baſe, ſont égaux chacun à chacun (c'eſt
à dire l'angle k égal à l'angle k, & l'angle c, à l'angle c.)
Donc les angles obtus $k c x$ feront égaux, par 62. S.

II. THEOREME.

LXIV.

DEUX angles égaux eſtant équilateres entr'éux ont la
baſe égale.

Ces angles égaux que l'on ſuppoſe équilateres entre
eux ſont,

1. Ou droits.

2. Ou aigus.

3. Ou obtus.

1. CAS. S'ils sont droits, comme *b f c*, & *m n p*, ils ont les bases *b c* & *m n* égales, par V. 48.

2. CAS. S'ils sont aigus, comme *b d c*, *n q m*; les perpendiculaires *c f* & *m p*, qui sont les sinus
de ces angles, seront égales, par
56. S.

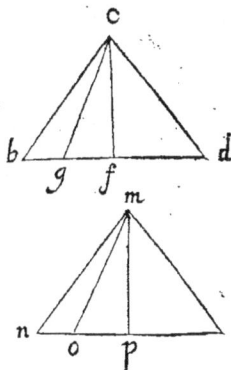

Donc *f d* = *p q*. V. 48.

Donc *b f* = *n p*. I. 19.

Donc *c b* = *m n*. V. 48. Ce qu'il falloit demonstrer.

3. CAS. S'ils sont obtus, comme *b g c*, & *n o m* ; les angles aigus *c g f*, *m o p*, complemens de ces obtus, seront
égaux.

Donc les perpendiculaires *c f* & *m p*, qui sont les sinus
de ces angles, seront égales par S. 56.

Donc *g f* = *o p*.

Donc *b f* = *n p*. I. 18.

Donc *c b* = *m n*. V. 48. Ce qu'il falloit demonstrer.

OBSERVATION,

*Touchant la comparaison de la premiere mesure des
angles avec ces trois dernieres.*

*Nous avons déja dit qu'il n'y avoit que l'arc qui fust la
mesure parfaite & naturelle de l'angle. Mais pour le mieux
voir, il faut remarquer que les trois autres mesures montrent
bien si un angle est égal à un angle, ou entre des angles inégaux quel est le plus grand ou quel est le plus petit. Mais
il n'y a que l'arc qui donne la veritable proportion entre les
angles inégaux. Car il est certain que si l'arc est triple ou
quadruple, ou quintuple de l'arc, l'angle sera aussi triple,
quadruple ou quintuple de l'angle. Mais cela ne se peut
pas dire des trois autres mesures, estant faux que si la corde*

eſt triple de la corde, lors même que les angles ſont équilateres entr'eux, l'angle ſoit triple de l'angle, parce que les cordes ne ſont pas proportionelles à leurs arcs, comme il a eſté dit VII. 21. Et c'eſt d'où vient la difficulté de la triſection de l'angle, parce qu'il ne ſuffit pas pour cela de couper la corde en trois: ce qui ſeroit facile, mais il faut couper l'arc en trois; ce qui ne ſe peut par la geometrie ordinaire, c'eſt à dire en n'y employant que des lignes droites & circulaires.

NOUVEAUX ELEMENS
DE
GEOMETRIE.
LIVRE NEUVIEME.

Des angles qui ont leur sommet hors le centre du Cercle, dont les Arcs ne laissent pas de les mesurer.

I.

L est bien aisé de reconnoistre que les angles ne peuvent avoir pour veritable mesure que les arcs d'un cercle, & que toutes les autres mesures, comme les cordes, les sinus, & les bases, ne peuvent estre que subsidiaires de celle-là, & que même elles ne les mesurent qu'imparfaitement.

Mais on a creu jusques icy qu'on ne pouvoit employer pour mesurer un angle que les arcs du cercle au centre duquel est le sommet de cet angle. Et ainsi arrivant rarement que deux angles que l'on compare ayent leur sommet au centre du même cercle, on ne pouvoit presque jamais employer la mesure des arcs dans la comparaison de plusieurs angles, & on estoit obligé d'avoir recours à de longs circuits par la conference de plusieurs triangles, ce qui obligeoit à considerer tant de lignes, qu'il estoit impossible que l'imagination n'en fust extrémement fatiguée, qui est une des choses qu'on doit éviter autant que l'on peut dans l'étude de la Geometrie.

Cciij

Cependant il est vray qu'il n'y a point d'angle qu'on ne puisse mesurer par les arcs d'un cercle, en quelque endroit qu'en soit le sommet au regard du cercle : C'est à dire,

1. Soit qu'il soit dans la circonference du cercle.

2. Soit qu'il soit au dedans, quoy qu'ailleurs qu'au centre.

3. Soit même qu'il soit au dehors, pourveu que ses costez coupent ou touchent le cercle.

C'est ce que l'on verra par ce Livre, qui ne servira pas seulement à mesurer avec une merveilleuse facilité toutes sortes d'angles, mais donnera aussi par là de grandes ouvertures pour trouver beaucoup de nouvelles choses touchant la proportion des lignes.

Mais pour rendre les preuves plus courtes, il est bon de supposer quelques Lemmes, ou clairs d'eux mêmes, ou demonstrez dans le Livre precedent, afin d'y renvoyer quand on en aura besoin.

I. Lemme. Definition.

III. Lorsque dans toutes ces sortes d'angles on dit qu'un tel arc du cercle auquel ils ont rapport leur sert de mesure, cela veut dire, que si ce même angle estoit au centre du cercle, il auroit cet arc, ou un autre qui luy seroit égal, pour sa mesure. Ou bien cela veut dire, qu'un angle qui seroit au centre de ce cercle, & qui auroit cet arc pour mesure, seroit égal à l'angle hors le centre qu'on dit avoir cet arc pour sa mesure.

Et de là il s'ensuit, que dans ces sortes d'angles, aussi bien que dans ceux qui sont au centre du cercle, deux angles sont égaux quand ils ont pour mesure des arcs égaux, ou absolument quand ce sont des arcs du même cercle, ou de cercles égaux ; ou proportionellement quand ce sont des arcs de cercles inégaux : l'arc du petit ayant la même raison à sa circonference, que l'arc du grand à la sienne : comme si l'un & l'autre estoit la dixiéme partie de sa circonference, c'est à dire de 36. degrez.

II. Lemme.

IV. Tout angle qui a pour mesure la MOITIÉ

- de la demy-circonference est *Droit.*
- d'un arc moindre que la demy-c. *Aigu.*
- d'un arc plus grand que la demy-c. *Obtus.*

Et de là il s'enfuit, que quand on dit que deux angles, ou trois angles font égaux à deux droits, cela veut dire que ces deux angles, ou ces trois angles pris enfemble ont pour mefure la demy-circonference, c'eft à dire 180. degrez.

Et quand on dit que deux angles font égaux à un droit, cela veut dire que ces deux angles pris enfemble ont pour mefure la moitié de la demy-circonference, c'eft à dire 90. degrez.

III. Lemme.

QUAND un tout eft partagé en plufieurs portions, comme *A* en *b*, *c*, *d* ; comme ces trois portions enfemble font le tout, les trois moitiez de ces portions, c'eft à dire une moitié de chacune, font toutes enfemble la moitié du tout, de forte que ces trois expreffions font la même chofe.

La moitié du tout.

La moitié des trois portions que comprend le tout.

Les trois moitiez de ces portions, c'eft à dire une de chacune, ce qui s'entend toûjours, quoy qu'on ne le marque pas.

Et ainfi fuppofant qu'*A* foit une circonference, & que *b*, *c*, *d*, foient trois arcs qui la comprennent toute,

$\frac{1}{2}$ de l'arc *b* $\rbrace$ font égales prifes enfemble à la $\frac{1}{2}$ de la cir-
$\frac{1}{2}$ de l'arc *c* $\rbrace$ conference, c'eft à dire à la demy-circon-
$\frac{1}{2}$ de l'arc *d* $\rbrace$ ference, ou à 180. degrez.

Et fuppofant qu'*A* foit une demy-circonference, & que *b* & *c* foient deux arcs qui la comprennent, deux moitiez de ces arcs, une de chacun, valent la moitié de la demy-circonference. C'eft à dire 90. degrez.

Et alors on peut exprimer la moitié de l'un de ces arcs en deux manieres, ou par fon propre nom, comme la $\frac{1}{2}$ d'un tel arc, ou par la moitié du tout dont il eft portion moins la moitié de l'autre arc.

Ainfi eftant donné une demy-circonference qui comprend les arcs *b* & *c*, la $\frac{1}{2}$ de l'arc *b* eft la même chofe que la moitié de la demy-circonference moins la $\frac{1}{2}$ de l'arc *c*.

Enfin fi un tout a deux portions, la moitié de la plus grande moins la moitié de la plus petite eft la même cho-

se que la moitié du tout moins la petite entiere. Car si le
tout a pour portions *b* & *c*, la moitié du tout est égale à la
moitié de *b* plus la moitié de *c*. Il faut donc oster deux
fois la moitié de *c* de la moitié du tout, pour rendre la
moitié du tout égale à la moitié de *b*, dont on auroit osté
la moitié de *c*.

IV. LEMME.

VI.

ENFIN il se faut souvenir,

1. Que tout angle plus les deux que
font ses costez sur sa base sont égaux
à deux droits.

2. Que les deux angles sur la base
d'un angle droit sont égaux à un
droit.

3. Que si on prolonge un costé de l'angle vers le sommet, le nouvel angle que fait ce costé prolongé sur l'autre
costé est égal aux deux angles qui sont sur la base du premier angle. Ainsi l'angle *f k b* est égal aux angles vers *b*
& vers *c*.

La premiere sorte d'angles dont le sommet est en la
circonference d'un Cercle donné.

DIVISION.

VII.

LE sommet d'un angle ne se peut terminer en
la circonference d'un cercle qu'en 3 manieres.

1. Quand l'un des costez est au dedans du
cercle & l'autre au dehors.

2. Quand tous les deux sont au dedans.

3. Quand ils sont tous deux au dehors du cercle. Mais parce que la premiere se subdivise en
deux, on peut conter 4. genres de cette sorte
d'angles.

Le 1. Quand l'un des côtez est au dedans du
cercle, & en est une corde, & que l'autre costé
qui est au dehors touche le cercle.

Le 2. Quand l'un des costez estant aussi au dedans du
cercle

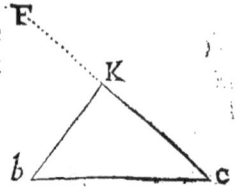

cercle celuy qui eſt au dehors coupe le cercle , & entre dans le cercle lorſqu'on le prolonge de ce coſté-là : ou que ce n'eſt même
qu'une corde prolongée hors le cercle.

Le 3. Quand tous les deux coſtez ſont au
dedans du cercle , & en ſont deux cordes.

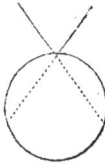

Le 4. Quand ils ſont tous deux au dehors.

Mais parce qu'alors cette ſorte d'angle ne peut
avoir de rapport au cercle, que parce qu'il ſeroit
égal à un angle qu'on luy oppoſeroit au ſommet,
qui ſeroit neceſſairement ou du 1 ou du 3 genre ,
il ne ſera point neceſſaire de rien dire de ce 4 genre , puiſqu'on
en pourra juger par les autres.

Et ainſi il ne reſtera qu'à donner la meſure des trois pre-
miers ; ce que nous ferons par trois Theoremes tres clairs &
tres-faciles, & dont même les deux derniers ne ſeront qu'une
ſuite du premier : & en même temps ſi feconds pour parler ain-
ſi, qu'un tres-grand nombre de propoſitions qui ne ſe prouvent
dans la Geometrie ordinaire que par des voyes tres obſcures &
tres embaraſſées s'en deduiront ſans peine, comme n'en eſtant
que de ſimples Corollaires.

Mais pour cela il eſt neceſſaire de marquer la maniere dont
on exprime les angles du premier & du troiſième genre dans la
Geometrie ordinaire. Car pour celuy du deuxième , perſonne
ne les a encore conſiderez.

PREMIER AVERTISSEMENT.
DEFINITIONS.

L'ANGLE du premier genre, qui eſt celuy qui eſt compris entre une corde & une tangente, eſt appellé ordinairement *angle du ſegment, angulus ſegmenti.*

Et l'angle du 3ᵉ genre qui eſt compris entre deux cordes qui ſe terminent d'une part à un même point de la circonference, *l'angle dans le ſegment , angulus in ſegmento.*
Ce que pour mieux entendre, il faut remarquer, que toute corde partage le cercle en deux portions, qui ſont appellées *ſegmens,* & que ces portions ou ſegmens ſont égaux
quand cette corde eſt un diametre, & alors on les appelle

VIII.

D d

des demy cercles, & l'arc de chacun eſt une demy-circonference.

Mais qu'ils ſont inégaux, quand c'eſt une autre corde
que le diametre, l'un eſtant plus petit que le demy-cercle,
& l'autre plus grand. De ſorte que pour abreger nous
appellerons l'un le petit ſegment, & l'autre le grand ſegment.

Et delà il eſt clair que l'arc du petit ſegment eſt plus petit que la demy-circonference, & que l'arc du grand ſegment eſt plus grand que la demy-circonference.

Cela ſuppoſé, ſi on tire la corde
FG, & au point F la tangente mn;
FxG eſt le petit ſegmenr, & FyG
le grand ſegment.

Et l'angle GFm, l'angle du petit
ſegment; parce que la tangente mF
eſt du coſté de ce ſegment-là.

Et l'angle GFn, l'angle du grand
ſegment.

Mais l'angle FkG eſt l'angle dans
le petit ſegment.

Et l'angle FKG, l'angle dans le grand ſegment.

II. Avertissement.

IX.   On peut encore remarquer qu'au regard de l'angle du ſegment, il faut que la
corde qui diviſe les deux ſegmens ſoit dé-
crite, parce qu'elle fait l'un des coſtez de
l'angle. Mais que cela n'eſt pas neceſſaire
au regard de l'angle dans le ſegment, parce
que la corde n'eſt que la baſe de cet an-
gle, & qu'elle eſt ſuffiſamment marquée par les 2 points
de la circonference auſquels aboutiſſent les deux coſtez
de l'angle, comme l'angle FkG, eſt ſuffiſamment marqué, quoy que la ligne FG ne ſoit que ſous-entenduë &
non tracée.

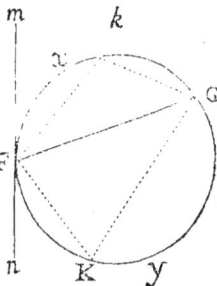

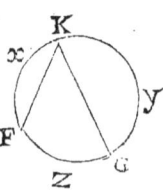

III. Avertissement.

X.   L'angle dans le ſegment ſe peut exprimer en deux

manieres; ou par raport au segment dans lequel il est inscrit, son sommet se trouvant dans l'arc de ce segment; ou par raport à l'arc sur lequel il est appuyé. Et c'est en cette maniere qu'il vaut mieux l'exprimer, quand la corde qui joindroit les extrémitez de ses costez n'est pas marquée; comme dans l'angle *F k G*, qui est appuyé sur l'arc *F ʒ G*; & alors on dit simplement que c'est un angle inscrit dans le cercle, sans parler de segment.

IV. Avertissement.

Il est aisé de voir que l'angle inscrit dans un segment est toûjours appuyé sur l'arc du segment opposé. Et qu'ainsi l'angle dans le grand segment est appuyé sur l'arc du petit segment: & au contraire l'angle dans le petit segment est appuyé sur l'arc du grand. XI.

V. Avertissement.

Enfin il faut remarquer, que quand on parle des arcs que soûtiennent les costez d'un angle inscrit dans le cercle, on doit entendre les deux qui sont à costé l'un de l'autre, & tout-à-fait separez l'un de l'autre, & qui avec celuy sur lequel l'arc inscrit est appuyé comprennent toute la circonference. XII.

PREMIER THEOREME,
FONDAMENTAL DE TOUS LES AUTRES.

Tout angle compris entre une tangente & une corde, a pour mesure la moitié de l'arc soûtenu par cette corde du costé de la tangente. XIII.

Et parce que cet angle est aussi appellé l'angle du segment vers lequel est cette tangente, selon cela on doit dire, qu'il a pour mesure la moitié de l'arc de ce segment-là. De sorte que si c'est l'angle du petit segment, il a pour mesure la moitié de l'arc du petit segment; & si c'est l'angle du grand segment, il a pour mesure la moitié de l'arc du grand segment.

Ce Theoreme est le fondement de la mesure des angles par des arcs de cercles hors le centre desquels est leur sommet; & la preuve en est tres-facile.

Soit la corde *F G* & la ligne *m n* qui touche le cercle,

D d ij

dont le centre est au point c, l'angle mFG est l'angle du petit segment, & nFG l'angle du grand.

Soit tiré le diametre kK perpendiculaire à FG ; & le rayon cF, & Pc perpendiculaire au diametre Kk, & par consequent parallele à FG, le diametre kK coupera par la moitié les arcs du grand & du petit segment. D'où il s'ensuit que l'angle au centre Fck a pour mesure la moitié de l'arc du petit segment. Et que l'angle au contraire FcK a pour mesure la moitié de l'arc du grand segment.

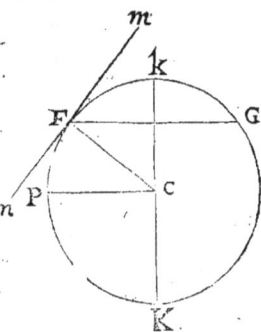

De sorte que le Theoreme sera demonstré (par le 1er Lemme) si on peut faire voir, que l'angle du petit segment mFG est égal à l'angle au centre Fck. Or cela est facile. Car cP & FG estant paralleles, les angles alternes que fait sur l'une & sur l'autre le rayon de l'atouchement (c'est à dire les angles PcF, & cFG) sont égaux.

Or l'angle mFc (qui comprend l'angle du segment & l'angle cFG) est droit : & par consequent égal à l'angle Pck, qui est droit aussi, & qui comprend les deux angles Fck & PcF. Donc ostant de part & d'autre les angles cFG & PcF (que l'on vient de faire voir estre égaux) l'angle du segment demeurera égal à l'angle Fck, qui a pour mesure la moitié de l'arc du petit segment.

Donc l'angle du petit segment mFG, a aussi pour mesure la moitié de cet arc du petit segment. Ce qu'il falloit demonstrer.

On fera voir de même que l'angle du grand segment nFG est égal à l'angle au centre FcK, qui a pour mesure la moitié de l'arc du grand segment.

Car l'angle du grand segment comprend l'angle droit nFc & l'angle cFG. Or l'angle au centre FcK comprend aussi l'angle droit PcK & l'angle PcF.

Or les angles cFG & PcF sont égaux, comme il vient

d'eftre dit. Donc eftant ajoûtez chacun à un droit, ils rendent égaux l'angle du fegment & l'angle au centre, qui a pour mefure la moitié de l'arc du grand fegment.

Donc (par le 1 Lemme) l'angle du grand fegment a pour mefure la moitié du grand fegment.

I. COROLLAIRE.

L'ANGLE du demy-cercle eft droit.   XIV.
Celuy du petit fegment eft aigu.
Celuy du grand,   obtus.
Cela eft clair par le 2e Lemme.

II. COROLLAIRE.

LORSQUE deux cercles dont
l'un eft dans l'autre fe touchent,
toutes les cordes menées du point
de l'atttouchement à la circonference du plus grand cercle foûtiennent des arcs proportionellement égaux dans les deux cercles:
c'eft à dire que la ligne entiere
($k\,b$) foûtient dans le grand cer-
cle un arc égal à celuy que foûtient dans le petit ($k\,d$) partie de cette même ligne.   XV.

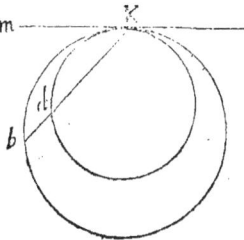

Car les angles $m\,k\,b$ & $m\,k\,d$ font le même angle. Or l'un a pour mefure la moitié de l'arc $k\,b$, & l'autre la moitié de l'arc $k\,d$. Donc ces deux arcs font proportionnelle-
ment égaux.

II. THEOREME.

Tout angle dont le fommet eft en la circonference, & XVI.
qui eft compris entre une corde & la partie d'une autre
corde prolongée hors le cercle du cofté qu'elle eft hors
le cercle, a pour mefure la moitié des deux arcs qui font
à cofté du fommet de cet angle, & qui font foûtenus par
les deux cordes, dont l'une eft le cofté de l'angle, & l'autre en fait l'autre cofté par fa partie prolongée hors le
cercle.

Soient les deux cordes $K\,D$ & $K\,G$, dont $K\,G$ foit prolongée en F hors le cercle; je dis que l'angle $F\,K\,G$ a

pour mefure la moitié des deux
arcs KD & KG.

Car foit tirée par le point K
la tangente mn, l'angle FKG
comprend les deux angles FKn
& nKG. Or l'angle FKn eft
égal à l'angle mKD, parce qu'il
luy eft oppofé au fommet. Donc
l'angle FKG eft égal aux deux
angles nKG & mKD.

Or par le 1er Theoreme nKG
a pour mefure la moitié de l'arc
KG, & mKD a pour mefure la moitié de l'arc KD.

Donc l'angle FKG, qui eft égal à tous les deux, a pour
mefure l'une & l'autre moitié de ces deux arcs. C'eft à dire
la moitié de ces deux arcs, par le troifiéme Lemme.

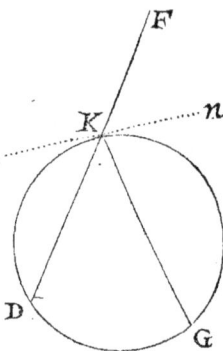

COROLLAIRE.

XVII. Si l'on joint les extremitez de
deux cordes par deux autres cordes
qui fe croifent, & que l'on prolonge
hors le cercle les deux premieres
cordes, les angles que le prolongement de chacune fera fur les cordes
qui fe croifent, feront égaux.

Soient les deux premieres cordes
cf & dg.

Les deux qui fe croifent, fd & gc.

Les prolongemens, Kc & kd.

Je dis que les angles Kcg & kdf
font égaux.

Car par le precedent Theoreme l'un & l'autre a pour
mefure la moitié des arcs fc, cd, dg.

III. THEOREME.

XVIII. Tout angle infcrit au cercle, c'eft à dire compris
entre deux cordes qui ne fe joignent qu'en la circonference, a pour mefure la moitié de l'arc fur lequel il eft
appuyé.

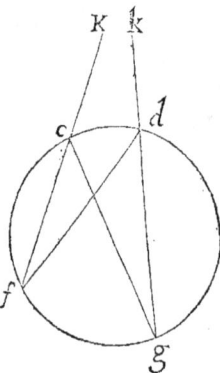

Et parce qu'on appelle auſſi ces angles (angles dans le ſegment) ſelon cela.

Tout angle dans un ſegment a pour meſure la moitié de l'arc du ſegment oppoſé. Voyez le 4. Avertiſſement.

La preuve en eſt tres facile par le premier Theoreme.

Soit l'angle *f k g*. Je dis qu'il a pour meſure la moitié de l'arc *f g*.

Soit menée par le ſommet *k* la tangente *m n*, l'angle inſcrit *f k g*, plus les deux qui ſont à coſté *f k m*, & *g k n* , valent deux droits.

Donc ils ont pour meſure la demy-circonference, par le 2ᵉ Lemme.

Donc ils ont pour meſure les trois moitiez des arcs *f g*, *k f*, *k g* (par le 3ᵉ Lemme) parce que ces trois arcs comprennent toute la circonference.

Or l'un de ces trois angles, ſçavoir *f k m*, a pour meſure la moitié de l'arc *k f*; & l'autre, ſçavoir *g k n*, a pour meſure la moitié de l'arc *k g*. Donc il reſte pour la meſure du 3ᵉ, qui eſt l'angle inſcrit, la moitié du 3ᵉ arc, qui eſt *f g*.

On peut encore prouver la meſme choſe par le 2 Theoreme. Car ſi on prolonge *f k* juſques à *b*, les angles *f k g* & *g k b* valent deux droits, & par conſequent ont pour meſure la moitié de la circonference, & par conſequent auſſi les trois moitiez des trois arcs *k f*, *k g*, *f g*.

Or l'angle *b k g* a pour ſa meſure la moitié des deux arcs *k f* & *k g*, par le deuxiéme Theoreme.

Reſte donc pour la meſure de l'angle inſcrit la moitié du troiſiéme arc, qui eſt *f g*.

I. COROLLAIRE.

Il paroiſt par là, que ſi on oſte de la circonference en-

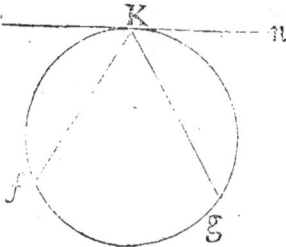

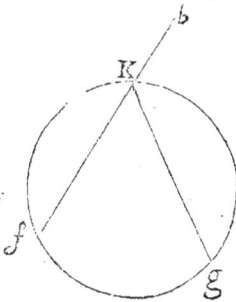

tiere, c'eſt à dire de 360. degrez , les deux arcs que ſoûtiennent les coſtez de l'angle inſcrit, la moitié de ce qui reſtera ſera la meſure de l'angle inſcrit, comme ſi l'un de ces arcs eſt de 100 degrez , & l'autre de 44, oſtant 144 de 360, reſtera 216 , dont la moitié eſt 108 pour la meſure de l'angle inſcrit.

II. COROLLAIRE.

XX. IL paroiſt auſſi qu'on peut dire encore : Que tout angle inſcrit a pour meſure la demy-circonference moins la moitié des deux arcs qui ſont ſoûtenus par ces coſtez : ou moins l'arc qui eſt ſoûtenu par l'un de ſes coſtez quand il eſt Iſoſcele.

Cela eſt clair par la demonſtration precedente, & par le troiſiéme Lemme.

Et cette meſure eſt ſouvent plus commode que l'autre, comme ſi l'on ſçait que des arcs que ſoûtiennent les côtez de l'angle inſcrit l'un eſt de 100 degrez , & l'autre de 44, en oſtant 50 & 22, qui font 72, de 180, ce qui reſtera qui eſt 108 eſt la meſure de cet angle inſcrit.

Et cela eſt encore plus facile , quand l'angle inſcrit eſt Iſoſcele , comme ſi l'un & l'autre de ſes coſtez ſoûtient un arc de 36 degrez : car oſtant 36 de 180 , ce qui reſte, qui eſt 144 , eſt la meſure de cet angle inſcrit.

III. COROLLAIRE.

XXI. Tous les angles inſcrits dans le même ſegment, ou appuyez ſur le même arc , ou ſur des arcs égaux, ſont égaux. Car ils ont la moitié du même arc ou de deux arcs égaux pour meſure. Donc ils ſont égaux par le premier Lemme.

Et il eſt clair auſſi (par le premier & le deuxiéme Corollaire) que des angles inſcrits ſont égaux quand les arcs que ſoûtiennent les deux coſtez de l'un pris enſemble ſont égaux aux arcs que ſoûtiennent les deux côtez de l'autre, & qu'ils ne peuvent eſtre égaux que cela ne ſoit.

Que ſi au contraire des angles inſcrits ſont ſuppoſez égaux , il faut qu'ils ſoient appuyez ſur des arcs égaux, ou abſolument, ſi c'eſt dans le même cercle ou en des cercles égaux que ces angles ſoient inſcrits ; ou proportionellement,

·ment, fi c'eſt dans des cercles inégaux. Ce qu'il faut auſſi ſuppoſer dans la premiere partie de ce Corollaire. Car les arcs proportionnellement égaux font autant pour l'éga- lité des angles que s'ils l'eſtoient.

IV. Corollaire.

Si deux angles inſcrits en divers cercles font égaux, & qu'ils ſoient ſoûtenus par des cordes égales, les cercles dans leſquels ils font inſcrits font égaux.   **xxii.**

Car les angles inſcrits en divers cercles ne ſçauroient eſtre égaux, qu'ils ne ſoient appuyez ſur des arcs propor- tionellement égaux, & des arcs de divers cercles propor- tionellement égaux ne ſçauroient eſtre ſoûtenus par des cordes égales que les cercles ne ſoient égaux. Donc, &c.

V. Corollaire.

ᵗ Lorsque deux cercles dont l'un eſt au dedans de l'autre ſe touchent, ſi du point de l'attouchement on mene deux lignes juſques à la circonference du plus grand, les arcs de l'une & de l'autre circonferen- ce compris entre ces deux lignes ſeront   **xxiii.**
proportionnellement égaux. Car le même angle ſera me- ſuré par la moitié de l'un & de l'autre de ces arcs.

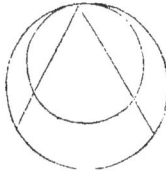

VI. Corollaire.

Si un cercle a pour centre un point de la circonference d'un autre cercle, & que de ce point on tire deux lignes qui cou- pent l'une & l'autre circonference, l'arc de celle qui a ce point pour centre com-   **xxiv.**
pris entre ces deux lignes eſt proportio- nellement égal à la moitié de l'arc de cel- le dans laquelle eſt ce point. Car le mê- me angle a pour meſure le premier arc entier & la moitié de l'autre.

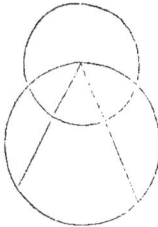

VII. Corollaire.

Si l'angle inſcrit & l'angle au centre font appuyez ſur le même arc, l'angle au centre eſt double de l'angle inſcrit.   **xxv.**
Car l'inſcrit a pour meſure la moitié de l'arc, qui entier

E e

eſt la meſure de l'angle au centre.

VIII. COROLLAIRE.

XXVI. Tous les angles dans un ſegment ſont égaux à l'angle du ſegment oppoſé. Et ainſi l'angle dans le grand ſegment eſt égal à l'angle du petit ſegment ; & l'angle dans le petit ſegment égal à l'angle du grand.

Car l'angle du grand ſegment eſt appuyé ſur l'arc du petit. Donc il a pour meſure la moitié de l'arc du petit, qui eſt auſſi la meſure de l'angle du petit ſegment.

IX. COROLLAIRE.

XXVII. L'ANGLE dans le demy-cercle eſt droit.
Dans le grand ſegment, aigu.
Dans le petit, obtus.
Cela eſt clair par le deuxiéme Lemme.

X. COROLLAIRE.

XXVIII. LES angles inſcrits en deux ſegmens oppoſez ſont égaux à deux droits. Car les arcs des deux ſegmens comprennent toute la circonference. Donc la moitié de l'un qui eſt la meſure de l'un de ces angles plus la moitié de l'autre qui eſt la meſure de l'autre angle, valent la demy-circonference (par le troiſième Lemme.) Donc pris enſemble ils ont pour meſure la demy-circonference. Donc ils valent deux droits.

XI. COROLLAIRE.

XXIX. Si quatre cordes ne ſe joignent qu'aux extremitez, elles font quatre angles inſcrits dont les oppoſez ſont égaux à deux droits. C'eſt la même choſe que le precedent.

XII. COROLLAIRE.

XXX. L'ANGLE aigu qui eſt dans le grand ſegment eſt le complement de l'obtus qui eſt dans le petit. Cela eſt clair, puiſque les deux enſemble valent deux droits.

XIII. COROLLAIRE.

XXXI. LA moitié de la baſe d'un angle inſcrit eſt ſon ſinus, s'il eſt capable d'en avoir, c'eſt à dire s'il eſt aigu : ou de ſon complement, s'il eſt obtus. Car le ſinus eſt la moitié de la corde du double de l'arc. Or la baſe d'un angle inſcrit eſt la corde d'un arc qui eſt double de celuy qui meſure l'an-

gle infcrit. Donc la moitié de cette corde eft fon finus ;
s'il eft aigu : ou s'il eft obtus, le finus de fon complement,
c'eft à dire de l'angle aigu qui eftant infcrit dans le fegment oppofé a auffi cette corde pour fa bafe.

XIV. Corollaire.

On dit qu'un fegment eft capable d'un tel angle quand
tous les angles dans ce fegment font égaux à cet angle.

Et quand cela eft, il eft impoffible qu'un angle de cette
grandeur ait pour bafe la corde de ce fegment que fon
fommet ne fe trouve dans un des points de l'arc du fegment.

Suppofons par exemple que le
fegment A foit capable de l'angle
k ; je dis que tout angle égal à
l'angle k, qui aura b c pour bafe,
aura fon fommet dans un des
points de l'arc du fegment A.

Car s'il l'avoit au dedans du
cercle comme en d, prolongeant
c d jufques en f, point de la circonference, & tirant la ligne b f,
l'angle b f c fera égal à l'angle k
par l'hypotefe. Or l'angle b d c,
par le 4ᵐᵉ Lemme, eft égal à l'an-
gle b f c. plus l'angle f b d. Donc il eft plus grand que le
feul angle b f c. Donc il eft plus grand que l'angle k.

Et fi le fommet eftoit hors du fegment comme en g, tirant une ligne de b au point où c g coupe le cercle comme
à f, on prouvera que l'angle b f c, égal à k, fera plus grand
que l'angle b g c, parce qu'il fera égal à b g c plus g b f, par
le quatriéme Lemme.

Donc l'angle qui a b c pour bafe ne peut eftre égal à k
qui eft l'angle dont le fegment A eft capable, qu'il n'ait
fon fommet dans la circonference, puifque s'il l'avoit au
dedans il feroit plus grand, & s'il l'avoit au dehors il feroit
plus petit.

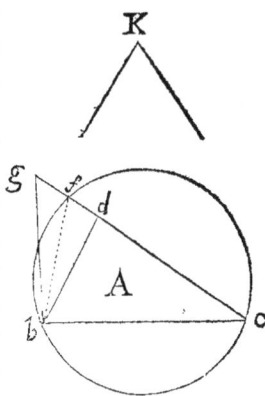

XV. COROLLAIRE.

XXXIII. Si on fait le diametre d'un cercle de l'hypothenuse d'un angle droit, le sommet de cet angle droit se trouvera dans la circonference du cercle.

Car chaque demy-cercle est capable de cet angle droit. Donc par le Corollaire precedent, nul angle droit ne peut avoir pour l'hypothenuse la corde du demy-cercle qui est le diametre, que son sommet ne se trouve en un des points de la demy-circonference.

XVI. COROLLAIRE.

XXXIV. Si du sommet d'un angle on tire une ligne au milieu de la base, & que cette ligne soit égale à la moitié de cette base, l'angle est droit : mais si elle est plus longue, il est aigu ; & si elle est plus courte, il est obtus.

Car faisant un demy-cercle qui ait pour centre le point du milieu de la base, & pour intervale la moitié de la base, le sommet de l'angle se trouvera dans un des points de la demy-circonference, si la ligne tirée du sommet au milieu de la base est égale à la moitié de la base. Donc l'angle sera droit.

Et le sommet se trouvera au dehors du demy-cercle, si elle est plus longue. Donc l'angle sera plus petit qu'un droit par le neuviéme Corollaire, & par consequent aigu.

Et il se trouvera au dedans du demy-cercle si elle est plus courte. Donc l'angle sera plus grand qu'un droit par le neuviéme Corollaire. Donc obtus.

XVII. COROLLAIRE.

XXXV. Quand deux cordes égales se coupent, chaque partie de l'une est égale à chaque partie de l'autre.

Soient les cordes égales Bc & mn, qui se coupent en o, les arcs bnc & mcn sont égaux, parce qu'ils sont soûtenus par des cordes égales. Donc ostant de ces deux arcs l'arc nc, qui leur est commun ; les arcs Bn & mc demeurent égaux. Donc tirant la ligne nc, les angles inscrits

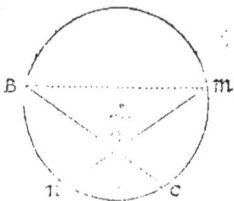

$n c B$ & $c n m$ font égaux, parce qu'ils font appuyez fur des arcs égaux. Donc les deux lignes $o n$ & $o c$ font égales, parce qu'eftant menées d'un même point elles font des angles égaux fur la même bafe. Et on prouvera de même en tirant la ligne $B m$ que $o m$ & $o B$ font égales. Donc chaque partie de l'une de ces cordes eft égale à chaque partie de l'autre.

I. PROBLEME.

TROUVER l'angle droit dont on a l'hypothenufe & la XXXVI. diftance du fommet à l'hypothenufe.

Elever de l'extremité de l'hypothenufe une perpendiculaire égale à cette diftance, & tirer par l'autre extremité de cette perpendiculaire une parallele à l'hypothenufe.

L'un des deux points où cette parallele coupera le cercle qui aura l'hypothenufe pour diametre , ou le point de l'attouchement, fi elle le touche, fera le fommet de cet angle droit qui en determinera les coftez.

Car la diftance eftant donnée de ce fommet à l'hypothenufe, il ne fe peut trouver ailleurs (d'un cofté) qu'en quelqu'un des points de cette parallele ; & parce que cet angle eft fuppofé droit, il faut par le 11. Corollaire qu'il fe trouve auffi en quelqu'un des points de la demy-circonference. Donc en un des points où elle la coupe , ou en celuy auquel elle le touche.

II. PROBLEME.

D'UN point hors le cercle tirer les tangentes au cercle XXXVII. & montrer qu'on n'en peut tirer que deux, & qu'elles font égales.

Soit k le point hors le cercle , & c le centre du cercle, joindre ces points par une ligne. Décrire le cercle qui aura cette ligne pour diametre & qui coupera le premier en deux points comme f & g ; $k f$, & $k g$, feront les deux tangentes tirées du

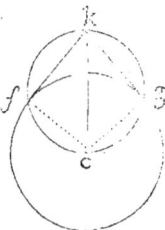

point *k* au premier cercle.

Car l'angle que l'une & l'autre fait avec le rayon du premier cercle est droit, parce qu'il est dans un demy-cercle.

Et il ne peut y avoir que ces deux lignes tirées du point *k* qui touchent le cercle, parce que le sommet de l'angle droit, qui doit avoir pour costez la tangente tirée de *k* & un rayon du premier cercle doit estre en un point commun aux circonferences des deux cercles, puisqu'il doit estre dans la circonference du premier, à cause qu'un rayon du premier en est un des costez ; & dans celle du second, à cause que tous les angles droits qui ont le diametre du second cercle pour hypothenuse doivent avoir leur sommet dans la circonference de ce second cercle (par le treiziéme Corollaire.)

Or il n'y a que les poins *f* & *g* qui soient communs aux deux cercles. Donc on ne peut tirer de *k* que les deux tangentes *k f* & *k g*.

Et il est clair qu'elles sont égales, puisque chacune soûtient des arcs égaux dans la circonference du nouveau cercle.

III. PROBLEME.

XXXVIII COUPER un segment dans un cercle donné qui soit capable d'un angle donné.

Ayant tiré une tangente au cercle, la corde qui fera avec cette tangente au point de l'atouchement un angle égal à l'angle donné, satisfera au Probleme. Car le segment du costé opposé à celuy de l'angle égal au donné qui fait cette corde avec la tangente, sera capable de l'angle donné, par le cinquiéme & dixiéme Corollaire.

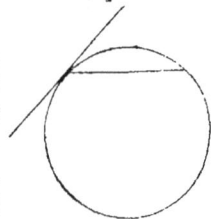

IV. PROBLEME.

XXXIX. TROUVER le cercle dont le segment terminé par une ligne donnée soit capable d'un angle donné.

Soit la ligne donnée *b d*, & l'angle donné *k* ; soit tirée *b f* qui fasse sur *b d* un angle égal à l'angle *k*.

Soit élevé du point *b* une perpendiculaire à *b f*, & qu'il y ait une autre perpendiculaire à *b d* qui coupe *b d* par la moitié ;
le point *c*, où je suppose que ces deux perpendiculaires se rencontreront sera le centre du cercle, qui aura *c b* ou *c d* pour intervale, & pour tangente *f b*.

Donc le segment opposé à celuy vers
lequel est *f b* sera capable d'un angle égal
à l'angle *f b d*, par le 5ᵉ Corollaire, parce-
que l'un sera l'angle du segment, & l'autre
l'angle dans le segment opposé.

V. PROBLEME.

CONNOISSANT qu'elle est la distance de trois points l'un   X L.
de l'autre, comme de *b* , *c* , *d* , & ne sçachant d'un 4ᵉ comme *x*, sinon de quel costé il est, à l'égard de ces trois-là,
& qu'elle est la grandeur de l'angle compris entre ces lignes *x b* & *x c*, & de celuy qui est compris entre ces lignes
x c & *x d* trouver ce 4ᵉ point.

Les lignes *b c* & *c d* sont données
par l'hypothese.

Et les angles donnez soient *f* & *g*.

Trouver par le Problème precedent le cercle dont le segment terminé par *b c*, tourné vers *x*, soit capable de l'angle *f*.

Et trouver de mesme un autre
cercle dont le segment terminé par
c d & tourné vers *x*, soit capable de l'angle *g*.

Ces deux cercles se couperont en deux points, dont l'un
sera *c* par la construction, & l'autre *x* : ce qui se prouve
ainsi.

Les deux angles *b x c*, & *c x d*, dont la grandeur est connuë, ont leur sommet au même point.

Or par le 10ᵐᵉ Corollaire l'angle égal à *f* ayant *b c* pour
base ne peut avoir son sommet ailleurs que dans un des
points de l'arc du segment qu'on a trouvé estre capable de

l'angle *f*. Et par la même raifon l'angle égal à *g* ayant *c d*
pour bafe ne peut auffi avoir fon fommet que dans un des
points de l'arc du fegment qu'on a trouvé eftre capable
de l'angle *g*. Donc il faut que ce point qui eft le fommet
de tous les deux angles foit commun à tous les deux cercles. Donc il faut que ce foit l'un des deux points où ils fe
coupent. Or il eft bien vifible que ce n'eft pas le point *c*.
Donc l'autre point où ils fe coupent eft le point *x* que l'on
cherchoit.

II.

Des angles dont le fommet eft au dedans du cercle & ailleurs qu'au centre.

XLI. QUAND le fommet d'un angle eft au dedans du cercle,
mais ailleurs qu'au centre, comme peut eftre l'angle *k*, fes
coftez doivent toûjours eftre confiderez comme terminez
par la circonference, comme au point *f* & *g*; & de plus il
les faut auffi prolonger au delà du fommet jufques à la circonference de l'autre part, en prolongeant par exemple
f k jufques en *c*, & *g k* jufques en *d*.

Et ainfi ces angles fe reduifent aux
angles qui fe font dans la fection de
deux cordes qui fe coupent au dedans
du cercle, où il fe fait quatre angles
dont les oppofez font égaux, & qui
font chacun appuyé fur l'un des quatre
arcs, aufquels cette circonference fe
trouve divifée par ces deux cordes.

Voicy donc le Theoreme qui nous apprendra la mefure
de ces angles.

IV. THEOREME.

XLII. TOUT angle fait par la fection de deux cordes qui fe coupent au dedans du cercle, a pour mefure la moitié de l'arc
fur lequel il eft appuyé, plus la moitié de l'arc oppofé.

Soient les deux cordes *c f* & *d g* qui fe coupent en *k*.
Prenons lequel on voudra des quatre angles qu'elles font

en

en se coupant, comme $f k g$; je dis qu'il aura pour sa mesure la moitié de l'arc $f g$ plus la moitié de l'arc opposé $d c$.

Soient joints les points $d f$, l'angle $f k g$
est égal aux deux angles vers d & vers f
(par le quatriéme Lemme.)

Or l'angle vers d pour mesure la moitié de l'arc $f g$ sur lequel il est appuyé, &
l'angle vers f la moitié de l'arc $c d$, par la
même raison.

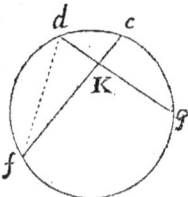

Donc l'angle $f k g$ qui leur est égal, a pour sa mesure les
moitiez de ces deux mêmes arcs: ce qu'il falloit demonstrer.

COROLLAIRE.

XLIII.

QUAND deux cordes égales moindres que des diametres se coupent, elles divisent la circonference en quatre
arcs, dont il y en a deux opposez qui sont égaux, & deux
autres inégaux; & alors les angles qui sont appuyez sur
chacun de ces arcs égaux ont pour mesure cet arc entier.

Car les opposez estant égaux, un entier est la même
chose, que la moitié de l'un plus la moitié de l'autre.

Je ne prouve point ce qui est supposé dans ce Corollaire, parce que c'est une suite visible de ce qui a esté demonstré, sup. 35.

III.

Des angles dont le sommet est hors le cercle que leurs costez coupent ou touchent.

LES costez d'un angle dont le sommet est hors le cercle peuvent,

XLIV.

Ou le couper tous deux.

Ou le toucher tous deux.

Ou l'un le couper & l'autre le toucher.

Mias quand ils le coupent, on les considere toûjours
comme entrans dans le cercle selon sa convexité, & estant
terminez par la circonference au dedans du cercle selon sa
concavité.

F f

C'eſt pourquoy ces angles ſont toûjours conſiderez comme eſtant appuyez ſur deux arcs du cercle, l'un concave & l'autre convexe.

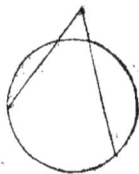

Quand les deux coſtez le coupent, l'arc concave eſt celuy qui eſt compris entre les deux points, où les deux coſtez ſont terminez au dedans du cercle. Et le convexe eſt celuy qui eſt compris entre les deux points par où il entre dans le cercle.

Quand tous les deux coſtez touchent le cercle, l'un & l'autre eſt compris entre les deux points de l'attouchement, mais l'un eſt concave au regard de l'angle, & l'autre convexe.

Et quand l'un touche & l'autre coupe le cercle, le concave eſt compris entre le point de l'attouchement & celuy où ſe termine l'autre coſté; & le convexe entre le point de l'attouchement & celuy où l'autre coſté entre dans le cercle.

Il eſtoit neceſſaire de bien expliquer ces deux ſortes d'arcs, parce que de là dépend la meſure de ces angles ſelon ce Theoreme.

V. THEOREME.

XLV. Lors que le ſommet d'un angle eſt hors le cercle, ſoit que ces deux coſtez coupent le cercle, ou que tous deux le touchent, ou que l'un le coupe & l'autre le touche, il a pour meſure la moitié de l'arc concave, moins la moitié de l'arc convexe.

PREUVE DANS LE PREMIER CAS.

Soit l'angle $f k g$, dont le coſté $k f$ coupe le cercle en c, & $k g$ en d; l'arc concave eſt $f g$, & le convexe $c d$. Il faut donc prouver que cet angle a pour meſure la moitié de l'arc $f g$, moins la moitié de l'arc $c d$, & on le prouve ainſi.

Soit tirée la ligne $f d$. Par le 4.e Lemme, l'angle $f d g$ eſt égal à l'angle $f k g$, plus l'angle $k f d$.

Donc l'angle *k* est égal à l'angle *f d g*
moins l'angle *k f d*. Donc il doit avoir
pour mesure la mesure de l'angle *f d g*
moins la mesure de l'angle *k f d*.

Or la mesure de l'angle *f d g* est la moitié de l'arc concave *f g*, sur lequel il est appuyé ; & la mesure de l'angle *k f d* est la
moitié de l'arc convexe *d c*.

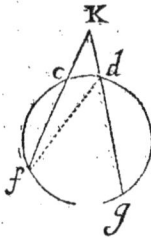

Donc l'angle *k* a pour mesure la moitié
de l'arc concave *f g*, moins la moitié de l'arc convexe *d c*.

PREUVE DU SECOND CAS.

Soit l'angle *k*, dont les costez *k f*
& *k g* touchent le cercle, & soit *k g*
prolongée jusques en *h*.

L'angle *f g h* est égal à l'angle *k*
plus l'angle *k f g*. Donc l'angle *k* est
égal à l'angle *f g h*, moins l'angle *k f g*.

Or l'angle *f g h* a pour mesure la
moitié de l'arc du grand segment *f g*,
& l'angle *k f g* a pour mesure la moi-
tié de l'arc du petit segment *f g*. Donc l'angle *k* a pour
mesure la moitié de l'arc du grand segment, qui est l'arc
concave moins l'arc du petit segment, qui est l'arc convexe.

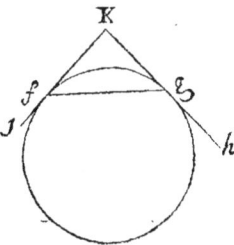

La preuve du troisième Cas est semblable à ces deux-là,
tenant quelque chose de l'un & de l'autre. Il vaut mieux
la laisser trouver.

AVERTISSEMENT.

Outre cette mesure qui est generale à toutes ces sortes d'an-
gles, il y en a qui sont particulieres à quelques-uns qu'il est
bon de marquer par des Theoremes particuliers.

VI. THEOREME.

UN angle ayant son sommet hors le cercle, si l'un de   XLVI.
ses costez qui coupe le cercle se termine à l'extremité d'un
diametre auquel l'autre costé est perpendiculaire, soit en
coupant le cercle, soit en le touchant, soit même estant
hors le cercle, ce diametre y estant prolongé, en tous ces

F ij

cas, cet angle a pour sa mesure la moitié de l'arc que soûtient la partie de son costé non perpendiculaire au diametre.

Il ne sera pas inutile de donner ce Theoreme pour exemple des diverses voyes que les principes qu'on a établis peuvent fournir pour demonstrer une même chose.

PREMIERE DEMONSTRATION.

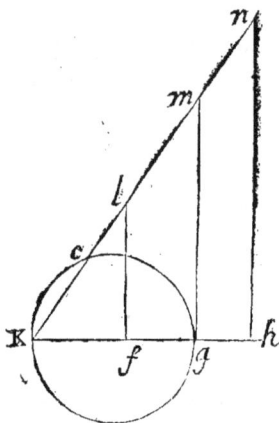

XLVII. Soit le diametre *k g* prolongé jusques à *h*. Soit de *k* tirée une ligne indefinie qui coupe le cercle en *c*.

Soit de divers points de cette ligne hors le cercle comme de *l, m, n*, tirées sur le diametre les perpendiculaires *l f, m g, n h*. J'ay à prouver que chacun de ces angles vers *l, m, n*, a pour mesure la moitié de l'arc *k c*. Ce qu'on peut faire en cette maniere.

Chacun des angles vers *l, m, n*, plus l'angle vers *k* valent un angle droit par le 4ᵉ Lemme, parce que ce sont les angles sur la base d'un angle droit. Donc chacun de ces angles, plus l'angle vers *k* ont pour mesure la moitié de la demy circonference. Donc ils ont aussi pour mesure, par le 3ᵉ Lemme les deux moitiez des deux arcs *k c* & *c g*, qui comprennent la demy-circonference.

Or l'angle vers *k* a pour sa mesure la moitié de l'arc *c g* sur lequel il est appuyé.

Reste donc pour la mesure de chacun des autres la moitié de l'arc *k c*. Ce qu'il faloit demonstrer.

SECONDE DEMONSTRATION.

SOIT encore tirée la ligne *c g*, l'angle *k c g* est droit, parce qu'il est dans le demy-cercle. Donc l'angle *c g k* est égal à chacun des angles vers *l m n*, puisque chacun de ces angles, plus l'angle vers *k* sont aussi égaux à un droit.

Or l'angle *c g k* a pour mesure la moitié de l'arc *k c*, sur lequel il est appuyé.

Donc la moitié de cet arc *k c* est aussi la mesure de chacun des angles vers *l*, *m*, *n*.

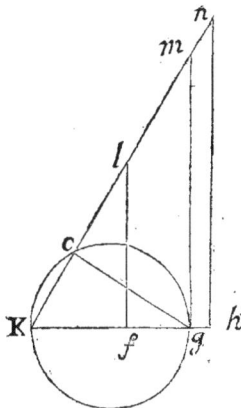

LVIII.

TROISIEME DEMONSTRATION.

SOIT tirée la ligne *c d* qui coupe perpendiculairement le diametre, ce qui fera que les arcs *k c* & *k d* seront égaux. Et la ligne *c d* estant parallele aux lignes *l f*, *m g*, *n h*, les angles que font ces paralleles sur la même ligne aux points *c*, *l*, *m*, *n*, sont égaux.

Or l'angle *k c d* a pour mesure la moitié de l'arc *k d* égal à l'arc *k c*. Donc chacun des angles vers *l*, *m*, *n*, a pour mesure la moitié de l'un ou l'autre de ces deux arcs qui sont égaux, *k d* & *k c*. Donc on peut dire qu'ils ont pour mesure la moitié de l'arc *k c*. Ce qu'il faloit demonstrer.

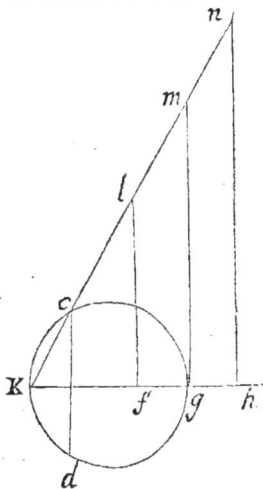

XLIX.

F f iij

QUATRIEME DEMONSTRATION.

.L. C'EST l'application de la demonstration du Theoreme general à ce cas particulier.

Je suppose que la perpendiculaire $L f$ coupe le cercle en p & en q. Par la demonstration du Theoreme general, l'angle $K L q$ a pour mesure la moitié de son arc concave $K q$, moins la moitié de son arc convexe $c p$.

Or l'arc concave $K q$ est égal aux deux arcs $K c$, & $c p$.

Donc la moitié de l'arc $K q$ est la même chose que la moitié de l'arc $K c$, plus la moitié de l'arc $c p$, par le 3e Lemme.

Donc la moitié de l'arc $K q$, moins la moitié de l'arc $c p$ est la mesme chose que la moitié de l'arc $k c$.

Donc la moitié de l'arc $k c$ est la mesure de l'angle $k L q$. Ce qu'il faloit demonstrer.

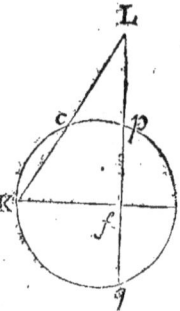

CINQUIEME DEMONSTRATION.

LI. AYANT tiré la tangeante $P K$, cette tangeante sera

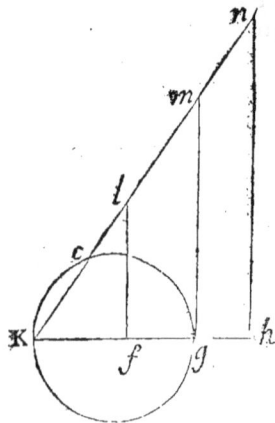

parallele aux lignes $l f$, $m g$, $n h$, qui sont perpendiculaires au diametre. Donc l'angle $P K c$, est égal aux an-

DE GEOMETRIE, Liv. IX. 231

gles vers l, m, n. Or l'angle $P K c$ a pour sa mesure la moitié de l'arc $P c$ (par 15.S,) donc chacun des autres angles vers l, m, n aura aussi pour sa mesure la moitié de ce mesme arc. Je croy que cette demonstration est la meilleur de toutes.

DES ANGLES DONT LES DEUX COSTEZ TOUCHENT LE CERCLE.

LII.

Il est bon d'en dire quelque chose en particulier, outre ce qu'on en a dit en général.

On les peut appeller des angles circonscrits.

Et voicy une nouvelle maniere de les mesurer.

VII. THEOREME.

LIII.

L'ANGLE circonscrit au cercle, c'est à dire dont les deux côtez touchent le cercle, a pour mesure la demy-circonférence moins l'arc convexe sur lequel il est appuyé.

PREMIERE DEMONSTRATION.

Soit l'angle $b k d$, à qui soit donné pour base la ligne qui joint les deux points d'attouchement $b d$; l'angle k plus les deux angles sur sa base sont égaux à deux droits, c'est à dire ont pour mesure pris ensemble la demycircon-férence.

Or les deux angles sur la base ont chacun pour mesure la moitié de l'arc convexe $b d$, par le 2e Theoreme.

Donc la mesure des deux est cet arc convexe.

Donc ostant cet arc convexe de la demycirconference, ce qui restera sera la mesure de l'angle k circonscrit au cercle : ce qu'il falloit demonstrer.

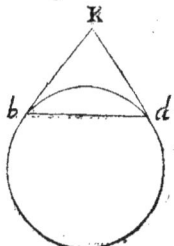

SECONDE DEMONSTRATION.

Par la demonstration generale l'angle k a pour mesure la moitié de l'arc concave, moins la moitié de l'arc conve-

xe. Or ces deux arcs comprennent toute la circonference.
Donc par le 3ᵉ Lemme, la moitié de toute la circonference
moins l'arc convexe entier est la mesme chose que la moitié de l'arc concave, moins la moitié du convexe.

I. COROLLAIRE.

LIV. DEUX angles circonscrits sont égaux quand ils sont
appuyez sur des arcs convexes d'autant de degrez, & le
plus grand est celuy qui est appuyé sur un arc de moins de
degrez.

Car de 180 degrez qui en oste un nombre égal, ce qui
reste est égal, & plus le nombre qu'on en oste est petit,
plus ce qui reste est grand. Donc, &c.

II. COROLLAIRE.

LV. SI un angle circonscrit est appuyé sur
un arc convexe qui soit soûtenu par le côté
d'un angle inscrit isoscele, l'angle inscrit
& le circonscrit sont égaux.

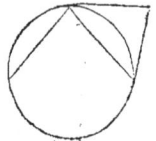

Car ostant cet arc de la demy-circonference, ce qui restera sera la mesure du circonscrit par 53. S. & de l'inscrit par 20. S.

III. COROLLAIRE.

LVI. IL est bon de considerer toûjours les côtez de l'angle
circonscrit comme terminez au point de l'attouchement. Et selon cela il faut dire que tout angle circonscrit
est isoscelle : car les deux tangentes au cercle menées du
même point sont toûjours égales, par le 2ᵉ Probleme.

IV. COROLLAIRE.

LVII. LA ligne menée du sommet de l'angle circonscrit au centre le divise toûjours par la moitié. Et l'on peut appeller ces deux moitiez de l'angle circonscrit des demy-angles circonscrits.

Car si on tire deux rayons au point
de l'attouchement, on ne pourra considerer ces deux demyangles, qu'on ne
voye sans peine que les costez de l'un
sont égaux aux costez de l'autre, & que
les rayons du même cercle, & par con-

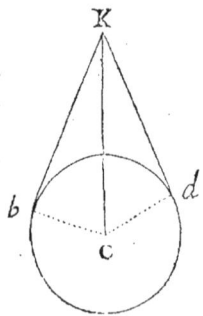

sequent

fequent les finus en font égaux. Donc ils font égaux.

V. COROLLAIRE.

Les angles circonfcripts au même cercle font égaux LVIII. quand les tangentes de l'un font égales aux tangentes de l'autre.

Soient *k b* tangente de l'angle *k* égale à *z p*, tangente de l'angle *z*. Je dis que les angles *k* & *z* font égaux. Car tirant les lignes du centre *k c* & *z c*, & les rayons *c b* & *c p*, les angles *k b c* & *z p c* font égaux, parce qu'ils font tous deux droits.

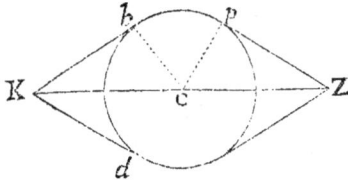

Et les coftez de l'un font égaux aux coftez de l'autre, puifque par l'hypothefe *k b* eft égale à *z p*, & que *c b* & *c p* font les rayons du même cercle.

Donc les bafes de ces angles *k c* & *z c* font égales.

Donc les angles *b k c* & *p z c* font égaux, les coftez de l'un eftant égaux aux coftez de l'autre, & ayant les deux rayons pour leurs finus.

Or ces deux angles *b k c* & *p z c* font chacun la moitié de chaque angle circonfcrit, par le Corollaire precedent.

Donc les angles circonfcrits font égaux : ce qu'il falloit demonftrer.

VI. COROLLAIRE.

Les angles circonfcrits au même cercle font égaux LIX. quand leur fommet eft également éloigné du centre, & les plus petits font ceux dont le fommet en eft plus éloigné.

Cela eft facile à prouver par les demy-angles circonfcrits, & je le laiffe à trouver à ceux qui commencent pour faire effay de leurs forces.

RECAPITULATION DE LA MESURE DES ANGLES.

Le fommet de l'angle eft LX.

$\begin{cases} \text{Dans le} \\ \text{cercle} \end{cases}$ $\begin{cases} \text{au centre.} \\ \text{hors le centre.} \end{cases}$ 1.
2.

G g

{ Dans la { l'un des coſtez au dedans, { le touchant.   3.

circonf. { & l'autre au dehors,   { le coupant.   4.

tous deux au dedans du cercle.   5.

{ Hors le { Les deux coſtez le coupant.   6.

cercle. } Les deux le touchant.   7.

{ { L'un le touchant & l'autre le coupant.   8.

{ Et parmy ces angles, l'un des coſtez coupant le cercle, & eſtant terminé à l'extremité du diametre auquel l'autre coſté eſt perpendiculaire.   9.

ONT POUR MESURE.

1. L'arc ſur lequel il eſt appuyé. VIII. 10.

2. La moitié de l'arc ſur lequel il eſt appuyé plus la
moitié de l'arc oppoſé. IX. 42.

3. La moitié de l'arc que ſoûtient le coſté qui eſt au dedans du cercle. IX. 13.

4. La moitié de l'arc que ſoûtient le coſté qui eſt au dedans du cercle, plus la moitié de celuy que ſoûtient le prolongement du coſté qui eſt hors le cercle. IX. 16.

5. La moitié de l'arc ſur lequel il eſt appuyé. IX. 18.

6.
7.   } La moitié de l'arc concave ſur lequel il eſt appuyé
8.   } moins la moitié de l'arc convexe. IX. 45.

7. La demy-circonference moins l'arc convexe ſur lequel il eſt appuyé. IX. 52.

9. La moitié de l'arc ſoûtenu par la partie du coſté non
perpendiculaire au diametre. IX. 46.

NOUVEAUX ELEMENS
D E
GEOMETRIE.
LIVRE DIXIÈME.

DES LIGNES PROPORTIONELLES.

A proportion des lignes dépend de deux chofes,   I.
des paralleles & des angles, & ainfi elle n'a pû
fe bien traitter qu'aprés l'explication de l'une &
de l'autre. Et mefme pour en bien comprendre tout
le myftere, il faut reprendre beaucoup de chofes des paral-
leles que nous propoferons en forme de Lemmes.

I. Lemme. Definition.

Un efpace compris d'une part entre deux paralleles &   II.
indefiny de l'autre, foit appellé efpace parallele.

II. Lemme. Definition.

Comme on ne confidere dans ces efpaces que la diftan-   III.
ce entre les paralleles, leur grandeur dépend de cette
diftance qui eft mefurée par les perpendiculaires comprifes entre ces paralleles, que nous appellerons pour cette
raifon les perpendiculaires des efpaces.

Et delà il s'enfuit que ces efpaces font égaux quand les

perpendiculaires de l'un font égales aux perpendiculaires de l'autre.

III. LEMME. DEFINITION.

IV.

ON dit qu'une ligne eft dans un efpace parallele quand elle eft terminée par les paralleles qui le terminent, comme la ligne *b* eft dans l'efpace *A*.

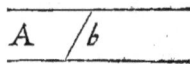

On dit qu'une ligne eft parallele à un efpace quand elle l'eft aux lignes qui le terminent, comme la ligne *b* eft parallele à l'efpace *A*.

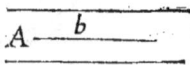

IV. LEMME.

V.

L'INCLINATION d'une ligne dans un efpace fe confidere par l'angle aigu qu'elle fait fur l'une & l'autre parallele, le faifant toûjours égal.

D'où il s'enfuit que deux lignes font également inclinées dans le mefme efpace, ou dans deux efpaces differens, quand les angles aigus que fait l'une font égaux aux angles aigus que fait l'autre.

Et que la moins inclinée eft celle qui fait fon angle aigu moins aigu & plus approchant du droit.

V. LEMME IMPORTANT.

VI.

LORSQUE deux ou plufieurs lignes font menées d'un même point fur la même ligne, elles font cenfées eftre dans un même efpace parallele. Car il ne faut alors que concevoir une ligne menée par ce point commun, qui foit parallele à celle qui les termine. D'où il s'enfuit que les coftez d'un angle terminez par une bafe font toûjours cenfez eftre dans le même efpace parallele.

VI. LEMME.

VII.

DEUX angles foient appellez femblables lors qu'eftans égaux les angles fur la bafe de l'un font égaux aux angles fur la bafe de l'autre chacun à chacun.

Et on eft affeuré que cela eft; 1. quand on fçait qu'ils font égaux, & qu'un des angles fur la bafe de l'un eft égal à l'un des angles fur la bafe de l'autre : car delà il s'enfuit que l'autre eft égal auffi.

2. Lors qu'étant égaux ils font de plus Ifofceles. VIII. 59.

VII. LEMME.

QUAND les sommets de deux angles sont également distans chacun de sa base (prolongée s'il est besoin) ces deux angles peuvent estre compris dans le même espace parallele. Car mettant ces deux bases sur une même ligne, la ligne qui passera par les deux sommets sera parallele à celle qui comprendra les deux bases.

VIII. LEMME.

IX

DANS le même espace parallele, ou dans les espaces paralleles égaux, toutes les également inclinées sont égales, & toutes les égales sont également inclinées. VIII. 54.

Et au contraire les espaces paralleles sont égaux quand les également inclinées y sont égales. Car delà il est certain que les perpendiculaires le sont aussi. VIII. 56.

IX. LEMME.

LORS qu'une même ligne est coupée par plusieurs lignes toutes paralleles, toutes les portions de cette ligne coupée sont également inclinées entre les paralleles qui les renferment. VIII. 57.

X. LEMME.

LORS qu'il y a proportion entre quatre lignes, on dit que deux de ces lignes sont proportionelles aux deux autres lignes quand les deux antecedens de la proportion se trouvent dans les deux premieres, & les deux consequens dans les deux dernieres. D'où il s'ensuit aussi qu'*Alternando*, on peut prendre aussi les deux premieres pour les deux termes d'une raison, & les deux dernieres pour les deux termes de l'autre.

PROPOSITION FONDAMENTALE
DES LIGNES PROPORTIONELLES.

LORS que deux lignes sont également inclinées en deux differens espaces paralleles, elles sont entr'elles comme les perpendiculaires de ces espaces, & leurs éloignemens du perpendicule sont aussi en même raison.

Soient deux espaces A & E.

Soient appellées dans l'espace *A*.
La perpendiculaire, *P*.
L'oblique, *C*.
L'éloignemēt du perpendicule *B*.

Et soient de même appellées dans
l'espace, *E*.
La perpendiculaire *p*.
L'oblique *c*.
L'éloignement du perpendicule *b*. Je dis que

$$P . p . :: C . c . :: B . b.$$

Et en voila la preuve tres-naturelle, dont je ne croy pas que jamais personne se soit avisé.

Soit *P* divisée en quelques aliquotes que l'on voudra, 10. 20. 500. 6000. 10000. &c. Et ces aliquotes quelconques de *p* soient appellées *x*.

Si on tire par tout les points de cette division telle qu'elle soit des paralleles à l'espace *A*, cet espace sera divisé en autant de petits espaces paralleles qu'*x* sera dans *P*. Et ces petits espaces seront égaux par le 2ᵉ Lemme, parce qu'ils auront tous *x* pour perpendiculaire.

Et de là il s'ensuit que *C* sera aussi divisé en aliquotes pareilles à celles de *P*, parce que les portions de *C*, qui se trouvent entre chacun de ces petits espaces égaux y étant également inclinées par le 9ᵉ. Lemme, y sont égales par le 8.

Soient donc les aliquotes de *C* pareilles à celles de *P* appellées *y*.

Que si de tous les points de division de *C* on tire des paralleles à *P* (qui seront par consequent perpendiculaires à l'espace) elles couperont encore *B* en aliquotes pareilles, parce que chaque *y* se trouvant également inclinée en chacun de ces nouveaux petits espaces, ils seront égaux par le 9ᵉ Lemme. Et par consequent les portions de *B* qui seront toutes perpendiculaires dans ces espaces égaux, seront égales. (Et cela même seroit vray quand elles n'y seroient pas perpendiculaires, pourveu qu'elles y fussent également inclinées. Ce qu'il faut remarquer pour une autre occasion.)

Cela estant fait, prenant x pour mesurer p de l'espace E, où elle s'y trouvera precisement tant de fois , ou tant de fois plus quelque reste, c'est à dire plus une portion moindre qu'x. Et ainsi tirant des lignes paralleles à l'espace E par tous les points de la division de p mesurée par x , l'espace E se trouvera divisé en autant de petits espaces égaux entr'eux, & égaux à ceux qui ont eu la même x pour perpendiculaire dans l'espace A, qu'x se sera trouvé dans p , si ce n'est qu'il y en aura un plus petit , si x ne s'y est trouvée que tant de fois plus quelque reste. Car le petit espace où sera compris ce reste sera plus petit que les autres.

Et de-là il s'ensuit que c estant aussi inclinée dans E que C dans A, les portions de c comprises dans ces espaces égaux à ceux d'A seront égales aux portions de C, & ainsi se pourront aussi appeller y, & s'il y avoit eu en p un reste moindre qu'x , il y auroit aussi eu en c un reste moindre qu'y.

Donc par la definition des grandeurs proportionnelles,
$$p \; p. : : C \; c.$$
puisque x & y, aliquotes quelconques pareilles des deux antecedens P & C , sont également contenuës dans les deux consequens p & c, si dans l'un sans reste, dans l'autre sans reste : si dans l'un avec reste, dans l'autre avec reste.

On prouvera la même chose de B & de b. Car si c étant mesurée & divisée par y, on tire des paralleles à p (qui seront perpendiculaires à l'espace) par tous les points de la division, b sera divisée en autant de parties que c, & ces parties seront égales aux parties de B, que nous avons nommées z : si ce n'est qu'il y en aura une moindre que z, s'il y a eu un reste dans c moindre qu'y.

Donc les aliquotes pareilles de C & de B seront également contenuës dans c & b.

Donc $Cc :: Bb$.

Donc $Pp :: Cc :: Bb$. Ce qu'il falloit demonftrer

I. THEOREME.

XIII. Sɪ deux lignes inégalement inclinées dans le même ef-pace le font autant chacune, que chacune de deux autres le font dans un autre efpace, les également inclinées font en même raifon.

Soient les efpaces A & E.

Soit C autant inclinée dans l'ef-pace A que c dans l'efpace E.

Et D autant inclinée dans l'ef-pace A que d dans l'efpace E.

Je dis que $Cc :: Dd$.

Car par la propofition prece-dente

C eft à c, comme la perpendicu-laire d'A à la perpendiculaire d'E.

Or D eft auffi à d, comme ces deux mêmes perpendi-culaires.

Donc $Cc :: Dd$.

On le peut auffi prouver immédiatement & par foy-même fans avoir recours aux perpendiculaires par la mê-me voye dont on s'eft fervy dans la Propofition precedente, & que je ne repete point, parce qu'il eft tres-facile de la trouver.

I. COROLLAIRE.

XIV. PLUSIEURS lignes étant diver-fement inclinées dans le même efpace parallele, fi elles font toutes coupées par des paralle-les à cet efpace, elles le font pro-portionellement, c'eft à dire que chaque toute eft à chacune de fes parties, telle qu'eft la premiere, ou la deuxiéme, ou la troifiéme, &c. comme chaque autre toute à la même partie premiere, ou deuxié-me, ou troifiéme, &c.

C'eft une fuitte manifefte du precedent Theoreme, puifque

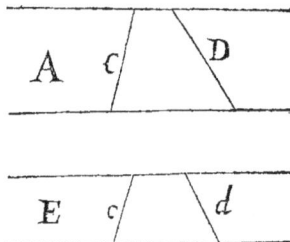

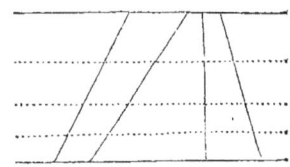

puifque d'une part toutes les toutes font dans le même efpace, qui eft l'efpace total. Toutes les premieres parties dans le 1er efpace partial, les 2des dans le 2e, & ainfi des autres. Et que de l'autre chaque toute & chacune de fes parties font également inclinées chacune dans fon efpace par le 9e Lemme. Donc la 1re toute eft à fa 1re partie comme la feconde toute à fa 1re partie.

II. COROLLAIRE.

Si plufieurs lignes font menées d'un même point fur une même ligne, elles font coupées proportionellement par toutes les lignes parallelles à celle qui les termine.

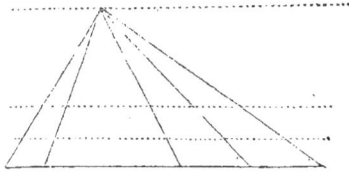

XV.

C'eft la même chofe que le precedent Corollaire, puifque tirant par le point commun à toutes ces lignes une ligne parallele à la ligne qui les termine, elles fe trouveront toutes dans le même efpace parallele, & par confequent les paralleles à cet efpace les doivent toutes couper proportionellement.

III. COROLLAIRE.

Si deux lignes comprifes dans un même efpace fe coupent, elles font coupées proportionelle-ment. C'eft a dire que les parties de l'une font proportionnelles aux parties de l'autre, outre que la toute eft à la toute comme chaque partie à la même partie.

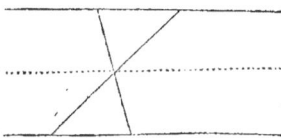

XVI.

C'eft encore la même chofe que le 1er Corollaire, puifque menant une parallele à l'efpace par le point de la fection, ce feront deux lignes dans le même efpace total qui font coupées par une parallele à cet efpace, & qui par confequent le doivent eftre proportionnellement.

Hh

IV. Corollaire.

XVII.

Si quatre lignes dont les opposées sont paralleles se joignent aux extremitez, elles
font deux espaces paralleles,
l'un d'un sens & l'autre de l'autre sens, & la ligne tirée de
coin en coin s'appelle diagonale.

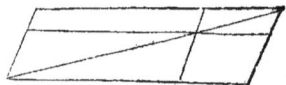

Que si d'un point quelconque de cette diagonale on tire
deux lignes comprises chacune dans chacun de ces deux
espaces, les parties de l'une de ces lignes seront proportionnelles aux parties de l'autre.

Car les deux parties de chacune
font proportionnelles aux deux
parties de la diagonale, par le
Corollaire precedent, parce que
chacune de ces lignes & la diagonale font comprises dans le mê-
me espace parallele & s'y coupent. Dont les parties de
chacune estant en même raison que celles de la diagonale,
les parties de l'une doivent aussi estre en même raison que
les parties de l'autre, puisque deux raisons égales à une 3e
font égales entr'elles.

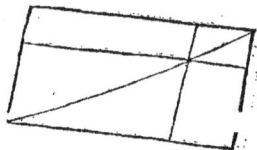

II. Theoreme.

XVIII.

Lorsque deux angles font semblables (c'est à dire
selon le sixiéme Lemme, lorsqu'estant égaux les angles
sur la base de l'un font égaux aux angles sur la base de
l'autre chacun à chacun) ces costez font proportionnels
aux costez, & la base à la base, & la hauteur à la hauteur.
C'est à dire que les costez de ces deux angles également
inclinez chacun sur sa base seront en même raison que les
deux autres costez & que les deux bases, & que les distan-
ces de chaque sommet à chaque base : ce que j'appelle la
hauteur de chaque angle.

Soient les deux angles nommez *A* & *E*.
Soit le grand costé d'*A* nommé *C*.
Le petit   *D*.
La base   *B*.

'La hauteur   *H.*

   Et dans l'angle   *E.*

'Le grand cofté   *c.*

'Le petit   *d.*

'La bafe   *b.*

'La hauteur   *h.*

Je dis que $C \; c \; :: \; D \; d \; :: \; B \; b \; :: \; H \; h$.

On le peut prouver facilement de la même forte qu'on a prouvé la Propofition fondamentale, c'est pourquoy je ne le repete point.

Mais on le peut encore de cette autre forte.

Par le 5ᵉ Lemme.

1°. C & D font cenfées eftre dans le même efpace parallele, & de même c & d.

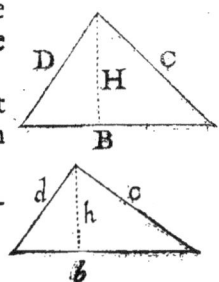

Et de plus par l'hypotefe C & c font également inclinées chacune dans fon efpace, & de même D & d.

Donc par la Propofition fondamentale, & par le 1ᵉʳ Theoreme.

$$C. \; c \; :: \; H. \; h.$$
$$D. \; d. \; :: \; H. \; h.$$
$$C. \; c \; :: \; D. \; d. \; \& \; alternando \; C. \; D \; :: \; c. \; d.$$

2°. Par le 5ᵉ Lemme, C & B font dans le même efpace parallele & de même c & b, & de plus C & c font également inclinées chacune dans fon efpace & de même B & b.

Donc par le 1ᵉʳ Theoreme,

$$C. \; c \; :: \; B. \; b \; \& \; alternando \; C. \; B \; :: \; c. \; b.$$

3°. Par le même 5ᵉ Lemme, D & B font dans le même efpace parallele, & de même d & b.

Et de plus, D & B font également inclinées chacune dans fon efpace, & de même d & b.

Donc par le 1ᵉʳ Theoreme,

$$D. \; d \; :: \; B. \; b. \; \& \; alternando \; D. \; B. \; :: \; d. \; b.$$

Donc $\left.\begin{matrix} C. \; c \\ D. \; d \end{matrix}\right\} \; :: \; B. \; b.$ Ce qu'il falloit demonftrer.

H h ij

I. COROLLAIRE.

XIX. DEUX angles Ifofceles eftant égaux, ils font femblables, & par confequent les coftez font aux coftez comme la bafe à la bafe, & la hauteur à la hauteur. Car deux angles eftant Ifofceles, ils ne peuvent eftre égaux que les angles fur la bafe de l'un ne foient égaux aux angles fur la bafe de l'autre. VIII. 60.

II. COROLLAIRE.

XX. SI un angle a deux bafes paralleles, il s'y trouvera diverfes fortes de proportions de grad ufage.

Mais pour le mieux faire entendre, il faut confiderer que les coftez de cet angle felon la derniere bafe comprennent fes coftez felon la premiere, & c'eft pourquoy nous appellerons les uns *toutes*, & les autres les premieres ou dernieres parties de chacune de ces toutes. Soient donc nommées.

Les deux toutes   T. & T.

Les deux premieres parties p. & p.

Les deux dernieres   q. & g.

La derniere bafe & la 1re B. & b.

De plus tirant par le fommet une parallele aux deux bafes, il fe trouvera trois efpaces paralleles.

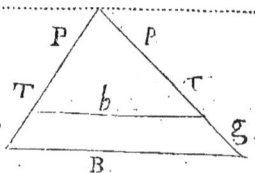

Le total entre le fommet & B, que j'appelleray   ω.

Le premier partial entre le fommet & b, A.

Le fecond partial entre b & B, E.

Cela eftant par le 9e Lemme,

T eft autant inclinée dans ω, que p dans A, & q dans E.

Et de même T autant inclinée dans ω, que p dans A. & g dans E.

Donc par le 1er Theoreme,

1. T. p. :: T. p. & *alternando*. T. T :: p. p.
2. T. q. :: T. g.   T. T :: q. g.
3. p. q. :: p. g.   p. p :: q. g.
4. Par le 2e Theoreme chaque toute & fa premiere partie font en même raifon que la derniere bafe & la premiere.

T. p :: B. *b.*   T. B. :: p. *b.*

T. p :: B. *b.*   *T.* B. :: *p. b.*

Car cet angle qui a deux bafes paralleles doit eſtre conſideré comme ſi c'eſtoient deux angles égaux, dont l'un euſt pour coſtez & pour baſes T. *T.* B. & l'autre p. *p. b.* & ainſi les deux angles ſur la baſe de l'un étant égaux aux deux angles ſur la baſe de l'autre chacun à chacun, les coſtez de l'un ſont proportionnels aux coſtez de l'autre, & les baſes auſſi. Et par conſequent T. p :: *T. p.* :: B. *b.*

III. COROLLAIRE.

X X I.

LORSQUE deux angles ont leur ſommet également diſtant de leur baſe, & que par conſequent ils peuvent eſtre compris dans le même eſpace parallele (ſelon le 7ᵉ Lemme) ſi l'on donne à ces deux angles de nouvelles baſes paralleles aux anciennes, & dont chacune en ſoit également diſtante, ces deux nouvelles baſes ſeront proportionelles aux deux anciennes.

Suppoſons que les deux baſes de ces deux angles, leſquelles j'appelleray B & *B*, ſoient ſur la même ligne, la ligne qui joindra les ſommets ſera parallele à cette ligne. D'où il s'enſuit,

1°. Que conſiderant dans chacun de ces angles un ſeul coſté, dont j'appelleray l'un T & l'autre *T*, ce ſeront deux lignes dans le meſme eſpace parallele.

2°. Que les deux nouvelles baſes, que j'appelleray b & *b*, eſtant paralleles aux anciennes, & en devant eſtre chacune également diſtantes, ſe trouveront neceſſairement dans la même ligne parallele à l'eſpace.

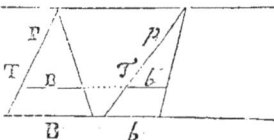

Donc par le 1ᵉʳ Corollaire du 1ᵉʳ Theoreme : cette ligne parallele à l'eſpace coupe proportionnellement T & *T*, & ainſi appelant p la premiere partie de T. & *p* la premiere partie de *T*,   T. p :: *T. p.*

Or par le Corollaire precedent chacun de ces angles

H h iij

ayant deux bafes paralleles $\begin{cases} T.\ p :: B.\ b. \\ T.\ p :: B.\ b. \end{cases}$

Donc les deux raifons de B. b & de *B. b* font égales, puifque chacune eft égale à chacune des deux raifons T. p & *T. p* qui font égales entr'elles. Donc

B. b :: *B. b.* Donc *alternando* B. *B* :: b. *b.*

IV. COROLLAIRE.

Si d'un même point on tire plufieurs lignes à la même ligne comprifes entre la premiere & la derniere, & qu'on tire des parallelles à celle-là qui foient auffi comprifes entre la premiere & la derniere de ces lignes tirées du même point, toutes ces parallelles feront coupées proportionnellement, c'eft à dire que chaque toute & fa premiere partie feront en même raifon que chaque autre toute & fa 1re partie, & ainfi du refte.

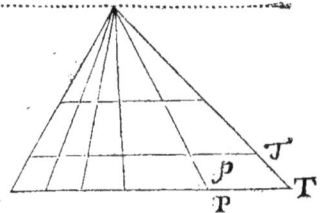

Il fuffit d'examiner deux de ces parallelles comme eft la derniere, que j'appelleray T, & fa premiere partie p, & une autre que j'appelleray *T*, & fa premiere partie *p*, & ainfi il faut prouver que

T. p :: *T. p.*

X X I I.   Et pour cela il ne faut que confiderer, 1°. Que ces lignes tirées d'un même point font divers angles, que la premiere & la derniere font l'angle total, qui a toutes les parallelles entieres pour fes diverfes bafes. Que la premiere & la feconde font le premier angle partial, qui a toutes les premieres parties de ces parallelles pour fes diverfes bafes, & ainfi du refte.

2°. Que tous ces angles font dans le même efpace parallelle, parce qu'on peut tirer une ligne par leur fommet commun qui fera parallelle à la derniere bafe de l'angle total.

Donc T eftant la derniere bafe de l'angle, & p la

derniere baſe du 1ᵉʳ angle partial, laquelle eſt partie de la
ligne T & p, dont T eſt une autre baſe de l'angle total, &
p une autre baſe du 1ᵉʳ angle partial, ſeront auſſi ſur une
même ligne parallele à l'eſpace, puiſque p eſt partie
de T.

Donc par le Corollaire precedent, les deux dernieres
baſes de ces deux angles T & p ſeront en meſme raiſon
que leurs deux autres baſes T & p. Donc

$$T. p :: T. p.$$

Donc par la meſme raiſon chaque parallele & ſa 1ʳᵉ partie ſeront en meſme raiſon que chaque autre parallele &
ſa 1ʳᵉ partie.

En on prouvera la meſme choſe avec la meſme facilité de chacune des autres parties en comparant toûjours
enſemble celles qui ſont renfermées entre les deux meſmes lignes.

V. COROLLAIRE.

Sɪ l'une de ces parallelles renfermées entre là 1ʳᵉ & la XXIII.
derniere de pluſieurs lignes tirées du meſme point, &
diviſée par ces lignes en parties aliquotes; c'eſt à dire en
un certain nombre de partie égales, toutes les autres ſont
diuiſées par les meſmes lignes en aliquotes pareilles.

C'eſt une ſuite manifeſte du precedent Corollaire. Car
ſi chaque partie de l'une de ces parallelles en eſt par exemple la dixiéme partie, il faut que chaque partie de chaque autre parallele en ſoit auſſi la dixiéme partie, puiſque
chaque parallele & chacune de ſes parties ſont en meſme
raiſon que chaque autre parallele, & chacune de ſes parties ſemblables.

VI. COROLLAIRE.

Sɪ un angle a pluſieurs baſes parallelles, toutes les lignes XXIV.
tirées du ſommet qui couperont ces baſes, les couperont
proportionellement. D'où il s'enſuit qu'en quelques aliquotes que l'une de ces baſes parallelles ſoit diviſée, toutes les autres le ſeront en aliquotes pareilles.

Ce n'eſt que les precedens Corollaires un peu autrement énoncez.

VII. Corollaire.

XXV.   Les deux cordes d'un cercle font proportionnelles aux deux cordes d'un autre cercle, fi les arcs que foutiennent les unes font proportionellement égaux aux arcs. que foutiennent les autres, chacun à chacun.

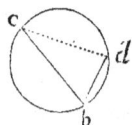

Soient confiderées les deux cordes d'un cercle, comme jointes & faifant un angle infcrit : telles que font *b c* & *b d* d'une part; & *B C* & *B D* de l'autre. (Car fi elles ne faifoient pas d'angle infcrit dans chaque cercle, il ne faudroit qu'en prendre d'égales à celles-là qui en fiffent, puifque foutenant des arcs égaux dans chaque cercle, par V. 26. ce fera la mefme chofe pour juger de la proportion.) Cela fuppofé,

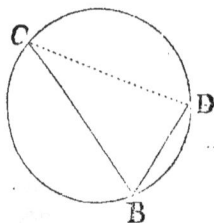

L'angle *c b d* infcrit dans le premier cercle eft égal à l'angle *C B D* infcrit dans le fecond cercle, par I X. 21.

Et les angles que font les coftez *b c* & *b d* fur la bafe *d c*, font égaux aux angles que font les coftez *B C* & *B D* fur la bafe *D C*, chacun à chacun, par IX. 11.

Donc par la 2ᵉ Theoreme,

$$b\ c.\ B\ C :: b\ d.\ B\ D :: d\ c.\ D\ C.$$

VIII. Corollaire.

XXVI.   Si deux cordes de divers cercles foutiennent des arcs proportionellement égaux, (c'eft à dire d'autant de degrez) elles font proportionnelles aux diametres de ces cercles.

C'eft une fuite du precedent. Car les diametres foutiennent des arcs proportionellement égaux dans chaque cercle, puifqu'ils en foutiennent la demy-circonference. C'eft donc la mefme preuve & encore plus facile.

IX. Corol.

IX. COROLLAIRE.

Si deux cordes égales de divers cercles soutiennent XXVII. chacune autant de degrez, les cercles font égaux. Car par le precedent Corollaire elles font en mefme raifon que les diametres des cercles. Donc fi elles font égales, les diametres font égaux. Donc les cercles font égaux.

III. THEOREME.

DEUX Angles quoy qu'inégaux ont neanmoins leurs XXVIII. coftez proportionnels, lorfque le cofté de l'un fur fa bafe fait un angle égal à celuy que fait auffi fur fa bafe l'un des coftez de l'autre, & que l'autre cofté du premier angle faifant fur fa bafe un angle obtus, & l'autre cofté du fecond angle faifant un angle aigu fur la fienne, l'aigu eft le complement de l'obtus, en forte que tous les deux enfemble valent deux angles droits.

Cette derniere condition fe peut encore exprimer en une autre maniere, qui eft que ces deux coftez, l'un d'un angle & l'autre de l'autre, faffent chacun fur fa bafe le même angle aigu, mais que l'un le faffe au dehors de la bafe & l'autre au dedans.

Cette derniere expreffion fait entrer plus facilement dans la demonftration de ce Theoreme.

Soient les deux angles, don l'un ait pour coftez C & D; & pour bafe B. Et l'autre pour coftez c & d, & pour bafe b.

Je fuppofe, 1°. Que les angles que les coftez C & c font chacun fur leur bafe font égaux.

2°. Que le cofté D fait un angle obtus fur la bafe B, & d un angle aigu fur la bafe b, mais que cet aigu eft égal au complement de cet obtus. D'où il s'enfuit.

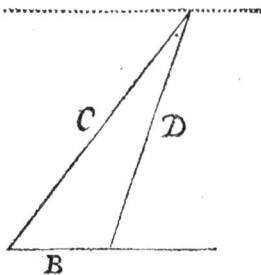

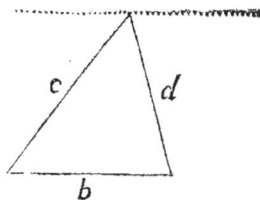

Que l'angle aigu que D fait fur la bafe en dehors en la concevant prolongee, eft égal à l'angle aigu que d fait fur la fienne en dedans..

Cela eftant, je dis que $\quad$ $C.\ c\ ::\ D.\ d.$

Car foient faits de deux angles deux efpaces paralleles en prolongeant les bafes B & b autant qu'il eft neceffaire, & tirant par chacun des fommets des paralleles a ces bafes. Et celuy de ces efpaces dans lequel font C & D foit appelé A, & l'autre E.

Par l'hypothefe l'angle aigu que fait C dans l'efpace A eft égal à l'angle aigu que fait c dans l'efpace E.

Donc par le 4e Lemme C & c font également inclinées chacune dans fon efpace.

De mefme par l'hypothefe l'angle aigu que fait D dans l'efpace A (fur la bafe B prolongée) eft égal à l'angle aigu que fait d dans l'efpace E.

Donc par le 4e Lemme D & d font également inclinées chacune dans fon efpace, & il n'importe que D foit autrement tournée au regard de c, car cela ne change en rien l'inclination de chacune dans fon efpace. Donc par le 1er Theoreme,

$C.\ c.\ ::\ D.\ d.$ & alternando $C.\ D\ ::\ c.\ d.$

AUTRE DEMONSTRATION.

XXIX. Si on tire une ligne du fommet fur la bafe B prolongée égale à D, l'angle aigu que fera cette ligne que j'appelleray P fur B prolongée fera égal au complement de l'obtus que fait D fur B, & par confequent à l'aigu que fait d fur c.

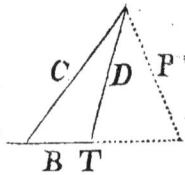

Donc les deux angles dont l'un a pour fes coftez C & P, & l'autre c & d, font femblables par le 6e Lemme.

Donc $C.\ c\ ::\ P.\ d.$

Or par la conftruction P eft égale à D. Donc

$C.\ c\ ::\ D.\ d.$

AVERTISSEMENT.

XXXX. *Cette derniere demonftration, quoyque moins bonne que la premiere, a cela d'utile, qu'elle fait voir plus clairement la difference qu'il y a entre ce 3ᵉ Theoreme & le 2ᵉ, qui est que dans le 2ᵉ non seulement les costez d'un triangle sont proportionels à ceux de l'autre, mais aussi la base ; au lieu que dans celuy-cy il n'y a que les costez de proportionnels, estant bien clair que la base B., sur laquelle est l'angle obtus, doit estre plus petite à proportion que la base b.*

Car appellant T la base B, prolongée jusques à P, il est clair que l'angle qui a pour costez C, & P & T pour base, est semblable à l'angle qui a pour costez c & d, & b pour base.

Donc par le 2ᵉ Theoreme $\left.\begin{array}{c} \text{C. c.} \\ \text{P. d.} \end{array}\right\}$ :: T. b.

Or B n'est que partie de P, donc il n'y a pas la même raison de B à b, que de C à c.

I. COROLLAIRE.

Une ligne que j'appelleray la coupante estant inclinée **XXXI.** sur une autre que j'appelleray la coupée, si de l'extremi- té & d'un autre point de cette coupante on tire deux lignes de part & d'autre qui facent des angles égaux sur la coupée, la coupante en- tiere sera à sa partie vers la coupée comme la ligne ti- rée de son extremité à l'au- tre ligne tirée de son autre point.

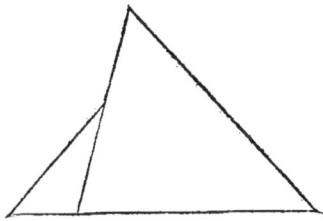

J'en laisse à trouver la demonstration, qui n'est qu'une application du precedent Theoreme.

II. COROLLAIRE.

Si un angle a diverses bases diversement inclinées sur **XXXII.** ses costez, la ligne qui divisera cet angle par la moitié fera que les deux parties de chaque base feront proportionel- les aux deux costez de cet angle selon cette base. Il suf- fira de le demonstrer en une seule base.

Soit un angle divisé par la moitié par la ligne p. Soit l'un de ces costez appellé C & l'autre c, la partie de la base qui joint C appellée D, & l'autre d.

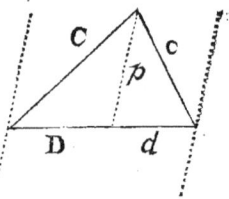

Si on tire par les extremitez de la base des paralleles à p, il y aura deux espaces paralleles.

Celuy dans lequel sont C & D soit appelé A, & l'autre E, par le 9e Lemme D & d sont également inclinées chacune dans son espace.

Et par l'hypotese C & c sont aussi également inclinées chacune dans le sien, puisque les angles aigus que chacune fait sur p sont égaux.

Donc par le premier Theoreme,

$C.c :: D.d.$ & alternando $C.D :: c.d.$

III. COROLLAIRE.

XXXIII.

Si la ligne qui divise un angle en divise aussi la base proportionellement aux costez, c'est à dire en sorte que les deux costez de l'angle soient en même raison que les deux parties de la base, l'angle est divisé par la moitié.

C'est la Converse du precedent Corollaire qui se prouve en cette maniere.

Soit l'angle bkd divisé par kc, en sorte que

$bc.cd. :: kb.kd.$

Si nous supposons que ce mesme angle est divisé par la moitié par kx, il s'ensuit par le precedent Corollaire que

$bx.xd :: kb.kd.$

Donc $bx.xd :: bc.cd.$

Donc componendo $bd.xd :: bd.cd.$

Donc les points x & c ne sçauroient estre que le mesme point, & kx & kc la mesme ligne. Donc kc divise l'angle par la moitié. Ce qu'il falloit demonstrer.

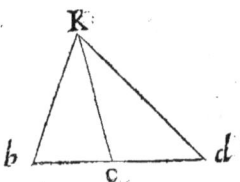

I. PROBLEME.

Trouver une 4ᵉ proportionelle. C'est à dire ayant la XXXIVᵉ·
1ʳᵉ, la 2ᵉ & la 3ᵉ, de 4 lignes proportionelles trouver
la 4ᵉ.

Ou ayant les deux premiers termes d'une raison, & l'antecedent de la 2ᵉ, en trouver le consequent.

Le moyen le plus facile est de se servir pour cela du premier Corollaire du second Theoreme. (13. S.) Et ainsi
donnant les mesmes noms aux trois données & à la 4ᵉ, qui
est à trouver, j'appeleray

La 1ʳᵉ   p.
La 2ᵉ   q.
La 3ᵉ   p.
Et la 4ᵉ à trouver   q.

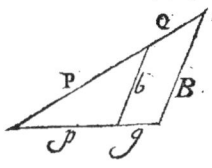

Cela estant, il faut

1º. Mettre p & q sur une mesme ligne.

2º. Faire un angle de p la 3ᵉ avec p la 1ʳᵉ.

3º. Joindre par b les extremitez de la 1ʳᵉ & de la 3ᵉ.

4º. Prolonger indefiniment p la 3ᵉ.

5º. De l'extremité de q la 2ᵉ tirer B perallele à b, jusqu'à la rencontre de p prolongée.

Le prolongement de p jusqu'à la rencontre de B sera la
4ᵉ que l'on cherche. Car il est clair par le Corollaire sus-
dit (13. S.) que   p. q. :: p. q.

On peut encore faire la mesme chose d'une autre maniere, qui est de renfermer la plus petite des deux premieres données dans la plus grande : & alors la plus grande
s'appellera T, & la plus petite qui en est partie p.

Mais il faut prendre garde si la
premiere des données est la plus
petite ou la plus grande. Car si
c'est la plus grande, il faudra commencer par T, & la 3ᵉ sera aussi T.
Et alors pour trouver p, qui sera la
4ᵉ que l'on cherche, après auoir joint par B les extremitez de T & de T. b parallele à B estant tirée de l'extre-

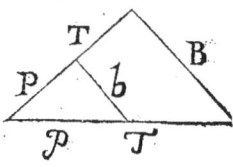

Li iiij

mité de p fur T donnera p. Car il eſt encor clair par le meſme Corollaire que

$$T.\ p.\ ::\ T.\ p.$$

Que ſi la 1re des deux données eſt la plus petite, la 3e ſera p, & la 4e à trouver ſera T. De ſorte qu'aprés avoir joint par b les extremitez de p & p, il faudra prolonger p, & tirant de l'extremité de T ſur le prolongement de p, B parallele à b, on aura T pour la 4e à trouver. Car par le même Corollaire (13. S.) *permutando*.

$$p.\ T\ ::\ p.\ T.$$

COROLLAIRE.

XXXVI. TROUVER une 3e proportionelle, c'eſt à dire faire que l'une des deux données ſoit moyenne proportionelle entre l'autre donnée & la trouvée. C'eſt la meſme choſe que le precedent, excepté qu'une ſeule des deux données tient lieu de la 2e & de la 3e.

II. PROBLEME.

XXXII. TROUVER la ligne qui ſoit à une ligne donnée en raiſon donnée.

Soit la ligne donnée p, la raiſon donnée $m.\ n$, la ligne que lon cherche x. Ainſi il faut trouver.

$$x.\ p.\ ::\ m.\ n.$$

Or pour cela il ne faut que tranſporter les termes en commençant par n, & les mettant ainſi,

$$n.\ m.\ ::\ p.\ x.$$

& puis trouver x par le Probleme precedent. Ce qu'étant fait on aura ce que l'on cherche, parce que ſi

$$n.\ m.\ ::\ p.\ x.$$
permutando
$$x.\ p.\ ::\ m.\ n.$$ Ce qu'il faloit demonſtrer.

III. PROBLEME.

DIVISER une ligne donnée en quelque aliquotes que l'on voudra.

Soit D la ligne à divifer tirer au deſſous ou au deſſus une parallele indefinie que j'appelleray P. Prendre dans P autant de parties égales qu'on veut en avoir en la diviſion de D, & prendre garde qu'elles ſoient notablement plus grandes ou plus petites que ne peuvent eſtre celles de D; puis de deux points entre leſquels ſont compriſes toutes les parties égales qu'on a priſes dans P, tirer deux lignes par les extremitez de D. juſques à ce qu'elles ſe joignent: toutes les lignes tirées de ce point là à tous les points de la diviſion de P qui couperont D, la diviferont en autant de parties égales qu'on en aura pris dans P.

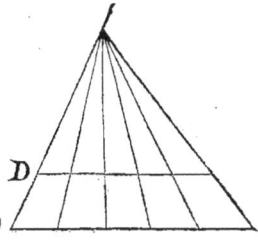

La preuve en eſt cy-deſſus dans le 5ᵉ Corollaire du 2ᵉ Theoreme. (22. S.)

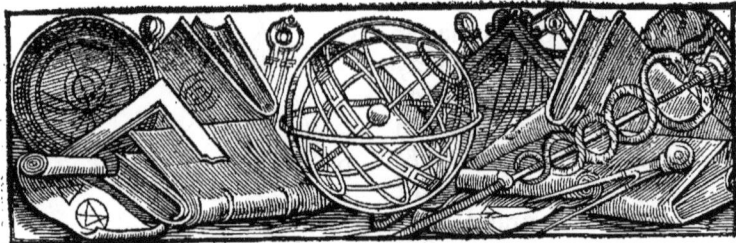

NOUVEAUX ELEMENS

DE

GEOMETRIE.

LIVRE ONZIE'ME.

DES LIGNES RECIPROQUES.

CE livre cy sera encore de la proportion des lignes, & contiendra plusieurs choses nouvelles que l'on jugera peut estre plus belles & plus generales, que tout ce qu'on a trouvé jusques icy sur cette matiere des proportions, en ne se servant que des lignes droittes & des cercles.

Pour les mieux faire entendre nous proposerons quelques Lemmes qui feront voir aussi en quoy est different ce que l'on traite dans ce livre de ce qui vient d'estre traitté dans le livre precedent, & nous le diviserons en 7. sections.

SECTION

SECTION I.

Lemmes & de ce qu'on entend par les Antiparalleles:
avec le plan des principales choſes qu'on doit
traiter dans ce livre.

I. LEMME.

QUAND il y a proportion entre 4 lignes, on y doit remarquer en les comparant deux à deux, deux rapports
fort differens.

L'un eſt celuy qui fait dire que les unes ſont proportionelles aux autres.

Et l'autre, que les unes ſont reciproques aux autres.

Car ſi on compare ou la 1re & la 3e avec la 2e & la 4e,
c'eſt à dire les deux antecedens avec les deux conſequens;

Ou les deux premieres avec les deux dernieres, c'eſt à
dire le 1er antecedent & ſon conſequent avec le 2e antecedent & ſon conſequent; on dit alors que les unes ſont *pro-*
portionelles aux autres.

Mais ſi on compare la 1re & la 4e avec la 2e & la 3e, c'eſt-
à dire les extrêmes avec les moyens; on dit alors que les
unes ſont *reciproques* aux autres.

Tout ce que nous avons dit dans le livre precedent ne
regarde que le premier rapport.

Et tout ce que nous dirons dans celuy-cy ne regarde
preſque que le ſecond, & c'eſt pourquoy nous l'avons intitulé des lignes reciproques.

II. LEMME.

UNE ſeule ligne peut eſtre dite reciproque à deux lignes, & deux lignes eſtre reciproques à une ſeule. Mais
c'eſt lors ſeulement que cette ligne que l'on compare ſeule avec deux autres eſt moyenne proportionelle entre ces
deux autres. Car alors elle en vaut deux, parce qu'elle fait
deux termes de la proportion. Le premier & le dernier
quand on commence par elle : comme ſi je dis, une ligne

I.

II.

KK

de 6 pieds eſt à une de 4 comme une de 9 à une de 6 : ou
le 2ᵉ & le 3ᵉ quand on la met au milieu, comme ſi je dis
4. 6 :: 6. 9. Et il faut remarquer que quoique cette derniere diſpoſition ſoit la plus ordinaire, il y a neanmoins
des rencontres où il eſt utile de ſe ſervir de la premiere,
comme on pourra voir à la fin de ce Livre.

III. Lemme.

III.   Lorsqu'un angle a deux baſes, & que les deux angles
ſur une baſe ſont égaux aux deux angles ſur l'autre baſe
chacun à chacun, cela peut arriver en deux manieres.

La premiere eſt quand l'angle que l'une des baſes fait ſur
un coſté eſt égal à l'angle que l'autre baſe fait ſur le même côté. (J'appelle le meſme côté la meſme ligne droite
tirée du ſommet, quoique conſiderée ſelon les diverſes
baſes elle tienne lieu de deux coſtez.)

Or il eſt viſible que cela ne peut eſtre que quand les
baſes de cet angle ſont paralleles, comme l'on a veu
X. 13.

La ſeconde maniere eſt quand l'angle qu'une baſe fait
ſur un côté eſt égal à l'angle que l'autre baſe fait ſur l'autre coſté. Et alors on peut appeler ces baſes *antiparalle-
lés*, pour marquer leur effet oppoſé à celuy des baſes paralleles. Ce ſont ces ſortes de baſes qui feront preſque
toutes les preuves dans tout ce Livre.

IV. Lemme.

IV.   Les baſes paralleles d'un méme angle ne peuvent eſtre
diſpoſées que d'une ſeule maniere, qui eſt d'eſtre toutes
ſeparées l'une de l'autre. Car c'eſt le propre des paralleles de ne ſe pouvoir jamais joindre. Mais les antiparalleles peuvent eſtre diſpoſées en trois manieres differentes.

Premiere Disposition des Antiparalleles.

V.   La premiere reſſemble à celle des paralleles, les deux
antiparalleles étant auſſi toutes ſeparées, & alors il eſt
viſible que les côtez de cet angle ſelon la derniere baſe

que nous appellerons B, comprennent
les coſtez de ce meſme angle ſelon la
premiere baſe que nous appellerons b :
& ainſi les unes ſont *toutes*, & les autres
leurs premieres parties, c'eſt à dire leur
partie la plus proche du ſommet (& remarquez que dans tout ce Livre ſe fera
toûjours celle-là que nous entendrons
par le nom de partie, ou de 1ᵉ partie.)

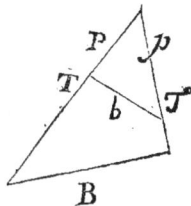

C'eſt pourquoy comme dans l'autre Livre nous appellerons toûjours les deux toutes   T. *T*.
& leurs parties   p. *p*.
de ſorte que p de caractere romain ſera toûjours la partie
de T du meſme caractere romain : Et *p* de caractere italien
ſera toûjours la partie de *T* de caractere italien.

Or afin que les baſes B & b ſoient antiparalleles, il eſt
clair qu'il faut ;

Que l'angle que T premiere toute fait ſur B, ſoit égal
à l'angle que *p* partie de la ſeconde toute fait ſur b. Et
que l'angle que *T* ſeconde toute fait ſur B ſoit égal à l'angle que p partie de la premiere toute fait ſur b.

SECONDE DISPOSITION DES ANTIPARALLELES.

LA ſeconde eſt quand elles ſe croiſent. Et alors ce ne   V I.
ſont pas les deux toutes qui ſont les coſtez au regard d'une
baſe, & les deux parties qui le ſont au regard de l'autre,
comme dans la premiere diſpoſition.

Mais les coſtez au regard de chaque
baſe ſont une toute & la partie de l'autre
toute. Et ainſi pour diſtinguer les deux
baſes nous appellerons B celle qui ſe
trouve terminée par l'extremité de T, &
l'autre b·

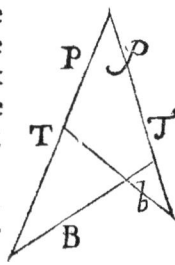

Or afin que les baſes ſoient antiparalleles dans cette diſpoſition, il eſt clair
qu'il faut que les angles que les deux tou-
tes font, l'une ſur B & l'autre ſur b, ſoient égaux ; Et que

ceux que les deux parties font l'une fur B & l'autre fur b
foient égaux aufli.

TROISIEME DISPOSITION DES ANTIPARALLELES.

VII.   LA troifiéme eft quand les deux bafes fe joignent en un
mefme point de l'un des côtez. Et alors comme ce côté
n'eft point partagé, & que feul il tient lieu d'une toute &
de fa partie, nous l'appellerons *M*, ap-
pellant à l'ordinaire la derniere bafe *B*,
la première *b*, le côté partagé T, & fa
partie p.

Or afin que les bafes *B* & *b* foient anti-
parallaleles, il faut que l'angle que T fait
fur *B* foit égal à l'angle que *M* fait fur *b*,
& que l'angle que *M* fait fur *B* (qui comprend celuy qu'elle fait fur *b*) foit égal à
l'angle que p fait fur *b*.

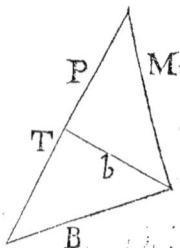

V. LEMME.

VIII.   LORSQUE deux lignes fe coupant font 4 angles qui font
deux à deux oppofez au fommet, & par confequent égaux,
on peut donner des bafes à deux de ces angles opofez au
fommet qui foient telles que ces angles foient femblables,
c'eft à dire, que les deux angles fur la bafe de l'un foient
égaux aux deux angles fur la bafe de l'autre chacun à chacun. Mais cela peut arriver en deux manieres, que pour
mieux faire entendre, p & q de caractere romain marque-
ront les deux parties d'une mefme ligne, & *p* & *q* de caractere italien les deux parties de l'autre ligne. Et de plus,
comme chaque angle doit avoir pour fes coftez la partie
d'une ligne & la partie d'une autre ligne, p & *p* feront les
coftez d'un angle, & q & *q* les côtez de l'autre.

Soit enfin appelée *B* la bafe de l'angle qui a p & *p* pour
fes côtez *b* celle de l'angle qui a q & *q* pour fes côtez.
Cela étant, voicy les deux manieres dont ces angles oppofez au fommet peuvent eftre femblables.

La 1re est quand ce sont les angles alternes qui sont égaux sur les deux bases. C'est à dire quand ce sont les deux parties d'une même ligne, comme p & q, qui font des angles égaux p sur *B*, & q sur *b*, & ainsi des deux autres, & alors il est clair que ces deux bases doivent estre paralleles.

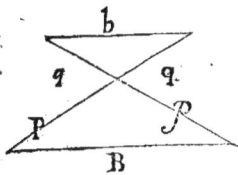

La 2e est quand ce sont les angles de proche en proche qui sont égaux sur les deux bases: de sorte que ce sont p & *q*, parties l'une d'une ligne & l'autre de l'autre, qui font les angles égaux p sur *B*, & *q* sur *b*, & *p* & q qui font aussi les angles égaux *p* sur *B*, & q sur *b*.

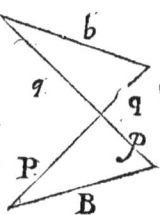

Ce sont encore ces bases que nous appellerons *antiparalleles*, pour marquer leur effet contraire à celuy des paralleles.

IX.

X.

VI. LEMME.

COMME lorsqu'un angle a deux bases paralleles, on peut & on doit considerer ces côtez selon une base dans un espace parallele, & ses autres costez selon l'autre base dans un autre espace parallele. Il en est de même quand les bases sont antiparalleles, avec cette difference.

Que quand les bases sont paralleles, une seule ligne tirée par le sommet fait trois espaces paralleles. Le 1er compris entre le sommet & la derniere base. Le 2e entre le sommet & la 1e base. Le 3e entre les deux bases.

Mais quand elles sont antiparalleles, ce 3e espace ne peut pas estre parallele. Et pour les deux autres on ne les peut concevoir qu'en s'imaginant deux lignes differentes tirées par le sommet, l'une parallele à *B*, & l'autre parallele à *b*. Car *B* & *b* n'estant pas paralleles entr'elles, il est visible qu'une seule ligne ne peut pas estre parallele à l'une & à l'autre ; mais il suffit de s'imaginer ces lignes tirées par le sommet, sans qu'il soit necessaire de les décrire.

K k iij

Et ainſi nous devons toûjours nous imaginer dans ces
angles qui ont deux baſes antiparalleles deux eſpaces paralleles. L'un que j'appelleray *A*, com-
pris entre le ſommet & *B*. Et l'autre que
j'appelleray *E*, compris entre le ſommet
& *b*.

XI. Et de plus il faut remarquer,

Que dans la 1ᵉ diſpoſition des baſes antiparalleles les deux toutes **T** & *T* ſont
dans l'eſpace *A*, & les deux parties p & *p*
dans l'eſpace *E*.

XII. Que dans la ſeconde, qui eſt quand
les baſes ſe croiſent, *T* & *p* ſont dans l'eſpace *A*; & *T* & p dans l'eſpace *E*.

XIII. Que dans la troiſiéme, qui eſt quand
elles ſe joignent en un ſeul point d'un côté, *M* ſe trouve dans l'un & l'autre eſpace. Car l'eſpace *A* comprend **T** & *M*:
Et l'eſpace *E*. *M* & p.

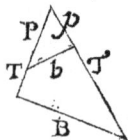

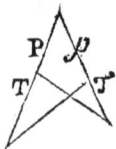

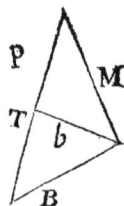

VII. Lemme.

XIV. Il en eſt de meſme quand les angles oppoſez au ſommet
ont leurs baſes antiparalleles.

Car il ſe faut imaginer deux lignes tirées par le ſommet
commun, dont l'une ſoit parallele à *B* & l'autre *à b*; &
ainſi l'on aura deux eſpaces paralleles, l'un compris entre
le ſommet & *B* (dans lequel ſont p & *p*) que nous appellerons *A*. Et l'autre compris entre ce meſme ſommet & *b*
(dans lequel ſont q & *q*) que nous appellerons *E*.

VIII. Lemme.

XV. Tout ce qu'on aura à prouver dans ce Livre le ſera
par le premier Theoreme du Livre precedent, que je.
repeteray encore icy, afin qu'on l'ait plus preſent dans
l'eſprit.

Si deux lignes (comme C & D)
font dans un même efpace parallele, comme eft l'efpace A.

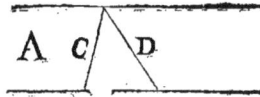

Et que deux autres lignes comme (c & d) foient dans un autre
efpace parallele, comme eft l'efpace E.

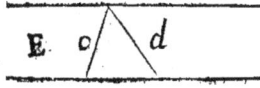

Si C & c font également incli-
nées ; C dans A, & c dans E, & que D & d, foient auffi
également inclinées D dans A & d dans E, les deux é-
galement inclinées entr'elles font proportionelles aux
deux qui le font auffi entr'elles.

$$C. c :: D. d. \ \& \ alternando \ \ C. D :: c. d.$$

IX. LEMME.

Pour ne fe point broüiller en difpofant les termes, il
eft bon de s'abftraindre à donner toûjours pour premier
& deuxiéme termes de la proportion les également inclinées dans les deux differens efpaces paralleles, & de
même au regard du troifiéme & du quatriéme. Et pour
premier & troifiéme termes, celles qui font dans le
même efpace parallele. Et de même au regard du
deuxiéme & du quatriéme. Sauf à les difpofer aprés autrement, *Alternando*.

XVII.

I. PROPOSITION FONDAMENTALE.

DES RECIPROQUES.

Lorsqu'un même angle à deux bafes antiparalleles,
une toute & fa partie font reciproques à l'autre toute & à
fa partie. C'eft à dire que

XVIII.

$$T. p :: T. p. \ ou \ T. T :: p. p.$$

PREMIERE PREUVE DANS LA PREMIERE

DISPOSITION DES ANTIPARALLELES.

XVIII. DANS cette difpofition les deux toutes T & T font dans l'efpace A, & les deux parties p & p font dans l'efpace E. (par 11. S.)

Or par 5. S. T & p dans E. & T. & p également inclinées, T dans A, & p dans E.

Donc (par 15. S.) T. p :: T. p.

Or T & fa partie p font les extremes de la proportion, dont T & p fa partie font les moyens.

Donc une toute & fa partie font reciproques à l'autre toute & à fa partie.

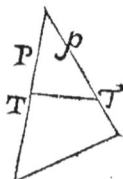

SECONDE PREUVE DANS LA SECONDE

DISPOSITION DES ANTIPARALLELES.

XIX. DANS cette 2e difpofition T & p (partie de l'autre toute) font dans l'efpace A, & T & p dans l'efpace E. (par 12. S.)

Or (par 5. S.) T & T font également inclinées, T dans A, & T dans E. Et de même p & p également inclinées, p dans A & p dans E.

Donc (par 15. S.) T. T :: p. p.

Je referve la 3e difpofition pour un Corollaire à part.

COROLLAIRE.

XX. QUAND un angle a deux bafes antiparalleles dans la 3e difpofition, qui eft quand elles fe joignent à un feul point d'un cofté, ce cofté eft moyenne proportionelle entre l'autre cofté entier & fa partie : C'eft à dire que

$$T. M :: M. p.$$

Car (par 13. S.) dans cette difpofition M eft dans l'un & l'autre efpace, parce que T & M font dans l'efpace A, & M & p dans l'efpace E.

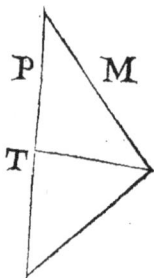

Or

Or (par 5. S.) T & *M* font également inclinées, T dans l'efpace *A*, & *M* dans l'efpace *E*.

Et *M* & p font également inclinées , *M* dans l'efpace *A* & p dans l'efpace *E*.

Donc *(* par 15. S. *)* *T. M* :: *M*. p.

II. PROPOSITION FONDAMENTALE
DES RECIPROQUES.

QUAND deux lignes fe coupant font deux angles oppo-   XXI.
fez au fommet qui ont des bafes *antiparalleles*, les parties de l'une de ces lignes qui fe coupent en ce fommet font reciproques aux parties de l'autre. (*Voyez la figure du n.* 9)

Car (par 14. S.) p & *p* font dans l'efpace *A*, & q & *q* font dans l'efpace *E*.

Or (par 9. S.) p & *q* font également inclinées, p dans *A*, & *q* dans *E*.

Et *p* & q également inclinées, *p* dans *A* & q dans *E*.
Donc (par 15. S.)

$$p.\, q \;::\; p.\, q.$$

Or p & q font les parties de la même ligne : & *p* & *q* font les parties de l'autre ligne.

Donc les parties d'une ligne font reciproques aux parties de l'autre.

COROLLAIRE.

SI une de ces lignes qui en fe coupant font des angles   XXII.
oppofez au fommet, qui ont des bafes *antiparalleles*, eft divifée par la moitie, une feule de ces moitiez eft moyenne proportionelle entre les parties de l'autre ligne.

Cela eft clair, puifque c'eft la même chofe de donner pour les moyens de cette proportion les deux moitiez de la même ligne, ou une feule moitié prife deux fois.

PLAN GENERAL DE CE QUE L'ON PRETEND
MONTRER DANS LA SUITE DE CE LIVRE.

Nous avons déja dit que les extremes d'une proportion com-   XXIII
parez aux moyens s'appellent reciproques : & qu'ainfi il y en
a dans toute proportion.

Mais ce que l'on pretend principalement faire dans ce livre est de monftrer comment deux lignes droites qui fe rapportent a une mefme , ou parce qu'elles en font les deux parties, ou parce que l'une eft la toute , & l'autre une partie de cette toute , font reciproques à deux autres lignes, qui fe rapportent de la mefme forte à une mefme ligne : ou quelquefois mefme à une feule qui étant repetée deux fois fera ou les deux extremes ou les deux moyens de la proportion.

Il faut pour cela que les deux lignes à chacune defquelles, deux fe rapportent , & que par cette raifon ont peut appeller les principales *ayent un point commun , ce qui peut eftre en deux manieres. Ou parce qu'elles fe coupent en un mefme point fans paffer plus outre , & alors ce point commun s'appellera* terminant.

Quand le point commun eft de fection, chaque ligne étant coupée en deux, ce font les deux parties d'une mefme ligne qui doivent eftre reciproques aux deux parties de l'autre. Et alors ce point commun aux deux principales *l'eft auffi aux* 4. *lignes: quoy que ce ne foit qu'au regard des principales qu'il foit point de fection : car les parties ne s'y coupent pas , mais y aboutiffent.*

Mais quand le point eft terminant *au regard des principales (car cela feul ne donneroit que deux lignes & qu'il en faut* 4. *ou au moins* 3.) *il eft neceffaire que ces lignes principales qui font terminées par ce point commun, foient encore toutes deux coupées en quelque autre endroit (ou au moins l'une) afin que cela puiffe faire* 4. *lignes (ou au moins* 3.) *Et alors ce font les deux toutes, & la partie de chacune vers le point commun qui font les* 4. *lignes: & il faut que ce foit chaque toute & fa partie vers le point commun qui foient reciproques à l'autre toute & à fa premiere partie.*

Quand le point eft de fection les deux principales fe coupant font 4. *angles dans ce point de fection; mais il fuffit d'en confiderer deux oppofez au fommet. Et il faut alors que ces deux Angles qui font égaux ayent leurs bafes antiparalleles, felon ce qui vient d'eftre dit n.* 9.

Mais quand le point eft terminant, *c'eft le mefme angle*

qui doit avoir deux bases antiparalleles, & l'une des trois manieres qui ont esté representées S. 18. 19. 20.

Il n'est donc question que de chercher les voyes generales pour trouver ses bases antiparalleles.

Or voity ce qui m'est venu en pensée sur cela.

J'ay reconnu qu'il n'y a point de voye generale pour couper tout d'un coup les costez d'un angle., ou les costez de deux angles opposez au sommet par des bases antiparalleles qu'en y employant la circonference d'un cercle : c'est pourquoy on ne peut trouver sur cela la moyenne proportionelle entre deux lignes données.

J'ay inferé de là qu'il falloit que le point commun dont nous venons de parler, soit qu'il soit de section, ou terminant, ait rapport à la circonference d'un cercle. C'est à dire qu'il faut qu'il soit ou

1. Dans le Cercle.
2. Hors le Cercle.
3. Dans la circonference du Cercle.

Quand le point commun est au dedans du cercle, c'est toûjours un point de section, & ce sont deux angles opposez au sommet qui ont leurs bases antiparalleles. Car il faut que les 4. lignes dont deux sont reciproques aux deux autres, soient les deux parties de chacune des principales qui se coupent en un point quelconque au dedans du cercle, & qui se terminent de part & d'autre à 4. points differens de la circonference.

Quand le point commun est hors le cercle, c'est toûjours un point terminant. Car ce sont deux toutes qui partant de ce point qui est hors le cercle coupent chacune la circonference du cercle en un point de sa convexité, & se terminent à un autre point de sa concavité, & alors ce sont chaque toute & sa partie hors le cercle qui sont reciproques à l'autre toute & à sa partie qui est aussi hors le cercle. Mais il peut arriver que l'une de ces lignes ne faisant que toucher le cercle sans passer plus outre, le point auquel elle aboutira tenant lieu de convexité & de concavité, elle sera toute seule reciproque à l'autre toute & à sa partie, c'est à dire qu'elle en sera moyenne proportionelle.

Mais quand le point commun eſt dans la circonference meſme du cercle, on a beſoin pour avoir des reciproques d'une ligne droite indefinie outre la circulaire, qui coupe perpendicu-lairement celle qui peut eſtre menée indefiniment du point com-mun en paſſant par le centre. Et alors cette ligne indefinie ou coupe le cercle ou le touche, ou eſt au deſſous, ou eſt au deſſus. J'appelle au deſſous celle qui eſt telle, que le centre eſt entre cet-te ligne & le point commun. J'appelle au deſſus celle qui eſt à l'oppoſite.

Dans les trois premiers cas le point commun eſt toûjours un point terminant, & chacune des deux lignes qui en partent, ou coupe le cercle & eſt terminée par l'indefinie, ou coupe l'inde-finie & eſt terminée par le cercle. Et alors chaque toute & ſa partie ſont reciproques à l'autre toute & à ſa partie. Mais il y en peut avoir une qui ſe terminera à un point commun à la circonference & à l'indefinie, & alors elle ſera moyenne proportionelle entre l'autre toute & ſa partie.

Mais le 4. cas, c'eſt à dire quand l'indefinie eſt au deſſus du point commun, ce point commun ne peut eſtre qu'un point de ſection. Car toutes les fois que des lignes ſe couperont dans ce point & ſe termineront d'une part à la circonference & de l'au-tre à l'indefinie, les parties de l'une ſont reciproques à celles de l'autre.

Il faut relire tout le Livre IX. Car c'eſt ſur ce qui y eſt dit que ſont fondées les demonſtrations de celuy-cy.

DEUX AVIS DE LOGIQUE.

I.

XXIV.   *Quand on a à prouver qu'un angle ayant deux baſes, les angles ſur une ſont égaux aux angles ſur l'autre chacun à cha-cun, on eſt aſſuré que cela eſt, quand on a prouvé que l'un des angles ſur une baſe eſt égal à l'un des angles ſur l'autre, parce qu'il s'enſuit de là neceſſairement que l'autre eſt égal auſſi à l'autre.*

Cette preuve eſt convaincante, & on s'en doit paſſer quand on ne peut mieux. Mais il faut avoüer qu'elle n'eſt pas ſi

bonne & ne fait pas fi bien entrer dans la nature des chofes, que
celle qui montre pofitivement que l'un & l'autre angle d'une
bafe eft égal à l'un & l'autre angle de l'autre. Et c'eft pourquoy je ne me contenteray point de la premiere forte de preuve,
& me ferviray toûjours de cette derniere.

2.

Quand on a à prouver de plufieurs binaires de lignes, qu'ils
font reciproques les uns aux autres, on en eft affeuré quand on
peut montrer qu'ils font tous reciproques à un même binaire,
ou qu'ils ont tous la même moyenne proportionelle.

Mais quoique cela foit convaincant, l'efprit ne reçoit pas
la même clarté & ne demeure pas fi fatisfait, que fi on mon-
troit immediatement de chaque binaire qu'il eft reciproque à
chaque autre.

Et ainfi, quoy qu'il me fuft facile d'employer la premiere
voye, je me fuis refolu de n'employer que cette derniere comme plus parfaite & plus lumineufe pour parler ainfi, & peut
eftre qu'on trouvera que ces deux exemples font remarquables
pour faire voir la difference qu'il y a entre convaincre l'efprit
en le mettant hors d'eftat de pouvoir douter qu'une chofe foit,
& le fatisfaire pleinement en luy donnant toute la clarté qu'il
peut raifonnablement defirer.

Réprenons maintenant la divifion propofée, qui eft que le
point commun aux lignes reciproques par la fection du cercle,
eft neceffairement

1. Ou dans le cercle.
2. Ou hors le cercle.
3. Ou dans la circonference du cercle.

Ll iij

SECTION II.

*Premiere voye generale pour trouver des Reciproques
quand le point cammun est au dedans du cercle.*

XXVI.   CETTE voie est pour trouver que les parties d'une ligne sont reciproques aux parties d'une autre ligne, ou à
une ligne quand elle est moyenne proportionelle. Et ainsi elle est toute appuyée sur la 2ᵉ Proposition fondamentale & son Corollaire (21. & 22. S.) qui est des angles opposez au sommet qui ont leurs bases antiparalleles.

VII. THEOREME.

XXVII.   SI deux cordes se coupent dans le cercle, les parties
de l'une sont reciproques aux parties de l'autre.

Soient les cordes *c f* & *d g* qui
se coupent en *k*. Soient tirées les
bases à deux angles opposez *c g*.
d f. Je dis qu'elles sont antiparalleles.

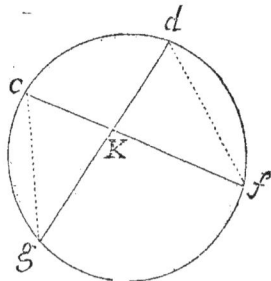

Car (par 9. 18.) les angles
vers *g* & vers *f* sont égaux, parce qu'ils sont appuyez sur le même arc *c d*. Et par la même raison les angles vers *c* & vers *d* sont
égaux aussi, étant appuyez sur le même arc *g f*.

Donc les bases *c g* & *d f* sont antiparalleles.

Donc par la 2ᵉ Proposition fondamentale (21. S.)

$$k\, f.\ k\, g :: k\, d.\ k\, c.$$
$$p.\ q\ ::\ p.\ q.$$

VIII. THEOREME.

COROLLAIRE DU SEPTIEME.

XXVIII.   SI une des lignes est coupée par la moitié, une de ces
moitiez est moyenne proportionelle entre les deux parties
de l'autre.

C'eſt le Corollaire même de la 2ᵉ Propoſition fondamentale.

COROLLAIRE.

Sɪ d'un point quelconque d'un diametre on éleve une xxxɪx.
perpendiculaire juſques à la circonference, cette perpendiculaire ſera moyenne proportionnelle entre les deux
parties du diametre.

Car il eſt clair que cette perpendiculaire eſt la moitié
de la corde qui couperoit le diametre perpendiculairement par ce point. Donc par le Theoreme precedent elle
doit eſtre moyenne proportionelle entre les parties du
diametre.

SECTION III.

*Seconde voie generale pour trouver des Reciproques
quand le point commun eſt hors le Cercle.*

Quᴀɴᴅ le point commun eſt hors le cercle : les côtez xxx.
de l'angle qui l'a pour ſommet peuvent eſtre coupez chacun deux fois par la circonference du cercle ; une fois par
la convexité en entrant dans le cercle, & une fois par ſa
concavité, où on les ſuppoſe terminées ; ſi ce n'eſt que le
point de l'attouchement tenant lieu tout ſeul de la convexité & de la concavité, un des coſtez peut n'eſtre terminé qu'à ce point. Et alors il ſera tangente du cercle,
& les deux baſes antiparalleles n'auront que trois points
differens. C'eſt ce qu'on verra dans les deux Theoremes ſuivans.

III. THEOREME.

XXXI. Lorsque d'un point hors le cercle on tire des lignes qui coupent le cercle en fa convexité, & font terminées en fa concavité, chaque toute, & fa partie hors le cercle, font reciproques à chaque autre toute & à fa partie hors le cercle.

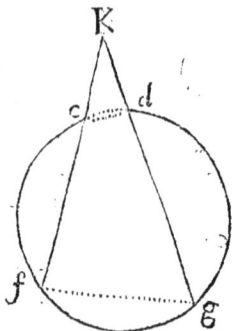

Soient tirées kf, qui coupe la circonference en c; & kg qui la coupe en d. Je dis que les bafes fg & cd font antiparalleles.

Car (par 1 x. 16.) l'angle kcd a pour mefure la moitié des deux arcs cd, & cf. Or la moitié de ces deux arcs cd & cf eft auffi la mefure de l'angle kgf. (par 1 x. 18.) Donc les angles kcd & kgf font égaux.

On prouvera de la mefme forte l'égalité des angles kdc & kfg.

Donc les bafes fg & cd font antiparalleles.

Donc $kf. kd :: kg. kc.$

$$\mathrm{T.}\ p :: T.\ \mathrm{p.}$$

XXXII. On peut auffi prouver ce Theoreme en croifant les bafes, en montrant que les bafes fd & gc font antiparalleles.

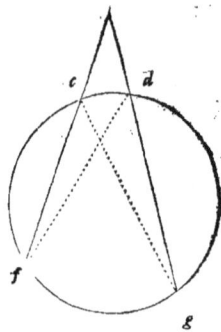

Car les angles vers f & vers g font égaux eftant appuyez fur le même arc cd.

Et pour les angles kcg & kdf, ils font égaux, parce que fi on les examine (par 1 x. 16.) on trouvera qu'ils ont chacune pour mefure la moitié des trois arcs fc, cd, dg.

Donc les bafes fd & gc font antiparalleles.

Donc $kf. kg :: kd. kc.$

$$\mathrm{T.}\ T :: p.\ \mathrm{p.}$$

IV. THEO-

IV. THEOREME.

COROLLAIRE DU CINQUIEME.

Si l'une de ces lignes tirées d'un point hors le cercle est une tangente, cette tangente est moyenne proportionelle entre chaque toute & sa partie hors le cercle.

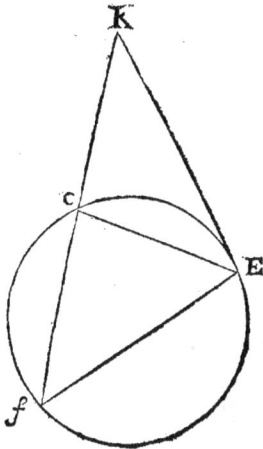

XXXIII.

Soit tirée kf qui coupe le cercle en c & la tangente $k\,E$; je dis que les bases fE & cE font antiparalleles. Car (par I X. 18.) l'angle $k\,f\,E$, a pour mesure la moitié de l'arc $c\,E$, qui est aussi la mesure de l'angle $k\,E\,c$ (par I X. 13.)

Et l'angle $k\,E\,f$, (par I X. 15.) a pour mesure la moitié des deux arcs $E\,c$ & $c\,f$, qui est aussi la mesure de l'angle $k\,c\,E$, par I X. 16.)

Donc les bases fE & $E\,c$ font antiparalleles.

Donc par 29. S.

$$k\,f.\ \ k\,E.\ ::\ k\,E.\ k\,c.$$
$$\text{T.}\ \ m\ ::\ m.\ \text{p.}$$

AVERTISSEMENT.

Il n'y a rien jusqu'icy qui ne soit dans toutes les Geo- XXXIV. *metries : si ce n'est qu'il est prouvé d'une maniere nouvelle.*

Mais on le pourroit encore faire comprendre d'une maniere plus naturelle & plus simple sans considerer aucuns angles, mais faisant seulement attention à la nature du cercle : ce qui fera voir aussi pourquoy on a besoin d'un cercle pour couper des lignes Reciproquement.

Soit que le point commun soit au dedans du cercle ou au dehors, on peut considerer entre toutes les lignes qui se coupent dans ce point ou qui partent de ce point, celle qui passe par le

centre que nous appellerons la centrique *, & les autres ex-*
centriques.

Quand le point est au dedans du cercle, la centrique *est*
un diametre , & par consequent la plus grande ligne qui puisse
passer par le point commun que nous supposons n'estre pas le
centre , mais c'est aussi la plus inégalement partagée. Car
comme il paroist par V I I. 25. la plus petite d'une excentrique *quelconque , est plus grande que la plus petite de la* centrique *, & en recompense la plus grande partie de l'excentri-*
que *est plus petite que la grande partie de la* centrique. *Et*
l'uniformité de la ligne circulaire fait que cette compensation
est si juste, qu'il ne faut pas s'estonner si les deux parties de la
centrique sont reciproques aux deux parties de toute excentri-
que , c'est à dire si la petite partie de la centrique est à la plus
petite partie de l'excentrique, comme la plus grande de l'excen-
trique est à la plus grande de la centrique. D'où il s'ensuit aussi
que les deux parties d'une excentrique quelconque doivent estre
reciproques aux deux parties de toute autre excentrique.

Il en est de mesme quand le point est hors le cercle. Car la
centrique est aussi la plus longue de toutes, & sa partie qui est
hors le cercle est au contraire plus courte, que la partie de toute
autre qui est aussi hors le cercle. Ce qui faisant une compo-
sentation juste à cause de l'uniformité du cercle, on juge aise-
ment que la centrique & sa partie hors le cercle doivent estre
reciproques à toute excentrique & sa partie hors le cercle ; &
qu'il est de mesme des excentriques comparées les unes aux au-
tres, celles qui approchent le plus de la centrique estant toû-
jours les plus longues, & ayant toûjours aussi leurs parties de
dehors plus courtes.

SECTION IV.

Troifiéme voie generale pour trouver des Reciproques,
quand le point commun eft dans la circonference
du Cercle.

Je ne croy pas que ce que l'on va dire fe trouve nulle part.

Nous avons déja remarqué que cette derniere voie gene-
rale fe pouvoit divifer en deux manieres : Dans l'une def-
quelles le point commun étoit terminant*, & dans l'autre* de
fection.

Qu'il eftoit terminant *quand la ligne droite indefinie dont*
nous allons parler ou coupoit le cercle, ou le touchoit , ou eftoit
au deffus du cercle.

Et qu'il eftoit de fection, c'eft à dire que les deux lignes
principales s'y coupoient, quand cette ligne indefinie étoit au
deffus du cercle. Il faut donc traiter feparement ces deux ma-
nieres.

PREMIERE MANIERE DE LA III. VOIE GENERALE.

Quand l'indefinie coupe, ou touche, ou eft au deffous
du Cercle.

Vne feule propofition comprendra la maniere de trouver
une infinité de reciproques. Et il eft peut eftre difficile de s'i-
maginer rien de plus general fur la proportion des lignes par
la Geometrie ordinaire.

PROPOSITION GENERALE.

Si d'un point dans la circonference on tire une ligne
indefiniment par le centre, & qu'on en tire une autre indefinie que j'appelleray *y*, qui coupe perpendiculaire-

ment celle qui paffe par le centre, en quelque endroit qu'elle la coupe, foit en coupant auffi le cercle, foit en le touchant, foit tout à fait hors le cercle & au deffous : toutes les lignes tirées du point dans la circonference qui feront ou coupées par y, & terminées par la circonference: ou coupées par la circonference & terminées par y ; feront telles, que chaque toute & fa partie vers le point commun feront reciproques à chaque autre toute & à fa partie : & chaque toute & fa partie auront pour moyenne proportionelle celle qui fera terminée à un point commun à y, & à la circonference.

XXXVII. CETTE propofition eft fi vafte & comprend tant de cas qu'on n'en fçauroit bien voir la verité, qu'en la confiderant dans ces cas particuliers qui font trois principaux.

Le 1er. Quand la ligne y coupe le cercle.

Le 2e. Quand elle le touche.

Le 3e. Quand elle eft tout à fait hors le cercle, & au deffous.

C'eft ce que nous traiterons par divers Theoremes.

PREMIER CAS.

XXXVIII LE 1er Cas eft quand y coupe le cercle. Et alors il n'eft point neceffaire de dire que cette ligne doit eftre perpendiculaire à celle qui eftant tirée du point K paffe par le centre : car il fuffit de dire (ce qui eft la mefme chofe) qu'elle doit couper le cercle en deux points, que j'appelleray E & E, qui foient également diftans de K. Cela étant vray, voicy le 1er Theoreme.

V. THEOREME.

XXXIX. Si la ligne y coupe le cercle en deux points également diftans de K, toutes les lignes tirées du point K qui feront ou coupées par y, & terminées par la circonference, ou coupées par la circonference & terminées par y, feront telles que chaque toute & fa partie vers K feront reciproques à chaque autre toute & à fa partie vers K.

On peut faire fur cela trois comparaifons.

La 1ʳᵉ. De deux lignes qui font toutes deux coupées par *y* & terminées par la circonference.

La 2ᵉ. De deux lignes qui font toutes deux coupées par là circonference, & terminées par *y*.

La 3ᵉ. De deux lignes, dont l'une eſt coupée par *y*, & terminée par la circonference, & l'autre coupée par la circonference, & terminée par *y*.

PREMIERE COMPARAISON.

SOIENT tirées *K f*, qui coupe *y* en *c*; & *K g* qui le coupe en *d* : je dis que les baſes *f g* & *c d* ſont antiparalleles. Donc tout le reſte s'enſuit (par la 1ʳᵉ Propoſition fondamentale, S. 17.

Car (par IX. 42.) l'angle *K c E*, a pour meſure la moitié de l'arc *K E* plus la moitié de l'arc *E f*, & l'arc *K E* eſtant égal à l'arc *K E*, cette meſure eſt égale à la moitié des deux arcs *K E* & *E f*. Or la moitié des deux arcs *K E* & *E f* eſt la meſure de l'angle inſcript *K g f*, parce que l'arc *K E f*, ſur lequel il eſt appuyé, comprend ces deux-là.

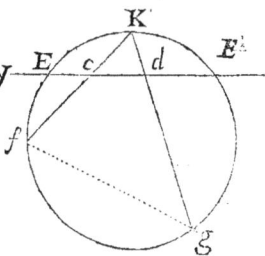

Donc l'angle *K c E* (ou *K c d*) eſt égal à l'angle *K g f*. On prouvera la même choſe des angles *K d c* & *k f g*. Donc ces deux baſes ſont antiparalleles.

Donc (par la 1ʳᵉ Propoſition fond. S. 17.) la toute d'une part & ſa partie ſont reciproques à l'autre toute & à ſa partie. Ce qu'il falloit demonſtrer.

$$K f. \; K d. \; :: \; K g. \; K c.$$
$$T. \; p. \; :: \; T. \; p.$$

XL.

SECONDE COMPARAISON.

XLI. SOIENT tirées kf qui coupe la circonference en c, & kg qui la coupe en d; je dis que les bases fg & cd sont antiparalleles.

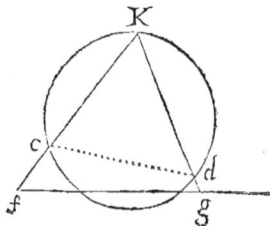

Car (par 1x. 46.) l'angle kfg a pour mesure la moitié de l'arc kc, qui est aussi la mesure de l'angle inscript kdc. Donc les angles kfg & kdc sont égaux.

On prouvera de la même sorte que les angles kgf & kcd sont égaux.

Donc les bases fg & cd sont antiparalleles.

Donc 　　$Kf. Kd :: Kg. Kc.$
　　　　$T. \ p. \quad :: \quad T. p.$

TROISIEME COMPARAISON.

XLII. SOIENT tirées kf qui coupe la circonference en c, & kg qui coupe y en d.

Dans cette comparaison les bases se croisent. Car il faut prendre pour les deux bases fd & gc.

Or pour prouver qu'elles sont antiparalleles, il faut montrer que les angles kfd, ou kfE. & kgc, sont égaux. Ce qui est facile, puisqu'il est clair (par ce qui vient d'estre dit (42.S.) que l'un & l'autre a pour mesure la moitié de l'arc kc, & pour les deux autres kdE & kcg, cela

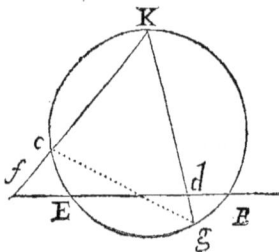

se prouve aussi facilement (par ce qui a esté dit 40 S.) de l'égalité entre les angles kdf (ou kdE) & kcg.

Donc les bases fd & gc sont antiparalleles.

Donc 　　$Kf. Kg :: Kd. Kc.$
　　　　$T. \quad T :: \quad p. \ p.$

VI. THEOREME.

COROLLAIRE CINQUIE'ME.

LA ligne tirée de k au point commun à la circonference & à y (c'est à dire k E ou k E) est moyenne proportionelle entre chaque toute & sa partie, soit qu'elle soit
coupée par y & terminée par la circonference, soit qu'elle
soit coupée par la circonference & terminée par y.

XLIII.

PREMIERE COMPARAISON.

Soit tirée $k f$ qui coupe y en c, &
k E, il ne faut que prouver que les
bases f. E & c. E sont antiparalleles. Ce
qui est facile.

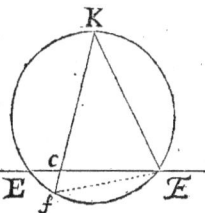

Car les angles inscripts $k f$ E & k E c
(ou k E E) sont égaux, parce que
(par 1 x. 17.) l'un est appuyé sur l'arc
k E, & l'autre sur l'arc k E, qui sont
égaux.

Et pour les angles $k c$ E, & k E f, leur égalité se prouve
de la même sorte que l'égalité des arcs $k f g$ & $k d c$, dans
le 1er Theoreme. 1re Comparaison.

Donc ces bases sont antiparalleles & disposées en la
3e maniere expliquée dans le 4e Lemme.

Donc $K f$. K E :: K E. K C.

T. m :: m. p.

SECONDE COMPARAISON.

SOIT tirée $k f$ qui coupe la
circonference en c; je dis que
les bases fE & c E sont antiparalleles. Car les angles $k f$ E
& k E c ont pour mesure la
moitié de l'arc $k c$, selon ce
qui a esté dit, 1er Theoreme,
2e Comparaison, & les angles
inscripts k E f, ou k E k & $k c$ E
sont appuyez sur les angles k E, qui sont égaux.

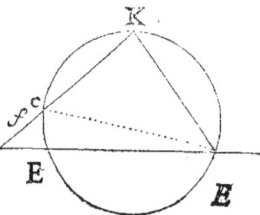

XLIV.

Donc $K f$. K E :: K E. K c.

T. m :: m. p.

SECOND CAS.

XLV. Le 2ᵉ Cas de la proposition principale (S. 39.) est quand la ligne *y* touche le cercle en un point diametralement op-posé à *k* : ce qui comprend aussi deux Theoremes.

VII. THEOREME.

XLVI. QUAND *y* touche le cercle en un point diametralement oppofé à *k*, toutes les lignes tirées de *k* sur cette ligne (qui ne peuvent pas n'estre point coupées par le cercle) sont telles, que chaque toute & sa partie sont reciproques à chaque autre toute & à sa partie.

Si les deux lignes estoient tirées de deux differens cô-tez, il n'y auroit rien qui n'eust déja esté prouvé (42. S.) C'est pourquoy nous le proposerons du même côté. Ce qui pourra aussi servir aux cas semblables du 1ᵉʳ Theo-reme.

Soient tirées du même côté *k f*, coupée par la circon-ference en *c*, & *k g* coupée par la circonference en *d* ; il faut prouver que les bases *f g* & *c d* sont antiparalleles. Or il y a sur chacune un angle aigu *k g f* (ou *k g E*) & *k c d*, & un obtus *k f g* & *k d c*.

Mais pour les aigus ils sont égaux, parce qu'ils ont cha-cun pour mesure la moitié de l'arc *k d*. (par IX. 46.)

Et pour les obtus, il est aisé de prouver qu'ils sont égaux par leurs complemens, qui sont *c d g* & *k f E*.

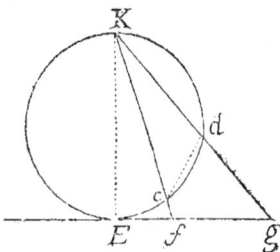

Car par IX. 16. *c d g*, a pour mesure la moitié des deux arcs *k d* & *d c*.

Et par IX. 46. *k f E*, a pour mesure la moitié de l'arc *k d c*, qui comprend ces deux là.

Donc ces angles aigus sont égaux.

Donc les obtus *k d c* & *k f g*, dont ces aigus sont les supplemens, sont égaux aussi.

Donc

Donc les bases fg & cd font antiparalleles.

Donc $kf. kd :: kg. kc.$

$\quad\quad\text{T.}p :: T\cdot \text{P.}$

VIII. THEOREME.

COROLLAIRE DU SIXIE'ME.

LE diametre tiré du point k (& par conſequent tout XLVII. autre) eſt moyenne proportionelle entre chaque toute & ſa partie.

Soit tirée kf qui ſoit coupée en c, les bases fE & cE ſont antiparalleles.

Car les angles kEf, & kcE, ſon droits, & par conſequent égaux.

Et les aigus kfE, & kEc, ont chacun pour meſure la moitié de l'arc kc (par IX. 18. & 46.

Donc les bases fE & cE ſont antiparalleles.

Donc $kf. kE :: kE. kc.$

$\quad\quad\text{T.}m :: m. \text{p.}$

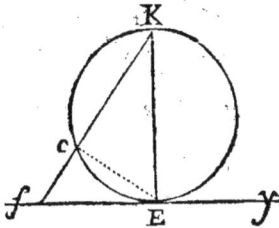

TROISIEME CAS.

LE 3e Cas eſt quand la ligne y eſt tout à fait hors le cer- XLVIII. cle & au deſſous : mais comme il n'a aucune difficulté particuliere, nous ne nous y arreſterons point.

Il faut ſeulement remarquer, qu'il n'y a point de moyenne proportionelle dans ce 3e Cas, parce qu'il n'y a aucun point qui ſoit commun à la ligne y, & à la circonference, la ligne y eſtant tout à fait hors le cercle.

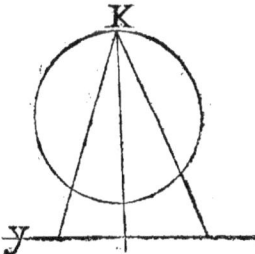

Nn

SECONDE MANIERE

De la troisiéme voie pour trouver des Reciproques. Quand l'indefinie est tout à fait hors le Cercle & au dessus.

Nous avons veu dans le plan, que l'indefinie est au dessus du point commun quand le cercle n'est pas entre ce point, & l'indefinie. Et alors le point commun sera de section & tout se reduira à ce Theoreme.

IX. THEOREME.

XLIX. QUAND la ligne *indefinie* qui coupe perpendiculairement le diametre prolongé, est au dessus du cercle, c'est à dire quand le cercle n'est point entre cette ligne *indefinie* & le point commun, toutes les lignes qui se couperont dans ce point, étant terminées d'une part par l'*indefinie*, & de l'autre par le cercle, les parties de l'une seront reciproques aux parties de l'autre.

SOIT l'*indefinie* y, le diametre prolongé A E, le point commun K, l'une des secantes B C, & l'autre F G, & une tangente au point K, qu'on appelle m n : si on tire la ligne c G, je dis que les angles A B c & c G K, sont égaux, car l'indefinie & là tengeante étant paralleles les angles alternes que chaque secante fait sur l'une & l'autre sont égaux : c'est à dire que l'angle A B c est égal à l'angle m K c : : : Or m K c, a pour sa mesure la moitié de l'arc K c (par 1 x. 13.) qui est aussi la mesure de l'angle c G K (par 1 x. 18.) Donc les angles A B c & c G K, sont égaux. Et il en est de mesme des deux angles A F G, & G c K. Donc les bases B F & G c des deux angles oppo-

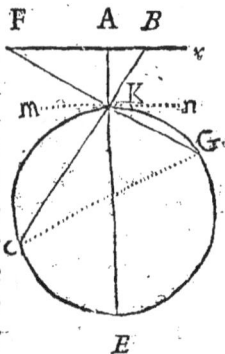

fez en K font antiparalleles, par 9 S.

Donc les parties de la ligne *B C* font reciproques à celles de la ligne F G par 11. S.

SECTION V.

Autres Theoremes, ou qui n'entrent pas dans l'ana-logie des precedens, ou qui se peuvent rapporter à plusieurs de ces trois voies.

X. THEOREME.

LES deux côtez de tout angle infcrit au cercle font reciproques à la ligne entiere, qui le partageant par la moi-tié fe termine à la circonference & à la partie de cette li-gne comprife entre le fommet de l'angle coupé par la moitié & fa bafe.

Soit l'angle infcrit E *k* E. Soit pris le point K dans le fegment op-pofé également diftant d'E & d'*E*. La ligne *k* K qui coupe la bafe en *c* partage cet angle infcript par la moitié, puifque les deux angles E *k* K & E *k* K étant appuyez fur des arcs égaux font égaux (par IX 18.) qui eft le même qu'E *k* K. E*k* K.

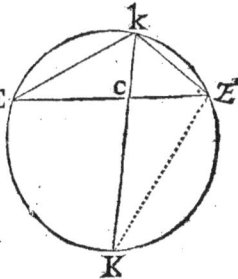

Or les angles E*kc* (qui eft le même qu'E *k* K) & *E k* K ne font pas feulement égaux, mais ils font auffi femblables, c'eft à dire que les angles fur la bafe de l'un font égaux aux angles fur la bafe de l'autre chacun à chacun.

Car les angles infcrits vers E & vers K font égaux (par IX. 18.) parce qu'ils font appuyez fur le même arc *k* E.

2. (par IX. 42.) L'angle *kc* E, a pour mefure la moitié de l'arc *k* E fur lequel il eft appuyé, plus la moitié de l'arc oppofé *E* K. Et l'arc E K étant égal à l'arc *E* K, cet-

N n ij

te mefure eſt égale à la moitié des arcs *k* E & E K, qui eſt
la mefure de l'angle inſcrit *k* E K. (par IX. 18.)

Donc les angles *k c* E & *k* E K ſont égaux.

Donc les angles E *k c* & E *k* K ſont ſemblables.

Donc (par XI. 17.)

$$ k\,\mathrm{E}. \quad k\,\mathrm{K} :: k\,c. \quad k\,\mathrm{E}. $$

Ce qu'il falloit demonſtrer, puiſque *k* E & *k* E ſont les
deux côtez de l'angle partagé par la moitié, & que *k* K
eſt la ligne entiere qui le partage, & *k c* ſa partie.

COROLLAIRE.

L I.

Sɪ l'angle inſcrit étoit Iſoſcele, chaque coſté ſeroit
moyenne proportionelle entre la toute qui le diviſeroit
par la moitié & ſa partie.

Car les côtez de l'angle étant égaux, les prendre tous
deux, ou en prendre un deux fois, c'eſt la meſme choſe.

Mais quand l'angle inſcrit eſt Iſoſcele, la ligne qui le
partage par la moitié eſt neceſſairement un diametre. Et
de plus les deux points E E étant alors également diſtans
de *k* auſſi bien que de K, cela revient à ce qui a eſté demonſtré plus haut par une autre voie, & à ce qui le ſera
encore plus bas.

XI. THEOREME.

I I I.

Sɪ du ſommet d'un angle droit on tire une perpendiculaire ſur l'hypotenuſe, il y aura trois moyennes proportionelles.

1. La perpendiculaire entre les deux parties de l'hypotenuſe.

2. Le petit côté de l'angle droit entre la plus petite partie de l'hypotenuſe qui y eſt jointe, & l'hypotenuſe entiere.

3. Le plus grand côté de l'angle droit entre la plus
grande partie de l'hypotenuſe qui y eſt jointe, & l'hypotenuſe entiere.

Tout cela ſe peut prouver par un grand nombre de
voies. Mais celle-cy me ſemble la plus facile & la moins
embaraſſée.

Soit l'angle droit $k E K$, & la perpendiculaire du sommet à l'hypotenuse $E c$.

Si on fait un cercle qui ait l'hypotenuse $k K$ pour diametre, le sommet E se trouvera dans la circonference par IX. 31.

Et si on prolonge $E c$ jusques à E, que je suppose estre le point opposé de la circonference, la corde $E E$ sera coupée en c par la moitié, & les points E E également distans tant de k que de K.

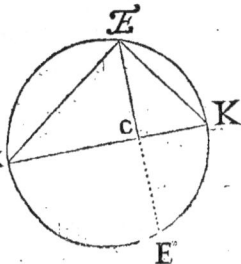

Donc 1. par le 29. S.

$$k c. E c :: E c. c K.$$

Donc 2. par le 6e Theoreme [43. S.]

$$k' c. k E :: k E. c K.$$

Donc 3. par le même 6e Theoreme.

$$K c. K E :: K E. c k.$$

XII. THEOREME.

L I I I.

TOUTE ligne qui coupant perpendiculairement l'hypotenuse d'un angle droit en coupe aussi un côté, l'hypotenuse entiere & sa partie vers le point qui luy est commun avec le côté coupé, sont reciproques au côté coupé entier, & à sa même partie vers le point commun. La preuve en est facile par le 6e Theoreme & par d'autres voies que je laisse à trouver.

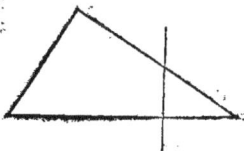

DERNIER THEOREME.

L I V.

UN angle ayant deux bases, si ses costez selon une base sont proportionnels à ses costez selon l'autre base, les deux angles sur une base sont égaux aux deux angles sur l'autre base chacun à chacun. C'est la converse de la plufpart des propositions de ce Livre, qui se prouve ainsi.

Les costez sur une base ne sçauroient estre proportionnels aux costez sur l'autre base qu'en deux manieres.

La 1ᵉ eſt, quand la toute d'une part & ſa partie ſont proportionelles à l'autre toute & à ſa partie.

La 2ᵉ, quand une toute & ſa partie ſont reciproques à l'autre toute & à ſa partie.

Or le premier ne peut eſtre, que les baſes ne ſoient paralleles. Et le ſecond, qu'elles ne ſoient antiparalleles. Et en l'un & en l'autre les deux angles ſur une baſe ſont égaux aux deux angles ſur l'autre baſe.

PREUVE DU PREMIER.

LV. Soit l'angle fkg, dont les deux baſes ſoient fg & cd. Je dis que ces baſes ſont paralleles, ſi

$$kf.\ kc :: kg.\ kd.$$

Car ſoit mené du point c une parallele à fg, qui coupe kg en un point que j'appelleray x.

Il eſt certain (par XI. 19.) que

$$kf.\ kc :: kg.\ kx.$$

Or par l'hypotheſe,

$$kf.\ kc :: kg.\ kd.$$

Donc kx & kd ſont égales par 11. 43.

Donc les points k & d ne ſont qu'un même point.

Donc cx & cd ne ſont que la même ligne.

Or cx eſt parallele à fg. Donc cd luy eſt auſſi parallele.

Donc les angles ſur la baſe cd ſont égaux aux angles ſur la baſe fg. Ce qu'il falloit demonſtrer.

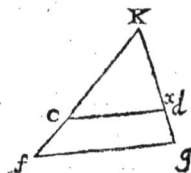

PREUVE DU SECOND.

LVI. Soit l'angle fkg, qui ait deux baſes fg & cd. Je dis que ces baſes ſont antiparalleles, ſi

$$kf.\ kd. :: kg.\ kc.$$

Car ſoit tirée du point c une ligne qui coupant kg, prolongée s'il eſt beſoin, faſſe ſur kg un angle égal à celuy que gf fait ſur kf, & que le point où cette ligne coupera kg ſoit x, cette ligne cx ſera une baſe de l'angle k antiparallele à la baſe fg, & par conſequent (par 18. S.)

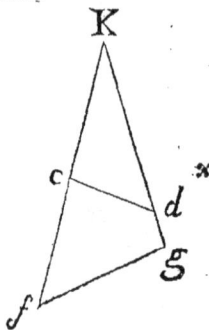

$k f. k x :: k g. k c.$

Or par l'hypothefe,

$k f. k d. :: k g. k c.$

Donc par II. 43. $k x$ eft égale à $k d$.

Donc les points x & d eftant fur la même ligne, ne font qu'un' même point.

Donc $c x$ & $c d$ ne font qu'une même ligne.

Or $c x$ eft antiparallele à $f g$.

Donc $c d$ eft auffi antiparallele à $f g$.

Donc les angles fur la bafe $c d$ font égaux aux angles fur la bafe $f g$. Ce qu'il falloit demonftrer.

COROLLAIRE.

Si deux angles égaux ont leur côtez proportionels, ils font femblables; c'eft à dire que les angles fur la bafe de l'un font égaux aux angles fur la bafe de l'autre chacun à chacun.

Soient les angles égaux qui ayent leurs coftez proportionels $f K g$, & $c k d$, en forte que $K f. K c :: K g. k d$.

D'où il s'enfuit que fi $K f$ eft plus grand que $k c$, $K g$ fera plus grand que $k d$. Prenant donc dans $K f$, $K c$ egale à $k c$, & dans $K g$, $K d$ égale à $k d$, les angles $c K d$ & $c k d$ étant égaux, & les côtez de l'un étant égaux à ceux de l'autre, leurs bafes feront égales, & les angles fur la bafe de l'un égaux aux angles fur la bafe de l'autre, par VIII. 63. & 64.

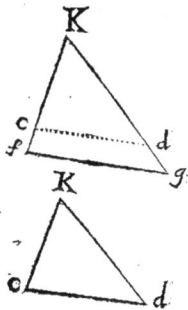

L V I I.

Or par le precedent Theoreme les deux bafes de l'angle K, fçavoir la bafe $c d$ & la bafe $f g$, font paralleles, & les angles fur l'une font égaux aux angles fur l'autre.

Donc dans les deux angles égaux K & k les angles fur la bafe de l'un font égaux aux angles fur la bafe de l'autre. Ce qu'il falloit demonftrer.

Remarquez que ce dernier Theoreme & fon Corollaire font les inverfes des principaux Theoremes de ce Livre & du Livre precedent, & qu'ils feront de grand ufage dans la fuite.

SECTION VI.

Problemes.

I. PROBLEME.

LVIII. TROUVER la moyenne proportionelle entre deux lignes données. Joindre les lignes données. Faire un demy _ cercle, dont prises ensemble elles soient diametre : la perpendiculaire élevée du point où se joignent ces lignes à la circonference sera la moyenne proportionelle entre ces lignes données. (par 38. S.)

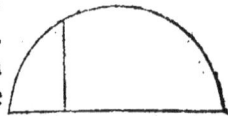

On peut employer pour trouver la même chose les Theoremes 6. (43. S.) & 4. 53. S.) J'en laisse la recherche pour exercer l'esprit.

II. PROBLEME.

LIX. TROUVER toutes les reciproques possibles à deux lignes données.

Mettre la plus petite dans la plus grande, comme $k c$ dans $k f$. Faire un cercle qui ait la plus grande pour diametre. Et du point c, où la plus petite se termine, tirer sur ce diametre une perpendiculaire indefinie comme y. Cette Perpendiculaire satisfera au Problème, comme on le peut juger, en considerant le 5e Theorème (39. 40. 41. &c. S.) sans qu'il soit besoin que je m'amuse à l'expliquer davantage.

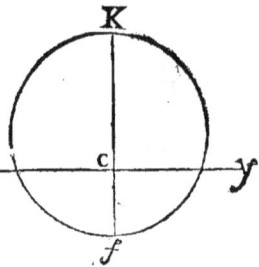

TROISIE'ME

III. PROBLEME.

AYANT tiré à difcre-
tion d'un même point
tant de lignes que l'on
voudra fur une même li-
gne, les divifer toutes, en
forte que chaque toute &
fa partie vers le point
commun foient reciproques à chaque autre toute & à fa
même partie.

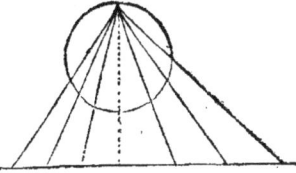

LX.

Tout cercle dont la circonference paffera par le point commun, & qui aura pour diametre,
ou la perpendiculaire entiere de
ce point à la ligne, ou une partie
de cette perpendiculaire, fatisfera au Probleme, par le 7ᵉ Theo-
reme, & ce qui a efté dit du 3ᵉ Cas (48. S.)

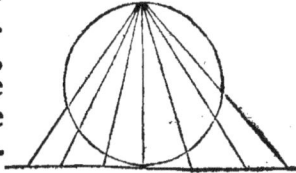

IV. PROBLEME.

AYANT les
trois premie-
res lignes d'u-
ne progreffion
geometrique,
trouver toutes
autres à l'in-
fini.

Faire que la
3ᵉ comprenne
la 1ʳᵉ, comme
K d comprend
K c, faire un
cercle qui ait
K d pour dia-
metre, de c
élever la per-
pendiculaire
c L, & puis ti-

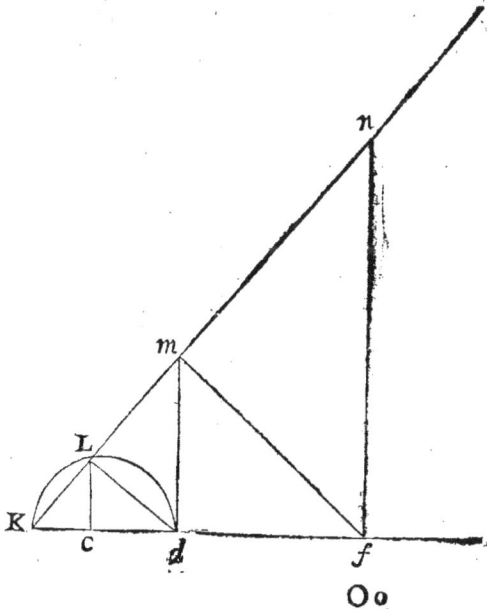

rer une ligne indefinie de K par *L*, laquelle j'appelleray *x*;
& prolonger auffi infiniment K *d*, laquelle j'appelleray *z*.

Tirant *L d* perpendiculaire fur *x*, & *d m* perpendiculaire fur *z*, & *m f* perpendiculaire fur *x*, & *f n* perpendiculaire fur *z*, & ainfi à l'infini.

On trouvera facilement par (20. S.) la fuite infinié de
la progreffion geometrique, dont les trois premiers termes auront efté *k c. k L. k d.* qui feront fuivis de *k m. k f.*
k n. k g. &c.

V. PROBLEME.

LXII. DIVISER une ligne donnée en moyenne & extrême raifon. C'eft à dire en telle forte que fa plus grande partie
foit moyenne proportionelle entre la plus petite partie
& la toute.

Ce qui eft auffi la mefme chofe que de trouver une ligne
qui foit moyenne entre une donnée & cette donnée moins
cette moyenne, laquelle pour cette raifon j'appelleray la
mediane.

Soit la ligne donnée appellée *b*.

Sa plus grande partie que l'on cherche *x*

Et fa plus petite *b—x*.

Il faut trouver une ligne qui foit telle, que *b* moins cette
ligne foit à cette ligne comme cette ligne eft à *b*.

$$b—x. \; x \; :: \; x. \; b.$$

C'eft ce qui fe peut trouver par une voie fort facile.

Décrire un cercle de l'intervale de la moitié de *b*, élevée perpendiculairement fur
l'une des extremitez de *b*.

Et tirer une fecante de l'autre extremité de *b*, qui paffant par le centre du cercle fe
termine à la circonference.

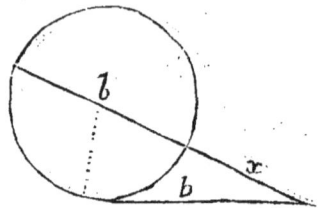

La partie de cette fecante qui eft hors le cercle fera *x*.
C'eft à dire moyenne proportionelle entre *b*, & *b—x*.

Car par la conftruction 1. *b* eft tangente de ce cercle.

2. Le diametre de ce cercle eft égal à *b*.

3. Et par confequent la fecante entiere eft $x+b$.

Or (par 33. S.) b tangente eft moyenne proportionelle entre la partie de la fecante qui eft hors le cercle (c'eft à dire x.)

Et la fecante entiere (c'eft à dire $x+b$

Donc $x.\ b\ ::\ b.\ x+b.$

Donc *permutando* $b..\ x\ ::\ x+b.\ b.$

Donc *dividendo* $b—x.\ x\ ::\ x.\ b.$

Ce qu'il falloit demonftrer.

I. COROLLAIRE.

Une ligne étant divifée en moyenne & extrême raifon,   LXIII. fi on y ajoûte fa plus grande partie (que nous appelle- rons la mediane) il s'en fera une nouvelle toute qui fera encore divifée en moyenne & extrême raifon, la premiere toute étant la mediane.

C'eft ce qui fe voit par la voie même dont on s'eft fervi pour divifer la premiere toute en moyenne & extrême raifon, en forte qu'il ne faut que recompofer, pour parler ainfi, ce que l'on a divifé.

Car fi $b—x.\ x\ ::\ x.\ b.$

Componendo $b.\ x$ $::\ x+b.\ b.$

Donc la ligne $x+b$ eft divifée par b en moyenne & extreme raifon, puifque b eft moyenne proportionelle en- tre la toute $x+b$. & fon autre partie x.

II. COROLLAIRE.

Une ligne étant divifée en moyenne & extrême raifon,   LXIV. fa petite partie divife la mediane en moyenne & extrê- me raifon.

Soit b divifée comme deffus ; & comme fa mediane eft appellée x, foit la petite appellée y. Il faut prouver que $x—y.\ y\ ::\ y.\ x.$

Or il ne faut pour cela que nommer b par ces parties $y+x$.

Car par la divifion de b par x en moyenne & extrême raifon $y.\ x\ ::\ x.\ y+x.$

Donc *permutando* x y. :: $y+x$. x.

Donc *dividendo* $x-y.y$ :: y. x. Ce qu'il falloit demonſtrer.

III. COROLLAIRE.

LXV.

Il eſt aiſé de conclure de ces deux Corollaires, que lorſqu'on a une ligne diviſée en moyenne & extrême raiſon, on en peut avoir une infinité d'autres plus grandes & plus petites diviſées de la même ſorte.

PREUVE DES PLUS GRANDES.

LXVI.

Si on joint la mediane à la premiere toute, il s'en fait une ſeconde toute qui à la premiere pour ſa mediane (par le premier Corollaire.)

Donc ſi on joint la premiere toute à la deuxiéme, il s'en fait une troiſiéme qui a la deuxiéme pour ſa mediane.

Et joignant la deuxiéme à la troiſiéme, il s'en fait une quatriéme qui a la troiſiéme pour ſa mediane, & ainſi à l'infini.

PREUVE DES PLUS PETITES.

Si on prend la mediane de la premiere toute, il s'en fait une ſeconde toute plus petite, qui a pour ſa mediane (par le deuxiéme Corollaire) la petite partie de la premiere toute.

Et cette mediane de la deuxiéme toute eſt une troiſiéme toute qui a pour ſa mediane la petite partie de la deuxiéme toute, & cette mediane de la troiſiéme toute eſt une quatriéme toute qui a pour ſa mediane la petite partie de la troiſiéme toute, & ainſi à l'infini. Ce qui peut eſtre conſideré comme une nouvelle & tres belle preuve de la diviſibilité d'une ligne à l'infini.

VI. PROBLEME.

LXVII.

Ayant la grandeur des côtez d'un angle qui doive eſtre la moitié de chacun des angles ſur la baſe, en trouver la baſe.

Soit $K\,b$ de la grandeur de ces coftez, & foit décritte une portion de cercle de cette intervalle & du centre K.

Soit divifée $K\,b$ en c. en moyenne & extrême raifon, en forte.

$$b\,c.\ c\,K\ ::\ c\,K.\ b\,K.$$

La corde $b\,d$ de la grandeur de $c\,K$, qui eft la moyenne entre $b\,c$ & $b\,K$, fera la bafe de cet angle, & $K\,d$ en fera l'autre cofté.

Car foit tirée la ligne $c\,d$, je fuppofe que les deux angles fur la bafe d'un angle Ifofcele font égaux. Et ainfi j'auray prouvé que l'angle K eft la moitié de chacun des angles fur la bafe, fi je puis montrer deux chofes.

La 1re. Que l'angle K eft égal à l'angle $b\,d\,c$.

La 2e. Que l'angle $b\,d\,c$ eft la moitié de l'angle $b\,d\,K$.

PREUVE DE LA PREMIERE.

L'angle b a deux bafes, $c\,d$ & $K\,d$, & fes coftez felon une bafe font proportionnels à fes coftez felon l'autre bafe, puifque

$$b\,c.\ b\,d\ ::\ b\,d\ b\,K.$$

Donc les bafes $c\,d$ & $K\,d$ font antiparalleles, & par confequent les angles fur une font égaux aux angles fur l'autre chacun à chacun.

Donc l'angle K eft égal à l'angle $b\,d\,c$. Ce qui eft la premiere chofe qu'il falloit demonftrer.

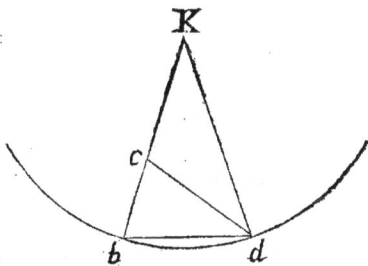

PREUVE DE LA SECONDE.

Les deux parties de $b\,K$, bafe de l'angle de $b\,d\,K$, font en même raifon que les deux coftez de cet angle, puifque $d\,K$ étant égale à $b\,K$, & $c\,K$ à $b\,d$,

$$b\,c.\ c\,K\ ::\ b\,d.\ d\,K.$$

Donc l'angle $b\,d\,K$ eft divifé par la moitié.

Oo iij

Donc l'angle K étant égal à l'angle $b d c$, qui eſt la moitié de l'angle $b d$ K, eſt auſſi la moitié de l'angle $b d$ K. Ce
qu'il falloit demonſtrer.

COROLLAIRE.

LXVIII.   TOUT angle Iſoſcele dont la baſe eſt moyenne proportionelle entre le coſté entier & le coſté moins cette baſe,
eſt de 36 degrez, & chacun des angles ſur la baſe de 72.
Car 36. plus deux fois 72. qui eſt la double de 36, vaut 180,
qui eſt ce que valent les trois angles pris enſemble.

VII. PROBLEME.

AYANT la baſe d'un angle Iſoſcele de 36 degrez, en
trouver le coſté.

Soit b la baſe donnée diviſée en moyenne & extréme
raiſon, & x en ſoit la plus grande partie, $x + b$ ſera le coſté
de cet angle. C'eſt à dire que l'angle qui aura $x + b$ pour
l'un & l'autre de ces coſtez, & b pour baſe, ſera de 36 degrez.

Car puiſque par la diviſion de b en moyenne & extrême raiſon. $b - x.\ x. \ :: \ x.\ b.$

Componendo.

$$b.\ x \qquad :: \quad x + b.\ b.$$

Donc la baſe b eſt moyenne proportionelle entre le
coſté $x + b$ & x, qui eſt ce coſté moins b.

Donc par le precedent Corollaire l'angle qui a $x + b$
pour chaque coſté, & b pour baſe, eſt de 36 degrez. Ce
qu'il falloit demonſtrer.

SECTION VII.

Des lignes incommenſurables.

CE que nous avons dit dans le IV. Livre des grandeurs
incommenſurables donne une ſi grande facilité d'expliquer les lignes incommenſurables, qu'il ne faut pour cela
qu'ajoûter à ce Livre trois ou quatre propoſitions.

PROPOSITION GENERALE.

Lorfque trois lignes font continuellement proportionelles, la raifon de la premiere à la troifiéme peut eftre de
trois fortes : ce qui fe fait en trois cas.

PREMIER CAS.

Si la raifon de la premiere à la troifiéme eft une raifon
de nombre à nombre qui ait pour fes expofans des nombres quarrez, la moyenne eft à chacune des deux autres,
comme le produit des racines de ces nombres quarrez, eft
à chacun de ces nombres quarrez, & par confequent la
moyenne eft commenfurable aux deux autres.

SECOND CAS.

Si la raifon de la 1re à la 3e eft une raifon de nombre à
nombre, qui n'ait pas pour fes expofans des nombres quarrez, la moyenne eft incommenfurable en longueur & commenfurable en puiffance à la 1re & à la 3e.

TROISIEME CAS.

Si la raifon de la 1re à la 3e eft une raifon fourde, & non
de nombre à nombre, la moyenne eft incommenfurable
aux deux autres, tant en longueur qu'en puiffance.

Tous ces 3 Cas fe prouvent des lignes, de la même forte
qu'on les a prouvez dans le IV. Livre des grandeurs en general. C'eft pourquoy ce qui refte icy eft d'appliquer cette doctrine generale à des exemples particuliers qui foient
propres aux lignes. Ce que nous ferons par les Theoremes fuivans.

I. THEOREME.

Un angle droit étant Ifofcele, le cofté & l'hypotenufe font incommenfurables en longueur & commenfurables en puiffance.

LXXI.

Soit un angle droit Ifofcele, dont
L'hypotenufe foit appellée $h.$
Le côté $d.$

La perpendiculaire du fommet à
l'hypotenufe la partagera en deux é-
galement. Chaque moitié
foit appellée $m.$

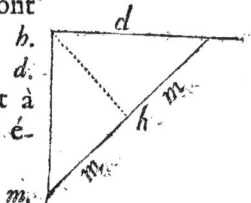

Donc ÷ *h. d. m.*

Or *h. m* :: 2. 1.

Donc 2 & 1 n'étant pas deux nombres quarrez (par le 2ᵉ Cas) *d* est incommensurable en longueur à *h* & à *m*.

Mais il leur est commensurable en puissance, parce que

$$\left.\begin{matrix} hh. & dd \\ dd. & mm \end{matrix}\right\} :: \left.\begin{matrix} h. & m. \\ 2. & 1. \end{matrix}\right.$$

II. THEOREME.

LXXI. QUAND l'hypotenuse est à l'un des côtez d'un angle droit, comme nombre à nombre, il est aisé de juger si l'autre côté est commensurable ou incommensurable à l'hypotenuse. Et voicy comment.

Soit l'hypotenuse *h.*

Un des costez *c.*

L'autre costé *d.*

Une perpendiculaire estant menée du sommet à l'hypotenuse,

Soit sa portion vers *c* appellée *k*,

Et l'autre vers *d* appellée *l.*

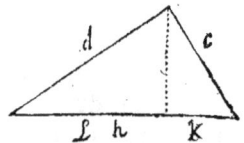

Il s'enfuit que $\left\{\begin{matrix} \dotplus & h. & c. & k. \\ \dotplus & h. & d. & l. \end{matrix}\right.$

Supposant donc que *h* & *c* soient comme les deux nombres *x* & *z*. C'est à dire que

h. c :: *x. z.*

Donc la raison de *h. k.* estant doublée de la raison de *h.c.*

h. k :: *xx. zz.*

Or *k* & *l* étant les deux portions de *h*,

l ⊟ *h*—*k.*

Donc *h. l* :: *xx. xx.*—*zz.*

Donc si *xx.*—*zz.* est un nombre quarré par le premier Cas de la Proposition principale, *h* est commensurable à *d.*

Que si au contraire *xx*—*zz* n'est pas un nombre quarré (par le deuxième Cas) *h* n'est point commensurable à *d* en longueur, mais seulement en puissance.

III. THEO-

III. THEOREME.

LORSQU'UN des côtez de l'angle droit est une aliquote de l'hypotenuse, l'autre côté est incommensurable à l'hypotenuse en longueur, & commensurable seulement en puissance.

Car afin que *c* par exemple, soit une aliquote de *h*, il faut que *h* soit à *c*, comme quelque nombre à l'unité que je marqueray par un 1.

Soit donc *h*. *c* :: *x*. 1.

Donc par le Theoreme 2.

$$h. \ k \ :: \ xx. \ 11.$$
$$h. \ l \ :: \ xx. \ xx—11$$

Or il est impossible que *xx*—11 soit un nombre quarré. Car (11) ne fait qu'une unité, selon ce qui a esté dit, IV. 7. Et deux nombres quarrez ne peuvent jamais estre differens seulement d'une unité.

Donc par le Theoreme 2ᵉ *h* & *d* sont incommensurables en longueur, & commensurables seulement en puissance.

COROLLAIRE.

SI la base d'un angle Isoscele est égale au costé, la perpendiculaire du sommet à la base est incommensurable en longueur, & commensurable seulement en puissance avec le costé.

Car alors cette perpendiculaire fait un angle droit avec la moitié de la base, & l'un ou l'autre des costez est l'hypotenuse de cet angle droit.

Donc l'un des costez de cet angle droit, qui est la moitié de la base, est aussi la moitié de l'hypotenuse.

Donc il est une aliquote de l'hypotenuse.

Donc par le Theoreme precedent l'autre costé, qui est la perpendiculaire, est incommensurable en longueur, & commensurable seulement en puissance avec l'hypotenuse de cet angle droit, laquelle est le costé de l'angle dont la base est supposée égale à chaque costé.

Pp

IV. THEOREME.

LXXIV.

AYANT deux lignes incommenſurables en longueur (ou par les Theoremes precedens, ou par d'autres voyes) & ayant trouvé la moyenne proportionelle entre ces deux lignes, elle leur ſera incommenſurable tant en longueur, qu'en puiſſance.

Cela eſt clair par le 3ᵉ Cas de la Propoſition principale.

V. THEOREME.

LXXV.

QUAND une ligne eſt diviſée en moyenne & extrême raiſon, la toute & ſes deux parties ſont incommenſurables les unes aux autres. C'eſt ce qui a eſté prouvé dans le 4. Livre, num. 37.

AVERTISSEMENT.

Il n'y a à dire de quatre lignes continuellement proportio-nelles que ce qui a eſté dit dans le IV. Livre de quatre gran-deurs continuellement proportionelles.

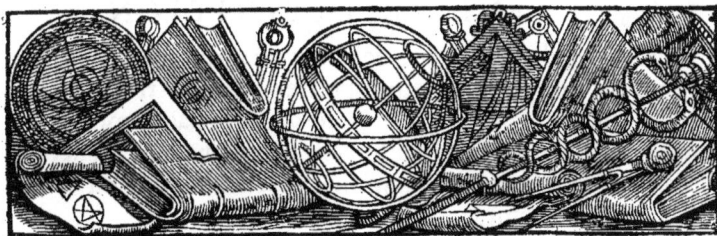

NOUVEAUX ELEMENS

DE

GEOMETRIE·

LIVRE DOVZIE'ME.

DES FIGURES EN GENERAL

CONSIDERE'ES SELON LEURS ANGLES
ET LEURS COSTEZ.

N appelle figure dans les elemens de Geometrie, **I.**
une surface platte terminée de tous costez.

Ce qui comprend deux choses : la premiere,
les extremitez de cette surface: la seconde, l'espace qu'elle
comprend ; ce qui s'appelle *l'aire de la figure.*

Nous les considerons dans ce Livre & le suivant selon le premier rapport ; & dans d'autres Livres nous les considererons selon le dernier.

DIVISION.

TOUTE figure considerée selon ses extremitez, est, **II.**
Ou rectiligne.
Ou curviligne.
Ou mixte.

Pp ij

PREMIERE DEFINITION.

III. Oɴ appelle rectiligne celle qui eſt terminée par des lignes droites , qui ne peuvent eſtre moins de trois , étant
clair que deux lignes droites ne peuvent pas terminer un
eſpace de tous coſtez , puiſqu'elles ne peuvent ſe rencontrer qu'en un point , ce qui laiſſe l'eſpace ouvert du coſté
oppoſé à ce point.

Il eſt clair auſſi par là que les lignes droites ne peuvent
terminer un eſpace , qu'en faiſant autant d'angles qu'il y a
de lignes droites qui terminent l'eſpace. Car ſi un angle
demande deux lignes , une ligne ſert à deux angles.

Et ainſi l'on peut conſiderer trois choſes dans l'extremité d'une figure rectiligne. 1. Les angles. 2. Les coſtez.
3. Le circuit , qu'on appelle auſſi *perimetre*, qui n'eſt autre
choſe que la ſomme des coſtez ; c'eſt à dire tous les coſtez
pris enſemble.

Secoɴde Definition.

IV. Oɴ appelle curviligne celle qui eſt terminée par une ou
pluſieurs lignes courbes. Et une ſeule ligne courbe pouvant rentrer en ſoy même , peut terminer une eſpace.

Mais on ne conſidere icy des figures curvilignes que le
ſeul cercle ; parce que de toutes les lignes courbes on ne
conſidere que la circulaire.

Troisieme Definition.

V. Oɴ appelle figure mixte celle qui eſt terminée en partie par des lignes droites , & en partie par des courbes,
dont on ne conſidere icy que les portions de cercle , qui
ſont celles qui ſont terminées par une corde & une portion de circonference ; ou les ſecteurs du cercle qui ſont
terminez par deux rayons & une portion de la circonference , tel qu'eſt un quart de cercle.

DES FIGURES RECTILIGNES

V I.

On peut divifer les figures
rectilignes en celles qui ont
quelque angle rentrant., &
celles dont tous les angles
font faillans ; c'eft à dire
tels que leur pointe regarde toûjours le dehors de la
figure.

Les Geometres fe font
reftraints à confiderer les
dernieres , parce qu'on y
peut facilement reduire les
premieres.

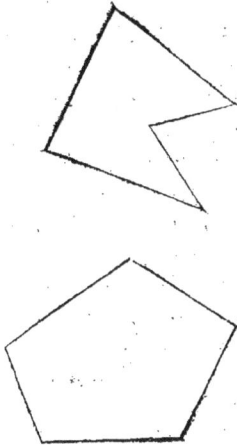

ESPECES DES FIGURES RECTILIGNES.

Toute figure rectiligne ayant autant d'angles que de
coftez ,.on les divife indifferemment par le nombre de leurs
angles ou de leurs coftez , & on les nomme felon l'un ou
felon l'autre.

V I I.

Ainfi on appelle Triangle une figure de trois angles &
de trois coftez , & Quadrilatere celle de quatre angles &
de quatre coftez.
Les noms Grecs des figures font pris du nombre des an-
gles : comme
Pentagone , de cinq.
Exagone , de fix.
Heptagone, de fept.
Octogone, de huit.
Decagone, de dix.
Et Polygone, de plufieurs angles indeterminément.
Ces noms font fi communs, qu'il eft bon de ne les pas
ignorer ; mais on peut fe paffer d'en fçavoir d'autres qui
font moins communs : & appeller les figures du nombre de

P p iij

leurs coftez ou de leurs angles, une figure de quinze coftez, de trente, de cent, de mille &c.

I. THEOREME.

VIII.　TOUT polygone peut eftre refolu en autant de triangles, qu'il a de côtez moins 2, & il ne le peut eftre en moins.

C'eft à dire, s'il a 4 coftez, il peut eftre refolu en deux triangles; fi 5, en trois; fi 6, en quatre; fi 7, en cinq; fi 8, en fix &c.

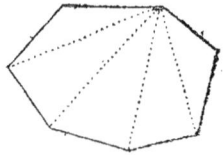

Car d'un angle quelconque tirant deux lignes de part & d'autre, qui foûtiennent chacune l'angle qui le fuit de part & d'autre, il s'en fait deux triangles qui comprennent 4 coftez de la figure. Mais de ce même angle menant des lignes à chacun des autres angles, il s'en fait autant de triangles qu'il y a de coftez outre ces 4. Donc il y aura autant de triangles qu'il y a de coftez outre ces 4. Donc il y aura autant de triangles que de coftez moins 2, puifqu'il y a neceffairement 2 de ces triangles qui comprennent 4 de ces coftez.

II. THEOREME.

I X.　Tous les angles d'un polygone quelconque font égaux à autant de droits que le double de ces coftez moins 4.

Car nous avons déja veu qu'un angle plus les deux angles que font fes coftez fur fa bafe, font égaux à deux droits. Or un angle avec fa bafe n'eft point different d'un triangle. Et par confequent les trois angles d'un triangle valent deux angles droits, qui font fix moins 4.

Or par le precedent Theoreme tout autre polygone peut eftre refolu en autant de triangles moins 2 qu'il a de coftez; & les angles de ces triangles comprendront ceux du polygone. Donc fi le polygone à 7 coftez eftant refolu en 5 triangles, les angles de ces 5 triangles en vaudront dix droits, qui font 14 moins 4.

On le peut encore démontrer d'une autre forte, en prenant un point quelconque au dedans du polygone, & de ce point menant des lignes à tous les angles. Car alors l'heptagone fera partagé en 7 triangles, qui auront tous deux coftez de leurs angles au tour de la figure, & le 3ᵉ au dedans. Or tous les 21 angles de ces 7 triangles en valent 14 droits, & les 7 du dedans de la figure valent 4 droits (& quand il y en auroit mille, ou tant que l'on voudra, ils ne vaudront jamais que 4 droits)& par confequent les 14 autres qui font égaux à ceux de l'heptagone valent 14 droits moins 4; c'eft à dire 10 droits.

Division.

Les figures de ces differentes efpeces fe peuvent confiderer ou chacune à part, ou en les comparant deux enfemble.

FIGURES CONSIDERE'ES A PART.

Definitions.

1. **Celles** dont tous les angles font égaux, s'appellent *Equiangles*.

2. Celles dont tous les coftez font égaux, s'appellent *Equilateres*.

3. Celles qui font tout enfemble equiangles & equilateres, s'appellent *Regulieres*.

Et on met auffi le cercle entre les regulieres, à caufe de fa parfaite uniformité, & qu'on le peut confiderer comme un polygone regulier d'une infinité de coftez.

4. Celles dont les angles, ou les coftez feroient alternativement égaux; c'eft à dire le premier égal au 3ᵉ, 5ᵉ, 7ᵉ, 9ᵉ, & le fecond égal au 4ᵉ, 6ᵉ, 8ᵉ, 10ᵉ, fe peuvent appeller alternativement equiangles ou equilaterales.

Mais il faut remarquer que cela ne peut eftre que quand le nombre des angles ou des coftez eft pair. Car s'il eftoit impair, le dernier & le premier fe trouveroient égaux; & par confequent le penultiéme & le premier feroient inégaux: & par confequent ils ne feroient pas tous alternativement ég aux.

FIGURES COMPARE'ES.

DEFINITIONS.

X I.   Quand on compare deux figures de même genre, c'eſt à dire d'un nombre égal de coſtez.

1. Si les angles de l'une ſont égaux aux angles de l'autre, on les appelle *Equiangles* ; & ce mot ne marque pas alors que les angles de chaque figure ſoient égaux entr'eux ; mais ſeulement que ceux de l'une ſont égaux à ceux de l'autre, chacun à chacun.

2. Si les coſtez de l'une ſont égaux aux coſtez de l'autre, on les appelle *Equilateres*, ou *Equilateres entr'elles*.

3. Si elles ſont tout enſemble equiangles & equilateres entr'elles, on les peut appeller *Tout-égales* ; ce qu'il faut bien diſtinguer de celles qu'on appelle ſimplement *Egales*.

4. Si elles ſont equiangles, & que les coſtez de l'une ſoient proportionels aux coſtez de l'autre, on les appelle *Semblables*.

Ce qui fait voir que les *tout-égales* ſont toûjours *ſemblables*, puiſqu'il y a même raiſon entre les coſtez de l'une & de l'autre, qui eſt la raiſon de l'égalité. Au lieu que les *ſemblables* ne ſont pas tous toûjours *tout-égales* : puiſqu'il peut y avoir une autre raiſon que celle d'égalité, qui ſoit la même entre les coſtez de l'une & de l'autre.

Les coſtez des figures ſemblables, entre leſquels il y a même raiſon, s'appellent les coſtez *Homologues*, qui ſont toûjours le plus grand coſté de l'une & de l'autre : & toûjours ainſi. Et c'eſt ce qui produit ce Theoreme.

I. THEOREME

I. THEOREME.

LES circuits de deux figures femblables font en même raifon que leurs
coftez homologues.

Car foient les trois coftez de l'une
de ces figures, *B C D*; & de l'autre
b c d.

Puifque *B* eft à *b*, comme *C* à *c*, &
D à *d*.

XII.

Les trois d'une part (qui font le circuit de la première figure) font aux
trois de l'autre part (qui font le circuit de la feconde) en
même raifon que chacune d'une part à chacune de l'autre.
C'eft ce qui a efté demonftré, II. 45.

AUTRES DEFINITIONS.

QUAND on compare deux figures de même ou de differentes efpeces.

XIII.

5. Si le circuit de l'une eft égal au circuit de l'autre,
on les appelle *Ifoperimetres*.

6. Si l'efpace que comprend l'une eft égal à l'efpace que
comprend l'autre, on les appelle *égales*. Ce qui appartient au Livre où l'on traittera des figures confiderées felon *l'aire*. Et ce qu'il ne faut pas confondre, comme il a
déja efté dit, avec celles qu'on appelle *tout-égales*.

DES FIGURES INSCRITTES

OU CIRCONSCRITTES AU CERCLE.

DES INSCRITTES.

ON dit qu'une figure rectiline eft *infcritte au cercle*,
quand les fommets de fes angles fe trouvent dans la circonference de ce cercle. D'où il s'enfuit,

XIV.

1. Que les angles de cette figure infcritte fe doivent alors
confiderer comme des angles infcrits au cercle, dont il a
efté parlé dans le Livre IX.

2. Qu'ainfi les angles d'une figure infcritte ne fçauroient

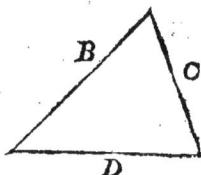

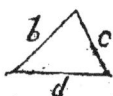

Q q

eftre égaux , que quand les deux arcs qui foutiennent les
deux coftez de chaque angle font égaux pris enfemble
aux deux arcs que foutiennent les deux coftez de chaque
autre angle : parce que chacun de ces angles a pour mefure la demy-circonference moins la moitié des deux arcs
que foutiennent ces coftez. IX. 19. D'où s'enfuit ce Theoreme.

II. THEOREME.

X V.   UNE figure infcritte au cercle ne
fçauroit eftre equiangle qu'elle ne
foit equilaterale ou abfolument, ou
alternativement ; & en ce dernier
cas, il faut que le nombre de fes
coftez foit pair.

Car afin que les angles d'une figure infcritte au cercle (qui font
des angles infcrits) foient tous é-
gaux, il faut & il fuffit que les deux
arcs que foutiennent les coftez de
chaque angle pris enfemble foient
égaux aux arcs que foutiennent
auffi les coftez de tout autre angle,
comme il vient d'eftre dit.

Or cela eft quand tous ces arcs
font égaux : ce qui arrive quand la
figure eft abfolument équilaterale ;
parce que tous ces coftez eftant
égaux, tous les arcs qu'ils foutiennent le font auffi.

Mais cela arrive encore quand ces arcs font alternativement égaux, pourveu qu'ils foient en nombre pair ; parce
qu'alors la moitié de ces arcs eftant petits & tous égaux
entr'eux, & la moitié plus grands tous égaux auffi entr'eux, & un petit eftant toûjours fuivi d'un grand, les
deux arcs foutenant les coftez d'un angle infcrit pris enfemble feront toûjours égaux à deux autres arcs foute-
nans les coftez de tout autre angle. Et ainfi ces angles feront égaux. Or pour cela il fuffit que les coftez de la figure

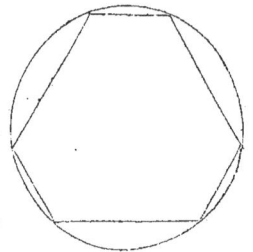

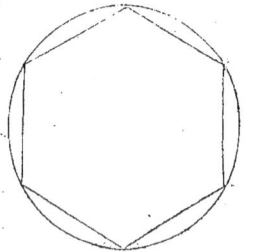

foient alternativement égaux, parce qu'alors ils foutien-
dront des arcs alternativement égaux.

Mais il eft bien vifible qu'il faut en ce cas là que le nombre des coftez foit pair. Car s'il eftoit impair, comme de 9.
il y auroit neceffairement deux coftez, fçavoir le 1er & le
9e qui feroient de fuite tous deux grands ou tous deux petits; & ainfi l'angle compris entre le 1er & le 9e cofté feroit ou plus grand ou plus petit que les autres.

Donc une figure infcritte en un cercle ne fçauroit eftre
équiangle, fi elle n'eft ou abfolument équilaterale ou alternativement, & en ce dernier cas il faut que le nombre
de fes coftez foit pair.

DES CIRSCONSCRITTES AU CERCLE.

On dit qu'une figure eft *circonfcritte à un cercle*, quand XVI.
tous les coftez de la figure touchent le cercle. Et de-là il
s'enfuit,

1. Que les angles de la figure font des angles circonfcrits; & par confequent il eft bon de les confiderer comme
des angles compris entre deux tangentes, que l'on doit
prendre comme fi chacun eftoit terminé au point de l'attouchement. D'où il s'enfuit encore,

2. Que ces angles circonfcrits font toûjours Ifofceles;
parce que les tangentes menées d'un même point font
égales, VII. 34.

3. Que les angles circonfcrits font égaux quand les tangentes de l'un font égales aux tangentes de l'autre. IX. 55.

4. Que chaque cofté d'une figure circonfcritte eft compofé de deux tangentes, qui viennent de deux differens
angles.

Et delà s'enfuit ce Theoreme.

III. THEOREME.

Une figure circonfcritte au cercle ne fçauroit eftre equi- XVII.
laterale qu'elle ne foit equiangle, ou abfolument ou alternativement; & en ce dernier cas il faut que le nombre de
fes angles foit pair.

Car afin qu'une figure circonfcritte au cercle foit équilaterale, il faut & il fuffit que deux tangentes dont eft com-

posé chaque cofté de cette figure circonfcritte prifes enfemble foient égales à deux autres tangentes dont fera
compofé tout autre cofté.

Or cela eft quand toutes ces
tangentes font égales , ce qui
arrive quand tous les angles de
cette figure font égaux ; car
alors toutes les tangentes font
égales auffi.

Mais cela arrive encore quand
les angles de la figure font alternativement égaux, pourveu que
ce foit en nombre pair , en forte
que la moitié des angles n'ait que deux petites tangentes
(ce qui fait neanmoins les plus grands angles) & l'autre
moitié deux plus grandes tangentes , & que toutes les petites foient égales entr'elles, & les grandes auffi , & qu'un
petit angle foit toûjours fuivi d'un grand.

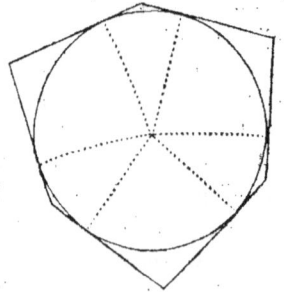

Car alors chaque cofté fera compofé d'une petite &
d'une grande tangente (parce que chaque cofté, comme
il a efté dit, eft compofé de deux tangentes qui viennent
de deux differens angles.) Donc tous les coftez feront
égaux.

Donc une figure circonfcritte au cercle ne peut eftre
équilaterale , fi elle n'eft equiangle , ou abfolument ou alternativement , & en ce dernier cas il faut que le nombre
des angles foit pair. Ce qu'il falloit demonftrer.

DES FIGURES REGULIERES.

XVIII.   LE meilleur moyen de bien concevoir les figures regulieres, eft de les confiderer comme infcrittes en un cercle ;
parce qu'elles peuvent toutes y eftre infcrites , felon ce
Theoreme.

IV. THEOREME.

XIX.   TOUTE figure reguliere peut eftre infcritte & circonfcritte en un cercle ; parce qu'il y a toûjours dans ces figures un point qui en eft le centre, dont toutes les lignes
menées à tous les angles (qu'on appelle rayons) font

égales, & dont toutes les perpendiculaires menées au côté (qu'on peut appeller *les raïons droits*) font auffi égales
entr'elles.

Soit une figure reguliere de tant
de coftez & d'angles que l'on voudra, il fuffira d'en confiderer 4 ou
5 angles, dont j'appelleray les fommets *b. d. f. g. h.*

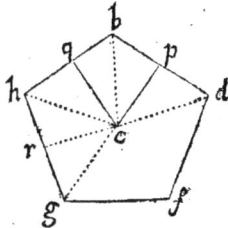

Si de *p* milieu du cofté *b d,* & de
q milieu du cofté *b h,* on éleve
deux perpendiculaires, elles fe rencontreront eftant prolongées, par VI. 34.

Et le point *c* où elles fe rencontrent fera le centre de
la figure.

Car du point *c,* intervale *c b,* décrivant une circonference, elle paffera par les trois points *h. b. d.* VII. 3.

Donc les trois raïons *c b, c h,* & *c d,* feront égaux,

Donc les 4 angles *c h b, c b h, c b d, c d b* feront égaux,
par VIII. 64.

Donc chacun de ces trois raïons *c h, c b, c d,* partage
par la moitié l'angle de la figure.

Donc l'angle *c h g,* étant égal à l'angle *c h b b,* *c g* bafe
de l'angle *c h g,* doit eftre égale à *c b,* bafe de l'angle *c h b,*
par VIII. 65.

Donc ce 4ᵉ raïon *c g* eft égal aux trois autres.

Et il eft clair que quand cette figure reguliere auroit
cent mille angles, on prouveroit la même chofe de toutes
les lignes menées de *c* aux angles, qui font les raïons.

Donc fi de ce point *c* & de l'intervale d'un rayon on décrit un cercle, la figure fera infcritte en ce cercle; puifque
tous les raïons eftant égaux, les fommets de tous les angles fe trouveront dans la circonference de ce cercle.

Et delà il s'enfuit que tous les coftez de cette figure feront des cordes égales du même cercle.

Donc les perpendiculaires du centre aux coftez font
égales, par VII. 8.

Or ces perpendiculaires en font les raïons droits.

Qq iij

Donc fi on décrit un autre cercle de l'intervale d'un rayon droit ; c'eſt à dire d'une perpendiculaire à un coſté, cette figure fera circonſcritte à ce cercle ; puiſque tous ces rayons droits eſtant égaux, il n'y aura aucun coſté qui ne touche le cercle.

X X.   C O R O L L A I R E.

IL eſt aiſé par là de determiner trois choſes importantes dans chaque eſpece de figure reguliere.

La premiere, de combien de degrez eſt l'arc qui ſoûtient le coſté de la figure, que j'appelleray ſimplement l'arc de la figure.

La ſeconde, de combien de degrez eſt l'angle de la fi-gure ; c'eſt à dire l'angle compris entre les deux coſtez de la figure.

La troiſiéme, quel eſt auſſi l'angle que fait un rayon ſur un coſté : c'eſt ce qui ſe verra par ces trois Problemes.

P R E M I E R P R O B L E M E.

X X I.   DETERMINER la grandeur de l'arc de toute eſpece de figure reguliere.

La circonference eſtant diviſée en 360 degrez, ou 21600 minutes, ou 1296000 ſecondes : ſi on diviſe ce nombre par celuy des coſtez de la figure, le quotient fera voir de com-bien de degrez, ou de minutes, ou de ſecondes eſt l'arc de la figure.

Ainſi l'arc d'une figure de 15 coſtez eſt de 24 degrez, parce que 15 diviſant 360, le quotient eſt 24.

L'arc d'une figure de 3600 coſtez eſt de 6 minutes, par-ce que 21600 minutes eſtant diviſées par 3600, le quotient eſt 6.

S E C O N D P R O B L E M E.

X X I I.   DETERMINER la grandeur de l'angle de toute eſpece de figure reguliere.

Ayant trouvé l'arc par le premier Probleme, oſter les degrez de cet arc de 180. qui eſt la demy-circonference, ce qui reſtera ſera la meſure de l'angle de la figure.

Car tout angle d'une figure reguliere doit eſtre conſi-deré comme un angle Iſoſcele inſcrit dans le cercle, qui a

pour mefure la demy-circonference moins l'arc que foûtient un de fes coftez. IX. 20.

Et ainfi pour avoir la grandeur de l'angle d'une figure
de 15 coftez, il ne faut qu'ôter de 180 les 24 degrez de
l'arc que foûtient le cofté de cette figure ; & ce qui reftera, qui eft 156, fera la mefure de l'angle d'une figure de
15 coftez.

Et pour avoir l'angle d'une figure de 3600 coftez, il faut
ofter 6 minutes de 180 degrez, & ce qui reftera, qui eft
179 d. 54'. fera la mefure de l'angle de cette figure.

III. PROBLEME.

DETERMINER la grandeur de l'angle que fait le rayon X X I I I.
fur le cofté de toute figure reguliere.

Il ne faut pour cela que prendre la moitié du nombre des
degrez que vaut l'angle de la figure. Parce que tout rayon
partage par la moitié l'angle de la figure.

Ainfi l'angle du rayon fur le cofté dans une figure de 15
coftez, eft de 78 degrez, qui eft la moitié de 156. Et l'angle du rayon fur le cofté d'une figure de 3600 coftez, eft de
89. d. 57'.

CONSIDERATION SUR LE CERCLE.

LES Geometres confiderent fouvent le cercle comme X X I V.
un polygone d'une infinité de coftez : & felon cela voicy de quelle forte on devroit marquer les trois chofes que
nous venons de determiner dans tout autre polygone.

Puifque l'arc d'un poligone regulier eft dautant plus
petit, que le nombre de fes coftez eft grand, il faut que
l'arc d'un polygone d'une infinité de coftez foit infiniment petit, & qu'ainfi il ne puiffe eftre marqué que par
zero.

Or qui ofte zero de 180 degrez, refte 180 pour l'angle
de ce polygone infini.

Et qui divife 180 par la moitié, refte 90, qui eft la mefure d'un angle droit pour l'angle du rayon fur le cofté de
ce polygone infini.

Auffi il eft vray que l'angle du rayon fur la circonference d'un cercle eft droit en fa maniere, puifque le rayon
coupe perpendiculairement fa circonference ; & que fi cet
angle eft plus petit qu'un droit, ce n'eft que de l'efpace
qui eft entre la circonference & la tangente, qui eft plus
petit que tout angle aigu ; quoy qu'il n'y ait point d'angle aigu qui ne puiffe eftre divifé en une infinité de plus
petits.

Et on peut dire auffi que tout point de la circonference
eft comme le fommet d'un angle de 180 degrez, puis qu'é-
tant partagé par le rayon en deux angles égaux, chacun de
fes angles de part & d'autre eft droit en fa maniere ; &
qu'ainfi chacun eft de 90 degrez.

DES FIGURES REGULIERES
COMPARE'ES ENSEMBLE.

V. THEOREME.

XXVI. LES figures regulieres de même efpece, c'eft à dire dautant de coftez, font toûjours femblables, & les circuits
font en même raifon que les coftez.

Car par ce qui vient d'eftre dit, les angles de deux figures regulieres de même efpece font neceffairement égaux ;
leur grandeur eftant determinée par les arcs des figures, &
ces arcs l'étant par le nombre des côtez de la figure.

Et pour ce qui eft des côtez, ceux de chaque figure
étant égaux, on peut appeller les uns b, & les autres c.

Or il eft bien clair que $b. c :: b. c.$

Et il eft clair auffi que b eft à c, comme 10 b à 10 c, ou
100 b à 100 c, ou 1000 b à 1000 c.

Donc les circuits ne fçauroient manquer d'eftre en
même raifon que les côtez.

VI. THEOREME.

XXVII. DEUX figures regulieres étant de mefme efpece, ces 4
chofes de l'une, *rayon*, *rayon droit*, *côté*, *circuit*, font en
même

même raison avec ces 4 autres mêmes chofes de l'autre : c'eft à dire que le rayon de l'une eft au rayon de l'autre, comme le rayon droit au rayon droit, le côté au côté, le circuit au circuit.

Ces deux derniers viennent d'eftre prouvez ; mais ils ne laifferont pas d'entrer dans la preuve generale des autres.

Il ne faut pour cela que confiderer dans chacune de ces figures un angle compris entre un rayon, & un rayon droit qui a pour bafe la moitié du cofté.

Ces deux angles font femblables en toutes les figures regulieres de même efpece ; c'eft à dire que l'angle eft égal à l'angle, & que les angles fur la bafe de l'un font égaux aux angles fur la bafe de l'autre.

Car chacun de ces angles a pour mefure la moitié de l'arc de la figure, puifque fa bafe eft la moitié du cofté. Or dans toutes les figures de même efpece l'arc de la figure eft d'autant de degrez en l'une qu'en l'autre.

Pour les angles fur chacune des bafes cela eft encore plus clair, puifque l'un eft droit en l'un & en l'autre ; fçavoir celuy qui eft fait par le rayon droit ; & que l'autre eft la moitié de l'angle de la figure qui eft égal en toutes les figures de mefme efpece.

Or puifque ces angles font femblables par X. 17. les coftez font proportionels aux coftez ; & la bafe à la bafe: c'eft à dire que,

Le rayon eft au rayon, comme le rayon droit à un rayon droit, & la moitié du cofté à la moitié du cofté. Et par confequent comme le cofté au cofté, & le circuit au circuit.

I. COROLLAIRE.

LES coftez & les circuits de deux figures regulieres de même efpece font en même raifon, que les diametres des cercles dans lefquels elles font infcrites.

Car ces diametres font le double des rayons de ces figures. Donc &c.

XXVII.

II. COROLLAIRE.

XXVIII. LES circonférences des cercles font en même raifon que leurs diametres.

Car les cercles font comme des polygones d'une infinité de côtez, & leur circonference eft comme le circuit comprenant cette infinité de côtez. Donc par le precedent Corollaire ce circuit d'une infinité de côtez d'une part, eft au circuit d'une infinité de côtez de l'autre, comme le diametre au diametre.

C'eft la feule voye dont on peut prouver la proportion des circonferences & des diametres. Car n'y en ayant point pour le faire pofitivement & immediatement, on eft reduit à y employer l'analogie des polygones femblables d'un fi grand nombre de coftez que l'on voudra, qu'on peut concevoir eftre infcrits dans l'un & l'autre cercle : comme de cent mille côtez, de cent millions, de cent mille mllions, & ainfi jufqu'à l'infini.

Car plus ces polygones ont de côtez, moins il y a de difference entre la circonference du cercle & leur circuit, VII. 19. Et ainfi quelque petite que foit une ligne donnée, quand ce ne feroit que la cent millième partie de l'épaiffeur d'une feüille de papier, on peut concevoir un polygone de tant de côtez infcrit dans l'un & dans l'autre cercle, que la difference de fon circuit d'avec la circonference de ces cercles fera moindre que cette ligne donnée.

Or de quelque grand nombre de côtez que foient ces polygones, leurs circuits feront toûjours en même raifon que les diametres, par le Corollaire precedent.

Donc on doit conclure par une analogie tres certaine, que les circonferences font auffi en même raifon que les diametres.

III. COROLLAIRE.

XXIX. Si deux figures regulieres de même efpece ont de l'égalité en l'une de ces quatre chofes, rayon, rayon droit, côté, circuit, elles l'ont en tout, & font tout-égales.

C'est une suite évidente du sixiéme Theoreme.

IV. Corollaire.

L'une de ces quatre choses étant donnée la grandeur **x x i.** de la figure reguliere est determinée : c'est à dire qu'elle ne peut estre que d'une sorte, quoy qu'il ne soit pas toûjours facile de la décrire ; parce que souvent il n'est pas aisé ou de trouver le côté d'une figure reguliere en ayant le rayon, ce qui est la même chose que de l'inscrire en un cercle donné : ou d'en trouver le rayon en ayant le côté ; ce qui est la même chose que trouver le cercle dans lequel une figure dont le côté est donné puisse estre inscritte. C'est dequoy nous allons traitter.

DE L'INSCRIPTION OU CIRCONSCRIPTION
d'une figure reguliere de telle espece dans un Cercle donné.

Il est bien facile parce qui a esté dit, une figure regu- **xxxi.** liere estant décritte, d'en trouver le rayon pour l'inscrire dans un cercle : mais il n'est pas aussi facile d'inscrire dans un cercle donné, telle figure reguliere que l'on voudra. Et souvent même on ne le peut que mecaniquement, & non geometriquement, au moins par la Geometrie ordinaire ; parce qu'elle ne donne pas le moyen de diviser un arc don-né, en 3, en 5, en 7 &c. ce qui seroit souvent necessaire pour inscrire en un cercle donné telle figure que l'on vou-droit.

Ainsi je pense que tout ce que l'on peut faire de mieux se reduit à ces deux regles generales, & à quelques Pro-blemes particuliers.

PREMIERE REGLE GENERALE.

Lorsqu'on sçait inscrire en un cercle donné une cer- **xxxii.** taine espece de figure reguliere, il est bien facile d'ins-crire toutes celles qui ont plus ou moins de costez, selon la progression double.

C'eſt à dire qui en ont deux fois moins, 4 fois moins, 8 fois moins &c. juſques à ce qu'on ſoit arrivé ou à 4, ou à un nombre impair, qui ne ſe puiſſe plus diviſer par la moitié.

Ou qui en ont deux fois plus, 4 fois plus, 8 fois plus &c. juſqu'à l'infini.

Suppoſons, par exemple, qu'on ſçache inſcrire dans un cercle donné une figure de 32 coſtez, la corde qui ſoûtiendra deux arcs de cette figure, ſera le coſté d'une figure de 16. Et celle qui ſoûtiendra deux arcs de la figure de 16 coſtez, ſera le coſté d'une figure de 8. Et ainſi de ſuite.

Et au contraire la corde qui ſoûtiendra la moitié de l'arc de cette figure de 32 coſtez ſera le coſté d'une figure de 64. Et celle qui ſoûtiendra la moitié de l'arc d'une figure de 64 coſtez, ſera le coſté d'une figure de 128 coſtez. Et ainſi à l'infini.

SECONDE REGLE GENERALE.

XXXIII.

Lorsque l'on ſçait inſcrire une certaine eſpece de figure reguliere en un cercle donné, on la ſçait auſſi circonſcrire.

Car ayant les points de tous les ſommets des angles de l'inſcrite, les tangentes au cercle à ces mêmes points eſtant prolongées juſques à ce qu'elles ſe rencontrent, font une figure ſemblable circonſcritte au même cercle ; puiſque d'une part tous les angles circonſcrits de cette figure ſont égaux, eſtant appuyez ſur des arcs convexes égaux ; & que de l'autre chacun de ces angles eſt égal à l'angle de la figure circonſcritte, par IX. 52.

PROBLEMES PARTICULIERS.

I.

XXXIV.

Inscrire un quadrilatere regulier (qui s'appelle quarré) dans un cercle donné.

Deux diametres qui ſe coupant partagent la circonference en 4 parties, dont chacune eſt l'arc du quarré inſcrit dans le cercle.

COROLLAIRE.

INSCRIRE dans un cercle donné une figure de 8 coftez, XXXV. de 16, de 32 ; & ainfi à l'infini. 2ᵉ Regle generale.

II. PROBLEME.

INSCRIRE en un cercle donné un XXXVI. exagone regulier.

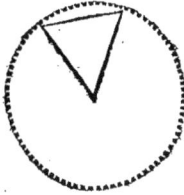

Le demi diametre ou rayon eft le côté de l'exagone. Car ayant fait un angle compris par deux rayons, & ayant pour bafe une ligne égale au rayon, cet angle eft de 60 degrez, puifque cet angle eft égal à chacun des angles fur la bafe, & que les trois enfemble valent 180 degrez. Donc chacun eft de 60 degrez. Or 60 degrez eft l'arc de l'exagone. Donc le demy diametre eft le côté de l'exagone.

I. COROLLAIRE.

INSCRIRE en un cercle donné un triangle regulier. XXXVII. Doubler l'arc de l'exagone, par la 1ʳᵉ Regle generale.

II. COROLLAIRE.

INSCRIRE en un cercle donné une figure de 12 côtez, XXXVIII de 24, de 48. Et ainfi à l'infini. 1ʳᵉ Regle generale.

III. PROBLEME.

INSCRIRE en un cercle donné un decagone, ou figure XXXIX. de dix côtez.

Ayant divifé le demy diametre en moyenne ou extrême raifon (par XI. 68.) la plus grande partie de cette ligne ainfi divifée eft le côté du decagone. Car elle foûtient un arc de 36 degrez, par XI. 73.

I. COROLLAIRE.

INSCRIRE en un cercle donné un pentagone & figure XL. de cinq côtez.

Doubler l'arc du decagone, par la 1ʳᵉ Regle generale.

II. COROLLAIRE.

XL.I. INSCRIRE en un cercle donné une figure de 20 côtez, de 40, de 80 : & ainfi à l'infini. 1re Regle generale.

IV. PROBLEME.

XLII. INSCRIRE en un cercle donné une figure de 15 côtez.

De l'arc de l'exagone qui eft de 60 degrez, ofter l'arc du decagone qui eft de 36, il reftera un arc de 24 degrez, qui eft l'arc d'une figure de 15 coftez ; parce que 24 fois 15 font 360.

COROLLAIRE.

XLIII. INSCRIRE en un cercle donné une figure de 30 coftez, de 60, de 120. Et ainfi à l'infini. 1re Regle generale.

NOUVEAUX ELEMENS

DE

GEOMETRIE.

LIVRE TREIZIE'ME.

DES TRIANGLES ET QUADRILATERES

CONSIDEREZ SELON LEURS COSTEZ

ET LEURS ANGLES.

APRE'S ce qui a esté dit des figures en general, il ne reste plus que d'expliquer ce qui est particulier aux triangles, & aux quadrilateres.

PREMIERE SECTION.

Des Triangles.

I. LEMME.

UN angle avec sa base, est la même chose qu'un triangle. Et ainsi tout ce qui a esté dit dans les livres des angles, des proportionelles, & des reciproques des angles considerez avec leur base, se peut sans peine appliquer aux triangles.

II., Lemme.

I I.   Tout triangle se peut inscrire en un cercle. Car il ne faut que trouver la circonference qui passe par les trois sommets des trois angles, par VII. 3.

III. Lemme.

Definition.

III.   Le côté quelconque d'un triangle en peut estre appellé *la base* , & les deux autres ses costez : & alors l'angle soûtenu par la base est appellé *l'angle du sommet* , & la distance de ce sommet à la base est appellée *la hauteur du triangle*.

TRIANGLES CONSIDEREZ A PART.

I. Theoreme.

IV.   Tout triangle a ses trois angles égaux à deux droits. VIII. 59.

I. Corollaire.

V.   Tous les trois angles d'un triangle peuvent estre aigus ; mais il n'y en peut avoir qu'un droit ou obtus.

II. Corollaire.

VI.   Si l'un des angles du triangle est droit, les deux autres valent un droit.

III. Corollaire.

VII.   Qui connoît la grandeur des deux angles d'un triangle, connoît la grandeur du 3e. Car ôtant de la demy-circonference les deux dont ont connoît la grandeur, ce qui reste est la grandeur du 3e.

Qui connoît de combien de degrez sont les deux, sçait de combien de degrez est le 3e. Car ôtant le nombre des degrez que valent les deux de 180 , ce qui reste est le nombre des degrez que vaut le 3e. Si les deux valent 108 degrez, le 3e en vaut 72.

II. Theoreme.

VIII.   Dans tout triangle le plus grand côté soûtient le plus grand

grand angle, & le plus grand angle eſt ſoûtenu par le plus
grand côté. Car par le 2ᵉ Lemme, tout triangle peut eſtre
inſcrit dans un cercle, & alors la circonference du cercle
eſt partagée en trois arcs, ſur chacun deſquels eſt appuyé
chacun des angles du triangle.

Or ces trois arcs ſont:

1ᵉʳ CAS. Ou tous trois moindres que la demy-circonference : & alors chacun des angles du triangle eſt aigu. (IX. 25.) Et il eſt clair que le
plus grand angle étant appuyé ſur le plus
grand arc, eſt auſſi ſoûtenu par le plus grand
côté. VII. 10.

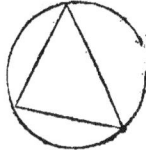

2ᵉ CAS. Ou l'un de ces arcs eſt une demy-
circonference, & les autres moindres; &
alors l'angle appuyé ſur la demy-circonference eſt droit(IX. 25.) Et par conſequent
le plus grand de tous; comme auſſi le coſté
qui le ſoûtient, qui eſt un diametre, eſt plus
grand qu'aucun des deux autres. VII. 9.

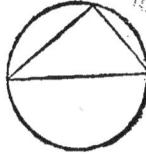

3ᵉ CAS. Ou l'un de ces arcs eſt plus grand
que la demy-circonference; & alors l'angle
appuyé ſur cet arc eſt obtus, & par conſequent le plus grand de tous : comme auſſi le
coſté qui le ſoûtient terminant le ſegment
dans lequel eſt cet angle obtus, eſt plus prés
du centre qu'aucun des deux coſtez qui le comprennent;
& ainſi plus grand. VII. 10.

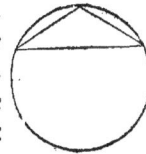

I. COROLLAIRE.

Tous les coſtez du triangle étant égaux, tous les angles le ſont auſſi : & au contraire tous les angles eſtant
égaux, les coſtez le ſont auſſi.

Car étant inſcrit dans un cercle, les coſtez égaux ſoûtiennent des arcs égaux. Or les angles appuyez ſur des
arcs égaux, ſont égaux· I X. 21.

Que ſi au contraire on ſuppoſoit les trois angles égaux,
on prouveroit de la même maniere que les coſtez ſont
égaux. Car les angles égaux ſeront appuyez ſur des arcs

S ſ

égaux. IX. 21. Or les arcs égaux font foûtenus par des coftez égaux.

II. COROLLAIRE.

X,

Tout triangle qui a deux coftez égaux a les deux angles foûtenus par ces coftez égaux ; & au contraire. En infcrivant ce triangle dans le cercle, on prouvera ce Corollaire de la même forte que le precedent.

On laiffe à trouver beaucoup d'autres manieres dont on le peut demonftrer.

III. THEOREM

XI.

Les lignes qui divifent par la moitié chacun des angles du triangle fe rencontrent en un même point au dedans du triangle.

Soit le triangle b c d.

Soit l'angle d divifé par la moitié par $d q$, & c divifé par la moitié par $c p$, & que $d q$ & $c p$ fe coupent en r; je dis que la ligne $b r$ divifera auffi l'angle b par la moitié.

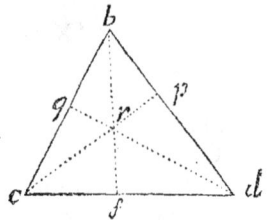

Car (par X. 30) l'angle d étant divifé par la moitié,

$$d b. \ b q :: d c. \ c q.$$

Et par la même raifon confiderant $d q$, comme la bafe de l'angle c, divifé par la moitié par $c r$.

$$c d. \ c q :: d r. \ q r.$$

Donc $d b. \ b q :: d r. \ q r.$

Donc (par X. 31.) la ligne $b r$ divife l'angle b par la moitié. Ce qu'il falloit demonftrer.

COROLLAIRE.

Ces lignes coupant par la moitié les angles d'un triangle font plufieurs proportions. On les peut reduire à 9, en commençant la comparaifon par les portions des fecantes.

Pour l'angle *b.* *b r.* *r s* $\begin{cases} b\,d. & d\,s. \\ b\,c. & c\,s. \end{cases}$

Pour l'angle *c.* *c r.* *r p* $\begin{cases} c\,d. & d\,p. \\ c\,b. & b\,p. \end{cases}$

Pour l'angle *d.* *d r.* *r q* $\begin{cases} d\,b. & b\,q. \\ d\,c. & c\,q. \end{cases}$

I. PROBLEME.

FAIRE un triangle de trois lignes données. Il faut que XII.
deux quelconques foient plus grandes que la 3ᵉ.

De chacune des deux extremitez de
l'une des données décrire un cercle de
l'intervalle de chacune des deux autres ;
où ces deux cercles fe rencontreront, ce
fera le point où il faudra tirer les deux côtez du triangle.

II. PROBLEME.

FAIRE le triangle dont on a un angle, XIII.
& la grandeur des coftez qui le comprennent.

Ayant mis ces deux coftez en forte
qu'ils faffent l'angle donné, la ligne qui
en joindra les extremitez achevera le
triangle.

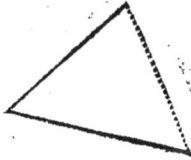

III. PROBLEME.

FAIRE le triangle dont on a un cofté, & XIV.
les deux angles fur ce cofté.

Tirant des lignes fur les extremitez du
cofté donné qui faffent les angles donnez,
où elles fe rencontreront elles acheveront
le triangle.

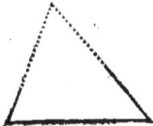

IV. PROBLEME.

FAIRE le triangle dont on a un angle, un des coftez qui XV.
le comprend, & la grandeur du cofté qui le foûtient.

Soit *b c* le cofté donné comprenant l'angle donné, &
c d la grandeur du cofté qui doit foûtenir l'angle donné,

tirant de *b* une ligne indefinie qui faſſe ſur *b c* l'angle donné, & décrivant un cercle de *c*, intervalle *c d*.

1. C A S. Ou ce cercle ne coupera l'indefinie qu'au point *d*. Ce qui arrivera toûjours quand le coſté qui doit ſoûtenir l'angle donné eſt plus grand que celuy qui le comprend) & alors le triangle ſera *b c d*.

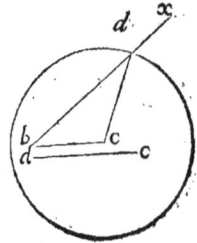

2ᵉ C A S. Ou le cercle coupera l'indefinie en deux points de la même part (comme en *f* & en *d*) & alors le triangle pourra eſtre *b c d*, ou *b c f*.

Et pour ſçavoir lequel des deux c'eſt preciſément , il faudroit avoir determiné ſi *b c* doit ſoûtenir un angle aigu , ou s'il doit ſoûtenir un angle obtus.

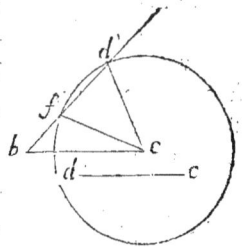

Car ſi *b c* doit ſoûtenir un angle aigu , le triangle eſt *b c d* : & s'il doit ſoûtenir un angle obtus , le triangle eſt *b c f*.

TRIANGLES COMPAREZ.

I. THEOREME.

X V I. DEUX triangles ſont tout-égaux , quand les coſtez de l'un ſont égaux aux coſtez de l'autre, chacun à chacun. Car alors les angles de l'un ſont auſſi égaux aux angles de l'autre , par VIII. 64.

II. THEOREME.

XVII. DEUX triangles ſont tout-égaux quand ils ont un angle égal , & que les coſtez qui comprennent dans l'un cet angle égal, ſont égaux à ceux qui le comprennent dans l'autre, chacun à chacun. Car alors la baſe eſt auſſi égale à la baſe , par VIII. 65.

III. Theoreme.

Deux triangles font tout-égaux quand ils ont un cofté XVIII.
égal, & que les angles fur ce cofté égal font égaux chacun à chacun.

Car ces deux angles eftant égaux chacun à chacun, le
troifiême qui eft celuy que foûtient le cofté égal, fera
égal auffi (S. 7.)

Si donc l'on s'imagine que ces deux triangles font chacun infcrit dans un cercle, ces cercles feront égaux (par
X. 26.) parce que le cofté égal foûtiendra dans chacun
de ces cercles des arcs d'autant de degrez.

Donc les deux autres angles eftant égaux chacun à chacun feront appuyez fur des arcs égaux, qui eftant de cercles égaux feront foûtenus par des coftez égaux chacun
à chacun.

Donc les trois coftez de ces deux triangles font égaux
chacun à chacun auffi bien que les angles. Donc ils font
tout-égaux.

IV. Theoreme.

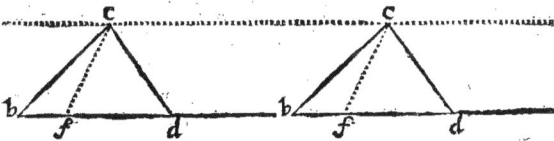

Si deux triangles ont ces trois chofes égales.   XIX.

Un angle, comme celuy dont le fommet eft en *b*.

Un des coftez qui comprennent cet angle, comme
b c.

Et le cofté qui le foûtient, comme *c d*, ou *c f*.

Il faut outre cela afin qu'ils foient tout-égaux, où que
l'angle que foûtient *b c*, ne foit obtus ny dans l'un ny dans
l'autre, ou qu'il foit obtus dans tous les deux.

Car fuppofant qu'on euft mené par *c* une parallele à
b d.

Ces deux triangles feroient enfermez entre deux efpaces parallèles égaux (par VIII. 56.) parce que *b c* eſt égale & fait le même angle *c b d* dans l'un & dans l'autre.

Donc le coſté *c d* ou *c f* eſtant égal par l'hypotheſe dans les deux triangles, s'il eſt oblique dans tous les deux vers le même endroit, il fait le même angle aigu dans l'un & dans l'autre ; lorſque c'eſt vers le dedans du triangle qu'il eſt incliné, comme quand c'eſt *c d*, en l'un & en l'autre ; ou le même angle obtus quand c'eſt vers le dehors, comme ſi c'eſt *c f* en l'un & en l'autre. VIII. 56.

Donc les deux triangles qui avoient déja deux coſtez égaux par l'hypotheſe ſe trouvant encore avoir deux angles égaux, & par conſequent trois (7. S.) ſeront tout-égaux par le 2ᵉ Theoreme.

Mais ſi le coſté que ſoûtient *b c* eſtoit diverſement incliné dans ces deux triangles, parce que ce ſeroit *c d* dans l'un & *c f* dans l'autre, ces triangles n'auroient garde d'être tout-égaux, puiſque *c d* feroit dans l'un un angle aigu ; & *c f* dans l'autre un angle obtus.

COROLLAIRE.

Dans l'hypotheſe du precedent Theoreme, lorſque des deux coſtez ſuppoſez égaux dans les deux triangles celuy qui ſoûtient l'angle ſuppoſé égal eſt plus grand que celuy qui le comprend, les deux triangles ſont certainement tout-égaux.

Car alors dans l'un & dans l'autre angle *c d b* eſt neceſſairement aigu, par 8. S.

V. THEOREME.

X X.   DEUX triangles équiangles entr'eux ſont ſemblables. C'eſt à dire que les coſtez de l'un ſont proportionels aux coſtez de l'autre. C'eſt ce qui a eſté prouvé en diverſes manieres dans les deux livres des Proportionelles. Voyez X. 18.

AVERTISSEMENT ET DEFINITION.

X X I.   EN comparant deux triangles ſemblables, il faut toûjours comparer les plus grand coſté de l'un au plus grand cofté de l'autre, le moyen au moyen, & le plus petit au plus petit. Ainfi le plus grand cofté eftant appellé *b*. b.

Le moyen *d*. d.

Et le plus petit *h*. h.

Dans deux triangles femblables.

b. b :: *d*. d :: *h*. h.

Et ces coftez que l'on doit comparer enfemble s'appellent homologues.

I. COROLLAIRE.

LES coftez qui foûtiennent les angles égaux, font homologues. Car dans l'vn & dans l'autre le plus grand côté foûtient le plus grand angle ; le moyen cofté le moyen angle ; le plus petit cofté le plus petit angle. Cela fe prouve encore par le X. livre 18.   XXII.

II. COROLLAIRE.

DEUX triangles font équiangles, fi deux angles de l'un font égaux aux deux angles de l'autre, chacun à chacun. Car il s'enfuit de là que le 3ᵉ eft auffi égal au 3ᵉ.   XXIII.

VI. THEOREME.

LORSQUE deux triangles ont un angle égal, & les coftez qui foûtiennent ces angles proportionels, ils font femblables. Car alors la bafe eft auffi proportionelle à la bafe, & les deux angles fur cette bafe égaux, par XI. 63.   XXIV.

VII. THEOREME.

SI deux triangles font de même hauteur, les paralleles à la bafe également diftantes de la bafe dans l'une & dans l'autre font entr'elles comme ces bafes.   XXV.

Cela eft demonftré X. 20.

VIII. THEOREME.

XXVI. D E u x polygones quelconques eſtant ſemblables peuvent eſtre partagez, chacun en autant de triangles, qui feront tels, que ceux d'une part font femblables à ceux de l'autre part, chacun à chacun, & les coſtez homologues de deux de ces triangles femblables, font en même raiſon que ceux de deux autres femblables.

Soient deux exagones irreguliers femblables $B\ C$ $D\ F\ G\ H$, & $b\ c\ d\ f\ g\ h$. Soient menées dans le grand des lignes de B à D, à F, à G. Et de même dans le petit.

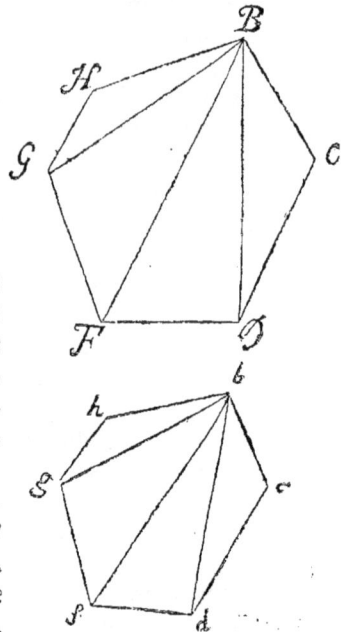

L'une & l'autre exagone fera en 4 triangles.

Sçavoir $\begin{cases} B\ C\ D.\ \ B\ D\ F.\ \ B\ F\ G.\ \ B\ G\ H. \\ b\ c\ d.\ \ \ \ \ b\ d\ f.\ \ \ \ \ b\ f\ g.\ \ \ \ \ b\ g\ h \end{cases}$

Qui font femblables deux à deux $B\ C\ D$; à $b\ c\ d$ &c.

Car les angles C & c font égaux par l'hypotheſe que les exagones font femblables, & les coſtez $C\ B$ & $C\ D$ proportionels aux coſtez $c\ b$ & $c\ d$ par la même hypotheſe.

Donc les baſes $B\ D$ & $b\ d$ font auſſi proportionelles aux coſtez, & les triangles femblables, par le 6ᵉ Theoreme.

$B\ D\ F$ & $b\ d\ f$ font femblables auſſi. Car les angles $C\ D\ F$ & $c\ d\ f$ eſtant égaux par l'hypotheſe, ſi on en oſte les angles $B\ D\ C$ & $b\ d\ c$ qui font égaux auſſi (comme on le vient de voir) les angles $B\ D\ F$ & $b\ d\ f$ demeureront égaux. Or

Or les coftez de ces angles *B D* & *D F* d'une part, &
b d & *d f* de l'autre font proportionels. Donc les bafes
D F & *d f* font proportionels aux coftez, & les triangles
B D F & *b d f* femblables. On prouvera la même chofe
& de la même maniere des autres triangles. Donc les triangles d'une part font femblables à ceux de l'autre.

Il refte à prouver que les coftez homologues de deux de
ces triangles femblables font en même raifon que ceux de
deux autres femblables, ce qui eft aifé. Car prenant les
points *B* & *b* pour fommet des quatre triangles d'une part
& d'autre, ils auront chacun pour bafe un des coftez de
l'exagone. Les deux premiers *C D* & *c d*, les deux feconds
D F & *d f* &c.

Or par l'hypothefe *C D. c d :: D F. d f.*

Donc les bafes des deux premiers triangles font proportionelles aux bafes des deux feconds. Et ainfi des autres.

AVERTISSEMENT.

On omet diverfes chofes qui pourroient eftre dittes des trian- **XXVII.**
gles femblables, parce qu'il n'y a rien en tout cela qui ne fe trou-
ve facilement par ce qui a efté dit des angles confiderez avec
leurs bafes dans les deux livres des Proportionelles.

DIVISION DU TRIANGLE EN SES ESPECES.

Le triangle fe divife felon les coftez & felon les angles. **XXVIII.**

Les cô- tez font	tous trois inégaux, & s'appelle	Scalene.
	Deux égaux,	Ifofcele.
	Tous trois égaux,	Equilateral.

Les an- gles font	Tous trois aigus,	Oxygone.
	Deux aigus & l'autre { obtus,	Amblygone.
	{ droit,	Rectangle.

Le fcalene à fes trois angles inégaux.
L'Ifofcele en a deux égaux.
L'equilateral les a tous trois égaux.

Le fcalene }
L'Ifofcele } peuvent eftre { Oxygone.
{ Amblygone.
{ Rectangle.
L'equilateral ne fçauroit eftre qu'oxygone.

T t

DES TRIANGLES OXYGONES.

THEOREME.

XXIX. Si de tous les angles d'un triangle oxygone on tire des perpendiculaires aux côtez, elles se couperont en un même point
au dedans du triangle.

Soit le triangle *b c d*, & deux perpendiculaires aux costez *d m, c n*; je dis que *b o*
menée par le point *p*; qui est celuy où
d m & *c n* se coupent, sera aussi perpendiculaire.

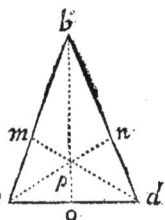

Car les triangles *c b n* & *d b m* sont équiangles ayant
chacun un angle droit & un angle commun; & par consequent les angles *b c n* & *b d m* sont égaux.

Et par consequent aussi les triangles *b d m* & *c p m* sont
équiangles, ayant chacun un angle droit, & l'angle *m c p*
(qui est le même que *b c n*) estant égal à l'angle *b d m*.

Donc *d m. m c* : : *m b. m p. & alternando d m. m b* : : *m c.
m p.*

Donc les triangles *b m p* & *d m c* sont équiangles, par
24. *sup.* puisque dans le triangle *b m p* les costez *d m* & *m c*,
qui comprennent un angle droit, sont proportionels à *m b*
& *m p* qui comprennent aussi un angle droit.

Donc l'angle *m b p* soûtenu par *m p*, est égal à l'angle
m d c soûtenu par *m c.*

Or les angles *m p b* & *o p d* sont égaux, parce qu'ils sont
opposez au sommet. Donc les triangles *m p b* & *o p d* sont
équiangles.

Or l'angle *p m b* est droit par la construction.

Donc l'angle *o p d* est droit aussi. Ce qu'il falloit demonstrer.

COROLLAIRE.

XXX. CES perpendiculaires coupant les angles d'un triangle,
font 12 triangles rectangles : 6 grands, qui ont pour hypothenuse l'un des costez du triangle total, & qui enferment

tous quelque chofe les uns des autres : & 6 petits entierement feparez, & qui ont chacun pour hypothenufe la portion d'une perpendiculaire la plus proche de l'angle qu'elle coupe ; & ces 12 triangles rectangles font 4 à 4 équiangles , deux grands & deux petits. C'eft un exercice d'efprit de les trouver , & il vaut mieux le laiffer à ceux qui
commencent. Je diray feulement qu'entre les diverfes proportions qui fe font par tous ces triangles, il y en a de deux
fortes fort confiderables.

La premiere eft, que le cofté d'un angle & fa premiere
portion font reciproques à l'autre cofté & fa premiere
portion c'eft à dire que le grand cofté eft au petit comme
la premiere portion du petit à la premiere portion du
grand. Exemple dans l'angle *b*.

grand, petit, :: 1. portion du grand, 1. portion du petit.
b d.   *b c*.   ::   *b m*.   *b n*.

La feconde eft, que les portions d'un cofté du triangle
total font reciproques à la perpendiculaire entiere, & fa
portion qui fait l'angle droit ; c'eft à dire qu'une portion
du cofté eft à la perpendiculaire , comme la portion de la
perpendiculaire qui fait l'angle droit , eft à l'autre portion
du cofté. Exemple :

port. du cofté. perpend :: port. de la perp. port. du cofté.
   m c.   *m d* ::   *m p*.   *m b*.

DES TRIANGLES RECTANGLES.

I. Theoreme.

Si l'un des angles aigus du triangle rectangle eft double **XXXI.**
de l'autre (ce qui ne peut eftre qu'il ne vaille les deux tiers
d'un angle droit, & l'autre le tiers, c'eft à dire qu'il ne foit
de 60 degrez & l'autre de 30) le petit cofté qui foûtient
l'angle de 30 degrez & qui en eft le finus, eft la moitié de
l'hypothenufe de l'angle droit , qui eft auffi le rayon de
cet angle de 30 degrez.

Soit le triangle *b d c* conforme à l'hypothefe.

Tirant df égale à db sur bc prolongée, l'angle dfb sera égal à l'angle dbf, & par conſequent l'un &
l'autre ſera de 60 degrez. Donc l'angle bdf sera auſſi de 60 degrez, puiſque tous les trois enſemble valent
deux droits, c'eſt à dire 180 degrez.

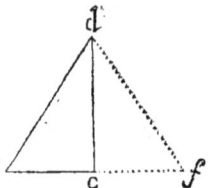

Donc le triangle bdf eſt équilateral.

Donc $bc + cf = db$.

Or $bc = cf$, les deux triangles dbc & dcf eſtant tout-
égaux, par 18. *ſup.*

Donc bc eſt la moitié de db. Ce qu'il falloit demonſtrer.

P R O B L E M E.

XXXII.　TROUVER le triangle rectangle dont on a

1.　Ou les deux coſtez comprenans l'angle droit.

2.　Ou l'hypothenuſe, & un des coſtez.

3.　Ou l'hypothenuſe, & la perpendiculaire du ſommet de
l'angle droit à cette hypothenuſe.

4.　Ou l'hypothenuſe, & la moyenne proportionelle entre
l'hypothenuſe donnée, & un des coſtez.

5.　Ou vn des coſtez & la moyenne proportionelle entre
le coſté donné & l'hypothenuſe.

6.　Ou l'un des coſtez, & la moyenne proportionelle entre
ce coſté donné & l'autre coſté.

P R E M I E R   C A S.

Mettant à l'angle droit les deux coſtez donnez, la ligne
qui en joint les extremitez eſt l'hypothenuſe.

S E C O N D   C A S.

Décrivant la demy-circonference dont l'hypothenuſe
donnée eſt le diametre, le point de cette circonference où
ſe terminera le coſté donné ſera le point du ſommet de
l'angle droit; ce qui determinera l'autre coſté non donné.

T R O I S I E M E   C A S.

Voyez IX. 34.

QUATRE, CINQ ET SIXIEME CAS.

Trois lignes eſtant continuellement proportionelles,

ayant la première & la seconde, qui est la moyenne, on a
la 3e par le Probleme, X.34. Et par conséquent le 4e & 5e
Cas se rapportent au 2e, & le 6e au 1er.

DES TRIANGLES ISOSCELES.

I. THEOREME.

LORSQUE l'angle du sommet d'un triangle Isoscele est   XXIII.
de 36 degrez, chacun des angles sur la base est de 72, & la
base est la moyenne proportionelle entre le costé entier,
& le costé moins cette base (c'est à dire que la base divise
le costé en moyenne & extrême raison) & la base estant
ajoûtée au côte, il s'en fait une ligne divisée en moyenne
& extrême raison. Voyez XI. 68. 69. 73.

II. THEOREME.

DEUX triangles Isosceles estant semblables   XXIV.
& inégaux, si la même ligne est la base de
l'un & le costé de l'autre, cette ligne sera
moyenne proportionelle entre le costé de
triangle dont elle est base, & la base de celuy dont elle est costé.

Soit l'un des triangles Isosceles $b c d$, &
l'autre $c f d$, de sorte que $c d$ soit la base de
$b c d$, & le costé de $c f d$; Je dis que $c d$ sera
moyenne proportionelle entre $b c$ costé du
premier triangle, & $f d$ base du second. Car
ces triangles estant semblables, $b c$ (costé du
1er) est à $c d$ (costé du 2e) comme le même
$c d$, entant que base du premier, est à $f d$ base du second.

Donc ÷ $b c$. $c d$. $f c$. Ce qu'il falloit demonstrer.

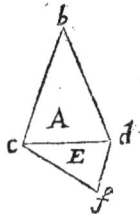

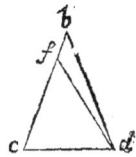

SECONDE SECTION.

Des Quadrilateres.

DEFINITIONS.

LE quadrilatere est une figure de 4 costez qui ne se   XXXV.
joignent qu'aux extrêmitez : & par conséquent de 4 an-

gles qui tous enſemble valent quatre droits. XII. 5.

Les coſtez qui comprennent un même angle s'appellent coſtez angulaires.

Ceux qui ne comprennent point le même angle, coſtez oppoſez.

Les angles de même ſont proches ou oppoſez.

THEOREME.

XXXVI. Tout quadrilatere qui a ſes angles oppoſez égaux à deux droits, peut eſtre inſcrit au cercle, & nul autre n'y peut eſtre inſcrit.

Soit le quadrilatere *b c d f*, dont les angles *b* & *d* ſoient égaux à deux droits, & par conſequent auſſi les angles *f. c.*

Soit trouvé le cercle dont la circonference paſſe par les 3 points *f b c*. par VII. 3. Je dis qu'elle paſſera auſſi par le 4ᵉ, qui eſt *d*.

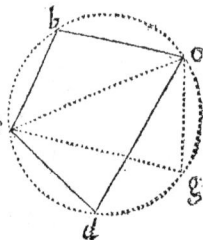

Car tout angle qui a *fc* pour baſe, & qui eſt inſcrit dans ce cercle du coſté de *d*, comme *f g c* plus l'angle *b*, vaut deux droits. IX. 26. Or l'angle *f g c* eſt égal à l'angle *d*, qui plus l'angle *b* vaut auſſi deux droits. Donc l'angle *d* eſt auſſi inſcrit dans ce cercle par IX. 30.

DIVISION ET DEFINITIONS.

XXXVII. Lorsque les coſtez oppoſez d'un quadrilatere ſont paralleles, le 1ᵉʳ au 3ᵉ, & le 2ᵉ au 4ᵉ, on l'appelle *Parallelogramme*, ſinon on l'appelle *Trapeze*, quand même deux des coſtez oppoſez, comme le 1ᵉʳ & le 3ᵉ ſeroient paralleles, ſi le 2ᵉ & le 4ᵉ ne le ſont pas.

DES PARALLELOGRAMMES.

I. THEOREME.

XXXVIII Si les coſtez oppoſez d'un quadrilatere ſont égaux, ils ſont paralleles; & s'ils ſont paralleles, ils ſont égaux. VI. 26. & 27.

II. THEOREME.

XXXIX. Si tous les 4 angles d'un quadrilatere ſont droits, il eſt parallelogramme. VI. 23.

III. THEOREME.

Sɪ deux coſtez oppoſez d'un quadrilatere ſont égaux & paralleles, les deux autres ſont auſſi égaux & paralleles. V I. 28.

XL.

IV. THEOREME.

LES deux angles oppoſez d'un parallelogramme ſont égaux, & les proches ſont égaux à deux droits.

XLI.

Soit le parallelogramme *b c d f*. Soit prolongé *f d* juſques à *g*, l'angle *c d g* eſt égal à l'angle *c*, par VIII. 53. & à l'angle *f*, par VIII. 54. Donc les aigus oppoſez *c* & *f* ſont égaux.

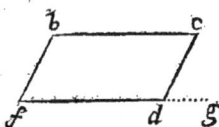

Or les deux angles vers *d*, l'un exterieur & l'autre interieur, ſont égaux à deux droits. Donc les angles interieurs vers *d* & vers *f* ſont auſſi égaux à deux droits.

Donc les deux autres vers *b* & vers *c* ſont auſſi égaux à deux droits; puiſque les 4 valent 4 droits.

Oſtant donc de part & d'autre les deux aigus *c* & *f* qui ſont égaux, les obtus oppoſez *b* & *d* ſeront égaux.

I. COROLLAIRE.

S'ɪʟ y a un angle droit dans un parallelogramme, tous les autres le ſont auſſi, & alors il eſt appellé *Rectangle*.

XLII.

Car l'oppoſé eſt droit, puiſqu'il eſt égal à celuy-là; & les proches ne peuvent valoir deux droits, que l'un eſtant droit, l'autre ne le ſoit auſſi.

II. COROLLAIRE.

Quɪ connoiſt un angle du parallelogramme, les connoiſt tous. Car ce qui manque de la demy-circonference à l'arc qui meſure l'angle donné, eſt la meſure de l'angle proche de celuy-là, & les deux autres ſont égaux chacun à l'un de ces deux-là.

XLIII.

III. COROLLAIRE.

DEux parallelogrammes qui ont un angle égal, ſont equiangles.

XLIV.

IV. COROLLAIRE.

XLV. Sɪ deux coſtez angulaires d'un parallelogramme ſont égaux, tous les 4 ſont égaux entr'eux. Car chacun des angulaires eſt égal à ſon oppoſé.

V. COROLLAIRE.

XLVI. Qᴜɪ connoiſt d'un parallelogramme deux coſtez angulaires & un angle, connoiſt tout le parallelogramme.

Car qui connoiſt un angle, les connoiſt tous ; & qui connoiſt deux coſtez angulaires connoiſt les deux autres, chacun eſtant égal à ſon coſté.

PROBLEME.

XLVII. Dᴇᴄʀɪʀᴇ un parallelogramme dont on a un angle, & la grandeur de chacun des deux coſtez angulaires.

Les deux coſtez angulaires comprenant cet angle, de l'extremité du plus petit décrire un cercle de l'intervalle du plus grand, & de l'extremité du plus grand décrire un cercle de l'intervalle du plus petit : les lignes menées de ces extremitez au point où ces cercles ſe couperont, acheveront la deſcription de ce parallelogramme.

V. THEOREME.

XLVIII. Dᴇᴜx parallelogrammes ſont ſemblables quand ils ont un angle égal, & les coſtez angulaires proportionels.

Car l'égalité d'un angle donne celle des autres ; & deux coſtez angulaires ne ſçauroient eſtre proportionels, que les deux autres ne le ſoient auſſi.

DEFINITION.

XLIX. Lᴀ ligne qui joint deux angles oppoſez s'appelle *Diagonale*, & elle diviſe le parallelogramme en deux triangles tout-égaux. Car les deux angles non diviſez ſont égaux, parce qu'ils ſont oppoſez ; & les parties des diviſez ſont alternativement égales, par VIII. 53.

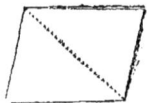

SIXIEME

VI. THEOREME.

Si on tire des parallèles aux costez angulaires qui passent par le même point de la Diagonale, les parties de ces nouvelles lignes sont proportionelles.

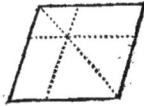

L.

Demonstré X. 16.

DEFINITION.

On dit qu'un parallelogramme est décrit autour de la diagonale d'un autre parallelogramme, quand d'un point de cette diagonale on tire deux parallèles aux deux costez angulaires du parallelogramme, qui se terminant chacune à l'un de ces costez fassent un nouveau parallelogramme, dont une partie de cette diagonale est encore diagonale.

LI.

VII. THEOREME.

Tout parallelogramme décrit autour de la diagonale d'un autre, luy est semblable.

LII.

b c d f est semblable à *m n o f.* Car d'une part *f d c* & *f o n* sont égaux ; parce que *c d* & *n o* sont parallèles.

Et par la même raison *f c d*, & *f n o* sont égaux aussi.

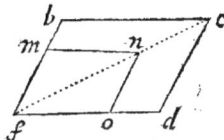

Donc *f d. f o* :: *d c. o n.*

Donc ces parallelogrammes sont equiangles, & ont les costez angulaires proportionels. Donc ils sont semblables par le 5e Theoreme.

DIVISION DU PARALLELOGRAMME
EN SES ESPECES.

LIII.

Selon ses	costez angulaires	égaux	Quarré / Rhombe	angles droits.
		inégaux	Oblong / Rhomboïde	angles non droits.
	angles	droits. rectang'e	Quarré / Oblong	costez tous égaux.
		non droits	Rhombe / Rhomboïde	côtez non tous égaux.

V u

AUTREMENT.

Parallel. { rectangle { tous les coſtez égaux.   Quarré.
                 { les ſeuls oppoſez égaux.   Oblong.
        non rectangle { tous les coſtez égaux.   Rhombe.
                      { les ſeuls oppoſez égaux. Rhomboïde.

DU PENTAGONE.

THEOREME.

LIV.   Lorsque deux lignes qui ſoutiennent chacune un an-gle d'un pentagone regulier ſe coupent, elles ſe coupent mutuellement en moyenne & extrême raiſon, & la plus grande partie de chacune de ces lignes eſt égale au coſté du pentagone.

Soit le pentagone inſcrit dans un cercle.

Chaque coſté ſoutient un arc de 72 degrez. XII. 21.

Donc les angles inſcrits au même cercle qui ſont ſoute-nus par un de ces arcs (tels que ſont *c b d, c d b, d c f, d f c*) ſont chacun de 36 degrez. IX. 18.

Et ceux qui ſont ſoutenus par deux de ces coſtez (com-me l'angle *b c f*) ſont de 72. *ibid.*

Et les angles oppoſez au ſommet (*b g c* & *f g d*) ſont cha-cun auſſi de 72 degrez, par IX. 40. Et par conſéquent *b g* eſt égale à *b c* côté du pentagone.

Donc l'angle *c b g* eſt tel par XI. 73. & 69. que la baſe étant jointe au coſté; il s'en fait une ligne diviſée en moyenne & extrême raiſon. Or *g d* eſt éga-le à la baſe *g c.* Donc la toute *b d* eſt diviſée en moyenne & extrême raiſon. C'eſt à dire que,

b d. b g :: *b g. g d.*

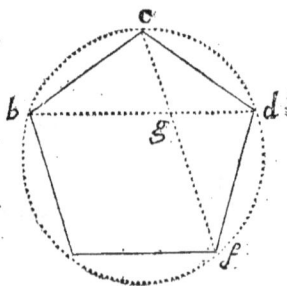

COROLLAIRE.

LV.

U N exagone & un decagone eſtant inſcrits dans le même cercle, le côté de l'un ajoûté au coſté de l'autre fait une ligne diviſée en moyenne & extrême raiſon.

Car l'angle compris entre deux demy-diametres, qui a pour baſe le coſté du decagone, eſt un angle de 36 degrez (XII. 21. & 39.) Donc ajoûtant le coſté à la baſe, il s'en fait une ligne diviſée en moyenne & extrême raiſon. XI. 73. & 69. & ſup. 33.

Or le coſté de cet angle qui eſt le demy-diametre, eſt auſſi le coſté de l'exagone inſcrit dans ce cercle là.

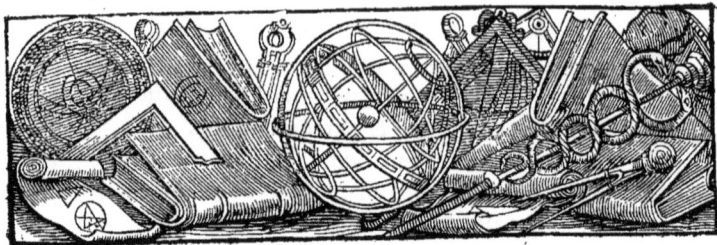

NOUVEAUX ELEMENS
DE
GEOMETRIE.
LIVRE QVATORZIEME.

DES FIGVRES PLANES
confiderées felon leur àire : c'eft à dire felon la grandeur des furfaces qu'elles contiennent.

Et premierement des Rectangles.

IDE'E GENERALE DE LA MESURE
DES SURFACES.

LA furface eftant une étenduë de deux dimenfions, longueur & largeur, il eft neceffaire pour en connoiftre la grandeur, de fçavoir quelle en eft la longueur, & qu'elle en eft la largeur.

La longueur fe mefure par une ligne droitte qui donne la diftance d'un point à un point. C'eft pourquoy on ne peut connoître la longueur des lignes courbes que par rapport à des lignes droites.

I.

La largeur confiste dans la distance entre deux lignes; comme entre b & c, qui se mesure aussi par une ligne droite. C'est pourquoy les surfaces courbes ne se peuvent mesurer que par rapport à des surfaces planes.

Voyez figure cy-dessous.

De plus toute ligne droitte n'est pas propre à mesurer la distance d'une ligne à une ligne. Car si elle tomboit du point d'une ligne obliquement sur l'autre, elle n'en mesureroit pas la distance; mais tombant du point d'une ligne perpendiculairement sur l'autre, elle mesure la distance de ce point à cette ligne.

Mais il ne s'ensuit pas que pour avoir mesuré la distance d'un des points de la ligne b à la ligne c, elle ait mesuré la distance de tous les autres points de la ligne b, à moins que tous les autres points de la ligne b fussent également distans de la ligne c; c'est à dire qu'elle luy fust parallele.

D'où il s'ensuit que si b n'estoit pas parallele à c, il faudroit autant de differentes mesures pour connoistre la distance de b à c, qu'il y auroit de differens points dans b. Ce qui estant impossible, il paroist par là qu'afin qu'on puisse avoir distinctement la distance d'une ligne à une autre (ce qui fait la largeur) il faut que ces lignes soient paralleles.

De plus, si ces lignes sont inégales, & que b soit plus grande que c, on ne sçauroit laquelle prendre pour la longueur, parce que cette surface seroit plus longue d'un costé que de l'autre. Et ainsi afin qu'on puisse avoir exactement la mesure d'une surface, il faut que les lignes dont la distance en fait la largeur, soient non seulement paralleles; mais aussi égales. D'où il arrivera que les autres lignes seront aussi égales & paralleles entr'elles.

Et par consequent afin qu'une surface soit en estat d'estre exactement mesurée, il faut qu'elle soit terminée par 4 lignes paralleles; c'est à dire que ce soit un parallelogramme.

Mais si les deux lignes égales & paralleles qu'on prend pour mesure de la longueur ne sont pas directement opposées, en sorte que de tous les points de l'une on puisse tirer des perpendiculaires sur tous les points de l'autre; c'est à dire si ce parallelogramme n'est pas rectangle, mais obliquangle, on aura bien alors

dans la figure dequoy en mesurer la longueur, sçavoir lequel
on voudra de deux costez opposez. Mais l'autre costé angulaire estant oblique sur cette longueur, ne sera pas propre à mesurer la distance entre les deux lignes qui font la longueur. D'où
il s'ensuit qu'il n'y a que le rectangle qui ait en soy la mesure
de sa longueur & de sa largeur. Car si
d f est pris pour la longueur, d b qui est la
mesure de la distance de tous les points ae
b c à d f, en mesurera la largeur.

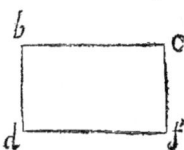

C'est pourquoy nulle surface ne se mesure
proprement par soy-même, que le rectangle.

Et dans tout rectangle l'un des costez angulaires à choisir, se
peut appeller sa longueur, & l'autre sa largeur; ou pour
s'accommoder davantage aux termes communs, l'un sa base,
& l'autre sa hauteur.

Mais comme la mesure est d'autant plus parfaite qu'elle est
plus simple, & que le quarré qui n'a qu'une même mesure
pour sa longueur & pour sa largeur, est plus simple que l'o-
blong qui en a deux; il est arrivé de là que les hommes prennent
le quarré de quelque ligne connüe, comme d'une toise, d'un
pied, d'un pouce &c. pour la mesure commune de toutes les surfaces; & qu'alors seulement ils en croient connoître parfaitement la grandeur, quand ils peuvent dire qu'elle est de tant de
toises quarrées, ou de tant de pieds quarrez, ou de tant de pouces quarrez &c. Et ainsi ce qu'on entend ordinairement par
ces mots; avoir l'aire d'un plan, c'est sçavoir combien ce plan,
de quelque figure qu'il soit, contient ou de toises quarrées, ou de
pieds quarrez, ou de pouces quarrez; & quand on parle de
surface on sous-entend le mot de quarré sans l'exprimer:
comme quand on dit que la place d'un logis est de tant de
toises, cela s'entend de toises quarrées, dont chacune vaut 36
pieds quarrez.

Neanmoins comme cela ne se peut pas toûjours connoître à
cause des grandeurs incommensurables, on se contente souvent
en comparant des surfaces ensemble, de sçavoir que si l'une contient tant de petits rectangles, comme 16 fois b c, l'autre en
contient tant aussi; comme 25 fois le même b c.

Tout cela nous fait voir, 1°. *Que la premiere & la plus parfaitte mesure est le quarré, & que c'est par le quarré qu'on mesure les rectangles pour en connoitre exactement la grandeur.*

2°. *Que la plus parfaite aprés le quarré, & qui est même parfaite en son genre, parce qu'elle contient en soy la mesure de la longueur & de la largeur, est le rectangle oblong ; & que c'est par là que l'on mesure les autres parallelogrammes.*

3°. *Que celle d'aprés, & qui est imparfaite, ne contenant pas en soy la mesure de la longueur & de la largeur, est le parallelogramme non rectangle : & que c'est d'ordinaire par ces parallelogrammes que l'on mesure les triangles, en ce qu'on les considere comme les moitiez de ces parallelogrammes.*

4°. *Que le triangle suit aprés, & que c'est par luy qu'on mesure d'ordinaire les autres polygones en les reduisant en triangles ; comme ils s'y peuvent tous reduire.*

5°. *Qu'enfin les autres polygones sont mesurez & ne servent point de mesure, comme le quarré sert de mesure & n'est point mesuré si ce n'est par d'autres plus petits ; comme quand on dit que la toise quarrée contient 36 pieds quarrez. Voilà en abregé tout ce qu'a pû faire l'art des hommes pour mesurer les surfaces rectilignes, sans parler des curvilignes qui ne se peuvent mesurer que part rapport à des rectilignes.*

Mais comme toutes nos connoissances qui dependent de l'art en supposent de naturelles qu'on appelle Axiomes, voicy ceux sur lesquels est fondée toute la science de là dimension des figures planes.

I. AXIOME.

Tous les quarrez de racine égale, sont égaux. C'est à dire que les espaces compris dans le quarré de la ligne *b*, & dans celuy de la ligne *m* égale à *b*, & de quelque autre ligne que ce soit égale à *b*, sont égaux. Cela est clair par la notion même de la surface, qui n'ayant que deux dimensions, longueur & largeur, il n'est par plus clair que deux lignes droittes d'une même longueur sont égales, qu'il est clair que deux surfaces de même longueur & de même largeur sont égales. Or deux quarrez sont de même lon-

gueur & de même largeur, si la ligne qui mesure dans l'un
tant la longueur que la largeur, est égale à celle qui mesure dans l'autre tant la longueur que la largeur.

C'est pourquoy aussi par tout où une ligne d'une certaine longueur se trouve, comme de la longueur de *b*, elle
peut estre marquée par le même caractere & appellée *b*.
Car il ne peut y avoir de difference que de situation, ce
qui n'y fait rien. Et ainsi il ne faut pas s'étonner si *bb* est
par tout égal à *bb*.

II. AXIOME.

III. Si les costez angulaires d'un rectangle sont égaux aux
costez angulaires d'autres rectangles, chacun à chacun,
tous ces rectangles sont égaux. Ou ce qui est la même
chose, tous ceux dont la base est égale à la base, & la hauteur à la hauteur, sont égaux.

C'est la même chose que le precedent. Car les costez
angulaires d'un rectangle en mesurent la longueur & la
largeur; & on peut même, comme nous avons dit, en appeller l'un sa longueur, & l'autre sa largeur indifferemment. Et par consequent tous les rectangles dont les costez
angulaires sont égaux, chacun à chacun, ont même longueur & même largeur.

On peut encore dire que les costez angulaires d'un rectangle pouvant estre marquez par les mesmes caracteres
par tout où ils se rencontrent égaux, comme par *b* & par *c*,
par tout où l'un est égal à *b* & l'autre à *c*, dire qu'ils sont
égaux; c'est à dire que *b c* est égal à *b c*.

AVERTISSEMENT.

IV. *Ces deux axiomes nous font voir que tout ce que nous avons
dit dans le premier livre de la multiplication des grandeurs
incomplexes & complexes; & dans le 3ᵉ de la raison entre les
grandeurs planes, se peut appliquer aux quarrez & aux rectangles; & qu'il n'y a qu'à substituer des lignes au lieu des simples
caracteres.*

*C'est ce que nous verrons en peu de mots en commençant par
la puissance des lignes.*

DEFINITION

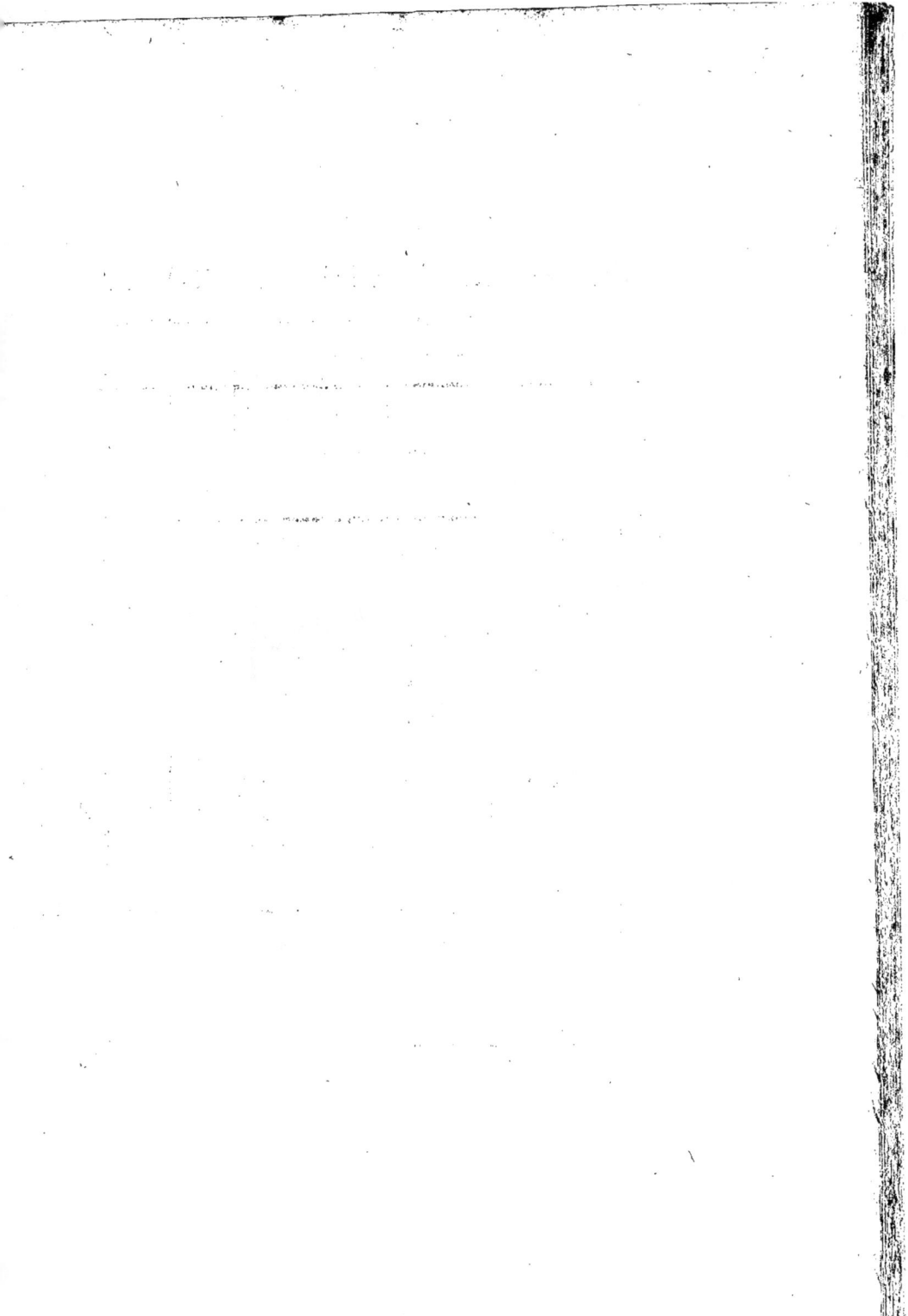

QVARRÉ NATVREL DE XI.

1 e	2	3	4	5	6 m	7	8	9	10	11 o
12	13 e	14 è	15	16	17 m	18	19	20	21 o	22
23	24 w	25 e	26	27	28 m	29	30	31 o	32	33
34	35	36	37 e	38 è	39 m	40 ò	41 o	42	43	44
45	46	47	48 w	49 e	50 m	51 o	52 β	53	54 β	55
56 α	57 α	58 α	59 α	60 α	61	62	63	64	65	66
67	68	69	70	71	72	73	74	75	76	77
78	79	80	81	82	83	84	85	86	87	88
89	90	91	92	93	94	95	96	97	98	99
100	101	102	103	104	105	106	107	108	109	110
111	112	113	114	115	116	117	118	119	120	121

Xx

QVARRÉ MAGIQVE DE XI.

8	26	30	95	93	97	47	42	86	69	28
5	37	12	45	84	63	82	99	88	39	87
3	100	60	49	118	73	5	2	50	22	79
0	67	7	13	102	65	108	17	115	55	32
6	74	10	98	56	121	6	24	112	48	46
1	41	51	21	11	61	111	101	71	81	91
07	70	114	68	116	1	66	54	8	52	15
03	33	113	105	20	57	14	109	9	89	19
8	44	72	3	4	49	117	120	62	78	104
6	83	110	77	38	59	40	23	34	85	106
4	96	92	27	29	25	75	80	36	53	64

Xxij

QVARRÉ NATVREL DE XII.

1	2	3	4	5	6	7	8	9	10	11	12
13	14	15	16	17	18	19	20	21	22	23	24
25	26	27	28	29	30	31	32	33	34	35	36
37	38	39	40	41	42	43	44	45	46	47	48
49	50	51	52	53	54	55	56	57	58	59	60
61	62	63	64	65	66	67	68	69	70	71	72
73	74	75	76	77	78	79	80	81	82	83	84
85	86	87	88	89	90	91	92	93	94	95	96
97	98	99	100	101	102	103	104	105	106	107	108
109	110	111	112	113	114	115	116	117	118	119	120
121	122	123	124	125	126	127	128	129	130	131	132
133	134	135	136	137	138	139	140	141	142	143	144

QVARRÉ MAGIQVE DE XII.

118	28	116	39	94	30	31	99	58	113	33	111
17	52	24	109	104	69	45	101	97	60	64	128
127	57	92	8	11	54	55	136	135	89	88	18
126	40	2	26	130	23	71	123	62	143	105	19
20	13	5	59	144	6	7	133	86	140	132	125
63	120	65	14	61	79	78	72	131	80	25	82
75	108	77	129	73	67	66	84	16	68	37	70
38	49	142	124	12	138	139	1	21	3	96	107
95	103	141	83	15	122	74	22	119	4	42	50
47	102	56	137	134	91	90	9	10	53	43	98
110	81	121	36	41	76	100	44	48	85	93	35
34	117	29	106	51	115	114	46	87	32	112	27

DEFINITION.

V.

ON appelle puiſſance d'une ligne le quarré de cette ligne, comme bb eſt la puiſſance de b, ou bien le rectangle
de deux lignes quand il s'agit de deux lignes, comme la
puiſſance de b par c eſt le rectangle bc.

DE LA PVISSANCE D'VNE LIGNE
comparée avec la puiſſance de ſes parties.

TOUT ce qu'on enſeigne de la puiſſance d'une ligne
comparée avec la puiſſance de ſes parties, n'eſt que la même choſe que ce que nous avons dit dans le premier livre
de la multiplication des grandeurs complexes ; & ſe peut
reduire à cet Axiome.

VI.

III. AXIOME.

VII.

C'eſt la même choſe de multiplier le tout par le tout,
& de multiplier le tout par chacune de ſes parties, ou de
multiplier chaque partie par toutes les parties, en faiſant
autant de multiplications partiales qu'eſt le produit des
deux nombres des parties qu'on multiplie les unes par les
autres.

AVERTISSEMENT.

VIII.

*Ainſi le plus grand myſtere pour ne ſe point broüiller eſt de
nommer chaque ligne autant que l'on peut par un ſeul caractere, afin que deux caracteres joints enſemble puiſſent marquer
une multiplication ; c'eſt à dire un rectangle, & de marquer par
un même caractere les lignes égales.*

*Exemple: La ligne b ſoit diviſée en
trois portions inégales que j'appelleray
c. d. f. il eſt viſible que c'eſt la même
choſe de multiplier b par b, ce qui donne bb, que de multiplier b par toutes
ces parties ; c'eſt à dire par c, par d, &
par f, ce qui donne bc. bd. bf: & par
conſequent $bb = bc + bd + bf$.
Ainſi preſque toutes les propoſitions
du ſecond livre d'Euclide ne ſont que des Corollaires de cet*

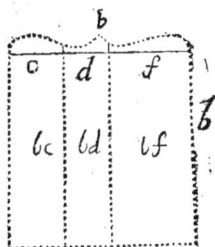

X x

Axiome & de cet Avertiſſement. Ie ne propoſeray que les principales qui ſont d'uſage.

Ie ſuppoſe toûjours qu'on mette à angles droits les lignes qui doivent faire les coſtez angulaires des rectangles, ſans que je m'amuſe plus à en avertir.

Et quand je parle d'une ligne coupée en pluſieurs parties, j'entens toûjours égales ou inégales, à moins que j'exprime qu'on les doive prendre égales.

I. THEOREME.

AYANT deux lignes, l'une non coupée; & l'autre coupée en tant de parties que l'on voudra, le rectangle des deux entieres eſt égal à tous les rectangles de la non coupée par chaque partie de la coupée. C'eſt à dire qu'un tout eſt égal à toutes ſes parties priſes enſemble.

Soit p la non coupée, & T la coupée en 5 parties b, c, d, f, g; il eſt bien viſible qu'en tirant des lignes paralleles à p, & par conſequent qui luy ſont égales par tous les points de diviſion de T, elles feront $p\,b$, $p\,c$, $p\,d$, $p\,f$, $p\,g$, qui pris enſemble ſont égaux à $p\,T$, puiſque c'en ſont toutes les parties.

II. THEOREME.

UNE ligne eſtant coupée en pluſieurs parties, le quarré de la toute eſt égal aux rectangles de chaque partie ſur la toute.

C'eſt la même choſe que le precedent, excepté que la même ligne faiſant les deux coſtez du rectangle total qui eſt alors quarré, on la prend une fois pour la non coupée, & une autrefois pour la coupée.

Il eſt donc clair que T eſtant coupé en b, c, d, f, g.
$T\,T$ doit eſtre égal à $T\,b$, $T\,c$, $T\,d$, $T\,f$, $T\,g$.

III. THEOREME.

XI.

UNE ligne eſtant coupée en tant de parties que l'on voudra, le rectangle de quelque partie que ce ſoit par la toute, eſt égal au quarré de cette partie plus les rectangles de cette partie par chacune des autres.

Soit T comme auparavant diviſé en 5 parties $b. c. d. f. g.$ il eſt clair par le premier Theoreme, que le rectangle de b par la toute eſt égal aux 5 rectangles de b par chaque partie de T. Or b eſt l'une de ces parties, & par conſéquent l'un de ces 5 rectangles ſera bb. C'eſt à dire le quarré de cette partie, & les autres 4 rectangles ſeront le rectangle de b par chacune des autres parties; ſçavoir $bc. bd. bf. bg.$

IV. THEOREME.

XII.

UNE ligne eſtant diviſée en tant de parties que l'on voudra, le quarré de la toute eſt égal aux quarrez de chaque partie plus deux fois autant de rectangles, dont il y en a toujours deux qui ſont les rectangles des mêmes deux parties.

	b	c	d	f	g
b	bb	bc	bd	bf	bg
c	cb	cc	cd	cf	cg
d	db	dc	dd	df	dg
f	fb	fc	fd	ff	fg
g	gb	gc	gd	gf	gg

Ce Theoreme n'eſt que l'aſſemblage du 2e & du 3e.

Soit T comme auparavant diviſée en b, c, d, f, g, par le 1er Theoreme ayant fait le quarré TT, & n'ayant diviſé qu'un ſeul de ces coſtez par b, c, d, f, g, & tiré les paralleles à l'autre coſté, on a 5 bandes, dont on peut appeller chacune de nom de ſa partie, ſçavoir Tb, Tc, Td, Tf, Tg. Mais diviſant encore l'autre coſté par les mêmes b, c, d, f, g, on

Xx ij

divise chacune des 5 bandes en 5, ce qui fait 25, & dans chaque bande ainsi divisée se trouve un quarré de la partie dont elle est bande (dans *T b*, *b b*, dans *T c*, *c c*) & quatre rectangles des autres parties par celle-là. Et il est aisé de voir que dans chaque bande se trouve toujours un rectangle de deux parties, dont le rectangle se trouve encore dans un autre, comme dans *T b* se trouve *b c*, qui se trouve aussi dans *T c*, & ainsi tout le quarré contient

5 quarrez *b b*. *c c*. *d d*. *f f*. *g g*.

20 rectangles 2. *b c*. 2. *b d*. 2. *b f*. 2. *b g*.

2. *c d*. 2. *c f*. 2. *c g*.

2. *d f*. 2. *d g*.

2. *f g*.

COROLLAIRE.

XIII. Le plus grand usage de ces Theoremes est quand la ligne est coupée en deux. C'est pourquoy il faut bien retenir ces trois propositions.

1. Le quarré de la toute est égal aux deux rectangles de chaque partie par la toute.

2. Le rectangle d'une partie par la toute est égal au quarré de cette partie, plus le rectangle des deux parties.

3. Le quarré de la toute est égal aux 2 quarrez de chaque partie plus deux fois le rectangle des deux parties.

DE LA PROPORTION
entre les Rectangles.

PROPOSITION FONDAMENTALE.

X I V. Les rectangles qui ont un costé égal à un costé, & l'autre inégal, sont entr'eux comme l'inégal.

Ou, les rectangles de même hauteur sont comme leurs bases.

D'égale base sont comme leurs hauteurs.

Ou, d'égale longueur sont comme leurs largeurs.

D'égale largeur sont comme leurs longueurs.

Tout cela n'est que la mesme chose, & peut passer pour prouvé dans le 2e Livre.

Neanmoins en voicy encore la preuve. La these est.

$$b\,c.\ b\,d\ ::\ c.\ d.$$

L'aliquote quelconque de c soit appellée x.

Si par tous les points de la division on tire des parallèles à b, il est clair que $b\,x$ sera autant de fois dans $b\,c$, qu'x dans c. C'est à dire que $b\,x$ & x seront toûjours les aliquotes pareilles, l'une de $b\,c$, & l'autre de c. Car il est bien clair que toutes les x estant égales, tous les $b\,x$ seront égaux.

Que si on applique x à d, base du rectangle $b\,d$, & qu'on tire aussi par tous les points de la division des parallèles à b, il est clair que $b\,x$ sera autant de fois dans $b\,d$, qu'x dans d, & que si x est precisément tant de fois dans d, $b\,x$ sera aussi precisément tant de fois dans $b\,d$. Et si x n'est pas precisément tant de fois dans d, mais avec quelque reste; $b\,x$ de mesme ne sera pas precisément tant de fois dans $b\,d$, mais avec un rectangle de reste plus petit que $b\,x$.

Donc les aliquotes pareilles de $b\,c$ & de c sont également contenuës, celles de $b\,c$ dans $b\,d$, & celles de c dans d.

Donc par la definition de l'égalité des raisons $b\,c$ & $b\,d$ sont en mesme raison que c & d; puisque les aliquotes pareilles des antecedens $b\,c$ & c sont également contenuës dans les consequens $b\,d$ & d. Donc $b\,c.\ b\,d\ ::\ c.\ d.$

I. COROLLAIRE.

Les rectangles sont en raison composée de la longueur à la longueur, & de la largeur à la largeur. C'est la definition mesme de la raison composée. III. 2. 4.

X V.

$$b\,c.\ m\,n\ ::\ b + m.\ c + n.$$

II. COROLLAIRE.

Les rectangles semblables sont en raison doublée de leurs costez homologues,

X V I.

Car les rectangles sont semblables, quand la longueur est à la longueur, comme la largeur à la largeur.

$b\,f$ & $c\,g$ sont semblables, si $b.\,c\ ::\ f.\ g$.

Donc la raison de ces deux rectangles est composée de deux raisons égales, par le premier Corollaire.

X x iij

Donc cette raison est doublée de chacune par la definition de la raison doublée.

III. COROLLAIRE.

XVII. LES quarrez sont en raison doublée de leurs racines. C'est la mesme chose que le precedent.

Et ainsi si b est double de d, bb est quadruple de dd.

IV. COROLLAIRE.

XVIII. LES rectangles reciproques sont égaux. Car on appelle les rectangles reciproques quand la longueur du premier est à la longueur du second, comme la largeur du second est à la largeur du premier.

Ainsi bg & cf sont reciproques, si
$$b\ c.\ ::\ f.\ g.$$
Or la grandeur plane des deux extremes d'une proportion est égale à la grandeur plane des moyens.

Donc $bg = cf$.

MESMES COROLLAIRES
AUTREMENT PROPOSEZ.

Si 4 lignes sont proportionelles,
$$b.\ c.\ ::\ f.\ g.$$

XIX. 1. Le rectangle des antecedens bf, est au rectangle des consequens cg, en raison doublée de la raison de cette proportion $b.\ c.$ ou $f.\ g.$

2. Le rectangle des deux premiers termes bc est au rectangle des deux derniers fg en raison doublée de la raison alterne de cette proportion $b.f.$ ou $c.g.$

3. Le rectangle des deux extrêmes est égal au rectangle des deux moyens, $bg = cf$. II. 27.

4. Les quarrez de ces quatre lignes sont proportionels $bb.\ cc.\ ::\ ff.\ gg.$ par III. 24.

5. Si trois lignes sont continuëment proportionelles, le quarré de celle du milieu est égal au rectangle des extremes.

Si $\div\ b.\ .\ d.\ cc = bd.$ II. 27.

6. Les quarrez des deux premiers bb & cc font en même raison que la premiere & la troifiéme.

$$b b. \ c c \ :: \ b. \ d. \ \text{par III. 26.}$$

V. COROLLAIRE.

UNE ligne eftant divifée en deux parties, fi deux autres lignes font moyennes proportionelles, l'une entre la toute & fa plus grande partie, & l'autre entre la même toute & fa plus petite partie: les deux quarrez de ces deux lignes font égaux au quarré de cette toute.

XX.

Soit h divifée en m & n.

Soit b moyenne entre h & m.

Et d entre h & n.

Puifque $h. \ b. \ m. \ \ b b = h m.$

Et puifque $h. \ d. \ n. \ \ d d = h n.$

Donc $b b + d d = h m + h n.$

Or $h m. + h n. = h h.$

Donc $b b + d d = h h.$

AVERTISSEMENT.

On peut rapporter icy tout ce qui a efté demonftré dans le 2e & 3e livre des grandeurs planes en general. Car le rectangle eft la grandeur plane en matiere d'eftenduë ou efpace.

XXI.

APPLICATION DE CETTE DOCTRINE
Generale à quelques lignes particulieres qu'on a fait voir cy-devant être proportionelles.

I. THEOREME.

Si deux lignes fe coupent dans un cercle, le rectangle dés portions de l'une eft égal au rectangle des portions de l'autre. Voyez XI. 55.

XXII.

II. THEOREME.

LE quarré de la perpendiculaire d'un point de la circonference au diametre, eft égal au rectangle des portions du diametre. Voyez XI. 57.

XXIII.

III. THEOREME.

XXIV. Si d'un point hors le cercle deux lignes sont menées jusqu'à la concavité du cercle, le rectangle d'une toute & de sa portion qui est hors le cercle, est égal au rectangle de l'autre toute & de sa portion, qui est aussi hors le cercle. Voyez XI. 52.

IV. THEOREME.

XXV. Si d'un point hors le cercle on mene une ligne qui touche le cercle, & l'autre qui le coupe jusqu'à la concavité, le quarré de la tangente est égal au rectangle de l'autre toute, & de sa portion qui est hors le cercle. XI. 54.

Et si on appelle la tangente p, la secante entiere t, la partie qui est hors le cercle h, & celle qui est au dedans d on aura toutes ces égalitez par ce qui a esté dit cy-devant.

$$pp = ht.$$
$$pp = hh. + hd.$$
$$hh = pp. - hd.$$
$$tt = ht. + dt.$$
$$tt = pp. + dt.$$

V. THEOREME.

XXVI. Si du sommet d'un angle droit on tire une perpendiculaire sur l'hypothenuse,

1. Le quarré de cette perpendiculaire est égal au rectangle des deux portions de l'hypothenuse. $pp = mn.$

2. Le quarré du grand côté de l'angle droit est égal au rectangle de l'hypothenuse entiere & de sa grande portion, $bb = hm.$

3. Le quarré du petit costé est égal au rectangle de l'hypothenuse entiere, & de sa petite portion, $dd = hn.$

4. Le quarré de toute l'hypothenuse est égal aux quarrez des deux costez $bb + dd = hh.$

Les 3 premiers points sont clairs, par XI. 58.

Et le 4e par le 5e Corollaire S.

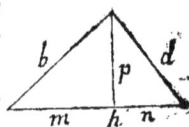

I. COROLLAIRE

I. COROLLAIRE.

LA diagonale d'un rectangle peut autant que les quar- XXVII.
rez des deux coftez.

II. COROLLAIRE.

LA diagonale d'un quarré peut 2 fois le quarré du cofté. XXVIII.

III. COROLLAIRE.

LA diagonale du quarré eft incommenfurable en lon- XXIX.
gueur au cofté, & commenfurable en puiffance. XI. 76.

IV. COROLLAIRE.

LA hauteur d'un triangle equilateral (c'eft à dire la per- XXX.
pendiculaire du fommet à la bafe) eft incommenfurable
en longueur au cofté, & commenfurable en puiffance, le
quarré du cofté eftant au quarré de cette perpendiculaire
comme 4 à 3.

La premiere partie eft claire, par XI. 79.

La feconde fe prouve ainfi : *p d* eft la
moitié de *b d*. Donc le quarré de *b d* eft
au quarré de *p d* comme 4 à un. Or ce
même quarré de *p d*, plus celuy de *b p*.
eft égal au quarré de *b d*.

Donc le quarré de *b d* eft à celuy de
b p comme 4 à 3.

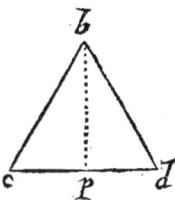

VI. THEOREME.

LE quarré de la bafe d'un angle aigu eft égal aux quar- XXXI.
rez des coftez qui le comprennent moins deux fois le rectangle du cofté fur lequel on mene une perpendiculaire
de l'extremité oppofée de la bafe & de la ligne comprife
entre le fommet de cet angle aigu & de cette perpendiculaire.

Soit la bafe de l'angle aigu nommé   *b*.

Le cofté vers lequel on ne mene point la
perpendiculaire,   *c*.

Celuy fur lequel on la mene,   *d*.

La perpendiculaire,   *p*.

La ligne comprife entre la perpendiculaire & le fommet de l'angle aigu.   *x*.

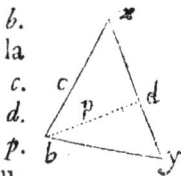

Y y

Celle qui eft comprife entre la perpendiculaire & la bafe,

$y.$

Je dis que $bb = cc + dd. - 2.dx.$

Mais il faut remarquer qu'x eft quelquefois $d - y.$

Quelquefois d fimplement.

Et quelquefois $d. + y.$

Selon que d fait fur la bafe, ou un angle aigu, ou un droit, ou un obtus.

Mais quand d fait un angle droit fur b, il eft plus court de dire que bb bafe de l'angle aigu, eft égal à $cc.$ moins $dd.$ comme il eft clair par le precedent Theoreme. Et ainfi refte feulement les deux autres cas.

PREMIER CAS.

QUAND d fait fur la bafe un angle aigu, la perpendiculaire coupe d en deux parties.

Et ainfi $d = x + y.$ & $x = d - y.$

Et alors le Theoreme fe prouve ainfi.

Par le precedent Theoreme $bb = pp + yy.$

Et $cc = pp + xx.$

Et $dd = yy + xx + 2.yx.$

Donc bb eft moindre que $cc + dd.$ de $2.xx,$ & $2.yx.$

Or x eftant égale, $d - y. xx = dx - xy.$

Donc $xx + xy = dx.$

Donc $2.xx + 2xy = 2.dx.$

Donc $bb = cc + dd. - 2.dx.$ Ce qu'ill falloit demonftrer.

SECOND CAS.

Si d fait un angle obtus fur b, alors p ne tombe fur d qu'eftant prolongé, & y eft une ligne ajoûtée à $d.$ & x eft égale à $d. + y.$ Ce qui fait qu'on prouve ainfi que $bb = cc + dd - 2.dx.$

$pp = cc - xx.$ c'eft à dire $- dd - yy - 2. dy.$

Or $bb = pp. + yy.$

Donc $bb = cc - dd - dy.$

Et par confequent $bb = cc + dd - 2.dd. - 2.dy.$

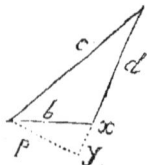

Or $x = d. + y$. Donc $dd + dy = dx$.

Donc $2. dd + 2. dy = 2. dx$.

Donc $bb = cc + dd — 2. dx$. Ce qu'il falloit demonſtrer.

De tout cecy il eſt aiſé de conclure que ſi des deux extremitez de la baſe d'un angle aigu, on tire des perpendiculaires à chaque coſté, le rectangle d'un coſté & de la
ligne compriſe entre le ſommet de l'angle aigu; & la perpendiculaire qui tombe ſur ce coſté ſera toûjours égale au
rectangle de l'autre coſté & de la ligne compriſe entre le
ſommet de l'angle aigu & la perpendiculaire qui tombe
ſur cet autre coſté.

VII. THEOREME.

LE quarré de la baſe de l'angle obtus eſt égal aux quar- **XXXII.**
rez des coſtez, plus le rectangle du coſté vers lequel on
aura mené une perpendiculaire de l'extremité de cette
baſe & de la ligne compriſe entre cette perpendiculaire
& le ſommet de l'angle obtus.

Il eſt clair que cette perpendiculaire ne peut tomber ſur
aucun coſté qu'en le prolongeant.

Soit donc la baſe b.

Le coſté non prolongé c.

L'ajoûtée y.

La perpendiculaire p.

bb eſt égal au quarré de p, plus le
quarré de $d + y$. C'eſt à dire que

$bb = pp + yy \ dd. + 2. dy$.

Or $cc = pp. + yy$.

Donc $bb = cc + dd + 2. dy$. Ce qu'il falloit demonſtrer.

AVERTISSEMENT.

On peut faire icy un Corollaire ſemblable à celuy du Theo- **XXXIII.**
reme precedent. Ie le laiſſe à chercher, & à prouver ſi l'on veut
par les principes du livre des lignes proportionelles.

VIII. THEOREME.

LE quarré de la baſe d'un angle obtus, qui vaut les deux **XXXIV.**

Yy ij

tiers de deux angles droits ; c'eſt à dire qui eſt de 120 degrez , eſt égal aux quarrez des deux coſtez plus le rectangle
de ces deux mêmes coſtez.

Toutes choſes eſtant faites , & les lignes nommées comme dans le precedent Theoreme , l'angle obtus ne peut
valoir 120 degrez , que l'angle que fait *c* ſur l'ajoûtée *y* (qui
eſt le complement de cet angle obtus) ne ſoit de 60 degrez. Or le triangle que font *cy p* eſt rectangle. Donc *y* eſt
le ſinus d'un angle de 30 degrez. Donc par XIII. *y* eſt la
moitié de *c*, qui en eſt le rayon.

Donc $dc = 2.dy$.

Or par le precedent Theoreme ,

$bb = cc + dd + 2.dy$.

Donc $bb = cc + dd + dc$. égal à $2.dy$.

IX. THEOREME.

XXXV. LE quarrê de la baſe d'un angle aigu de 60 degrez eſt
égal aux quarrez des coſtez moins le rectangle des coſtez.

Car par le 6e Theoreme *b* eſtant la baſe d'un angle
aigu ,

$bb = cc + dd - 2.dx$.

Or *x* en tous les cas (c'eſt à dire ſoit qu'*x* ſoit ou $d - y$,
ou *d* ſimplement , ou $d + y$.) il eſt toûjours le ſinus d'un
angle de 30 degrez dont *c* eſt le rayon , quand l'angle que
ſoutient *b* eſt de 60 degrez.

Donc *x* eſt toûjours la moitié de *c*, par XIII. . . . . . .

Donc $dc = 2.dx$.

Donc $bb = cc + dd$. $\begin{cases} ou & 2.dx. \\ & dc. \end{cases}$

X. THEOREME.

XXXVI. LE quarré du coſté du pentagone eſt égal au quarré du
coſté du decagone , plus le quarré du coſté de l'exagone
inſcrits dans le même cercle.

Soit *b d* le cofté du pentagone.

c b & *c d* deux demy-diametres du cercle dàns lequel il eft infcrit, qui font aufſi les coſtez de l'exagone, par XII. 36.

d g & *g b* deux coſtez du decagone.

c p une ligne qui coupe perpendiculairement & par la moitié, tant le coſté du decagone *d g*, que l'arc *d g* qui coupe en *r* le coſté du pentagone.

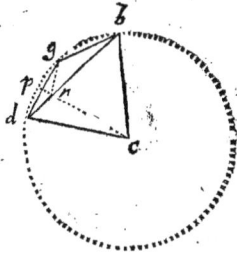

Cela eſtant, je prouve 1°. Que *b c* (coſté de l'exagone) eſt moyenne entre *b d* coſté du pentagone, & ſa partie *b r.*

Car les deux angles vers *b* & vers *d* font chacun de 54 degrez, XII. 23.

Or l'angle *r c b* eſt auſſi de 54 degrez, puiſque l'arc *g b* eſt de 36 degrez, XII. & l'arc *g p* de 18, ce qui enſemble fait 54.

Donc les deux triangles *b c d*, & *b r c* font iſoſceles & femblables.

Donc par (34 S. *b c* eſt moyenne entre *b d* & *b r.* C'eſt à dire entre le coſté du pentagone & ſa plus grande partie.

Je prouve 2°. Que *d g* coſte du decagone, eſt moyenne entre *b d* coſté du pentagone, & *d r* ſa plus petite partie.

Car *r p* coupant *g d* perpendiculairement & par la moitié, *r g* eſt égale à *r d*. Donc les angles que chacun fait ſur *g d* font égaux.

Donc les deux triangles *d g b* & *d r g* font iſoſceles & femblables. Donc par (34 S.) *d g* (baſe du petit & coſté du grand) eſt moyenne entre *b d* (baſe du grand) & *r d* (coſté du petit.)

Donc le coſté du decagone eſt moyenne entre le coſté du decagone & ſa plus petite partie.

Donc par le 5° Corollaire (20. S.) le quarré du pentagone eſt égal au quarré du coſté de l'exagone, plus le quarré du coſté du decagone infcrit dans le même cercle. Ce qu'il falloit demonſtrer.

Y y iij

XI. THEOREME.

XXXVII.

Si une ligne est divisée en moyenne & extrême raison, la ligne composée de la moitié de cette ligne & de sa plus grande partie, peut 5 fois le quarré de la moitié.

Soit la ligne d divisée en b, & c en moyenne & extrême raison, en sorte que $bb = dd - db$, & par conséquent $bb + db = dd$.

Appellant m la moitié de d, je dis que le quarré de $m + b$ vaut 5 fois le quarré d'm.

Car m étant la moitié de d, $dd = 4.mm$. Et $2mb = bd$.
Et ainsi le quarré de $m + b$.
Estant égal à $mm + bb + 2.mb$.
Donc à $mm + bb + db$.
Donc à $mm + dd$.
Donc à $mm + 4.mm$.
Donc à $5.mm$.

XII. THEOREME.

XXXVIII

Une ligne estant divisée en moyenne & extrême raison, la ligne composée de la petite portion & de la moitié de la plus grande, peut 5 fois le quarré de la moitié de la plus grande.

Soit comme auparavant la toute d, la plus grande partie b, & sa moitié n, la plus petite c; en sorte que $dc = bb$.

Or $dc = cc + cb$. Donc $cc + cb = bb$.

Cela estant, je dis que le quarré de $n + c = 5.nn$.
Car ce quarré de $n + c$.
Est égal à $nn + cc + 2.nc$. Donc à $nn + cc + bc$.
Puisque n est $\frac{1}{2}$ de b.
Donc à $nn + bb$. (puisque $bb = cc + bc$)
Donc à $nn + 4. nn$. Donc à $5.nn$. Ce qu'il falloit demonstrer.

XIII. THEOREME.

XXXIX.

Une ligne estant divisée en moyenne & extrême raison, le quarré de la toute, plus le quarré de la plus petite partie, valent 3 fois le quarré de la plus grande.

Soit comme aupafavant $d = b. + c.$ & b moyenne entre d & c, en forte que $bb = dc$. Et par confequent à $cc + cb$. Je dis que $dd + cc. = 3. bb$.

Car $dd = bb + cc + 2. cb.$

Donc $dd + cc. = bb. + 2. cc + 2. cb.$

Or $2. cc + 2. cb = 2. bb$. puifque $cc + cb = bb$.

Donc $dd + cc. = 3. bb$. Ce qu'il falloit demonftrer.

I. PROBLEME.

TROUVER le quarré égal à un rectangle donné.

Ou ayant l'aire d'un quarré, en trouver la racine.

Il ne faut que trouver la moyenne proportionelle entre les coftez du rectangle donné.

Ou entre les deux lignes qui font l'aire donnée; comme fi l'aire eft fuppofée de 20 toifes, ou pieds, ou pouces, entre un & 20, ou 2 & 10, ou 4 & 5.

II. PROBLEME.

AYANT le cofté d'un rectangle, trouver quel doit eftre l'autre, afin qu'il foit égal à un rectangle donné. Prendre le cofté donné pour premier terme de la proportion, les deux coftez du rectangle donné pour 2 & 3, le cofté que l'on cherche fe trouvera en trouvant une 4e proportionelle.

III. PROBLEME.

TROUVER un quarré égal à deux ou plufieurs quarrez donnez.

Soient les quarrez donnez bb, cc, dd, mettant b & c à angle droit, le quarré de l'hypothenufe de cet angle droit que je nomme f, fera égal à $bb + cc$. Et mettant de nouveau f & d à angle droit, le quarré de l'hypothenufe de cet angle fera égal à $ff + dd$. Et par confequent à $bb + cc. + dd$. Et on peut conduire cela jufqu'à l'infini.

COROLLAIRE.

TROUVER le quarré égal à plufieurs rectanglés donnez, il ne faut que trouver les quarrez égaux à chacun de ces rectangles. Et puis on trouvera le quarré égal à tous ces quarrez.

IV. PROBLEME.

XLIII.   TROUVER un quarré à qui un quarré donné soit en raiꞏ son donnée.

Soit le quarré donné *b b*.

La raison donnée *m n*.

AYANT disposé *m. n. b.* & trouvé pour 4ᵉ proportionelle *d*, en sorte que

$$m. \; n. \; :: \; b. \; d.$$

Et trouvant aussi la moyenne proportionelle entre *b* & *d*, que je suppose estre *c*, le quarré de *c* satisfera au Probleme. Car puisque ⁖ *b. c. d.* par le . . . .

$$b b. \quad c c. \; :: \; b. \; d.$$

Or *b. d* :: *m. n.*

Donc *b b. c c* :: *m. n.*

V. PROBLEME.

XLIV.   DIVISER une ligne, en sorte que le quarré de la plus grande portion soit égal au rectangle de la toute & de la plus petite portion.

Ce Probleme a esté resolu (XI. 68.) quand on a appris à couper une ligne en moyenne & extrême raison : c'est à dire, en sorte que la toute soit à la plus grande portion, comme la plus grande portion à la plus petite.

VI. PROBLEME.

XLV.   DIVISER une ligne en sorte que le quarré de la plus grande portion soit au rectangle de la toute & de la plus petite portion en raison donnée.

Soit la ligne donnée *d*.

La raison donnée *m. n.*

La plus grande portion que l'on cherche *x*.

Et la plus petite qui est la mesme chose que *d —— x* soit appellée *y*.

Il n'y a qu'à trouver *x*, ce qui se fera en cette maniere.

1. Trouver une ligne qui soit à *d*, comme *m.* est à *n*. Je la suppose trouvée par X. 38. & je l'appelle *c*.

2. Chercher la moyenne entre *c*. & *d*. Je la suppose trouvée par XI. . . . . Et je l'appelle *p*. d'où il s'ensuivra, que

$$c \, d \eqsim p \, p.$$

3. Faire

3. Faire un cercle qui ait c pour diametre, & p pour tangente. Si de l'extremité de p qui est hors le cercle on tire une secante qui passe par le centre du cercle, la partie de cette secante qui est au dedans du cercle estant c, celle qui est au dehors sera x. Et $d - x$ sera y. D'où il s'ensuivra

4. Que $cd - cx$ sera la même chose que cy. Car y étant égal à $d - x$. c'est la mesme chose de multiplier c par $d - x$, (ce qui fait $cd - cx$) que de multiplier c par y; ce qui fait cy.

Cela étant ainsi il est facile de prouver que

$$x\,x. \quad d\,y. \;::\; m. \quad n.$$

C'est à dire que le quarré de la plus grande partie de d est au rectangle de d par l'autre partie que j'ay nommée y, en raison donnée.

Car (par la 3. supp.) p tangente est moyenne entre x & $x + c$.

Donc $x. \quad p \;::\; p. \quad x + c$.

Donc $x\,x + cx = p\,p$.

Or $pp = cd$ (par la 2. supp.)

Donc $x\,x + cx = cd$.

Donc $x\,x = cd - cx$.

Or $cd - cx = cy$ (par la 4. supp.)

Donc $x\,x = cy$.

Et $cy. \quad dy \;::\; c. \quad d \;::\; m. \quad n.$ (par la 1. supp.)

Donc $x\,x$ (égal à cy) $dy :: m. \quad n.$ ce qu'il falloit demonstrer.

VII. PROBLEME.

TROUVER la racine d'un quarré dont on ne sçait autre chose, sinon qu'étant comparé au quarré d'une ligne donnée, & à un rectangle d'une autre ligne donnée & de cette racine inconnuë, il est

Ou { 1. Egal au quarré plus le rectangle.
2. Egal au quarré moins le rectangle.
3. Egal au rectangle moins le quarré.

Ainsi la racine inconnuë estant nommée x ou y.
La ligne donnée qui fait le quarré b.
Et l'autre ligne donnée costé du rectangle, d.

XLVI.

Z z

Le 1ᵉʳ Cas fera $yy = bb + yd$.

Le 2ᵉ Cas, $xx = bb - xd$.

Et le 3ᵉ, $\begin{cases} yy = yd - bb. \\ xx = xd - bb. \end{cases}$

CONSTRVCTION COMMVNE
au premier & au second Cas.

Décrire un cercle de l'intervale de la moitié de d, élevée perpendiculairement sur l'une des extremitez de b.

Et tirer de l'autre extremité de b une fecante qui paffant par le centre du cercle fe termine à la circonference.

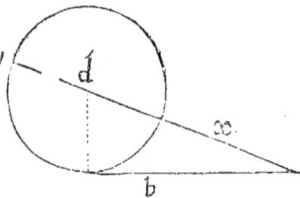

Cette fecante entiere foit appelée y.

Qui fera compofée de fa partie hors le cercle appellée x.

Et du diametre du cercle qui fera d par la conftruction.

Et b fera tangente du cercle.

PREVVE DV PREMIER CAS.

Dans le 1ᵉʳ Cas, c'eft y (c'eft à dire la fecante entiere) qui eft la racine que l'on cherche.

Car y eftant égale à $x + d$.

$yy = yx + yd$. S. 13.

Or $bb = xy$. S. 25.

Donc $yy = bb + yd$. Ce qu'il falloit demonftrer.

PREVVE DV SECOND CAS.

Dans le 2ᵉ Cas, c'eft x (c'eft à dire la partie de la fecante qui eft hors le cercle) qui eft la racine que l'on cherche.

Car $x . b :: b . x + d$.

Donc $xx + xd = bb$.

Donc $xx = bb - xd$. Ce qu'il falloit demonftrer.

CONSTRVCTION ET PREVVE DV TROISIEME CAS.

Faifant un cercle qui ait d pour diametre, & b pour tangente, il faut tirer une parallele à d de l'extremité de b qui eft hors le cercle.

Que si cette parallele ne coupe point le cercle, parce que b est aussi grande ou plus grande que la moitié de d, le Probleme est impossible.

Mais si elle le coupe tirant une tangente parallele à b de l'autre extremité de d, & prolongeant jusqu'à cette tangente la secante parallele à d, cette secante (égale à d) sera composée de trois parties ; de deux hors le cercle , qui estant égales (comme il est aisé de le prouver en tirant du centre une perpendiculaire à cette secante) chacun s'appellera x, & celle de dedans le cercle plus une de dehors , c'est à dire plus x, s'appellera y.

Cela estant supposé, je dis dis qu'x &'y peuvent l'une & l'autre satisfaire au Probleme.

Car $xy = bb$, par le 4e Theoreme , & d estant égale à $x + y$.

$$x x + x y = x d.$$
$$\text{Et } yy + xy = y d.$$ par 13. S.

Donc $x x = x d - x y$ égal à bb.

Et $yy = y d - xy$ égal à bb.

Donc soit qu'on prenne x ou y , on satisfait au Probleme. Et le choix depend de sçavoir d'ailleurs si la racine que l'on cherche doit estre plus petite que b. Car alors c'est x, au lieu que si elle doit estre plus grande, c'est y.

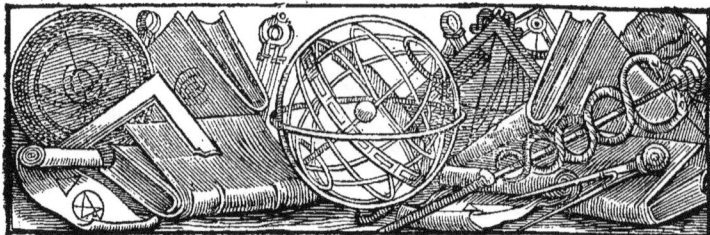

NOUVEAUX ELEMENS,
DE
GEOMETRIE.
LIVRE QUINZIEME.

DE LA MESVRE DE L'AIRE
des Parallelogrammes, des Triangles,
& autres Polygones.

DEFINITIONS.

QUAND on parle des coftez d'un parallelogram-me, on entend les coftez angulaires, à moins qu'on ne marque autre chofe.

On peut prendre lequel on veut de ces coftez pour mefure de la longueur du parallelogramme ; & alors ce cofté s'appelle la bafe.

Et la perpendiculaire qui mefure la diftance entre la bafe & fon cofté oppofé s'appelle la hauteur du parallelo-gramme.

FONDEMENT DE LA MESVRE
des Parallelogrammes.

PAR ce que nous avons dit au commancement du livre precedent, que dans les parallelogrammes non rectangles (à qui pour abreger nous donnerons fimplement le nom de parallelogrammes) on pouvoit prendre lequel on vouloit de leurs coftez angulaires pour mefure de l'une de leurs dimenfions, qui eft la longueur ; mais que l'autre cofté angulaire ne pouvoit pas en mefurer la largeur, parce qu'étant oblique il ne mefuroit pas la diftance entre les coftez oppofez qui avoient efté pris pour la longueur. Et ainfi au lieu de cet autre cofté angulaire, il faut prendre la perpendiculaire qui mefure la diftance entre le premier cofté & fon oppofé, pour avoir l'autre dimenfion de ces parallelogrammes.

Or de là il s'enfuit que le rectangle de la bafe & de cette perpendiculaire appellée la hauteur du parallelogramme eft égal à ce parallelogramme, puifque n'ayant tous deux que deux dimenfions, longueur & largeur, la longueur de l'un eft égale à la longueur de l'autre, en ce qu'ils ont tous deux une bafe égale, & que la largeur de l'un eft égale à la largeur de l'autre, puifqu'elle eft mefurée par une perpendiculaire égale dans l'une & dans l'autre ; quoy qu'en l'un elle foit l'un des coftez de la figure, fçavoir dans le rectangle, & que dans l'autre elle n'y foit pas marquée.

Cela pourroit fuffire pour ceux qui cherchent plûtoft à s'affurer de la verité qu'à en pouvoir convaincre les autres.

Neanmoins pour plus grande certitude on peut employer deux voyes pour prouver cette propofition : l'une nouvelle appellée la *Geometrie des indivifibles* : & l'autre ancienne & plus commune. Nous expliquerons l'une & l'autre.

NOUVELLE METHODE APPELLE'E
LA GEOMETRIE DES INDIVISIBLES.

III.

Quoique les Geometres conviennent que la ligne n'est pas composée de points, ny la surface de lignes, ny le solide de surfaces, neanmoins on a trouvé depuis peu de temps un art de démonstrer une infinité de choses, en considerant les surfaces comme si elles estoient composées de lignes, & les solides de surfaces.

Je n'ay rien veu de ce qui en a esté écrit: mais voicy ce qui m'en est venu dans l'esprit, en ne m'arrestant maintenant qu'à ce qui regarde les surfaces.

Le fondement de cette nouvelle Geometrie est de prendre pour l'aire d'une surface la somme des lignes qui la remplissent; de sorte que deux surfaces sont estimées égales, quand l'une & l'autre est remplie par une somme égale de lignes égales; soit que chacune de celles d'une somme soit égale à chacune de celles de l'autre somme; soit qu'il se fasse une compensation; en sorte par exemple, que deux d'une somme qui pourront estre inegales entr'elles, soient égales à deux prises ensemble de l'autre somme qui seront égales entr'elles.

Mais pour ne pas donner lieu à beaucoup de paralogismes où l'on tombe aisément en se servant de cette methode, si on n'y prend bien garde, il faut remarquer,

1. Qu'afin que des lignes soient censées remplir un espace, il faut qu'elles soient toutes paralleles entr'elles; soit qu'elles soient droittes pour remplir un espace rectiligne, soit qu'elles soient circulaires pour remplir des cercles ou des portions de cercle. Il est facile d'en voir la raison. Et ainsi il faut bien prendre garde de ne pas employer pour cela des lignes qui ne seroient pas paralleles en l'une ou l'autre de ces deux manieres.

2. Afin qu'une somme de lignes soit censée égale à une autre somme de lignes, il ne faut pas s'imaginer qu'on puisse dire le nombre qu'en contient chaque espace (car il n'y

a point de fi petit efpace qui n'en contienne un nombre infini) mais ce qui fait qu'on appelle ces fommes égales, c'eft que toutes les lignes d'un cofté & d'autre coupent perpendiculairement deux lignes égales. Par exemple fi la ligne b eft égale à la ligne m, le nombre infi ni des lignes qui peuvent couper perpendicu- lairement b en tous fes points, eft cenfé égal au nombre infini de celles qui peuvent auffi couper perpendiculairement m, étant vifible qu'il n'y a point de raifon pourquoy on en puiffe faire paf- fer davantage par l'une que par l'autre. Car les aliquotes parcilles de l'une & de l'autre étant roûjours égales juf- ques à l'infini, on pourra toûjours de part & d'autre tirer par tous les points de ces divifions autant de lignes paral- leles entr'elles, & qui contiendront toujours de part & d'autre un efpace parallele égal. Et c'eft proprement de- là que depend la verité de cette nouvelle methode (& non que le continu foit compofé d'indivifibles) ce qui l'a fait mefme appeller par quelques-uns, la Geometrie de l'infini.

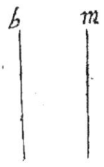

Il faut donc bien prendre garde que les lignes (par le rapport defquelles on dit qu'une fomme de ces lignes pa- ralleles qui rempliffent un efpace, eft égale à une autre fomme) les coupent perpendiculairement. Et c'eft où il y a plus de danger de fe tromper. Sur ces fondemens voicy les Theoremes que l'on établit.

I. THEOREME.

Tous les parallelogrammes de bafe égale & de même hauteur font égaux entr'eux.

Soient divers parallelo- grammes, comme A, E, I, enfermez dans le même efpace parallele (comme ils le peuvent éftre, puifqu'ils font fuppofez de même hau- teur) & ayant tous les bafes égales, il eft clair que toutes les paralleles qui peuvent remplir cet efpace, rempliront tous ces parallelogrammes ; & qu'ainfi ils feront tous rem-

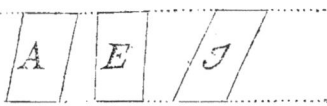

plis d'une fomme égale de lignes, cette fomme eftant mefurée dans tous par la perpendiculaire qui mefure la hauteur de ces rectangles, qui eft la même en tous, puifqu'ils
font de même hauteur ?

De plus, toutes ces lignes étant paralleles à la bafe dans
tous ces rectangles, font égales en tous, puifqu'elles font
en tous égales à la bafe, & que les bafes font fuppofées
égales.

Donc il y a par tout fomme égale de lignes égales.

Donc ils font tous égaux felon le fondement de la Geometrie des indivifibles.

II. THEOREME.

Tous les parallelogrammes de même hauteur font entr'eux comme leurs bafes.

C'eft une fuite du precedent.
Soient les parallelogrammes A,
E, entre mêmes paralleles, & qui
ayent des bafes inégales; en quelques aliquotes que je divife la
bafe d'A, en tirant les paralleles au cofté par tous les
points de la divifion, il y aura dans A autant de parallelogrammes égaux entr'eux, que cette bafe aura de parties
égales : de forte que fi elle avoit efté divifée en 7 parties,
dont j'appelleray chacune x, il y aura dans A 7 parallelogrammes qui auront chacun x pour bafe.

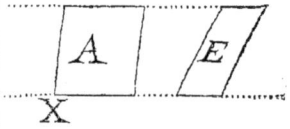

Que fi appliquant x à la bafe d'E, il fe trouve qu'il y foit
trois fois, ou fans refte, ou avec refte, tirant encore de
tous les points de la divifion, des lignes paralleles au cofté
d'E, il eft vifible qu'il y aura dans E autant de parallelogrammes qui auront x pour bafe, qu'x fe fera trouvé dans
la bafe d'E. Et fi ç'a efté fans refte, ces trois parallelogrammes rempliront E fans refte : & fi avec refte, il reftera
auffi un parallelogramme qui aura ce refte pour bafe.

Or les parallelogrammes qui dans E ont x pour bafe
font égaux à ceux qui dans A ont auffi x pour bafe; par le
precedent Theoreme.

Donc

Donc par la définition de l'égalité des raisons *A* est à *E*
en même raison que la base d'*A* à la base d'*E*, puisqu'autant que les aliquotes quelconques de la base d'*A* sont
contenuës dans la base d'*E*, les aliquotes pareilles d'*A* sont
contenuës dans *E* : si sans reste, sans reste ; si avec reste,
avec reste.

III. Theoreme.

Les triangles de même hauteur & de même base sont
égaux. Car estant mis entre les mêmes paralleles, comme
devant, & ayant tous *b* pour base, toutes les lignes paralleles qui rempliront cet es-
pace, rempliront ces triangles ; & chacune de ces lignes tirées tout le long de
l'espace d'un point quel-

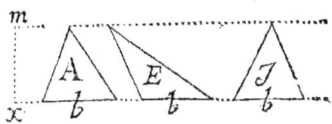

conque de la perpendiculaire *m x*, ce qui sera enfermé dans
chaque triangle sera toûjours égal, comme il a esté prouvé dans le livre XIII. & X. 20. quoy que toûjours de plus
petit en plus petit montant vers le sommet.

Donc une somme égale de lignes égales chacune à
chacune de chaque triangle, remplit tous ces triangles.

Donc ces triangles sont egaux.

IV. Theoreme.

Les triangles de même hauteur sont entr'eux comme
les bases.

C'est la même chose que le 2ᵉ Theoreme, & qui se prouve de la même sorte, excepté qu'on employe icy au lieu
de parallelogrammes des triangles qui ont pour base, &
qui aboutissent de part & d'autre au sommet de chaque
triangle dont ils sont parties. Or ces triangles qui ont *x*
pour base dans l'un & dans l'autre triangle, sont aussi de
même hauteur dans l'un & dans l'autre ; & par consequent
ils sont égaux. Ensuite dequoy il ne faut appliquer que
ce que nous avons dit pour la demonstration du 2ᵉ Theoreme.

Aa2

V. THEOREME.

VIII.   Le cercle eſt égal au triangle reƈtangle, qui a pour côtez de ſon angle droit le rayon du cercle, & une ligne égale à la circonférence du cercle.

Soit le cercle *d*,
le rayon *d b*, la tan-
gente *b c*, égale à
la circonference
& l'hypothenuſe
d c.

Si on tire de tous les points du rayon, des circonferences
concentriques au cercle, elles rempliront tout le cercle, &
elles ſeront paralleles entr'elles, en la maniere que les circonferences le peuvent eſtre, & coupées perpendiculairement par le rayon.

Si on tire auſſi de tous ces mêmes points du rayon par
leſquels auront paſſé ces circonferences, des paralleles à *b c*,
juſques en *d c*, ces paralleles rempliront le triangle. Et
ainſi la ſomme de ces circonferences & de ces paralleles
ſera égale, étant determinée de part & d'autre par les
points du même rayon, étant clair que l'on ne ſçauroit tirer une circonference par aucun point, qu'on ne tire auſſi
une parallele à *d c* par ce même point; & au contraire.

Or la circonference & la parallele tirées du même point
ſont égales, comme on peut voir en examinant laquelle
on voudra : par exemple celle du point *b* Car

$$b\,d. \quad d\,f \; :: \; \begin{cases} \text{circonf. } b. \text{ circonf. } f. \\ b\,c. \qquad\qquad f\,g. \end{cases}$$

Donc circonf. *b*. circonf. *f* :: *b c*. *f g*.

Donc *alternando* circonf. *b*. *b c* :: circonf. *f* *f g*.

Or par l'hypotheſe la circonference *b*, qui eſt celle du
cercle, eſt égale au coſté du triangle *b c*.

Donc la circonference paſſant par le point *f*, eſt égale
à *f g*, parallele à *b c*.

Avertissement.

*Ie n'en diray pas davantage de cette nouvelle methode. Il
est aisé de juger que ces 5 Theoremes sont de suffisans fondemens
pour mesurer sans peine toutes les figures rectilignes, & en trouver les égalitez & les rapports, surtout en y joignant les principes qui ont esté establis dans les 3 premiers livres.*

IX.

METHODE COMMUNE.

Lemme ou Axiome.

Deux triangles tout-égaux sont égaux. C'est à dire
que lorsque les angles d'un triangle sont égaux à ceux de
l'autre, chacun à chacun, & les costez égaux aussi chacun
à chacun, ces deux triangles comprennent un espace égal;
en quoy consiste ce qu'on appelle égalité dans les figures.

X.

Cela est clair de soy-même, étant visible que deux triangles de cette sorte ne different que de position.

PROPOSITION FONDAMENTALE
de la mesure des Parallelogrammes,
& des Triangles.

Tout parallelogramme est égal au rectangle de sa hauteur & de sa base.

XI.

Soit le parallelogramme *b c d f*, tirant ses perpendiculaires *b m* & *c n*
sur la base *d f*, prolongée autant qu'il
est necessaire ; je dis que le rectangle
b c m n, qui est le rectangle de la base
& de la hauteur de *b c d f*, est égal à *b c d f*.

Car *b c* étant égale tant à *d f* qu'à *m n*,
d f est égale à *m n*. Donc ôtant *m f*, commune de l'une & de l'autre, *d m* demeurera égale à *f n*. Et ainsi *b d* étant égale
à *c f*, & *b m* à *c n*, les triangles *b d m* & *c f n*

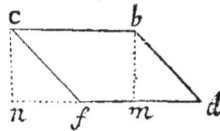

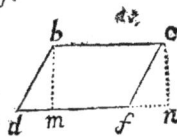

Aaa ij

font égaux par le Lemme precedent. Et ainfi ajoûtant à
l'un & à l'autre le trapeze commun *b m c f*, *b c d f* fera
égal à *b m c n*. Ce qu'il falloit demonftrer.

I. COROLLAIRE.

XII. LES parallelogrammes de même hauteur & de bafe égale font égaux.

Car ils ont tous pour leur mefure commune le même
rectangle de cette hauteur & de cette bafe.

II. COROLLAIRE.

XIII. LES parallelogrammes de même hauteur font comme
leurs bafes ; de bafe égale, font comme leurs hauteurs.

Car chacun eft égal au rectangle de fa bafe & de fa hauteur. Or les rectangles de même hauteur font entr'eux
comme leurs bafes. Il en faut donc dire de même des parallelogrammes qui leur font égaux.

On peut auffi prouver ce 2e Corollaire par le premier
de la même façon qu'on a déja fait en demonftrant le 2^e
Theoreme de la premiere methode.

III. COROLLAIRE.

XIV. LA raifon de deux parallelogrammes quelconques eft
toûjours compofée de la raifon de la hauteur à la hauteur,
& de la bafe à la bafe.

Car les parallelogrammes font toûjours entr'eux comme les rectangles de leur hauteur & de leur bafe.

IV. COROLLAIRE GENERAL.

XV. TOUT ce qui a efté dit de la raifon des rectangles par la
comparaifon de leurs coftez angulaires, eft vray des parallelogrammes, en comparant la hauteur à la hauteur, &
la bafe à la bafe. Cela eft clair par la raifon du precedent
Corollaire.

DES PARALLELOGRAMMES EQUIANGLES.

THEOREME GENERAL.

XVI.

LES parallelogrammes equiangles font entr'eux en raifon compofée de leurs coftez angulaires, de même que
s'ils étoient rectangles.

Car tous les parallelogrammes font entr'eux en raifon
compofée de celle de la bafe à la bafe, & de la hauteur à
la hauteur.

Or quand ils font equiangles, la raifon des coftez obliques fur la bafe de chacun eft la même que celle de la hauteur à la hauteur. Parce que les lignes également inclinées font en même raifon que leurs perpendiculaires, qui
eft ce qui mefure cette hauteur. X. 11.

Exemple. Soient $b c$ & $m n$ deux parallelogrammes equiangles, dont les
hauteurs foient f & p.

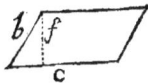

Par les precedens Corollaires,

$b c. mn :: c. n. + f. p.$

Or $f. p :: b. m.$ par X. 11.

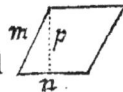

Donc $b c. m. n :: c. n + b. m.$ Ce qu'il
falloit demonftrer.

COROLLAIRE GENERAL.

XVII.

Tout ce qui a efté dit de la raifon des rectangles entr'eux par la comparaifon de leurs coftez angulaires, eft
vray auffi des autres parallelogrammes equiangles par la
même comparaifon de leurs coftez angulaires.

C'eft à dire par exemple, que s'ils font femblables, le
grand côté du premier étant au grand côté du fecond,
comme le petit côté du premier au petit côté du fecond,
ils font en raifon doublée de leurs coftez homologues.

Si leurs côtez font reciproques (c'eft à dire, fi le grand
côté du premier eft au grand côté du fecond, comme le
petit côté du fecond eft au petit côté du premier) ils font
égaux. Et ainfi de tout le refte.

XVIII. LORSQUE deux lignes paralleles chacune aux coftez angulaires d'un parallelogramme fe coupent en un même point
de la diagonale, il fe fait 4 parallelogrammes, dont les deux qui ne font point coupez par la diagonale, comme *A* & *E*, font égaux.

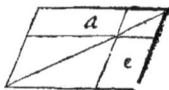

Car ils font equiangles, puifqu'il y a un angle de l'un
qui eft oppofé au fommet à un angle de l'autre.

Et il eft vifible par XIII. 21. que le grand côté d'*a* eft
au grand côté d'*e*, comme le petit côté d'*e* eft au petit
côté d'*a*.

Je fçay bien que cela fe prouve ordinairement d'une
autre maniere plus palpable., qui eft que la diagonale partage par la moitié tant le parallelogramme total, que chacun de ceux qui font autour de cette diagonale. Donc la
moitié du total dans laquelle eft *a* étant égale à la moitié
dans laquelle eft *e*, & ôtant de chacune de ces deux moitiez deux triangles égaux, les deux parallelogrammes qui
demeureront feront égaux.

DES PARALLELOGRAMMES SEMBLABLES.

I. THEOREME.

XIX. DEUX parallelogrammes femblables (c'eft à dire qui
étant equiangles ont leurs coftez proportionels) font en
raifon doublée de leurs coftez homologues, comme il
vient d'eftre dit S. 17.

II. THEOREME.

XX. LES coftez homologues de deux parallelogrammes femblables, étant en même raifon que les côtez homologues
de deux autres parallelogrammes femblables entr'eux, ces
4 parallelogrammes font proportionels.

Soient les deux premiers femblables *A* & *E*, & les deux
derniers *I* & *O*; fi la raifon d'entre les coftez d'*A* & *E* eft

x. y, & de même entre les côtez d'*I* & *O*, je dis que

$$A. E. :: I. O.$$

Car $\begin{cases} A. & E. \\ I. & O. \end{cases} :: x x. y y.$

DES TRIANGLES.

LEMME.

Tout triangle est la moitié d'un parallelogramme de même base & de même hauteur. XXI.

Soit le triangle *b c d.* Si de *b* on tire *b f,* égale & parallele à la base *c d,* & que du point *f* on tire *f d* ; je dis 1. que *b. c. d. f.* est un parallelogramme. Car *c d* & *b f* sont paralleles & égales par la constru-ction ; & par consequent *b c* & *f d* sont aussi paralleles & égales, par VI. 28.

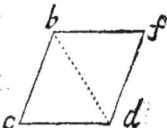

Et par consequent *b d,* qui est la diagonale de ce parallelogramme, le divise en deux triangles égaux *b c d* & *b f d.* Donc *b c d* est la moitié de ce parallelogramme.

Or il est visible que ce triangle & ce parallelogramme sont de même hauteur, puisqu'ils sont enfermez entre les mêmes paralleles *b f* & *c d,* & qu'ils ont la même base, sçavoir *c d.*

Donc tout triangle est la moitié d'un parallelogramme de même base & de même hauteur.

THEOREME GENERAL.

Tout triangle est égal au rectangle de la moitié de sa base, & de toute sa hauteur ; ou de la moitié de sa hauteur & de toute sa base. XXII.

Car il est la moitié d'un parallelogramme de sa base & de sa hauteur. Or ce parallelogramme est égal au rectangle de sa base & de sa hauteur.

Donc prenant la moitié de la base & toute la hauteur, ou la moitié de la hauteur & toute la base, on a un rectangle qui vaut la moitié du rectangle de toute la base & de toute la hauteur. Donc on a un rectangle égal au triangle.

I. COROLLAIRE.

XXIII. LES triangles de mesme hauteur & de base égale, sont égaux.

Car ils sont tous égaux au mesme rectangle, qui est celuy de la moitié de leur base & de toute leur hauteur.

II. COROLLAIRE.

XXIV. LES triangles de mesme hauteur sont comme leurs bases, & d'égale base comme leurs hauteurs.

Car ils sont tous égaux à des rectangles, qui estant de mesme hauteur sont comme leurs bases, & d'égale base comme leurs hauteurs.

On peut aussi prouver ce second Corollaire par le premier de la mesme façon qu'on a demonstré le 4e Theoreme de la premiere methode.

III. COROLLAIRE.

XXV. LA raison de deux triangles quelconques est toûjours composée de la raison de la hauteur à la hauteur, & de la base à la base. Car ces triangles sont toûjours entr'eux comme les rectangles de la moitié de leur base & de toute leur hauteur, qui ont entr'eux cette raison composée.

IV. COROLLAIRE GENERAL.

XXVI. TOUT ce qui a esté dit de la raison des rectangles par la comparaison de leurs costez, est vray des triangles par la comparaison de la hauteur à la hauteur, & de la base à la base.

DES TRIANGLES EQUIANGLES ou semblables.

I. THEOREME.

XXVII. Tous les triangles equiangles & par consequent semblables, sont en raison doublée de la raison de leurs côtez homologues.

Car

Car par les Corollaires precedens, les triangles font entr'eux en raifon compofée de la raifon de la bafe à la bafe,
& de la hauteur à la hauteur.

Or quand ils font equiangles, les côtez fur la bafe de
part & d'autre font chacun à chacun en même raifon que
les perpendiculaires du fommet à la bafe qui en mefure la
hauteur. X. 12.

Et par confequent ils font en raifon compofée de celle
de la bafe à la bafe ; & d'un côté à un côté.

Or étant equiangles, la bafe eft à la bafe comme chacun
des côtez à chacun des côtez.

Et par confequent leur raifon eft compofée de deux raifons égales ; ce qui s'appelle raifon doublée.

Exemple. Soient trian-
gles femblables *b c d* &
m n o, dont *b f* & *m p* mefurent les hauteurs.

b c d. m n o :: c d. n o.
+ b f. m p.

Or *b c. m n*
b d. m n :: *b f. m p.*
c d. n o

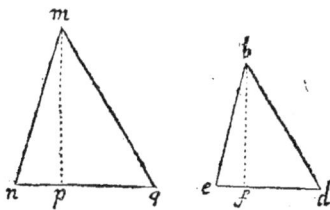

Donc tous les côtez ayant la même raifon, chacun à
chacun, & avec les perpendiculaires, la raifon de ces triangles *b c d* & *m n o* ne peut eftre compofée de la raifon de
la bafe *c d* & *n o*, & de celle des hauteurs *b f, m p*, qu'ils ne
foient en raifon doublée de l'une de ces raifons, puifqu'elles font égales ; & par confequent auffi de la raifon des
autres côtez homologues, qui eft la même.

II. THEOREME.

Si les côtez homologues de deux triangles femblables **XXVIII.**
font en mefme raifon que les côtez homologues de deux
autres triangles femblables entr'eux, ces 4 triangles font
proportionels. C'eft la mefme chofe que ce qu'on a demonftré des parallelogrammes. S. 20.

Bbb

DES FIGURES SEMBLABLES.

I. THEOREME.

XXIX. DEUX figures femblables quelconques font en raifon doublée de leurs coftez homologues.

Car par XIII. 26 elles peuvent eftre partagées chacune en autant de triangles, tels que ceux d'une part étant fem-blables à ceux de l'autre, chacun à chacun les coftez ho-mologues de deux femblables feront en mefme raifon que ceux des deux autres quelconques femblables.

Ainfi fuppofant qu'elles foient partagées chacune en 4 triangles qui foient

$$A. \quad E. \quad I. \quad O.$$
$$a. \quad e. \quad i. \quad o.$$

Par le precedent Theoreme $A.a :: E.e :: I.i. \quad O.o.$
Donc par II. 35. $A + E + I. + O. \quad a + e + i + o :: A.a.$
C'eft à dire que la plus grande des figures femblables qui comprend ces 4 triangles $A. E. I. O.$ fera à la plus petite qui comprend les 4 triangles $a. e. i. o.$ comme l'un de ces triangles eft à fon femblable.

Or ces triangles femblables font entr'eux en raifon dou-blée de leurs bafes, & les bafes de ces deux triangles fem-blables font coftez homologues de ces deux figures (com-me on a veu XIII. 26.)

Donc ces figures femblables font en raifon doublée de leurs coftez homologues.

COROLLAIRE.

X X X. LES figures femblables font entr'elles comme les quar-rez de leurs coftez homologues.

Car par le Theoreme precedent les figures femblables font entr'elles en raifon doublée de leurs coftez homolo-gues.

Or les quarrez de ces coftez homologues font auffi en-tr'eux en raifon doublée de ces coftez qui font leurs ra-cines.

II. Theoreme.

Si l'on construit sur l'hypothenuse & sur les deux costez **XXXI.**
d'un angle droit des figures semblables quelconques, celle
qui sera construite sur l'hypothenuse sera égale aux deux
qui seront construites sur les costez.

Soit le grand costé de l'angle droit b, le petit c, l'hypothenuse h.

La figure construite sur b soit nommée A. sur c. E, &
sur h. I.

Par le Theoreme precedent.

A. bb :: E. cc :: I. hh.

Donc $A + E, bb + cc$ :: I. hh. (par II. 44.)

Donc *alternando*,

$A + E$. I. :: $bb + cc$. hh.

Or $bb + cc \rightleftharpoons hh$. par XIV. 26.

Donc $A + E. \rightleftharpoons I$. Ce qu'il falloit demonstrer.

Avertissement.

On voit par là que cette proposition quoyque plus generale **XXXII.**
que celle des quarrez, n'a dû estre traitée qu'après celle des
quarrez; parce que le quarré est la vraye & naturelle mesure de
la dimension des autres figures planes.

DES FIGURES REGULIERES.

I. Theoreme.

Tout polygone est égal au rectan- **XXXIII.**
gle du rayon droit (qui est la perpendiculaire du centre à l'un des
costez) & de la moitié de son perimetre, ou au triangle qui a pour hauteur ce rayon droit, & pour base ce
perimetre.

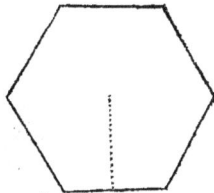

Car tout polygone regulier comprend autant de triangles tout-égaux qu'il a de costez, lesquels ont tous pour

B b b ij

mesure de leur hauteur la perpendiculaire du centre au
costé qui leur sert de base.

Donc chaque triangle est égal au rectangle de ce rayon
droit qui est leur hauteur, & de la moitié de la base.

Or toutes ces moitiez des bases de ces triangles prises
ensemble font la moitié du perimetre, puisque toutes les
bases font tout le perimetre.

Donc le rectangle de cette perpendiculaire & de la
moitié du perimetre est égal à tous ces triangles ; & par
consequent au polygone.

Et c'est la mesme chose du triangle qui a pour hauteur
cette perpendiculaire, & pour base tout le perimetre, puisqu'il est égal à ce rectiligne. Outre qu'il est aisé de prouver qu'il est égal à tous les triangles que contient le polygone, estant de mesme hauteur que chacun, & sa base étant
égale à toutes les bases des autres prises ensemble.

II. THEOREME.

PAR l'analogie du cercle à un polygone infini, le cercle
est égal au rectangle du rayon & de la moitié de la circonference, ou au triangle qui a pour hauteur le rayon, & pour
base toute la circonference.

Nous l'avons prouvé par la premiere methode, qui est
la Geometrie des indivisibles. On le peut aussi prouver
par la voye d'Archimede, en montrant que le rectangle du
rayon & de la moitié de la circonference est plus grand
que tout polygone inscrit au cercle, & plus petit que tout
circonscrit.

Il est plus grand que tout inscrit, parce que l'inscrit par
le Theoreme precedent est égal au rectangle de la perpendiculaire du centre au costé, & de la moitié du perimetre. Or cette perpendiculaire est plus petite que le
rayon du cercle, puisqu'elle est terminée dans le cercle, &
le perimetre du polygone inscrit est plus petit que la circonference qui la comprend, par la maxime d'Archimede. V. 6.

Donc le rectangle du rayon du cercle & de la moitié de
la circonference est plus grand que tout polygone inscrit.

Et il eſt plus petit que tout polygone circonſcrit, parce que le polygone circonſcrit eſt égal au rectangle du rayon du cercle (qui eſt alors la même choſe que la perpendiculaire au coſté) & de la moitié de ſon perimetre, lequel perimetre eſt plus grand que la circonference du cercle, puiſqu'il la comprend, ſelon la même maxime d'Archimede. Donc &c.

III. THEOREME.

LES figures regulieres de même eſpece ſont entr'elles en raiſon doublée de celle de leurs rayons droits.   XXXV.

Car elles ſont égales chacune au rectangle du rayon droit, & de la moitié du perimetre. Or le rayon droit eſt au rayon droit comme le perimetre au perimetre, par XII. 26. Donc ces rectangles (auſquels ces figures regulieres ſont égales) étant ſemblables, ſont entr'eux en raiſon doublée de celle du rayon droit, qui eſt l'un de leurs côtez.

I. COROLLAIRE.

LES cercles ſont entr'eux en raiſon doublée de celle de leurs rayons, ou de leurs diametres, ce qui eſt la même choſe.   XXXVI.

II. COROLLAIRE.

LES cercles ſont entr'eux comme les quarrez de leurs diametres. Car les uns & les autres ſont en raiſon doublée de celle de leurs diametres.   XXXVII.

IV. THEOREME.

LES triangles ſemblables inſcrits en des cercles ſont entr'eux en raiſon doublée des diametres de ces cercles : ou, ce qui eſt la même choſe, comme les cercles, ou comme les quarrez des diametres.   XXXVIII.

Car les cordes de divers cercles qui ſoutiennent les angles inſcrits égaux, ſont entr'elles comme les diametres, par X. 24. & 25.

Donc les coſtez de ces triangles ſemblables qui ſoutien-

382 NOUVEAUX ELEMENS

nent les mêmes angles (qui font ceux qu'on appelle homologues) font entr'eux comme les diametres.

Or ces triangles eftant femblables, font en raifon doublée de leurs coftez homologues.

Donc ils font auffi en raifon doublée de ces diametres.

Donc ils font auffi entr'eux comme les cercles & comme les quarrez des diametres.

V. THEOREME.

XXXIX. LE s figures femblables infcrites dans les cercles font entr'elles en raifon doublée des diametres.

Car comme il a efté prouvé S. & XIII. 26. ces figures
femblables fe peuvent refoudre en triangles femblables,
chacun d'une figure à chacun de l'autre qui feront tous
infcrits dans le cercle.

Donc tous les triangles d'une figure font à tous ceux de
l'autre (& par confequent une figure eft à l'autre) comme
un des triangles d'une figure à un femblable de l'autre. Or
par le Theoreme precedent ces deux triangles femblables
font entr'eux en raifon doublée des diametres. Donc les
figures femblables infcrites dans les cercles font entr'elles
en raifon doublée des diametres. Donc auffi comme les
cercles. Donc auffi comme les quarrez des diametres.

I. PROBLEME.

XL. DECRIRE fur un cofté donné le parallelogramme égal
& equiangle à un parallelogramme donné.

Soit le parallelogramme donné
b c d f. Soit continuée c d jufques
à g, en forte que d g foit égale au
cofté donné.

Soit auffi continuée b f jufques
à ce que f q foit égale à d g. Soit
menée de q par d une indefinie.

Soit prolongée b c, jufqu'à ce qu'elle rencontre en r cette indefinie.

Soit prolongée q g jufques en k, en forte que q k foit
égale à b r, joignant les points r k, & prolongeant f d jufques en h, où elle rencontre k.

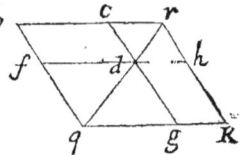

Le parallelogramme *d h k g* fera égal & equiangle au-
donné *b c d f*.

II. PROBLEME.

FAIRE une figure égale à une donnée qui ait moins d'un
cofté que la donnée. C'eft à dire que fi la donnée en a 6,
on en cherche une qui n'en ait que 5 ; & fi elle en a 5, on
en cherche une qui n'en ait que 4 : de forte que par là on
pourra venir jufqu'au triangle.

XLI.

Soit propofé de reduire l'exagone *b c d f g h* en un pentagone
qui luy foit égal.

Ayant prolongé *f g*, je tire la
ligne *b g*.

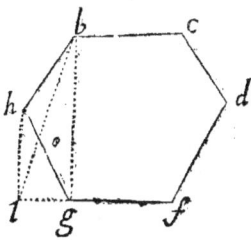

Puis de *h* je tire fur *g* prolongée *h l* parallele à *b g*.

Et de *b* je tire *b l*; Je dis que le
pentagone *b c d f l* eft égal à l'exagone donné.

Car les triangles *h l b* & *h l g* font égaux, parce qu'ils font
fur la mefme bafe & entre mefmes paralleles.

Donc ôtant *h l o* commun à l'un & à l'autre, *h o b* demeurera égal à *l g o*, tout le refte eft commun à l'exagone
& au pentagone.

On reduira de mefme le pentagone
b c d f l à un trapeze.

Ayant mené la ligne *b f*, mener de *l*
fur *d f* prolongée *l m* parallele à *b f*.

Puis tirer *b m*.

On prouvera de la mefme maniere
que l'on vient de faire, que le trapeze
fera égal au pentagone.

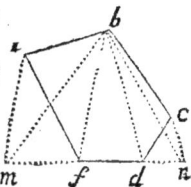

Que fi de *b d* on tire une ligne.

Et de *c* fur *f d* prolongée de ce cofté là *c n*, parallele à *b d*.

Et tirant *b n*, le triangle *b m n* fera egal tant au trapeze
b c d m, qu'au pentagone *b c d f l*. Et ainfi l'exagone aura
efté reduit en un pentagone, & le pentagone en un trapeze, & le trapeze en un triangle.

AVERTISSEMENT ET CONCLUSION.

XLII. *Ie laiſſe d'autres Problemes qui ſont tres faciles à reſoudre par les principes qui ont eſté établis. Outre que n'ayant entrepris ces Elemens que pour donner un eſſay de la vraye methode qui doit traitter les choſes ſimples avant les compoſées, & les generales avant les particulieres, je penſe avoir ſatisfait à ce deſſein, & avoir montré que les Geometres ont eu tort d'avoir negligé cét ordre de la nature, en s'imaginant qu'ils n'avoient autre choſe à obſerver, ſinon que les propoſitions precedentes ſerviſſent à la preuve des ſuivantes : au lieu qu'il eſt clair, ce me ſemble par cet eſſay, que les elemens de Geometrie eſtant reduits ſelon l'ordre naturel, peuvent eſtre auſſi ſolidement demonſtrez, & ſont ſans comparaiſon plus aiſez à concevoir & à retenir.*

FIN.

SOLUTION

SOLUTION

D'UN DES PLUS CELEBRES

ET DES PLUS DIFFICILES

PROBLEMES

D'ARITHMETIQUE,

APPELLE' COMMUNEMENT

LES QUARREZ

MAGIQUES.

SOLUTION D'UN DES PLUS CELEBRES
ET DES PLUS DIFFICILES
PROBLEMES D'ARITHMETIQUE,
APPELLE' COMMUNEMENT
LES QUARREZ MAGIQUES.

§. 1. *Ce que c'est que ce Probleme.*

YANT un quarré de cellules pair ou impair. **I.**
Et l'ayant remply de chiffres ou selon l'ordre
naturel des nombres 1. 2. 3. 4. &c.

Ou de quelqu'autre progreßion arithmetique
que ce soit, comme 2. 5. 8. 11. 14. &c.

Disposer tous ces chiffres dans un autre quarré de cellules semblables à celuy-là, en sorte que tous les chiffres
de chaque bande soit de gauche à droit, soit de haut en
bas, soit mesme les deux diagonales, fassent toûjours la
mesme somme.

Soient pris pour exemples les quarrez d'onze pour les
impairs; & de douze pour les pairs, comme on les peut
voir dans les figures qui sont à la fin de ce Traité.

§. 2. *Consīderations sur les quarrez naturels.*

J'APPELLE quarrez naturels ceux où les chiffres sont dis- **I I.**
posez en progreßion arithmetique en commençant par les
plus petits.

Sur les Quarrez impairs.

I I I.   Dans le milieu du quarré impair il y a une cellule qui en eſt le centre. Le chiffre qui eſt dans cette cellule ſoit nommé centre & marqué par *c*.

I V.   De tous les autres chiffres la moitié ſont plus petits & les autres plus grands que le centre. Les uns ſoient appellez ſimplement *petits* & les autres *grands*.

V.   Les cellules autour du centre ſoient appelées 1ʳᵉ enceinte.

    Autour de la premiere enceinte,   2ᵉ enceinte.
    Autour de la ſeconde enceinte,   3ᵉ enceinte.
    Et ainſi de ſuite.

V I.   Les enceintes 1. 3. 5. 7. 9. &c. ſoient appellées *enceintes impaires*.

    Les 2. 4. 6. 8. 10. &c. *enceintes paires*.

V I I.   Il eſt important de conſiderer dans chaque enceinte où ſont les petits chiffres, & où ſont les grands.

    Les petits ſont premierement dans toute la bande d'en-haut, qui eſt de 3. dans la 1ʳᵉ enceinte, de 5 dans la 2ᵉ, de 7 dans la 3ᵉ &c.

    Secondement dans la bande à gauche les plus hauts juſqu'à celuy qui eſt vis-à-vis le centre *incluſive*.

    Troiſiémement dans la bande à droits les plus hauts juſqu'à celuy qui eſt vis à vis le centre *excluſive*.

Sur les Quarrez pairs.

V I I I.   Il n'y a point de cellule qui ſoit au centre. Mais on doit prendre pour centre la moitié de la ſomme que font le premier & le dernier chiffre.

    Et cette ſomme entiere s'appellera 2. *c*.

I X.   La moitié des bandes, ſçavoir celles qui ſont les plus hautes contiennent les petits chiffres, & les plus baſſes les grands.

X.   Les quatre cellules du milieu ſont la   1ʳᵉ enceinte.
    Les cellules autour de ces quatre, la   2ᵉ enceinte.
    Celles autour de la ſeconde, la   3ᵉ enceinte.
    Et ainſi de ſuite.

Les enceintes 1. 3. 5. 7. 9. &c. foient auffi appellées les enceintes impaires.

X L.

Et les 2. 4. 6. &c. les paires.

Les petits chiffres font,

X I I.

1. Dans la bande d'en haut de chaque enceinte.

2. Au cofté gauche depuis la bande d'enhaut jufqu'à la bande où commencent les grands chiffres.

3. Et de même au cofté droit.

§. 3. PREPARATION.

Le plus grand myftere de la folution de ce Probleme confifte à marquer par lettres quelques-uns des petits chiffres de chaque bande.

XIII.

QUARREZ IMPAIRS.

Dans toutes les enceintes generalement marquer le coin à gauche de la bande d'enhaut par

X I V.

e.

Le coin à droit de la même bande par

o.

Le milieu de cette bande par

m.

La cellule à gauche qui eft vis à vis le centre par

α.

Marquer de plus dans les enceintes impaires

X V.

Deux cellules dans la bande d'enhaut également diftantes, l'une d'*e*, l'autre d'*o*, par les mêmes lettres accentuées.

L'une par

è.

L'autre par

ò.

Et la cellule à gauche au deffous d'*e* par

ώ.

Et au cofté droit celle qui eft au deffus de la cellule qui eft vis à vis le centre par

ϛ.

DANS LES QUARREZ PAIRS.

Ne rien marquer dans les premieres & fecondes enceintes.

X V I.

Dans toutes les autres generalement marquer

XVII.

Le coin à gauche d'enhaut par

e.

A droit par

o.

Le plus bas des petits nombres à droit par.

α.

Le plus bas des petits nombres à gauche par

ϛ.

Marquer de plus dans les enceintes impaires, à commencer par la 3e (qui eft celle qui a 6 cellules dans la bande d'enhaut.)

X V I I I.

Ccc iij

4 cellules dans la bande d'en-haut, deux par $\begin{cases} \grave{e}. \\ \grave{o}. \end{cases}$

& deux par $\begin{cases} \grave{e}. \\ \grave{o}. \end{cases}$

selon ce qui a esté dit S. 15.

A gauche marquer la cellule au dessous d'*e* par *ω*.

Et à droit celle au dessus d'*α* par *γ*.

§ 4. MAXIMES
POUR LA DEMONSTRATION DE L'OPERATION.

XIX. DEUX chiffres, l'un *petit*, l'autre *grand*, également distans du centre, & qui se joignent par une ligne passant par le centre font une somme égale à deux fois le centre.

XX. QUAND un *petit* chiffre est marqué par une lettre, son *grand* soit nommé (quand on le voudra exprimer) par la majuscule de la mesme lettre, quoy qu'elle ne soit pas marquée.

Ainsi *e E* font deux fois le centre.

Et de mesme *α. A*, ou *ϭ. B*, ou *o. O*.

SECONDE MAXIME.

XXI. QUATRE chiffres dans la mesme bande, dont le premier est autant distant du 2, que le 3 du 4 font en proportion arithmetique.

Et par consequent la somme des extrêmes est égale à la somme de ceux du milieu.

EXEMPLES.

XXII. *e. è :: ϭ. o.* Donc *e. o = è. ϭ.*

D'où il s'ensuit que par tout où sont ensemble *è. ϭ*, ou bien *è. ϭ*, ou leurs majuscules *E' O'*, on peut supposer, lorsqu'il s'agit de trouver des égalitez avec d'autres chiffres, que c'est comme si c'estoit *e. o, E. O*, parce que si l'égalité s'y trouve en supposant que c'est *e. o*, elle ne sera pas troublée en remettant *è. ϭ*, en leur place , qui valent autant que *e. o*.

XXIII. *e. m :: m. o.* Donc *e. o = m. m.*

DANS LES QUARRLZ PAIRS.

XXIV. *e. ω :: ϭ. A.* Donc *e. A = ω. ϭ.*

Pour trouver *A.* voyez S. 20.

TROISIEME MAXIME.

LORSQUE 4 cellules font un parallelogramme rectan- XXV.
gle ou non rectangle, leurs 4 chiffres font en proportion
arithmetique. Et par consequent la somme des extrêmes
est égale à la somme de ceux du milieu.

EXEMPLES.

DANS LES QUARREZ IMPAIRS.

$e. m :: a. c.$ Donc $e. c \equiv m. a.$ XXVI.
$m. o :: a. c.$ Donc $m. c \equiv o. a.$ XXVII.
$\omega. m :: c. c.$ Donc $\omega. c \equiv m. c.$ XXVIII.

DANS LES PAIRS.

$e. o :: c. a.$ Donc $e. a \equiv o. c.$ XXIX.
$\omega. c :: o. \gamma.$ Donc $\omega. \gamma \equiv c. o.$ XXX.

§. 5. Methode pour disposer magiquement le le Quarré naturel.

CETTE methode consiste en fort peu de regles; les XXXI.
unes generales, les autres particulieres, selon lesquelles il
faut transposer les chiffres du quarré naturel dans le magique.

PREMIERE REGLE GENERALE.

IL faut disposer les chiffres par enceintes, ceux d'une XXXII.
enceinte en l'enceinte semblable, & tout le soin qu'on doit
avoir d'abord, est de sçavoir où l'on doit mettre les petits
nombres de l'enceinte, parce que la situation des *petits*
donne celle des *grands* selon les deux regles suivantes.

SECONDE REGLE GENERALE.

QUAND on a placé un *petit* chiffre dans un coin, il faut XXXIII.
placer son *grand* dans le coin diagonalement opposé.

Ainsi a estant placé dans le coin gauche de la bande
d'enhaut, il faudra mettre A dans le coin droit de la bande d'en bas.

TROISIEME REGLE GENERALE.

HORS les coins il faut placer les grands vis à vis des pe- XXXIV.
tits de la bande opposée.

C'eſt pourquoy il faut obſerver de ne mettre jamais
deux petits en des bandes oppoſées vis à vis l'un de l'autre.

COROLLAIRE DE CES REGLES.

XXXV. LES chiffres eſtant diſpoſez ſelon ces regles,

Il s'enſuit, 1. Que les chiffres de deux bandes oppoſées
pris enſemble, valent autant de fois *c* qu'il y a de chiffres
dans les deux bandes. Car un petit & un grand valent
deux fois *c* Or il y a autant de *petits* que de *grands*. Donc

XXXVI. IL s'enſuit, 2. Que lorſqu'on a prouvé que les chiffres
d'une bande aprés cette diſpoſition valent autant de fois
le centre qu'il y a de chiffres, cette bande eſt égale à ſon
oppoſée.

XXXVII. IL s'enſuit, 3. Que quand il y a autant de petits chiffres
dans une bande que dans l'oppoſée, & que la ſomme des
uns eſt égale à la ſomme des autres, c'eſt une marque aſſu-
rée que la bande eſt égale à la bande.

La preuve en eſt facile ſans que je m'arreſte à l'expliquer.

QUATRIEME REGLE GENERALE.

XXXVIII IL ne faut ſe mettre en peine d'abord que de placer les
petits chiffres qui ſont marquez par des lettres : car cela
fait, le reſte ſe trouve ſans peine par cette raiſon.

Dans la bande d'en haut, dans quelque quarrez & quelques enceintes que ce ſoit, outre les cellules marquées par
des lettres

Ou il ne reſte rien.

Ou il reſte toûjours des cellules non marquées en nombre pairement pair ; C'eſt à dire 4. 8. 12. 16. &c.

Et de plus, ils ſont toûjours 4. à 4 en proportion arithmetique.

Donc prenant les extrêmes & les mettant dans une
bande, & ceux du milieu dans l'oppoſée, ils ne trouble-
ront point l'égalité qui y eſtoit déja par les chiffres marquez de lettres.

XXXIX. IL en eſt de même des deux coſtez droit & gauche. Car
les petits chiffres qui reſtent (s'il en reſte outre les marquez)

quez) font toûjours en nombre pairement pair 4. 8. 12. 16.
&c. & de 4 en 4 en proportion arithmetique.

Donc comme cy-deffus.

Il n'y a donc plus à fe mettre en peine que de difpofer
les lettres. Ce qui fe fait par les regles particulieres.

§. 6. Regles particulieres pour les Quarrez impairs.

Il y a deux regles pour ces quarrez, l'une pour les en-   X L.
ceintes impaires, & l'autre pour les paires.

Pour les enceintes impaires.

Au coin gauche de la bande d'en haut   *a*   *m*
mettre   *a*.
  Au coin droit de la même bande.   *m*.
  A la bande d'en bas en queque cellule   *o*
hors les coins,   *e*,
  A la bande de cofté du cofté d'*a*,   *o*.   *e*

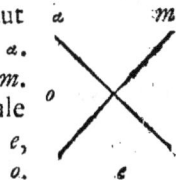

DEMONSTRATION.

Il eft requis premierement à de-   *a*   *E*   *m*   X L I.
monftrer que dans la bande d'en-
haut *a*. *E*. *m*. valent trois fois le centre. D'où il s'enfuivra qu'elle fera
égale à la bande d'en bas par 36.   *o*   *C*

Or par (26.) $e. c. = a. m.$

Donc $e. c. E = a. E. m.$

Or $e. c. E = 3 c.$ par 20.

Donc $a. E. m = 3 c.$ Ce qu'il   *M*   *e*
falloit demonftrer.

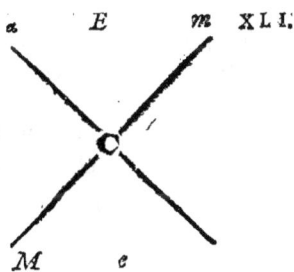

RΕΟuis fecondement à demonftrer que *a. o. M*. valent   XLII.
3 *c*. D'où il s'enfuivra que cette bande fera égale à l'oppofée par 36.

Or par (17) $a. o = m. c.$

Donc $m. c. M = a. o. M.$

O $m. c. M = 3 c.$ par 20.

Donc $a. o. M = 3 c.$

Ddd

Pour les enceintes impaires.

XLIII. Iʟ ſuffira de les figurer tout d'un coup.

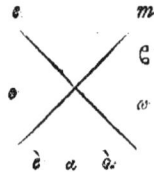

$$e \qquad m$$
$$\qquad \mathsf{G}$$
$$o \qquad \qquad \omega$$
$$\grave{e} \quad \alpha \quad \grave{o}.$$

DEMONSTRATION.

XLIV. Reǫuɪs premierement à demonſtrer que la bande d'en bas
$M . \grave{e} . \alpha . \grave{o} . E = 5 c.$ C'eſt à dire qu'elle vaut enſemble cinq fois
le centre.

$$e \qquad m$$
$$o \qquad \qquad O$$
$$\qquad \qquad c$$
$$\qquad \qquad \omega$$
$$M . \grave{e} . \alpha . \grave{o} . E.$$

Ce qui ſe prouve ainſi.

Par (27) $\qquad \alpha . o = m . c.$
Donc $\qquad e . \alpha . o = e . m . c.$
Donc $e . m . c. M . E. = \grave{e}, \alpha . \grave{o} . M . E. (par 22.)$
Or $\quad e . m . c. M . E = 5 . c.$ par 20.
Donc $M . \grave{e} . \alpha . \grave{o} . E. = 5 c.$ Ce qu'il falloit demonſtrer

XLV. Reǫuɪs ſecondement à demonſtrer que dans la bande droitte $m . O . \mathsf{G} . \omega . E = 5 c.$
Ce qui ſe prouve ainſi.

$$e . o = m . m \text{ par (23.)}$$
Donc $\qquad e . o . c = m . m . c.$
Or $\qquad m . m . c = m . \omega . \mathsf{G}.$
Parce que $\quad m . c = \omega . \mathsf{G}.$ par 28.
Donc $\qquad e . o . c = m . \omega . \mathsf{G}.$
Donc $e . o . c . E . O = m . \omega . \mathsf{G} . E . O.$
Or $\quad e . o . c . E . O = 5 c.$ par 20.
Donc $m . O . \omega . \mathsf{G} . E = 5 c.$ Ce qu'il falloit demonſ-
trer.

§. 7. *Pour les Quarrez pairs.*

On laiſſe à part les deux premieres enceintes, qui ont XLVI.
leur regle particuliere.

Pour les autres enceintes impaires.

La diſpoſition s'en figure ainſi. XLVII.

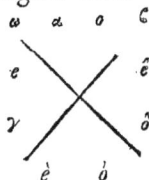

DEMONSTRATION.

REQUIS 1. à demonſtrer que les *ω E. α. ο. O. C.* XLVIII.
ſix chiffres de la bande d'en haut
dont quatre ſont *petits* , & deux
grands qui viennent de *é* & *ò* qu'on
a mis en bas, valent ſix fois le centre. Ce qui ſe prouve ainſi.

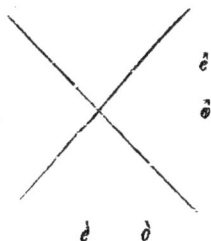

α. A. ο. O. e. E $=$ 6 *c.* par (20.)

Or ces ſix lettres ſont égales aux
ſix , *ω. E. α. ο. O. C.*

Car ôtant les mêmes qui ſe trouvent de part & d'autre,
ſçavoir *α. ο. O. E.* il ne reſtera d'un coſté que *A. e* : & de
l'autre que *ω. C.*

Or par *(24.) A. e* $=$ *ω. C.*

Donc les ſix lettres *ω. E. α. ο. O. C* $=$ 6 *c.*

REQUIS 2. à demonſtrer que *ω. e. γ* $=$ *C. é. ò.* Car ſi cela XLIX.
eſt, les grandes feront auſſi égales aux grandes, & le tout
au tout par (37.)

Suppoſant donc que *é. ò* ſoient *e. ο.* (S. 22.) & oſtant *e*
& *e* de part & d'autre, reſte d'une part *ω. γ.* & de l'autre
C. ο. qui font des ſommes égales par *(30)*

Donc *ω. e. γ* $=$ *C. é. ò.*

Donc la bande égale à la bande par (30)

Pour les enceintes paires.

I.
LA difposition en eft tres facile , & fe figure ainfi.

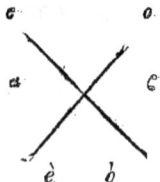

DEMONSTRATION.

I I.
ELLE eft fi facile par 22. 29. & 37. que je ne m'amufe pas
à l'expliquer.

Cette enceinte fe peut encore faire en tranfpofant les
coins &c.

§. 8. *Regle particuliere pour la premiere & feconde enceinte des Quarrez pairs.*

I I I.
CES deux enceintes ne font autre
chofe que le quarré de 4 qui fait
16 , dans lequel il y a deux fortes
de bandes. Quatre qui font la feconde enceinte , & qu'on peut appeller les bandes *exterieures*. Et
quatre autres qui coupent le quarré , & qu'on peut appeller *tranf-*
verfales : fçavoir la 2e & la 3e de haut en bas.

1	2	3	4
5	6	7	8
9	10	11	12
13	14	15	16

Et la 2e & la 3e de gauche à droit.

I I I I.
CE qui eft caufe que ces deux enceintes ne fe peuvent
pas difpofer par les regles des autres , c'eft que les 4 chiffres du milieu faifant en divers fens quatre bandes de deux
chacune en ligne droitte , & deux en diagonale , les bandes droittes ne fçauroient faire des fommes égales , mais
feulement les diagonales.

Or ces 16 chiffres fe pouvant difpofer en tant de manieres que cela eft prefque incroyable ; fçavoir en plus de 20
millions de millions.

20:922:789:871:000.

Il n'y en a proprement que 16 qui foient magiques, c'eft à dire où toutes les bandes faffent des fommes égales (car je ne compte pas pour differentes difpofitions celles qui ne viennent que de la differente fituation du même quarré.)

ET voicy comme on les trouve.   LV.

Il faut prendre toûjours les chiffres 4 à 4 en cet ordre.

1. Les quatre du dedans ou interieurs.

2. Les quatre coins exterieurs.

3. Les deux du milieu de la bande d'en haut, avec les deux du milieu de celle d'en bas.

4. Les deux du milieu de la bande à gauche, avec les deux du milieu de celle à droit.

Or chacun de ces chiffres pris ainfi 4 à 4 (& qu'on nom-mera dans la fuitte par 1. 2. 3 4.) peuvent

Ou eftre laiffez en leur même place ; ce qui fe marquera par   o.

Ou eftre tranfportez en croix S. André ; ce qui fe mar-quera par   c.

Ou directement de gauche à droit ; ce qui fe marquera par   g.

Ou directement de haut en bas ; ce qui fe marquera par   h.

SUIVANT ces remarques, & fe fouvenant de ce que figni- LVI. fient les 4 nombres (1. 2. 3. 4.) & les 4 lettres (o. c. h. g.) les deux tables fuivantes feront trouver fans peine les 16 difpofitions magiques du quarré de 4 : ou ce qui eft la mê-me chofe des deux premieres enceintes de tous les quarrez pairs.

	I.	II.	III.	IV.	V.	VI.	VII.	VIII.
1.	o	o	o	o	c	c	c	c
2.	o	c	g	h	o	c	g	h
3.	c	g	c	g	h	o	h	o
4.	c	h	h	c	g	o	o	g

	IX.	X.	XI.	XII.	XIII.	XIV.	XV.	XVI.
1.	*g*	*g*	*g*	*g*	*h*	*h*	*h*	*h*
2.	*o*	*c*	*g*	*h*	*o*	*c*	*g*	*h*
3.	*h*	*o*	*h*	*o*	*c*	*g*	*c*	*g*
4.	*c*	*h*	*h*	*c*	*g*	*o*	*o*	*g*

LVII.   De ces 16 difpofitions magiques du quarré de 4. il y en a deux, fçavoir la 1re & la 6e, où on ne change que 8 chiffres.

Deux, fçavoir la 11e & la 16e, où on les change tous 16. Et 12 où on en change 12.

LVIII.   Voicy un exemple de la 6e difpofition, & un autre de la 16e. On laiffe à trouver les autres.

16	2	3	13
5	11	10	8
9	7	6	12
4	14	15	1

13	3	2	16
8	10	11	5
12	6	7	9
1	15	14	4

DEMONSTRATION.

LIX.   CHAQUE bande tant exterieure que tranfverfale du quarré de quatre (ou du quarré compofé des 2 premieres enceintes de tous les quarrez pairs) eft de 4 chiffres en proportion arithmetique.

Et par confequent la fomme des extrêmes eft égale à la fomme des moyens.

Soit donc, par exemple, la fomme des extrêmes de la bande d'enhaut appellée *b*, la fomme des moyens qui luy eft égale pourra eftre auffi appellée *b*, & ainfi toute la bande fera *b+b*.

Et par la même raison la bande d'en bas pourra estre $f + f$.

Cela étant on peut faire ces bandes égales par deux voies.

La 1re en transposant les extrêmes de l'une à l'autre sans changer les moyens. Car alors l'une deviendra $f + b$.

Et l'autre $b + f$. & ainsi seront égales.

La 2e en transposant les moyens sans changer les extrêmes. Car alors l'une deviendra $b + f$. & l'autre $f + b$. & ainsi seront encore égales.

Il ne faut qu'appliquer cecy à chacune de ces 16 dispositions, & l'on verra que les transpositions que l'on y fait les doivent rendre magiques.

§. 9. Divers moyens de varier les Quarrez Magiques.

DE ces moyens j'omets ceux qui sont trop faciles à trouver, & je n'en marqueray que deux qui sont plus importans, & qu'on a pratiquez dans les deux exemples qu'on a donnez de quarrez magiques.

PREMIER MOYEN.

Nous avons supposé qu'on transporteroit les chiffres de la premiere enceinte du quarré naturel dans la premiere enceinte du quarré magique; & ceux de la 2e dans la 2e; & de la 3e dans la 3e &c. Mais cela n'est pas necessaire. Car pour les chiffres marquez de lettres, il suffit de ne les transporter que d'une enceinte impaire à une autre quelconque qui soit impaire, comme de la 5 à la 1re; & d'une enceinte paire à une paire, comme de la 6e à la 4e.

SECOND MOYEN.

ET pour tous les autres chiffres non marquez de lettres, on les peut transporter de quelque enceinte que ce soit à quelque autre enceinte que l'on voudra; pourvû qu'on en prenne quatre ensemble qui soient en proportion arithmetique, & qu'on ait soin de mettre les extremes dans une bande, & les moyens dans la bande opposée.

CONCLUSION.

L X I I. JE penſe pouvoir conclure de tout cecy, qu'il n'eſt pas poſſible de trouver une methode plus facile, plus abregée & plus parfaite pour faire les quarrez magiques, qui eſt un des plus beaux Problemes d'Arithmetique.

Ce qu'elle a de ſingulier, c'eſt 1. qu'on n'écrit les chiffres que deux fois.

2. Qu'on ne tâtonne point, mais qu'on eſt toûjours aſſuré de ce que l'on fait.

3. Que les plus grands quarrez ne ſont pas plus difficiles à faire que les plus petits.

4. Qu'on les varie autant que l'on veut.

5. Qu'on ne fait rien dont on n'ait demonſtration.

6. A quoy on peut ajoûter, que cette methode eſt ſi generale, que ſans y rien changer on pourroit reſoudre ſans aucune peine par la meſme voie cet autre Probleme qui paroiſt encore plus merveilleux.

Ayant mis dans un quarré naturel tous les nombres que l'on voudra en progreſſion geometrique, comme 1. 2. 4. 8. 16. &c. les diſpoſer de telle ſorte dans un quarré ſemblable, que tous les nombres de chaque bande multipliez les uns par les autres faſſent une ſomme égale à celle que font les nombres de toute autre bande multipliez auſſi les uns par les autres.

En voicy un exemple dans le quarré de trois.

1	2	4
8	16	32
64	128	256

8	256	2
4	16	64
128	1	32

FIN *de l'Explication des* Quarrez Magiques.

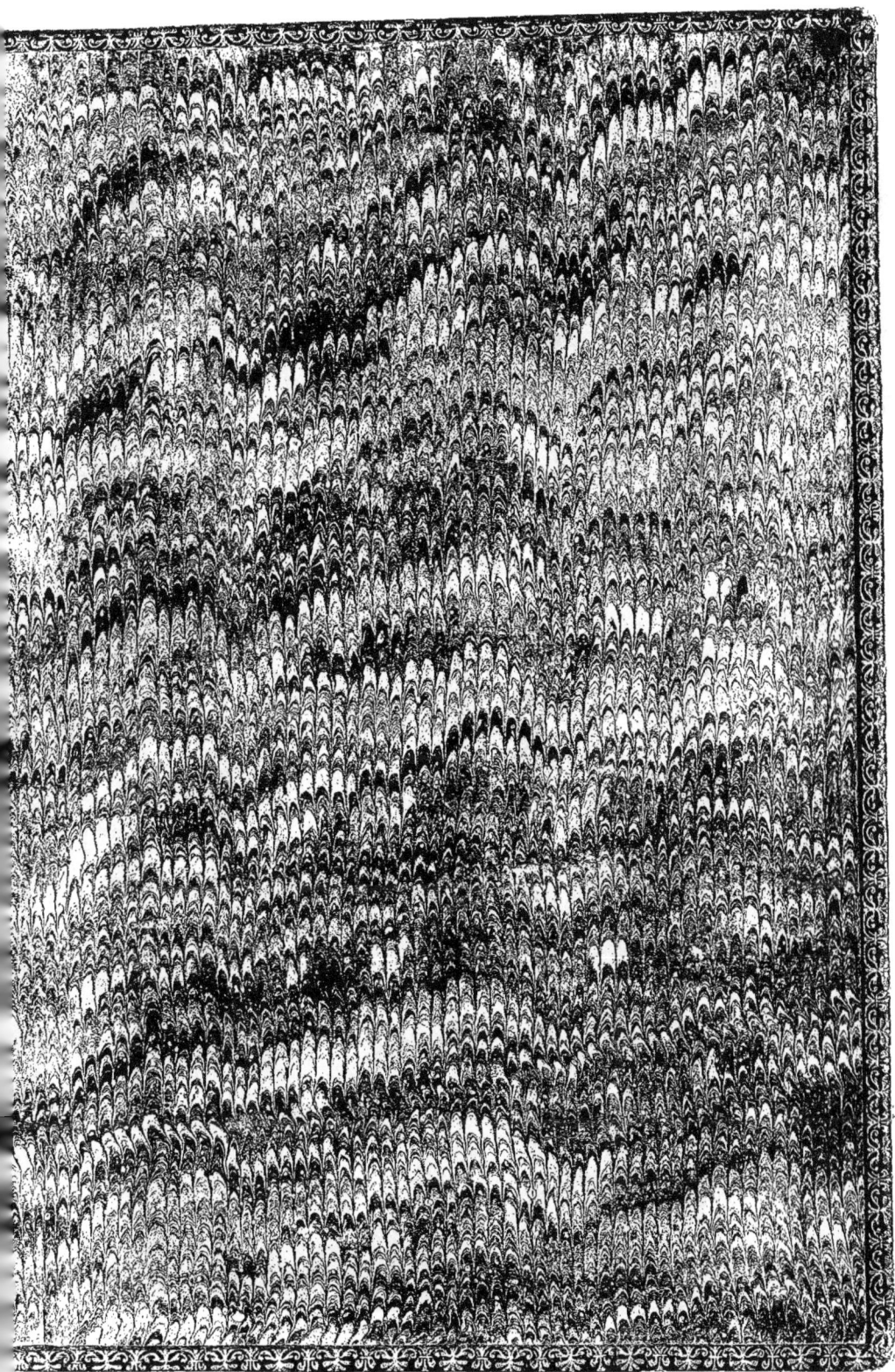

www.ingramcontent.com/pod-product-compliance
Lightning Source LLC
Chambersburg PA
CBHW060543220326
41599CB00022B/3586